全国技工院校计算机类专业教材（中级技能层级）

3ds max 动画设计与制作

人力资源社会保障部教材办公室组织编写

中国劳动社会保障出版社

图书在版编目(CIP)数据

3ds max 动画设计与制作/人力资源社会保障部教材办公室组织编写. --北京：中国劳动社会保障出版社，2018

全国技工院校计算机类专业教材. 中级技能层级

ISBN 978－7－5167－3783－5

Ⅰ. 3…　Ⅱ. ①人…　Ⅲ. ①三维动画软件-技工学校-教材　Ⅳ. TP391.414

中国版本图书馆 CIP 数据核字(2018)第 282439 号

中国劳动社会保障出版社出版发行

（北京市惠新东街 1 号　邮政编码：100029）

*

北京宏伟双华印刷有限公司印刷装订　　新华书店经销

787 毫米×1092 毫米　16 开本　15.5 印张　354 千字

2018 年 12 月第 1 版　　2022 年 1 月第 5 次印刷

定价：27.00 元

读者服务部电话：（010）64929211/84209101/64921644

营销中心电话：（010）64962347

出版社网址：http://www.class.com.cn

http://jg.class.com.cn

修订说明

《3ds max动画设计与制作》教材自2007年出版发行以来，长期服务于全国各技工院校计算机类相关专业课程的教学，得到广泛使用，受到了师生的普遍好评。为了更好地适应全国技工院校计算机类专业的教学要求，在充分收集各技工院校使用意见的基础上，我们依据人力资源社会保障部颁发的《技工院校计算机应用与维修专业教学计划和教学大纲（2015）》的有关要求，对本教材进行了修订，主要包括补充完善了操作步骤的讲解、增补了操作过程及结果的图示、订正了个别技术问题等，并增加了附录，对新版3ds max软件进行了简要介绍。

本修订教材由陈义春主编，朱良任副主编，王道玉、周黎、孙广平、姚歆明、刘智志、吕轩民、何旭参加编写。

人力资源社会保障部教材办公室

2018年12月

前 言

为了更好地适应全国中等职业技术学校计算机专业的教学要求，我们根据劳动和社会保障部培训就业司颁发的《计算机专业教学计划与教学大纲》，修订和新开发了一批计算机专业教材。

这次教材修订工作的重点主要有以下几个方面。

第一，坚持以能力为本位，重视实践能力的培养，突出职业技术教育特色。根据计算机专业毕业生所从事职业的实际需要，合理确定学生应具备的能力结构与知识结构，对教材内容的深度、难度做了较大程度的调整。同时，进一步加强实践性教学内容，以满足社会对技能型人才需求。

第二，根据信息技术行业发展，合理更新教材内容，尽可能多地在教材中充实新技术、新思想、新方法，力求使教材紧跟计算机科学技术的发展。同时，在教材编写过程中，严格贯彻国家有关技术标准的要求。

第三，努力贯彻国家关于职业资格证书与学历证书并重、职业资格证书制度与国家就业制度相衔接的政策精神，力求使教材内容涵盖有关国家职业标准（中级）和国家计算机等级考试的知识和技能要求。

第四，在教材编写模式方面，主要以案例教学为主，将编程思想、操作技巧、理论知识融入到案例的分析和处理过程。尽可能使用各种图示将各个知识点生动地展示出来，力求给学生营造一个更加直观的认知环境。

这次修订和新开发的教材包括：Internet 基础与应用（第二版）、常用办公软件（第二版）、多媒体计算机组成与维修（第二版）、数据库及程序设计（第二版）、中文 FoxPro 及其程序设计（第二版）、C/C++教程、使用 PhotoShop

CS2 处理图像、Dreamweaver MX 网页设计与制作、Flash 动画设计与制作、3ds max 动画设计与制作、使用 CorelDraw12 绘制图形、使用 AutoCAD2005 绘制图形。

3ds max 是使用最广泛的专业 3D 建模、动画和图像制作软件。它能创建耀眼夺目的视觉效果、越界引擎和进行可视化设计。

3ds max 7 新增的扩展特性增强了软件性能并提高了制作效率。3ds max 7 为动画制作人员提供了功能强大的创作工具，包括最全面最先进的动画工具、视觉效果工具等。

《3ds max 动画设计与制作》的主要内容有：基础入门、基本建模、材质和贴图、高级建模、场景特效和动画制作等。

本书由郭刚、王大海、张增强、刘小东、那静、高守传、罗皓菡、苗建全、孟伟、郑耀东、单红、宋昕、宋伟、邱哲编写，郭刚主编，王大海副主编。

劳动和社会保障部教材办公室

2007 年 2 月

目 录

第 1 章 基础入门

3ds max 是当前最为流行，使用最为广泛的三维制作软件之一。作为一款应用于 PC 平台的三维制作软件，其具有操作流程简洁高效、初学者容易入门、插件较多等特点，同时具有流畅的实时反馈性，操作灵活性以及强大三维动画制作功能等特点。作为一款成熟的产品，3ds max 7 中文版在建模技术、材质编辑、环境控制、动画设置和渲染输出等方面的功能更加完善，内部算法有了更大的改进，各个功能任务组有序整合，使用起来更加方便。本章将通过几个典型的实例，带领读者走进 3ds max 7 三维设计的神圣殿堂，领略 3ds max 7 的强大功能。

启动 3ds max 7 之后，可以看见它具有一般窗口式的软件特征，即窗口式的操作接口。3ds max 7 的主界面由标题栏、菜单栏、工具栏、命令面板、视图区、动力学工具栏、时间轴滑块、提示及状态栏、时间轴、动画控制区和视图控制区等部分组成，如图 1—1 所示。

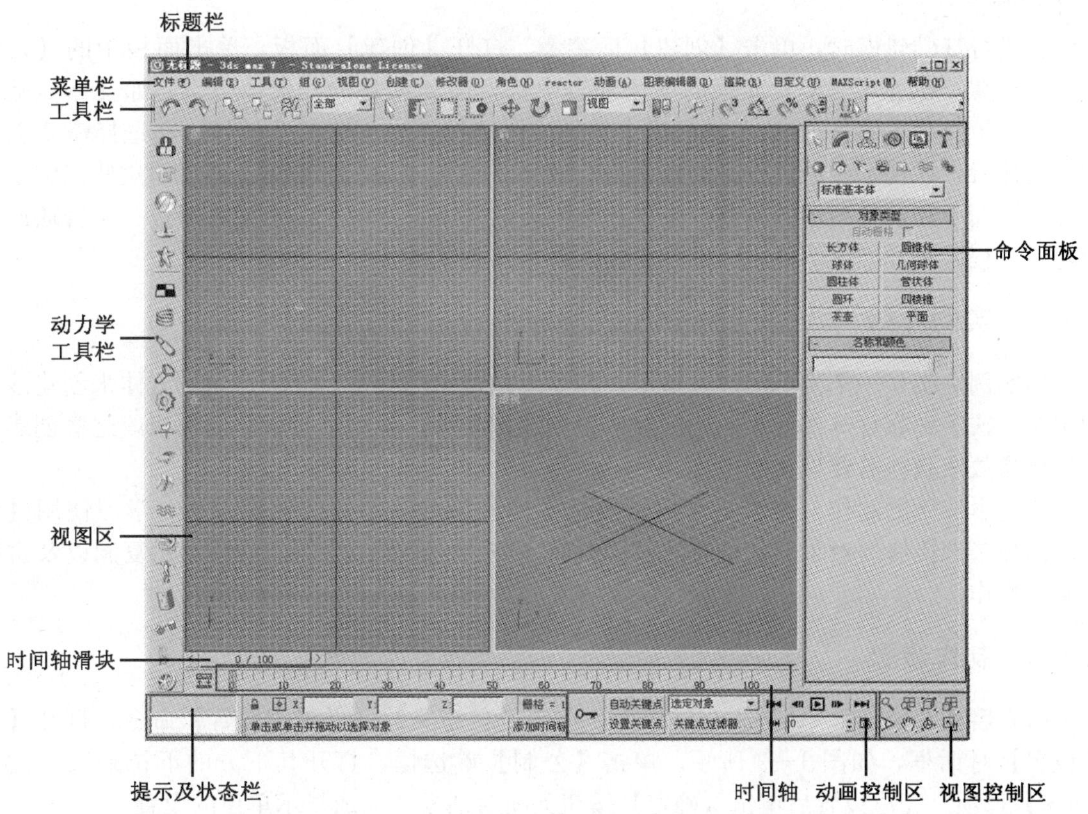

图 1—1　3ds max 7 的主界面

1.1 初识建模——简单的沙发造型

基础模型的建立是制作构建复杂三维造型的基础，是进一步进行三维动画制作的开端。本节将简单介绍使用 3ds max 7 提供的标准模型来建模的一般方法。

1.1.1 知识重点

在三维作品的创建中，建模是一个重要的内容，使用 3ds max 7 实现建模就像堆积木一样，通过 3ds max 7 内建的建模工具来完成各种简单造型的创建。

3ds max 7 的基础建模是通过使用系统内置的标准基本体工具和扩展基本体工具来创建一些基本的三维物体。这里所谓的标准基本体，是相对扩展基本体而言的，它们是具有比扩展基本体更加稳定形状的形体，如球体、圆柱体和长方体等。

使用标准基本体工具可创建平面以及长方体、圆锥体、球体、几何球体、圆柱体、管状体、圆环、四棱柱、茶壶 9 种三维形体。显然，仅凭标准基本体是无法创建一些相对复杂的特殊造型，这时可使用扩展基本体来完成复杂对象的创建。3ds max 7 自带了 13 种扩展基本体模型，它们分别是：异面体、环形结、切角长方体、切角圆柱体、油罐、胶囊、纺锤、L-Ext（L 形拉伸体）、球棱柱、C-Ext（C 形拉伸体）、环形波、棱柱和软管。

在进行基础建模时，单击【创建】标签，打开【创建】面板，单击面板中的【几何体】按钮，在【几何体】面板的下拉列表中选择需要创建的几何体类型，如【标准基本体】或【扩展基本体】，然后单击面板中工具按钮选择需要创建的几何体。在选择需要创建的几何体后，在视图中通过鼠标的点、拖、放来获得具体的三维形体。通过对这些三维形体的位置、大小和放置角度的调整，来堆积出需要的复杂三维模型。下面将通过一个普通沙发的建模过程，来详细说明使用标准几何体工具来实现基础建模的方法。

1.1.2 实例介绍

本实例是制作一个简单的沙发造型。在沙发的建模过程中，使用切角长方体来创建沙发的坐垫、扶手和靠背等部件，使用圆柱体来创建沙发脚，使用【参数】面板修改这些创建的几何体参数来获得需要形状的造型。

通过本实例的制作，读者将学习扩展基本体和标准基本体的创建方法，学习使用【参数】面板来直接修改对象形状的方法。同时将了解 3ds max 7 中对象的移动、复制以及拼接等基本操作。

1.1.3 制作步骤

（1）启动 3ds max 7，进入程序界面。单击【自定义】→【单位设置】命令，打开【单位设置】对话框，如图 1—2 所示。单击【公制】单选框，打开其下方的下拉列表，选择【厘米】选项。完成设置后单击【确定】按钮关闭对话框，完成显示单位的设置。

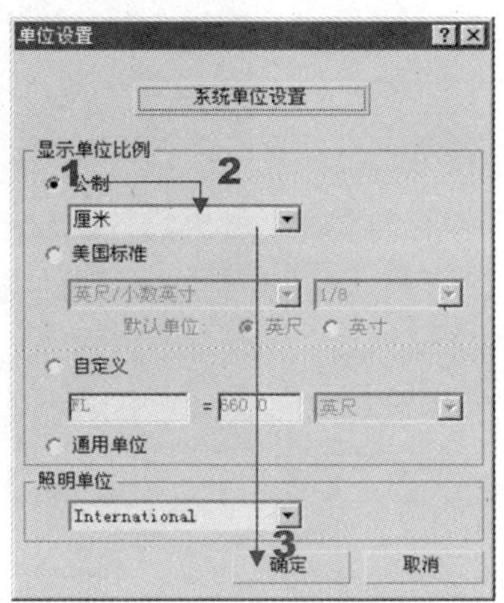

图 1—2　【单位设置】对话框

提示　在使用 3ds max 7 时，如果需要开始新的设计任务，可选择【文件】→【重置】命令初始化视图，并结束当前的任务，以重新开始新的制作。

（2）单击【创建】标签打开【创建】面板。单击其中的【几何体】按钮①，在【对象类型】下拉列表中选择【扩展基本体】②，在对象类型中单击【切角长方体】按钮③，选择创建一个切角长方体，如图 1—3 所示。

（3）在透视视图中拖曳出一个长方形，松开鼠标后向上移动至一定高度获得一个长方体，再次单击后移动鼠标获得切角，最后单击鼠标完成切角长方体的创建，如图 1—4 所示。

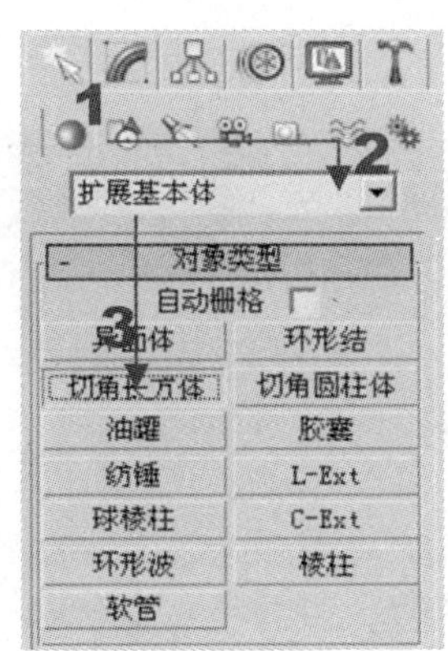

图 1—3　【扩展基本体】创建面板

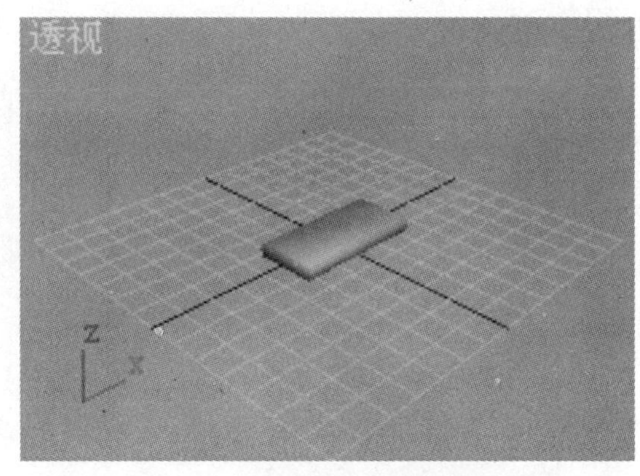

图 1—4　创建切角长方体

（4）在随后自动展开的【参数】面板中设置该长方体的各项参数，如图 1—5 所示。此切角长方体将作为沙发的坐垫。透视视图中的长方体效果如图 1—6 所示。

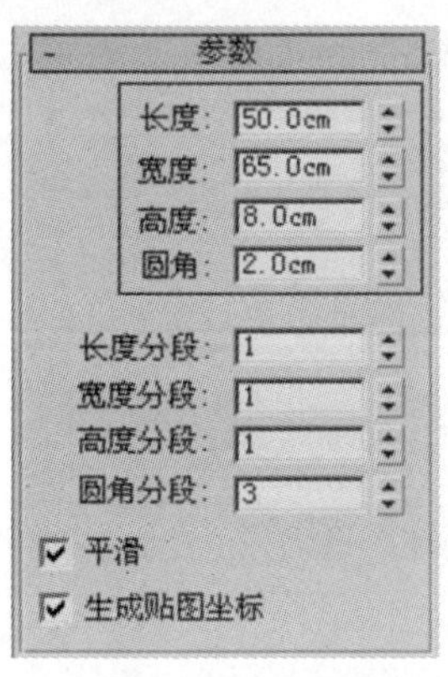

图 1—5　设置参数

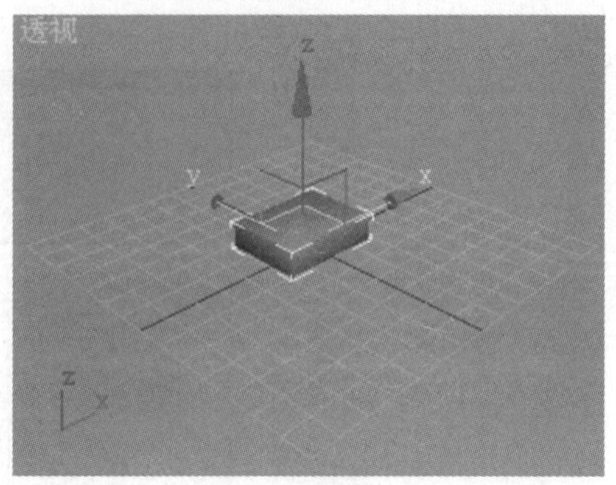

图 1—6　根据参数获得的切角长方体

提示　*在建模造型时，为了能够准确获得造型对象，可以先创建一个大体相似的形体，然后在【参数】面板中输入参数值来调整对象的形态，以获得精确的形体造型。*

(5) 单击工具栏中的【选择并移动】按钮，将鼠标放置在前视图对象的【Y】轴上，按住【Shift】键向下拖动对象，释放鼠标后，系统弹出【克隆选项】对话框。在【对象】栏中选择【复制】选项，其他设置采用默认值，如图 1—7 所示。单击【确定】按钮关闭【克隆选项】对话框，此时可复制一个切角长方体。

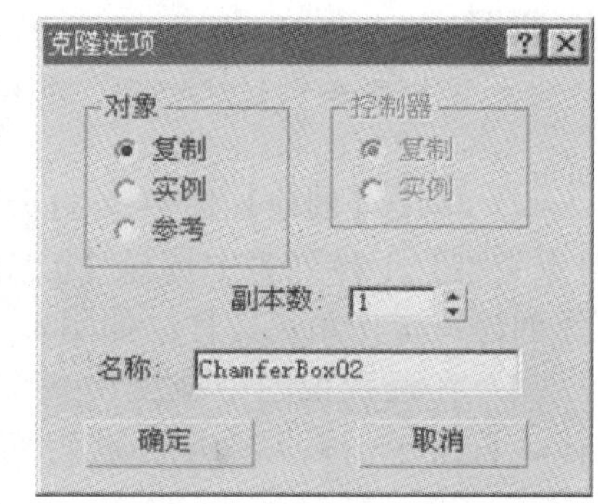

图 1—7　【克隆选项】对话框

(6) 在该切角长方体被选择的情况下单击【修改】标签，在打开的【参数】面板中设置长方体的参数，如图 1—8 所示。视图中的切角长方体的形状会根据参数的变化而发生改变，该切角长方体将作为沙发的底座，如图 1—9 所示。

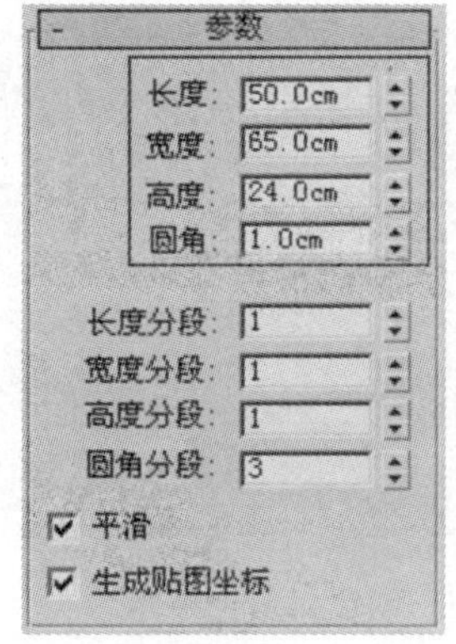

图 1—8　【参数】面板的设置

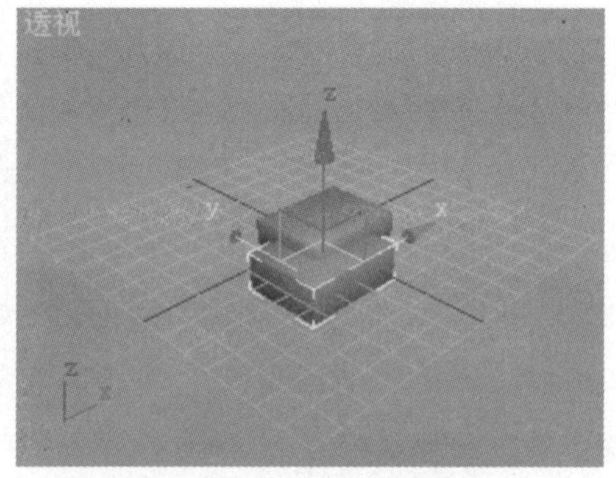

图 1—9　制作沙发底座长方体

（7）单击【选择并移动】按钮。调整该长方体与前一个长方体的位置关系，使它们对齐放置，如图1—10所示。

图1—10　移动底座切角长方体的位置

提示　在使用【选择并移动】工具选择对象后，对象本身的x、y、z轴分别以红色、绿色、蓝色表示。将鼠标放在某个轴上，鼠标光标变为十字箭头，此时拖动鼠标，对象只能沿着该轴的方向移动，从而将对象的移动限制在单一的坐标轴上。

（8）复制一个底座切角长方体，修改其【长】、【宽】、【高】和【圆角】参数分别为24 cm、65 cm、65 cm和2 cm，该长方体作为沙发的靠背。在左视图中单击【选择并移动】按钮，调整其与前两个对象的位置，如图1—11所示。

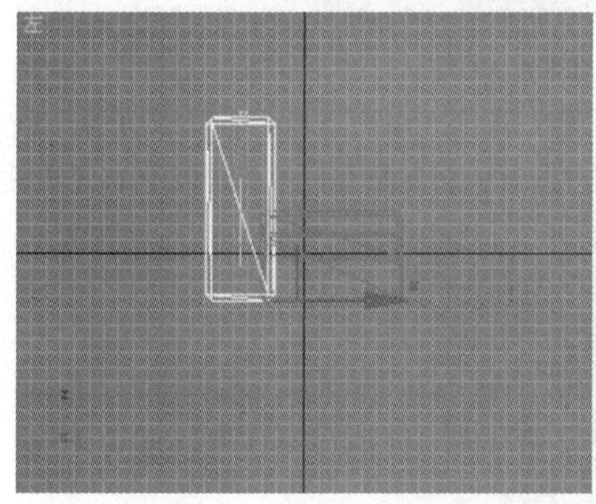

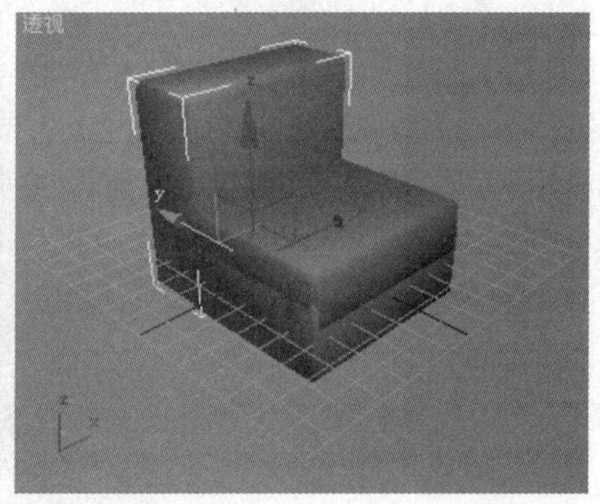

图1—11　放置靠背切角长方体

（9）再次创建一个切角长方体，其【长】、【宽】、【高】和【圆角】参数分别为60 cm，18 cm、45 cm和1 cm，该长方体将作为沙发的左侧扶手。在前视图中调整其位置，如图1—12所示。

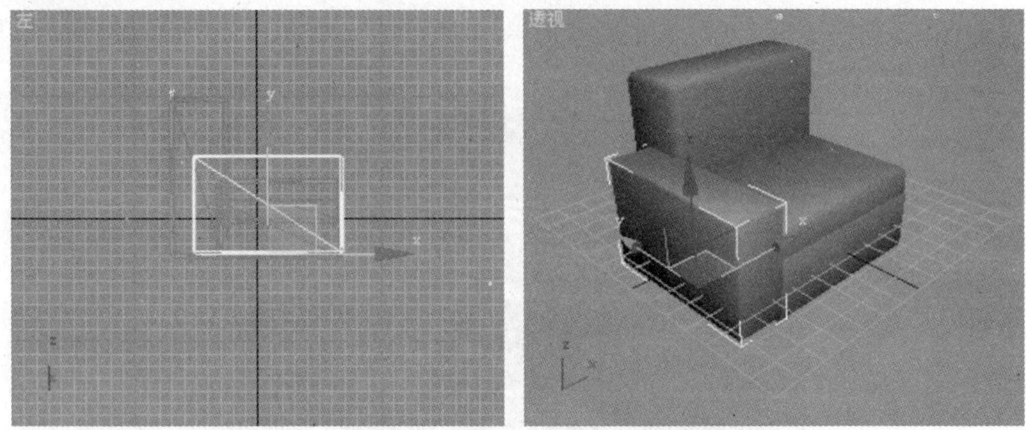

图 1—12　创建并放置扶手切角长方体

（10）在前视图中复制该长方体，将其放置在沙发右侧扶手的位置作为沙发的右扶手，如图 1—13 所示。

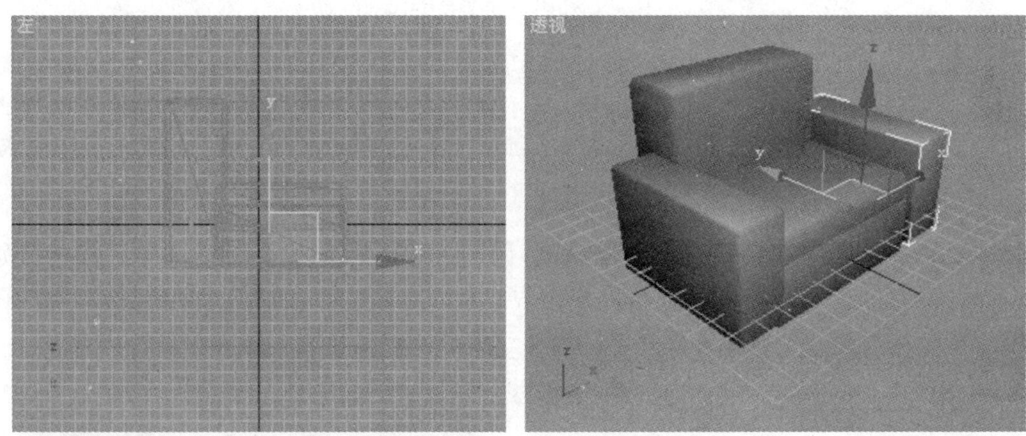

图 1—13　制作沙发的右扶手

（11）单击【创建】标签打开【创建】面板，单击其中的【几何体】按钮，在【对象类型】下拉列表中选择【标准基本体】。单击打开的【标准基本体】面板中的【圆柱体】按钮，如图 1—14 所示。

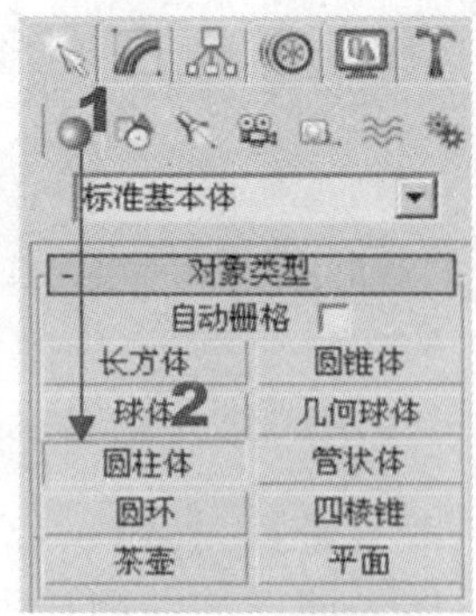

图 1—14　【标准基本体】创建面板

（12）在透视视图中创建一个圆柱体，其参数设置如图 1—15 所示。按此参数创建的圆柱体如图 1—16 所示。

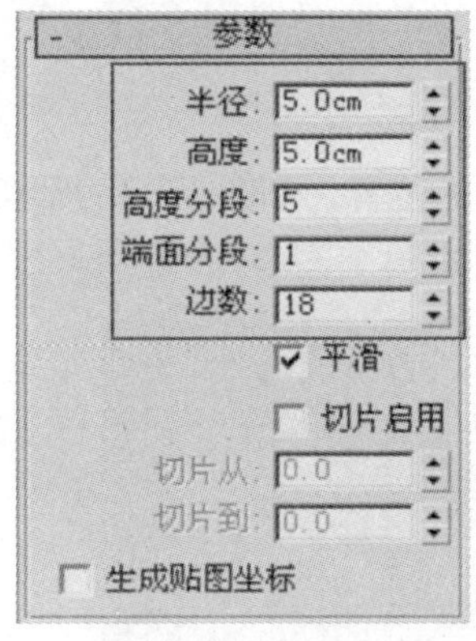

图 1—15　圆柱体参数设置

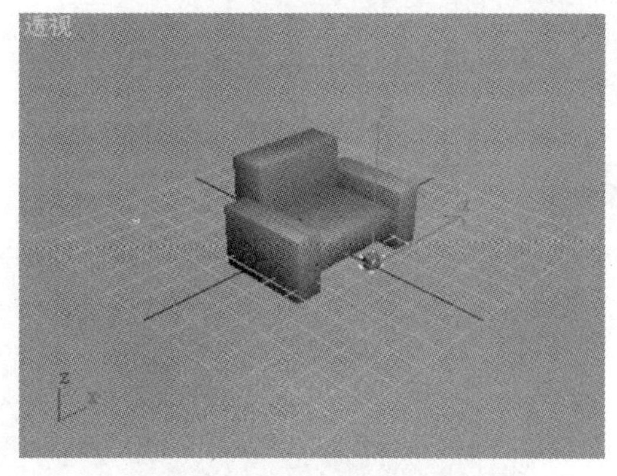

图 1—16　创建的圆柱体

（13）单击【选择并移动】按钮，调整该圆柱体的位置，如图 1—17 所示。该圆柱体将作为沙发的一个支脚。

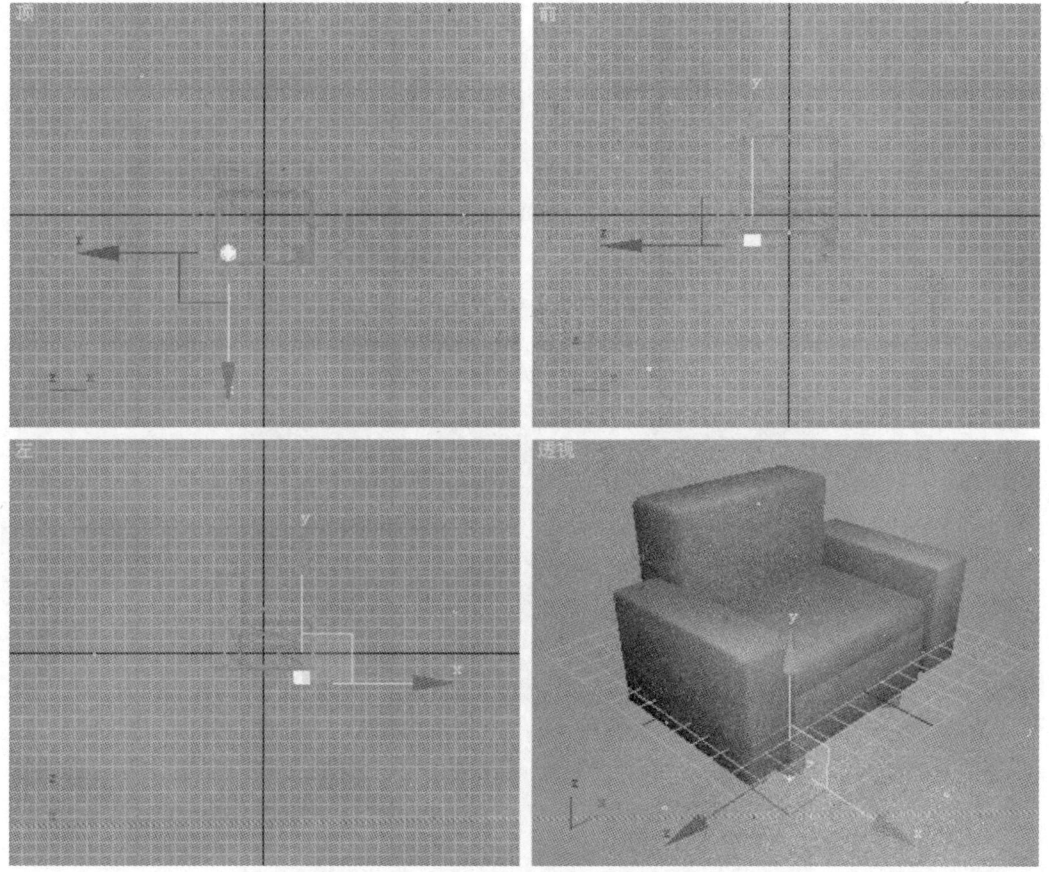

图 1—17　调整圆柱体的位置

提示 在建模时，无论多么简单的造型都无法在一个视图中完成，这也正是三维软件的特点，灵活应用各种视图是三维建模的关键。如这里在放置对象时，需要在各个视图中调整对象位置，使其符合空间上的位置关系。

(14) 复制 3 个创建的圆柱体，分别放置于沙发其他 3 个支脚的位置，如图 1—18 所示。至此，一个简单的沙发制作完成，其在透视视图中的效果如图 1—19 所示。

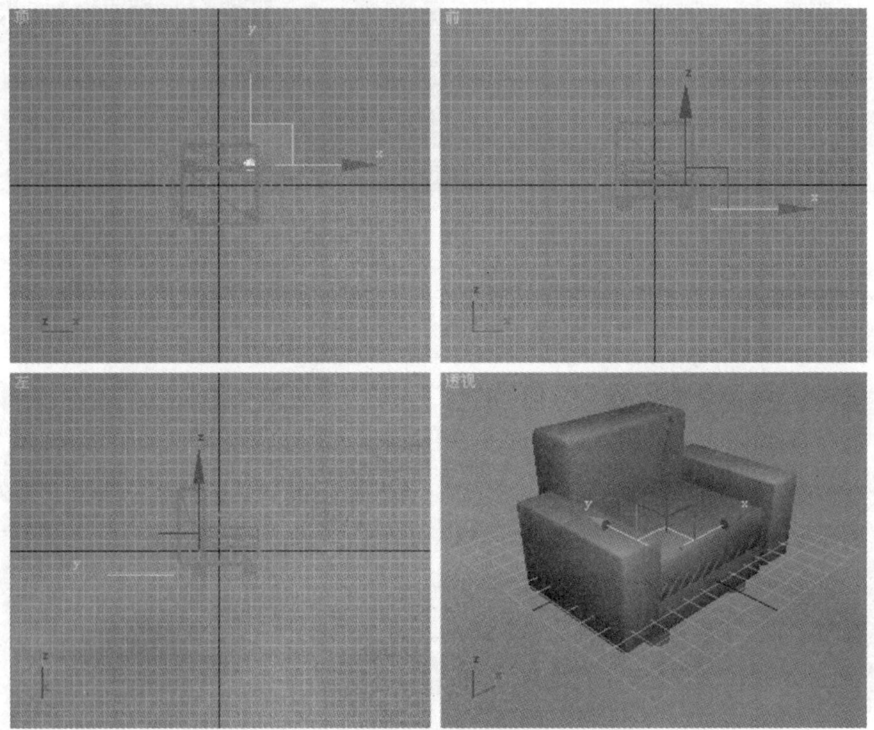

图 1—18 创建其他支脚

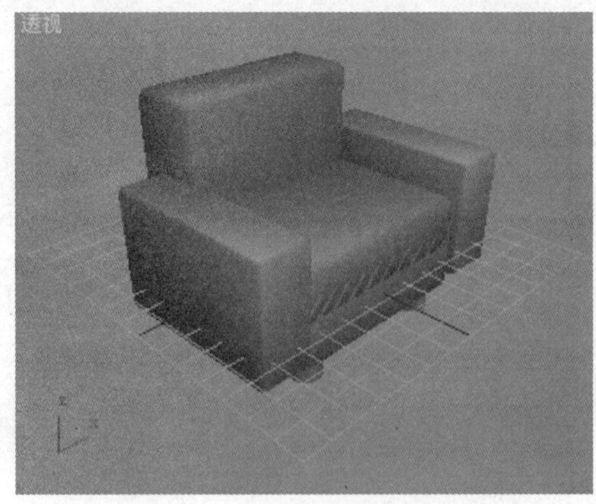

图 1—19 透视视图中的沙发效果

1.2　编辑修改初步——弯曲的香蕉

3ds max 7 提供了建立常见基本模型的方法，但现实中的物体却是错综复杂的，往往具有各种复杂的几何特征，仅凭基本模型的堆砌无法获得这些复杂对象模型。在模型创建后，往往需要对创建的模型做进一步的编辑修改，以获得作品所需要的复杂的三维对象。本节将初步介绍 3ds max 7 中使用修改器对模型进行修改的方法。

1.2.1　知识重点

【修改】面板是 3ds max 7 的一个核心部分，其提供了对三维对象进行修改的大量命令，这些命令可对已创建的三维对象进行各种方式的修改和加工，并且能够以堆栈的方式记录使用过的修改命令，逐层发生修改作用，完整地保留修改历史，从而可以实现反复的编辑操作。使用【修改】面板，对已创建的模型进行编辑修改，可以获得各种不同类型的几何模型，这也是 3ds max 7 建模的一种常用方式。

在视图中选择对象后，单击【修改】标签即可打开【修改】面板，其一般结构如图 1—20 所示。

下面按照图 1—20 的标注顺序简单介绍【修改】面板的各个构成部分。

(1)【名称和颜色】：修改创建模型的颜色和名称。在文本输入框中输入文字可以修改模型的名称。单击文本框右侧的色块可打开【对象颜色】对话框修改模型的颜色。

(2)【修改器列表】下拉列表框：提供 3ds max 7 的全部修改器列表，可选择相应的修改器。在 3ds max 7 中，修改器是一种对模型进行编辑和修改的工具，通常在完成模型创建后，使用修改器来对模型进行编辑修改，或将模型转变为更为复杂的对象。通过进入模型的次物体级别，还可对模型内部结构进行编辑操作。

图 1—20　【修改】面板的结构

(3) 修改器堆栈：记录对象创建和修改的过程。在 3ds max 7 中，可使用多种方式对一个对象进行编辑修改，那些叠加在模型上的修改操作，都会被记录在修改器堆栈中，用户可以随时返回到以前的操作对参数进行重新设置。同时，堆栈中还记录着修改器的使用顺序，可通过改变这一顺序来影响创建模型的最终效果。

(4) 功能按钮：通过这些功能按钮可对堆栈中的修改器进行操作，如从堆栈中移除修改器、配置修改器等。

(5)【参数】面板：不同修改器的面板所包含的设置项会有所不同。同时，不同的修改器，除【参数】面板外，还会存在其他的设置面板。

1.2.2 实例介绍

本实例介绍一个香蕉模型的创建过程。本实例在创建香蕉模型时，首先创建一个多边形对象，使用【挤出】修改器拉伸该平面对象获得立体造型。将创建的立体对象转换为可编辑网格后，通过对网格的顶点和面片的编辑来获得香蕉的形状。

在本实例的制作过程中，读者将了解【修改】面板的使用方法，熟悉【挤出】、【弯曲】和【网格平滑】修改器的作用，了解这三个修改器的参数设置方法及效果，同时，将掌握利用对网格对象的修改来进行三维造型的一般思路和技巧。

1.2.3 制作步骤

（1）启动 3ds max 7 进入程序界面。单击【创建】标签打开【创建】面板，单击其中的【图形】按钮。在打开的【图形】面板中单击【多边形】按钮，如图 1—21 所示。在顶视图中使用鼠标拖出一个多边形，单击鼠标右键，结束创建，如图 1—22 所示。

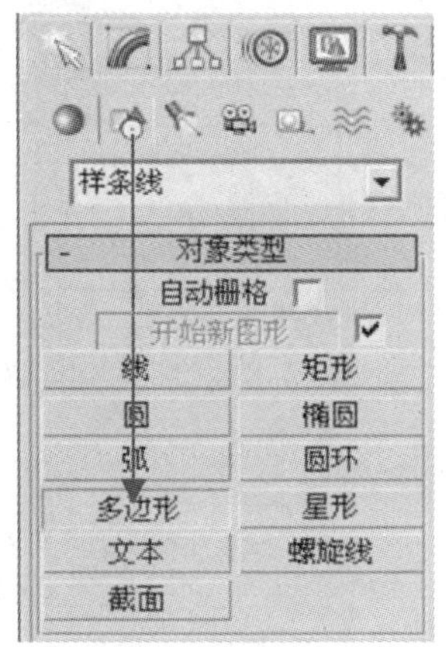

图 1—21 选择对象类型为多边形

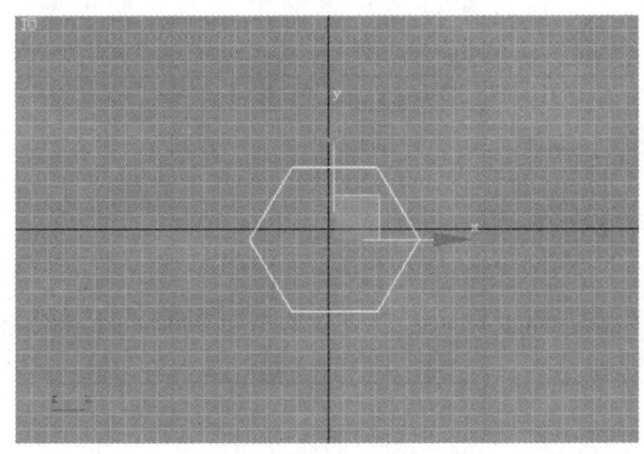

图 1—22 创建一个多边形

（2）单击【修改】标签①，在打开的【参数】面板中设置多边形的形状参数②，如图 1—23 所示。此时多边形的形状如图 1—24 所示。

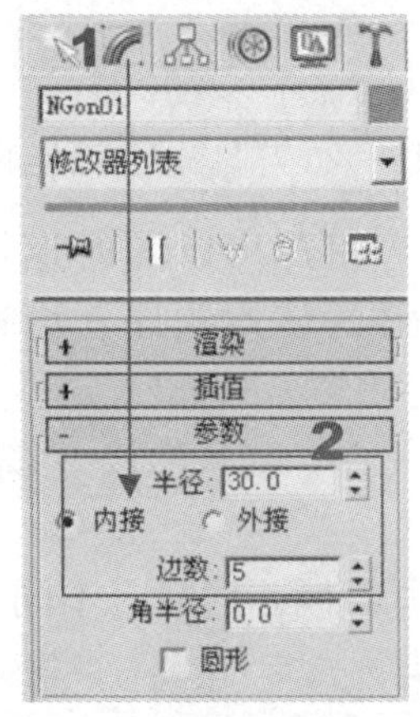

图 1—23 设置多边形的形状参数

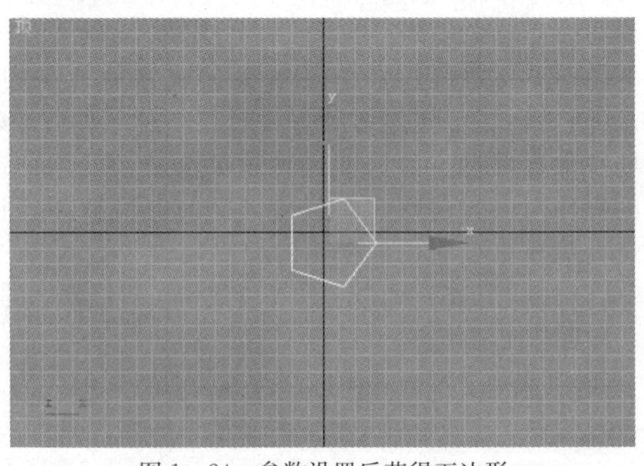

图 1—24 参数设置后获得五边形

（3）在【修改器列表】下拉列表中选择【挤出】选项①，在【参数】面板中设置【数量】和【分段】参数的值②，其他参数采用默认值，如图 1—25 所示。完成参数设置后，对象被拉出为三维对象，如图 1—26 所示。

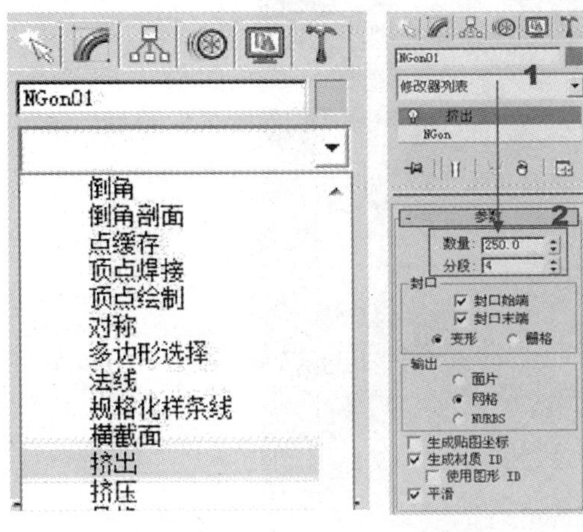

图 1—25　【挤出】参数的设置

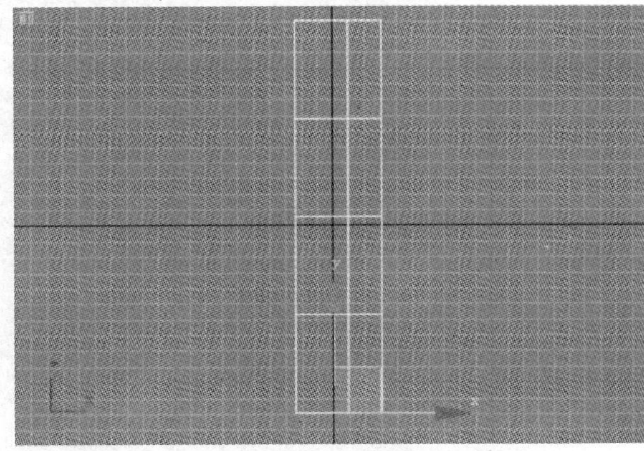

图 1—26　挤出三维对象

提示　此处【分段】值应合理地设置，如果此值设置过小，可能无法获得理想的弯曲效果，或者根本不会有弯曲变化。段数设置越多，则弯曲后对象的表面就会越光滑。

（4）单击工具栏中的【选择并移动】按钮，选择视图中的对象后单击鼠标右键，在弹出的快捷菜单中选择【转换为】→【转换为可编辑网格】命令，将柱体转化为可编辑的网格。在右侧打开的【选择】面板中单击【顶点】按钮，将编辑对象设置为顶点，如图 1—27 所示。此时网格上出现可编辑的顶点，如图 1—28 所示。

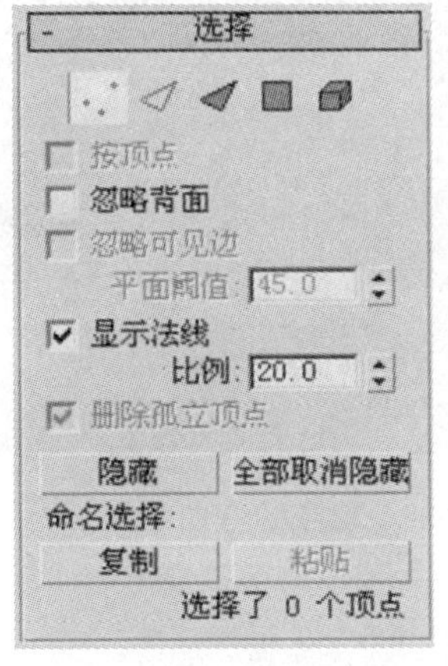

图 1—27　在【选择】面板中单击【顶点】按钮

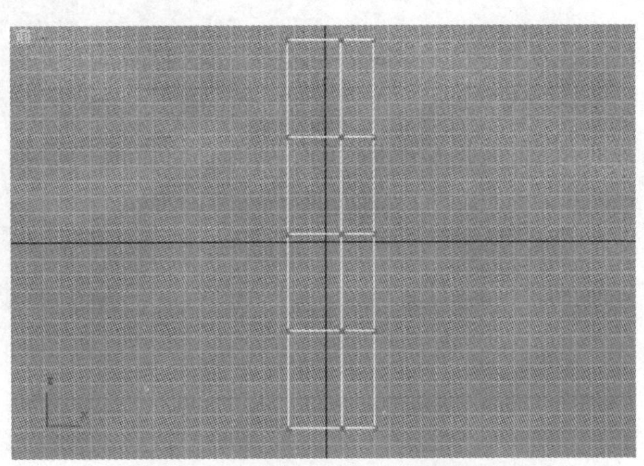

图 1—28　网格上出现可编辑的顶点

（5）单击工具栏中的【选择并移动】工具 ，在前视图中修改各个顶点的位置，改变柱体的形状，如图 1—29 所示。

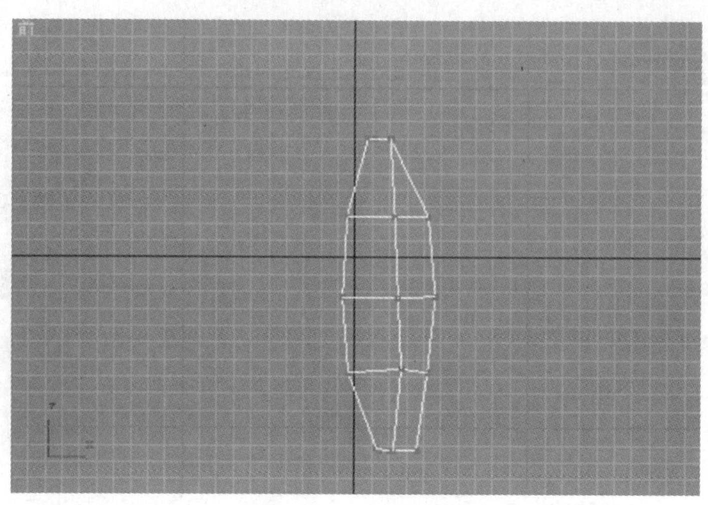

图 1—29　改变柱体的形状

（6）在【选择】面板中再次单击【顶点】按钮 ，取消对顶点的编辑。在【修改器列表】下拉列表中选择【弯曲】选项①。在打开的【参数】面板中设置【角度】值为 120°②，并单击【弯曲轴】栏中的【Z】单选框③，如图 1—30 所示。此时对象将会根据设置的参数弯曲，如图 1—31 所示。

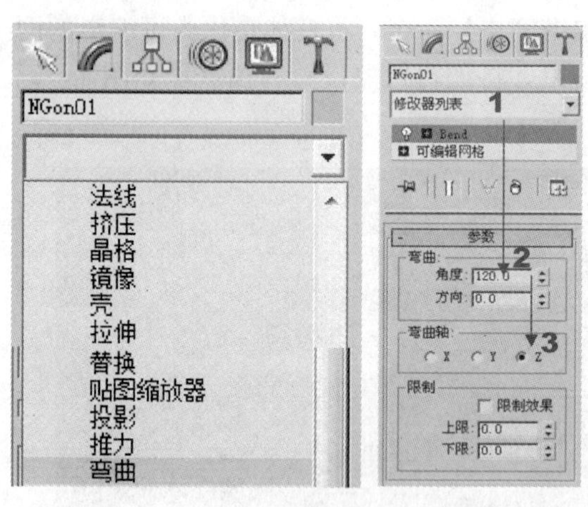

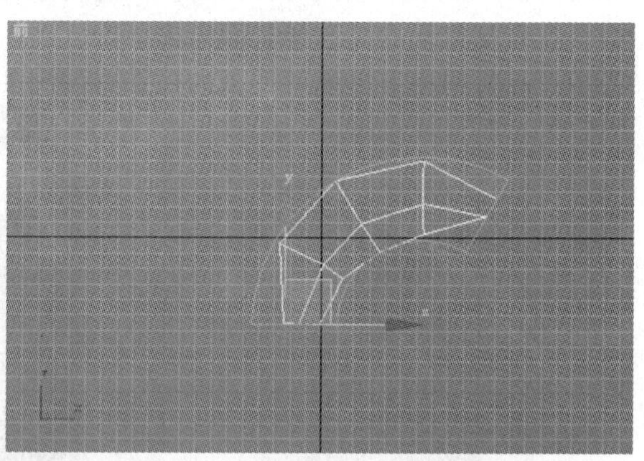

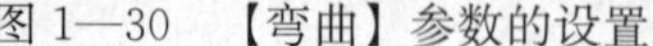

图 1—30　【弯曲】参数的设置　　　　图 1—31　对象的弯曲效果

提示　此处【弯曲轴】选项组中的【X】、【Y】和【Z】单选框可用于选择弯曲的轴向。【限制】选项组中的【上限】和【下限】这两个微调框用于设置弯曲的限度，对象上超过这里设置值的部分将不受修改器的影响。

（7）单击工具栏中的【选择并旋转】按钮，调整对象在前视图中的放置方向。再次将对象转换为可编辑网格，修改对象的各个顶点，进一步修改对象的形状，如图 1—32 所示。

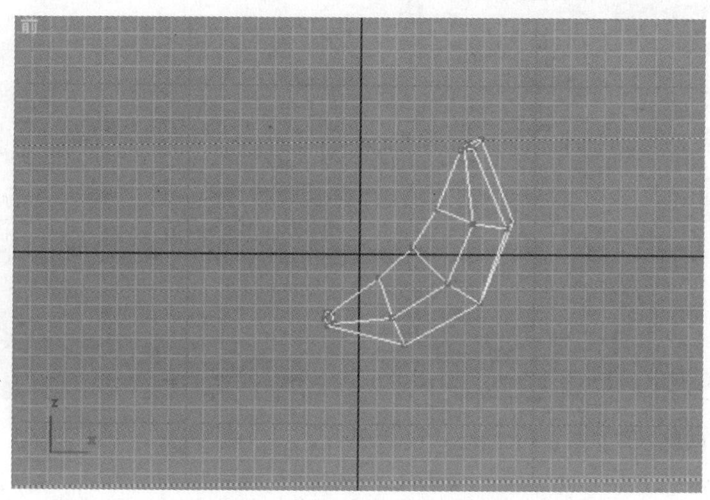

图 1—32　修改对象的节点

（8）在【选择】面板中单击【多边形】按钮■①，转换为多边形编辑状态。选择对象顶部的一个面，单击【编辑几何体面板】中的【挤出】按钮②，在其后的文本增量框中输入数字 20，如图 1—33 所示。按【Enter】键确认参数设置，顶部的面被挤出，这个部分将作为香蕉的柄。使用工具栏中的【选择并旋转】工具，旋转制作对象，使其拉出的部分能够清晰地看到，以便于后面的编辑，如图 1—34 所示。

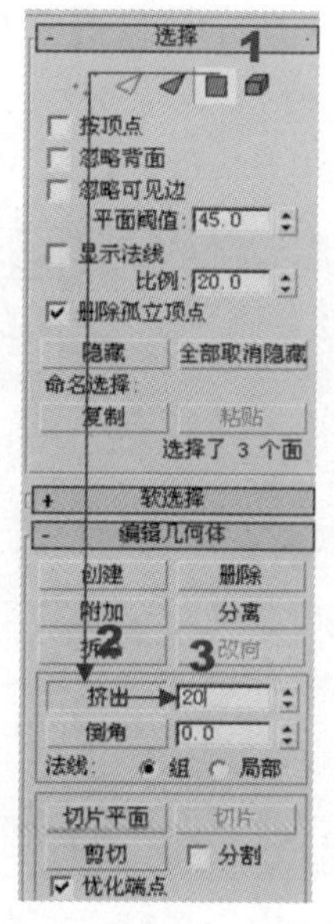

图 1—33　【挤出】参数的设置

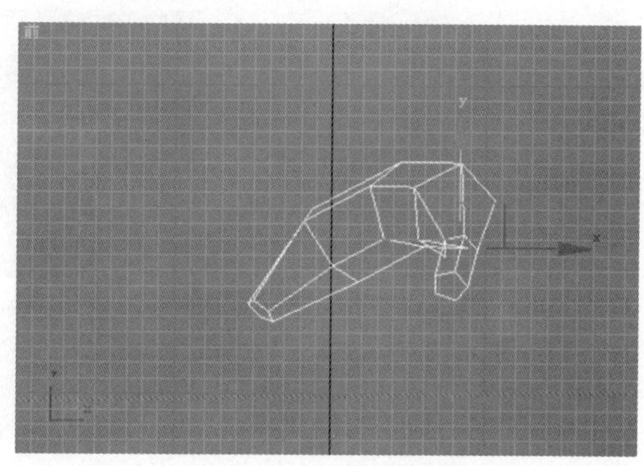

图 1—34　面的挤出效果

（9）在【修改器列表】下拉列表中选择【网格平滑】选项①，在打开的【细分量】面板中将【迭代次数】设置为1.0②，【平滑度】设置为1，如图1—35所示。完成参数设置后，对象的效果如图1—36所示。

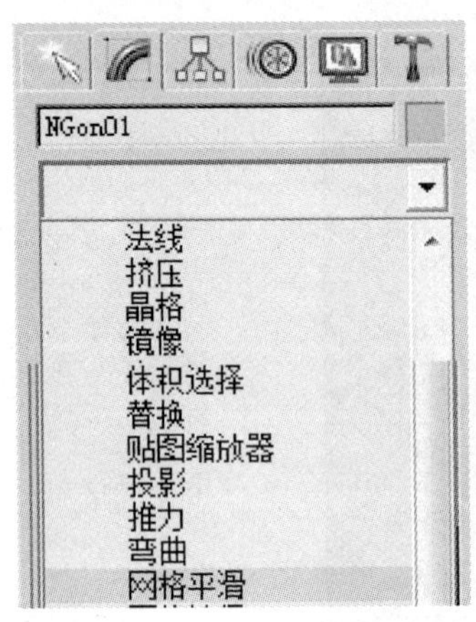

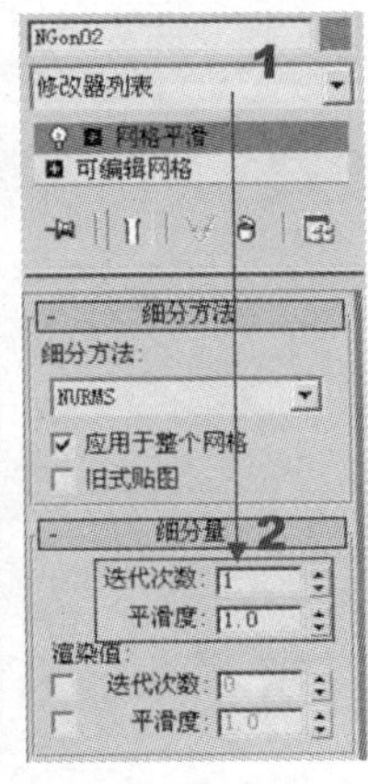

图1—35　【网格平滑】参数的设置

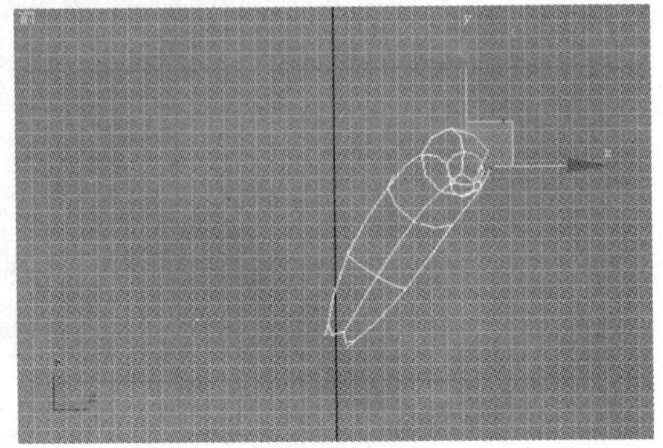

图1—36　完成参数设置后的效果

提示

- 【迭代次数】增量框：用于设定对模型表面进行重复光滑的次数。每增加一次细分，模型量增加一倍，模型将变得更加精细。增加此值，会导致系统计算量增大，这里常将其设置为2级到3级。
- 【平滑度】增量框：用于设置细分后新增加的面与原来的面之间折角的光滑度，其默认值为1。当此值设置为0时，模型表面将不受光滑影响。

（10）在【局部控制】面板中单击【顶点】按钮，如图1—37所示。修改对象上所出现的顶点的位置，使设计对象更为逼真，如图1—38所示。

至此，一个香蕉的建模完成，其在透视视图中的效果如图1—39所示。

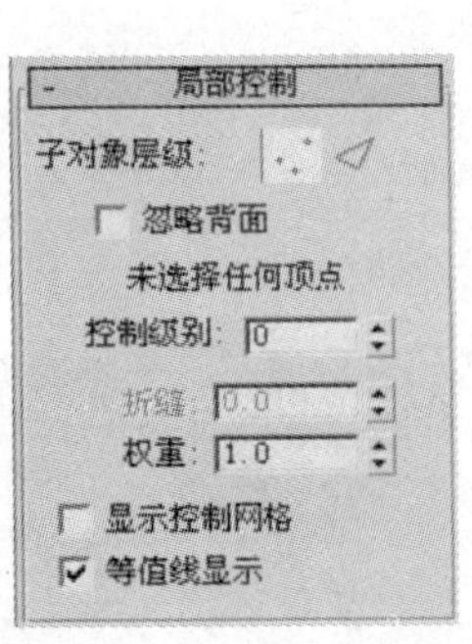

图1—37　【局部控制】面板

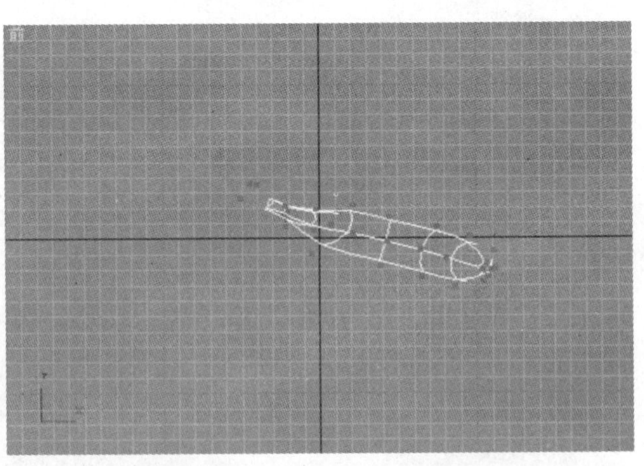

图1—38　修改顶点的位置改变对象的形状

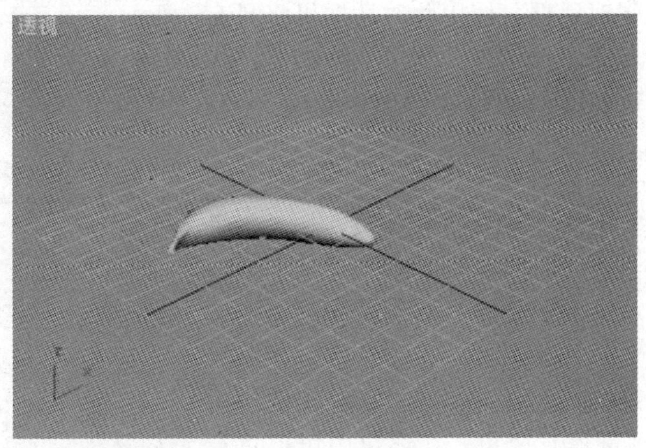

图 1—39　透视视图中的香蕉效果

1.3　材质与灯光初步——光芒四射

现实中的物体都具有表面特征，如玻璃、金属、木头、水等都具有不同的质感、颜色和属性。在三维效果的制作中，材质的制作与运用是一个重要环节，合理地创建和使用材质，对于获得逼真的实物效果至关重要。

在真实的场景中，光线是必不可少的组成部分。3ds max 7 提供了各种类型的数字光源，巧妙地使用光源，能够营造出各种环境氛围，对于作品往往能起到画龙点睛的作用。本节将初步介绍为对象添加材质和使用光源的知识。

1.3.1　知识重点

材质和灯光的应用是创建真实场景的基础，合理使用材质和灯光能够营造出逼真的场景效果。

（1）材质

在 3ds max 7 中，材质是一种模拟现实的手段。材质在场景的渲染中起着举足轻重的作用。一个真实的、有吸引力的对象，其材质一定是真实可信的。在 3ds max 7 中，对象材质的创建是通过【材质编辑器】来完成的。在工具栏中单击【材质编辑器】按钮，可打开【材质编辑器】窗口，如图 1—40 所示。

下面根据图中标注的顺序，简单介绍【材质编辑器】窗口的构成。

①【材质示例窗】：用于显示材质的效果。在默认情况下，显示的是大尺寸的 6 个示例球，材质参数的改变，其效果将会在示例球上显示出来。在示例球上单击右键，在弹出的菜单中可选择显示的示例球的数量。

②【垂直工具栏】：位于【材质编辑器】窗口的右侧，工具栏中的按钮包括了用于调整材质在示例窗中显示效果的 6 个工具按钮和其他的设置按钮。如【采样类型】按钮用于设

置示例窗中样本的显示类型。单击【按材质选择】按钮可打开【选择对象】对话框，使用此对话框可将具有相同材质的物体选择出来。

③【水平工具栏】：位于【材质示例窗】的下方，包括常用的工具按钮，主要用于获取材质、显示贴图纹理以及将材质赋予场景中的对象等。

④【拾取材质按钮】：单击此按钮可在场景中拾取材质。

⑤【材质名称】文本框 01 - Default ：用于对当前材质命名。

⑥【材质类型】按钮 Standard ：单击此按钮可以打开【材质/贴图浏览器】窗口，在窗口中可以进行材质或贴图的选择。这里要注意的是：系统默认的材质类型是标准材质，这也是按钮名为“Standard”的原因。

⑦参数控制区：用于对材质进行设置。选择的材质不同，该控制区的内容也不同。单击面板上的标签按钮可将卷起的面板展开，再次单击该按钮则可将展开的面板卷起。

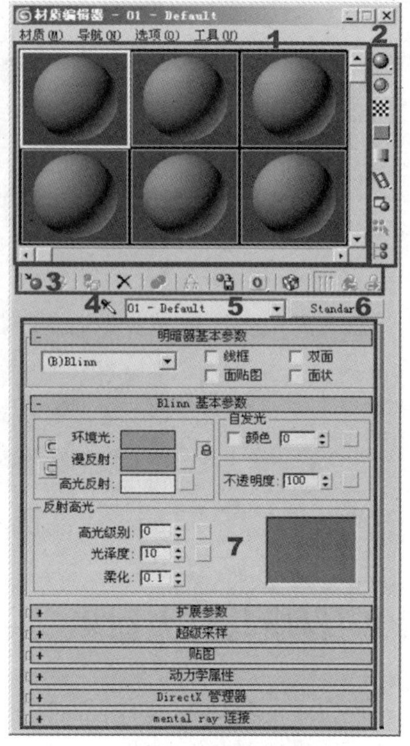

图 1—40 【材质编辑器】窗口

（2）灯光

灯光是场景配置中不可缺少的重要组成部分，在对象的造型和材质确定的情况下，灯光配置的好坏直接影响到场景的整体效果。3ds max 7 提供了 8 种标准灯光类型，它们包括目标聚光灯、自由聚光灯、目标平行光、自由平行光、泛光灯、天光、mr 区域泛光灯和 mr 区域聚光灯。

提示 此处，区域灯光是从几何区域发射光子的灯光，与点光源（如：泛光灯）或聚光灯形成对比。区域灯光在真实世界中的实例包括窗户、天光、荧光和霓虹灯管等。通常，由区域光源生成的阴影比由点光源和聚光灯光源生成的阴影要更分散，并且有模糊的边缘。mental ray 区域灯光类型（即这里的 mr 区域泛光灯和 mr 区域聚光灯）是由内置的 MAXScript 脚本实现的。

3ds max 7 还提供了光度学灯光，这是一种高级灯光类型，使用它们可以表现真实世界的灯光效果。光度学灯光类型包括 8 种灯光类型，它们是目标点光源、自由点光源、目标线光源、自由线光源、目标面光源、自由面光源、IES 太阳光和 IES 天光。

提示 此处，IES 太阳光和 IES 天光统称为自然光。IES 太阳光通常用于室外场景中模拟太阳光，这是一种强光源。IES 天光是一种类似于天空的穹顶光，用于模拟现实生活中的天空漫反射效果。

1.3.2　实例介绍

本实例介绍一个场景中文字光芒效果的制作。本实例首先使用文本工具创建文字对象，使用【挤出】修改器拉伸文字获得立体文字效果。然后，使用目标聚光灯来创建场景中的光照效果。使用体积雾场景特效，通过为体积雾添加【噪波】材质来获得透过文字的光线效果。

通过本实例的制作，读者将学习点光源的创建方法，了解通过灯光与体积雾场景特效的结合来获得光线效果的方法，同时，将初步了解【材质编辑器】的基本使用方法。

1.3.3　制作步骤

（1）启动 3ds max 7 进入程序界面。在右侧的【创建】面板中单击【图形】按钮①，单击【对象类型】面板中的【文本】按钮选择创建文本②。在前视图中单击鼠标左键，在【参数】面板中的【文本】文本输入框中输入需创建的文字③，如图 1—41 所示。此时，视图的文字变为创建的文本，如图 1—42 所示。

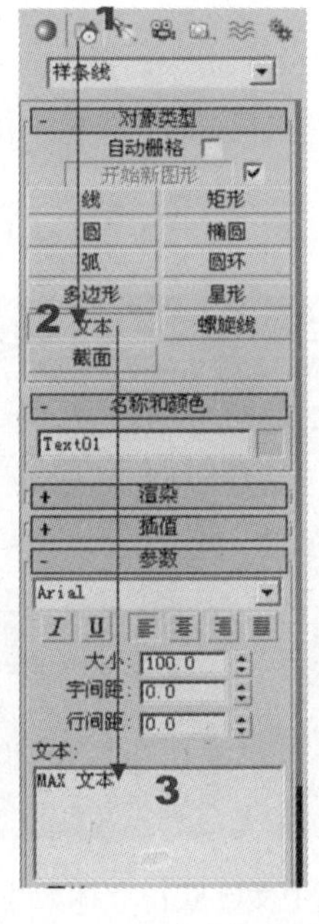

图 1—41　文本的设置

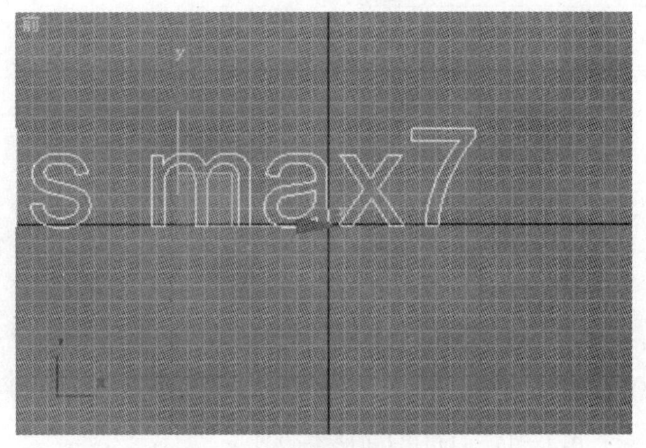

图 1—42　视图中创建的文本

（2）在工具栏中单击【选择并均匀缩放】按钮，单击前视图中的文本，拖动鼠标调整文本的大小。单击工具栏中的【选择并移动】按钮，使用该工具调整文本在视图中的位置，如图 1—43 所示。

（3）在视图中的文本被选择的情况下，单击【修改】标签。在【修改器列表】下拉

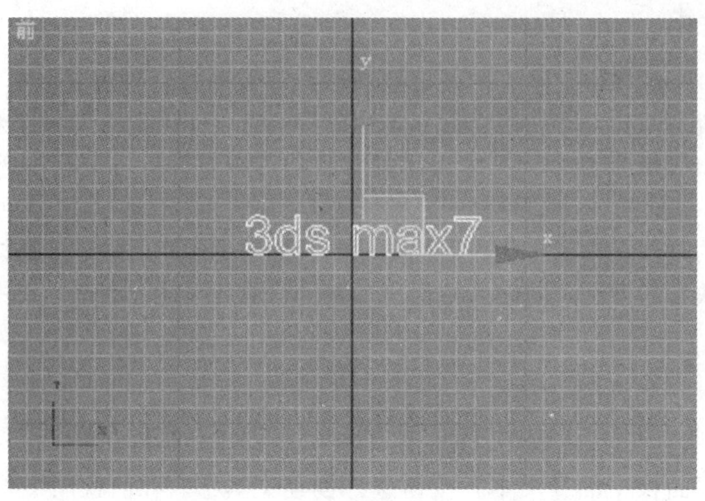

图 1—43　调整文本的大小和位置

列表框中选择【挤出】选项，在打开的【参数】面板中设置【数量】参数，如图 1—44 所示。完成设置后的文字获得立体效果，如图 1—45 所示。

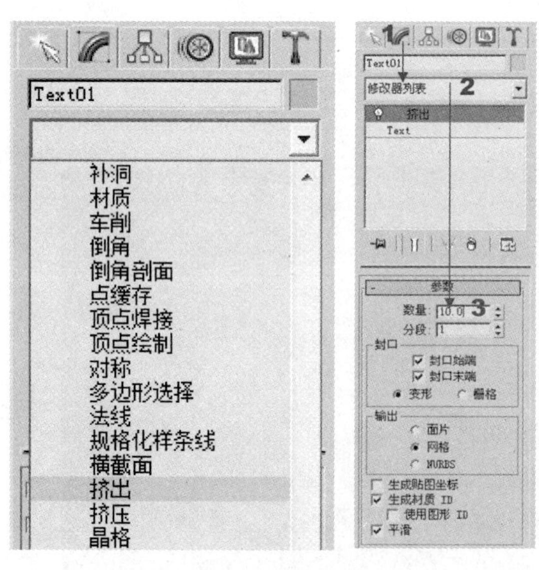

图 1—44　【挤出】的参数设置

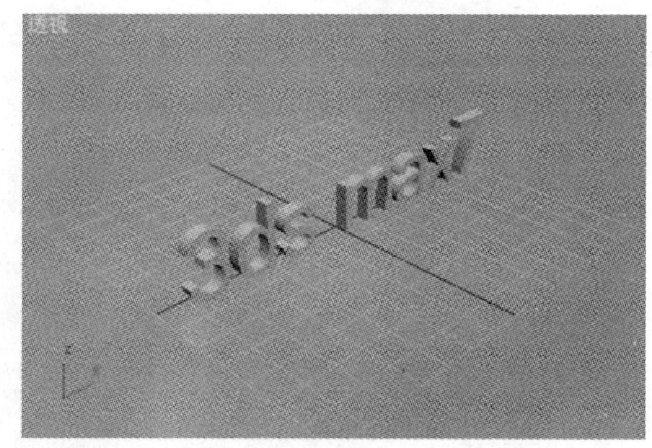

图 1—45　视图中文字获得立体效果

（4）单击【摄影机】按钮①，在【对象类型】面板中单击【目标】按钮②，如图 1—46 所示。在左视图中单击，拖动鼠标即可在视图中创建一个摄影机，如图 1—47 所示。

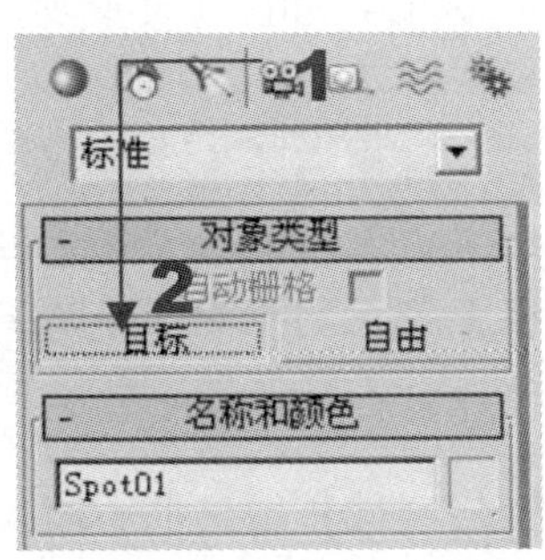

图 1—46　选择创建摄影机

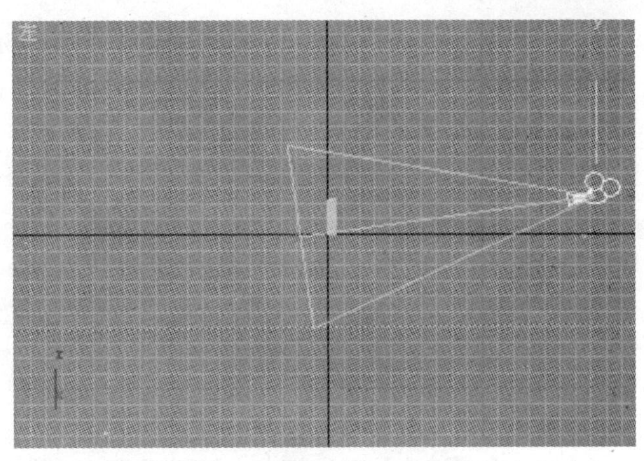

图 1—47　在视图中创建摄影机

提示　目标摄影机由摄影点和目标点两个部分构成。通过在场景中放置目标点和摄影点的位置，可获得不同的观察角度，得到不同的视觉效果。

（5）单击【灯光】按钮后①，单击打开的【对象类型】面板中的【目标聚光灯】按钮②，如图 1—48 所示。在顶视图的文字的右后方单击后拖动鼠标，创建一个目标聚光灯，如图 1—49 所示。

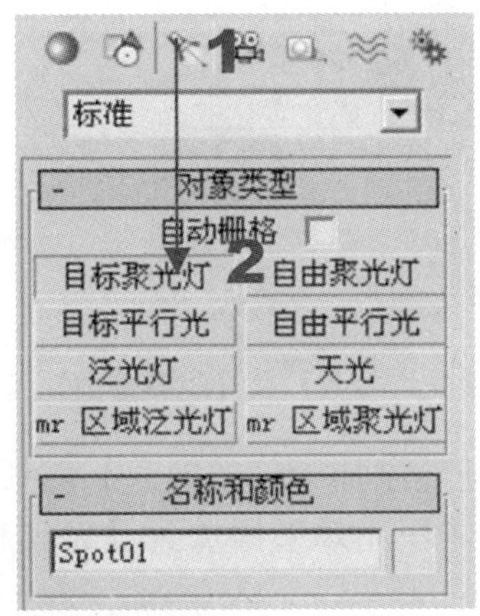

图 1—48　选择创建【目标聚光灯】

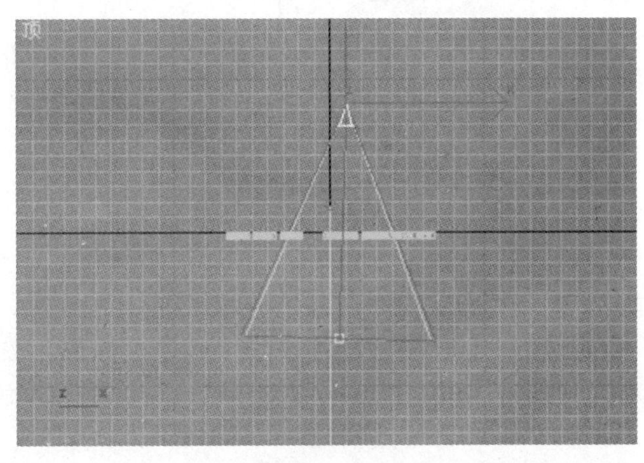

图 1—49　在顶视图中创建目标聚光灯

提示　目标聚光灯可以产生一种锥形的投射光束，照射区域内的物体会受到灯光的影响而产生逼真的投影效果。

目标聚光灯包括投射点和目标点两个组成部分，场景中的圆锥体图形是投射点，小立方体表征为灯光的目标点，通过调整它们可调整物体投影的面积和方向。

此外，聚光灯有矩形和圆形两种投影区域可供选择，矩形投影区域一般用于制作电影投影图像，而圆形区域用于模拟筒灯、壁灯和车灯等照射效果。

（6）在聚光灯被选择的情况下，单击【修改】标签，在【常规参数】面板中勾选【启用】复选框①。在【强度/颜色/衰减】面板中勾选【远距衰减】选项组的【使用】和【显示】复选框②，并在【开始】和【结束】微调框中输入 300 和 350③，如图 1—50 所示。

提示 【常规参数】面板中的【阴影】选项组中的【启用】复选框用来打开或关闭灯光作用下的阴影，打开后可以产生光线照射下的投影效果。在【远距衰减】选项组中的【开始】和【结束】微调框分别设置光线从最强开始变弱的位置和光线衰减到 0 的位置。

（7）展开【聚光灯参数】面板，在【聚光区/光束】和【衰减区/区域】增量框中输入参数①，同时单击【矩形】单选框②。展开【阴影参数】面板，勾选【灯光影响阴影颜色】复选框③，如图 1—51 所示。

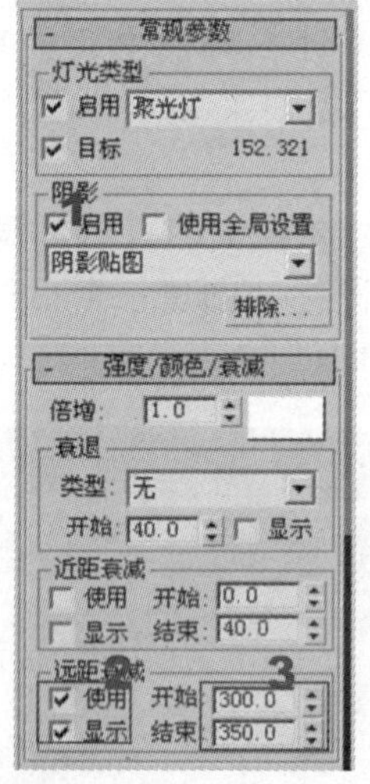

图 1—50【强度/颜色/衰减】面板中的设置

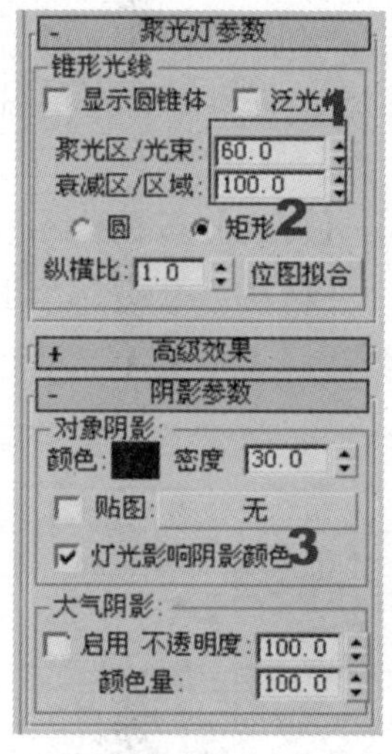

图 1—51 【聚光灯参数】和【阴影参数】设置

（8）展开【大气和效果】面板，单击【添加】按钮，打开【添加大气或效果】对话框，选择其中的【体积光】选项后①，单击【确定】按钮②，将体积光效果添加到【大气和效果】面板中，如图 1—52 和图 1—53 所示。

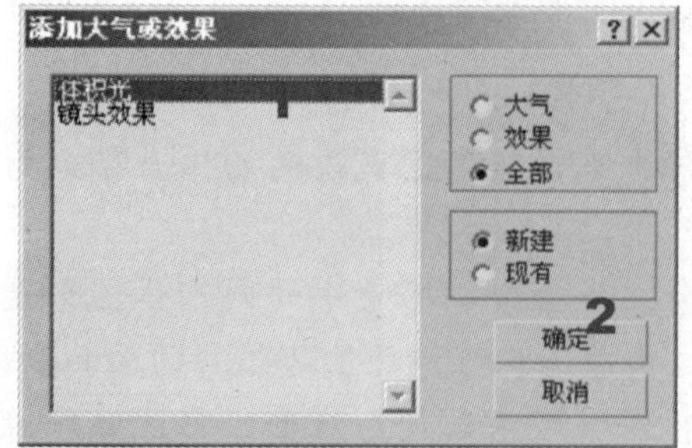

图 1—52 【添加大气或效果】对话框

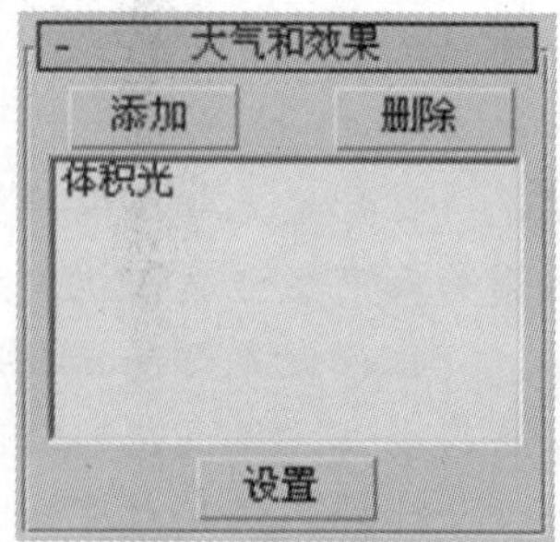

图 1—53 【大气和效果】面板

（9）单击刚添加到【大气和效果】面板中的【体积光】选项，单击【大气和效果】面板中的【设置】按钮，打开【环境和效果】窗口。在【体积光参数】面板中的【密度】增量框中输入 3①，如图 1—54 所示。单击【雾颜色】色块②，打开【颜色选择器：雾颜色】对话框，在【红】、【绿】、【蓝】增量框中输入颜色值，如图 1—55 所示。完成设置后，单击【关闭】按钮，关闭【颜色选择器：雾颜色】对话框。

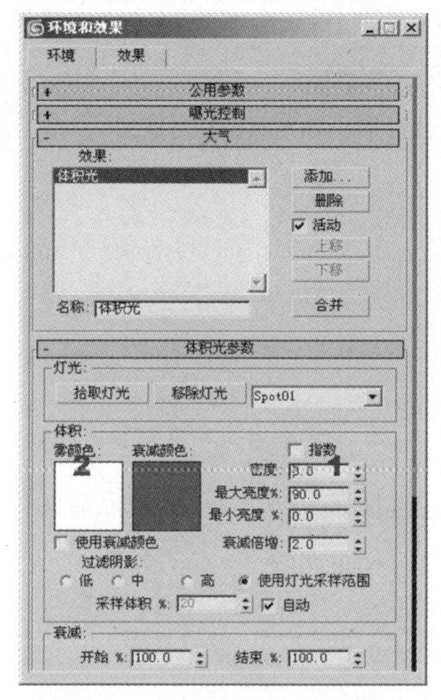

图 1—54　【环境和效果】窗口

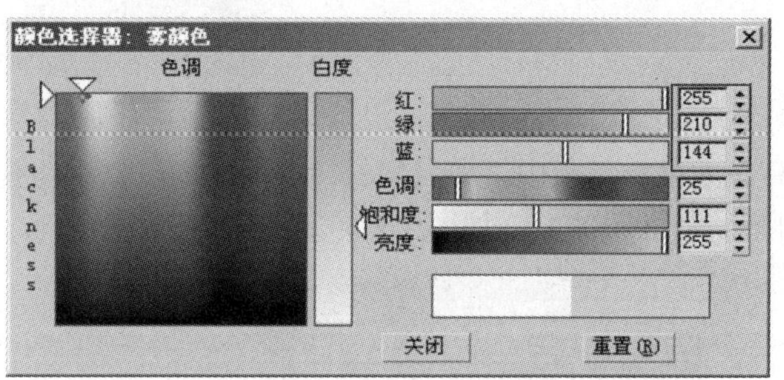

图 1—55　【颜色选择器：雾颜色】对话框

提示　计算机中采用色光三原色，即：红、绿、蓝三色。计算机中的颜色模式采用红、绿、蓝的英文首字母 R、G、B 来命名，即 RGB 模式。RGB 模式是计算机色彩的基本模式，每个原色各有一个“通道”，即：R 通道、G 通道和 B 通道，每个通道可独立进行编辑和调整。在实际应用中，三种原色通过混合后即可形成真实的色彩效果。

在计算机中，色彩采用精确的数值来表示，因而能够进行精确的量化，调成准确的颜色。RGB 模式的每个原色可采用 8 位二进制数表示，一个原色有 2^8（即 256）个明度值，通过修改各个原色通道的值，可以获得不同的颜色效果。

（10）关闭【环境和效果】窗口，再次打开【强度/颜色/衰减】面板①。在【倍增】增量框中输入 2②，如图 1—56 所示。单击该增量框右侧的色块，打开【颜色选择器：灯光颜色】对话框，设置颜色为黄色，如图 1—57 所示。

（11）打开【高级效果】面板，勾选【贴图】复选框①，如图 1—58 所示。单击【无】按钮②，打开【材质/贴图浏览器】窗口，在右侧的列表框中选择【噪波】程序贴图③，如图 1—59 所示。双击【噪波】选项，关闭【材质/贴图浏览器】窗口并赋予灯光材质效果。

（12）单击工具栏中的【材质编辑器】按钮，打开【材质编辑器】窗口。在灯光参数

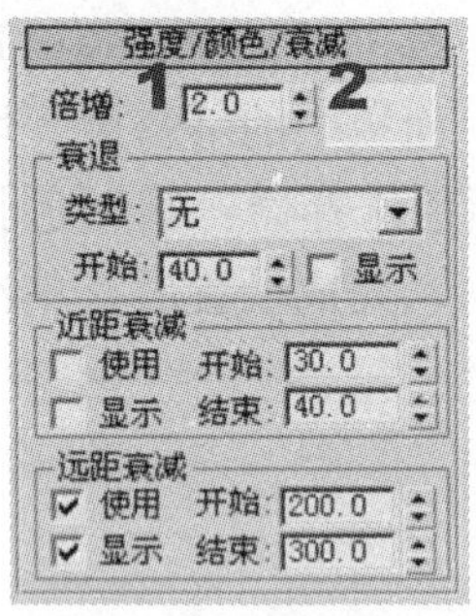

图 1—56 设置【倍增】参数

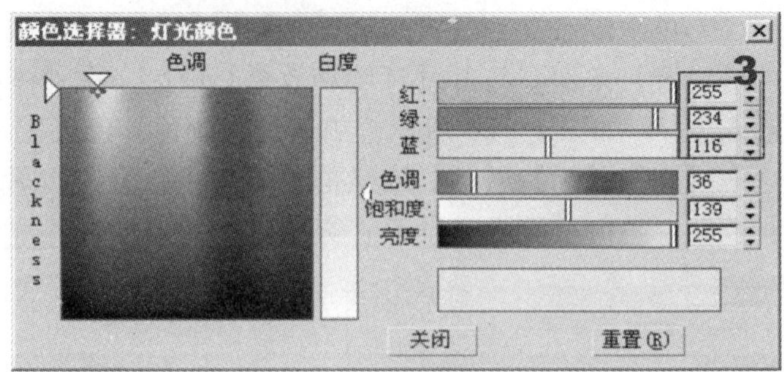

图 1—57 【颜色选择器：灯光颜色】对话框

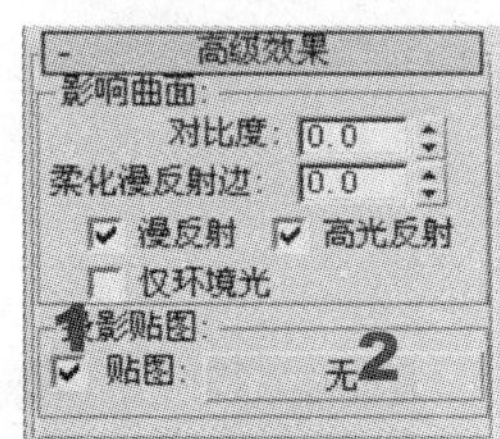

图 1—58 【高级效果】面板

【高级效果】面板中，将【Map ＃5（Noise）】按钮拖放到【材质编辑器】的【材质示例窗】的第一个材质球上，如图 1—60 所示。

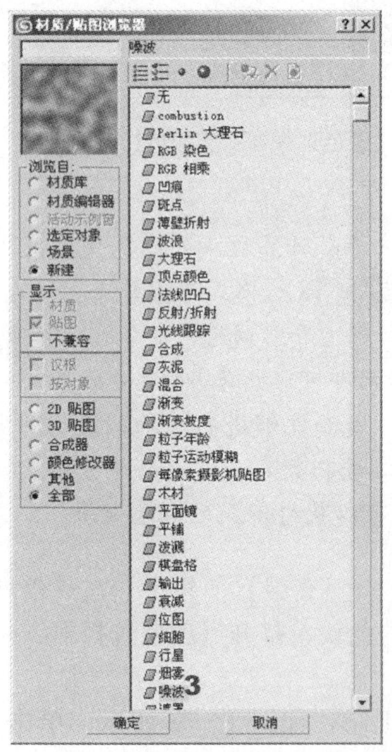

图 1—59 【材质/贴图浏览器】窗口

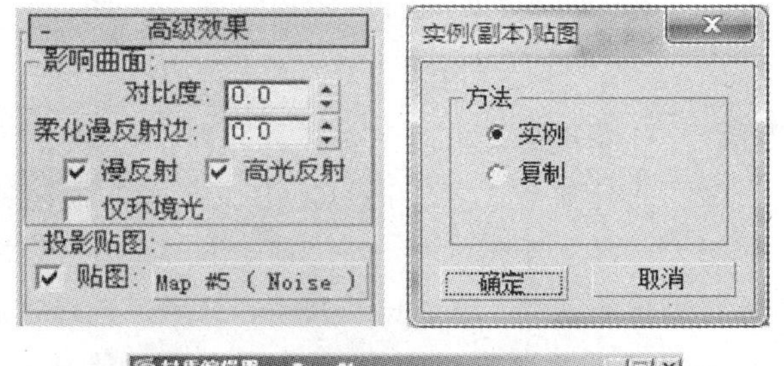

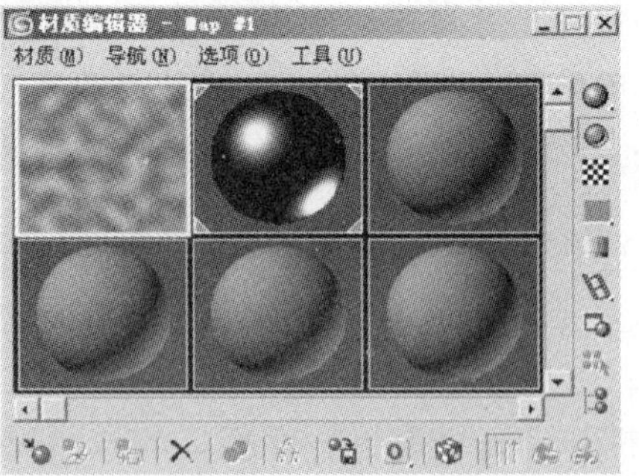

图 1—60 将按钮拖放到材质球上

提示　此处，系统会弹出【实例（副本）贴图】对话框，单击【实例】单选框后，再单击【确定】按钮关闭对话框，贴图将具有实例属性。

（13）在【材质编辑器】窗口的【坐标】面板中，将【模糊】设置为3①。在【噪波参数】面板中单击【分形】单选框设置噪波类型②，如图1—61所示。

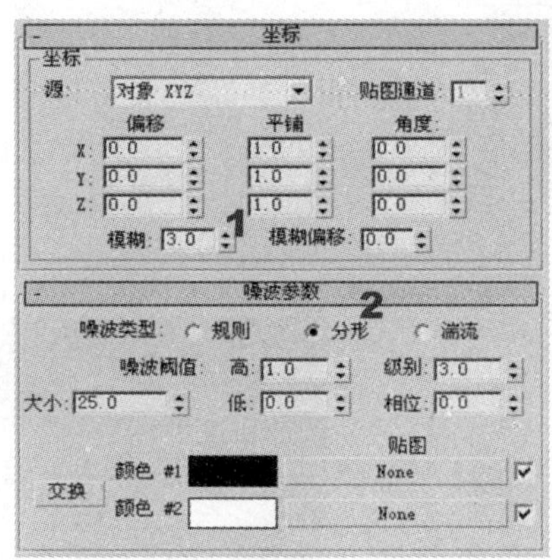

图1—61　噪波类型的设置

提示　【材质编辑器】窗口中的【坐标】参数面板用于设置贴图的重复、平移和旋转，可控制2D贴图在物体表面的位置。在【坐标】参数面板中：

【偏移】：用于控制贴图在物体表面的偏移位置，【X】、【Y】和【Z】增量框用于设置贴图起始点的坐标值。

【平铺】：用于设置贴图在对象表面的重复次数。

【角度】：用于设置贴图相对于对象的偏转角度。

【模糊】和【模糊偏移】：两个增量框配合使用，可设置贴图在对象表面的模糊程度。可根据贴图效果的需要，使用不同的值。

（14）在【噪波参数】面板中单击【颜色＃1】色块，打开【颜色选择器：颜色1】对话框。使用该对话框进行颜色设置，如图1—62所示。

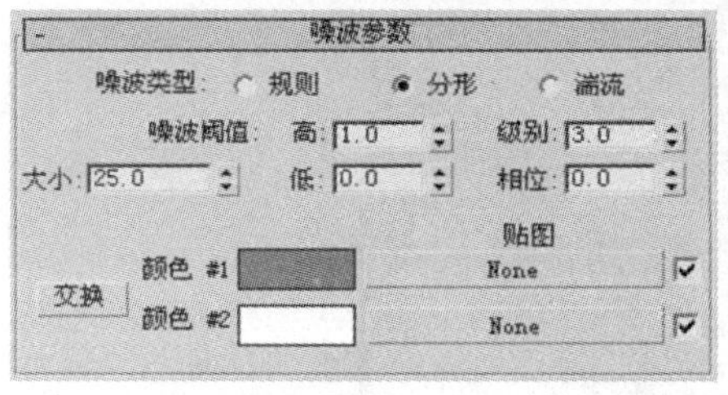

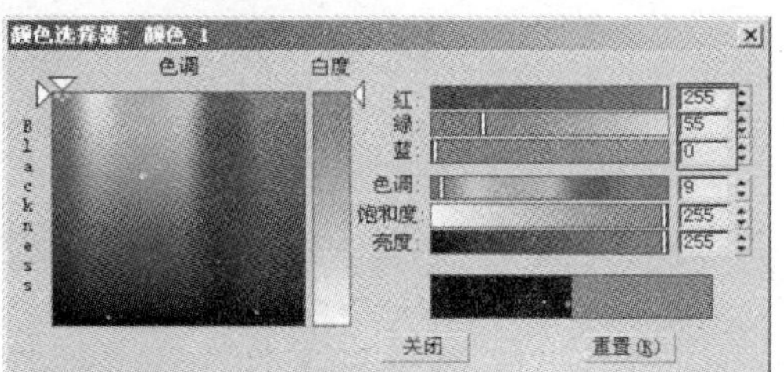

图1—62　设置【颜色＃1】的颜色

（15）采用相同的方式设置【颜色＃2】颜色，其参数为（255，255，100）。此时，聚光灯材质设置完成，材质球显示出材质的效果，如图1—63所示。

（16）单击工具栏中的【选择并移动】按钮，在视图中调整聚光灯和光照点与文字对象的位置关系，如图1—64所示。

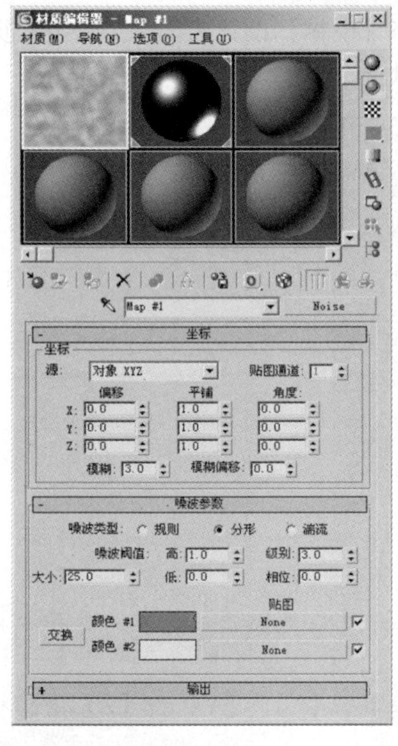

图1—63　【材质编辑器】窗口中材质球显示的材质效果

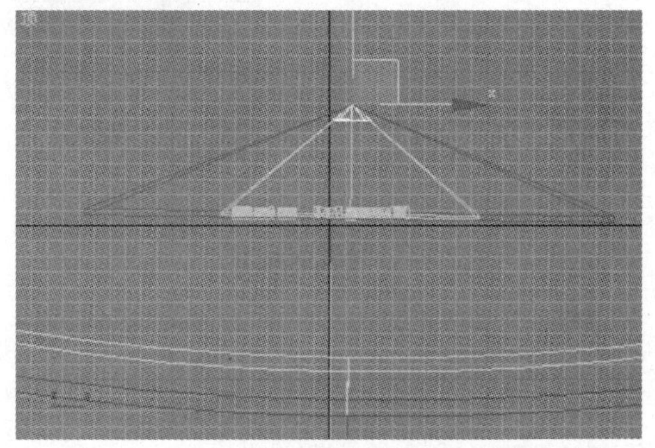

图1—64　调整聚光灯和光照点的位置

（17）完成调整后，选择透视视图，按【C】键将视图转化为【Camera01】模式，即摄影机视图。单击工具栏中的【快速渲染（产品级）】按钮，打开【渲染】对话框，如图1—65所示。此时3ds max 7开始对场景进行渲染，渲染完成后的效果如图1—66所示。

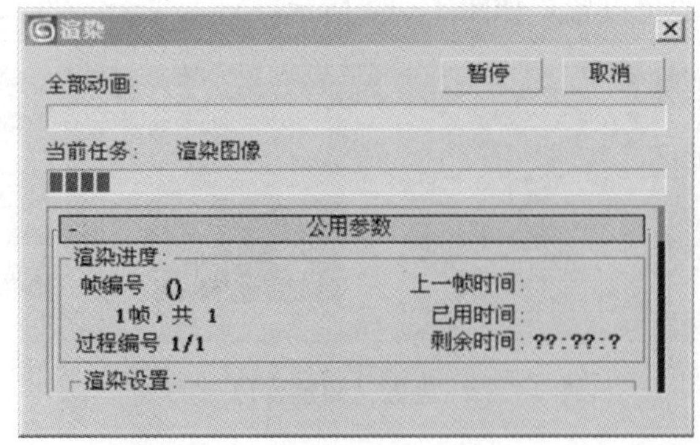

图1—65　【渲染】对话框

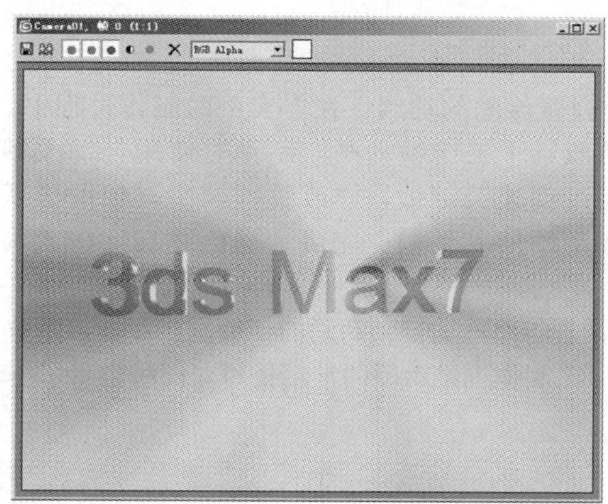

图 1—66　渲染后的效果

1.4　动画基础——伸缩的弹簧

三维动画已在各个行业得到了广泛的应用，3ds max 7 具有强大的动画制作功能，堪称三维动画制作的利器。3ds max 7 为三维动画的制作提供了各种实用的工具，可以极大地提高动画制作的速度，获得炫目的动画效果。本节将以一个简单的动画效果为例，介绍 3ds max 7 三维动画制作的基本理念，帮助读者了解 3ds max 7 三维动画制作的简单方法。

1.4.1　知识重点

3ds max 7 不仅是创建三维对象的利器，也是强大的三维动画制作工具。3ds max 7 是一个以时间为基础的动画制作软件，其按照 1/4 800 s 来存储动画值。根据工作的不同需要，使用 3ds max 7 时可以选择不同的方式来显示时间。

在动画制作过程中，每个单幅的画面称为帧。使用 3ds max 7 制作动画时，用户只需创建动画序列的起始帧、结束帧和关键帧，关键帧之间的动画帧由 3ds max 7 自动计算生成。同时，3ds max 7 能够对场景中对象的参数改变进行动画记录，当参数被确定后，系统的渲染器即可完成每一帧的渲染过程，以生成高质量的动画效果。

本节将介绍关键帧动画的制作。在 3ds max 7 中，通过手工设置关键帧来制作动画是一种简单的三维动画制作方式，该动画制作方式一般包括以下几个步骤：

- 创建对象原始模型。选择合适的建模方式，创建动画对象的原始模型，这是动画制作中的关键步骤，不同的建模方式会产生不同的动画效果。
- 创建关键帧。切换到自动关键点模式，开始动画的录制。拖动动画轨迹视条上的时间滑块确定需要记录的关键帧。改变当前帧的场景中对象的位置、角度或其他的创建参数，生成关键帧。

- 关闭动画记录。动画制作结束后，关闭动画记录，完成一个关键帧动画的创建。

1.4.2 实例介绍

本实例将制作一个弹簧伸缩的动画。在本实例的制作过程中，弹簧的造型使用螺旋线来创建。本实例的动画属于关键帧动画，制作时使用自动关键帧模式来记录关键帧中对象形状的变化。通过创建关键帧，修改关键帧中对象的形状，系统自动记录关键帧中这一修改，并生成动画的其他帧。完成动画创建后，将动画渲染输出，完成本实例的制作。

通过实例的制作，读者将熟悉关键帧动画的一般制作步骤，了解手动设置关键帧的一般方法，掌握使用 3ds max 7 制作三维动画的常用技巧，同时也将了解动画制作完成后渲染输出的方法。

1.4.3 制作步骤

（1）启动 3ds max 7 进入程序界面。单击【创建】标签①，接着单击【几何体】按钮②。在打开的【对象类型】面板中单击【长方体】按钮③，在顶视图中创建一个长方体。在【参数】面板中设置长方体的大小④，如图 1—67 所示。完成参数设置后得到需要的长方体对象，这个长方体将作为放置弹簧的底座，如图 1—68 所示。

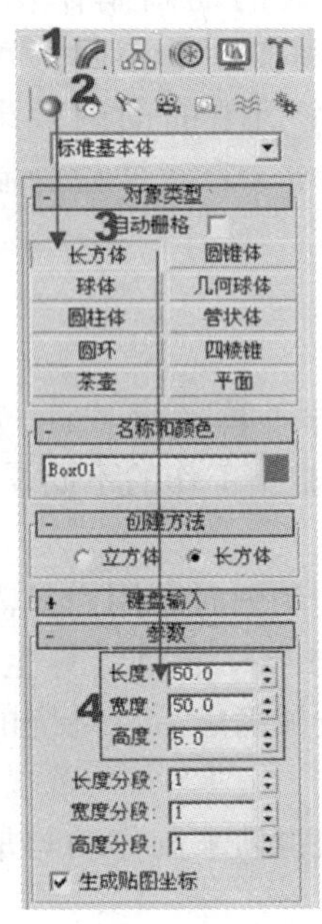

图 1—67 长方体的参数设置

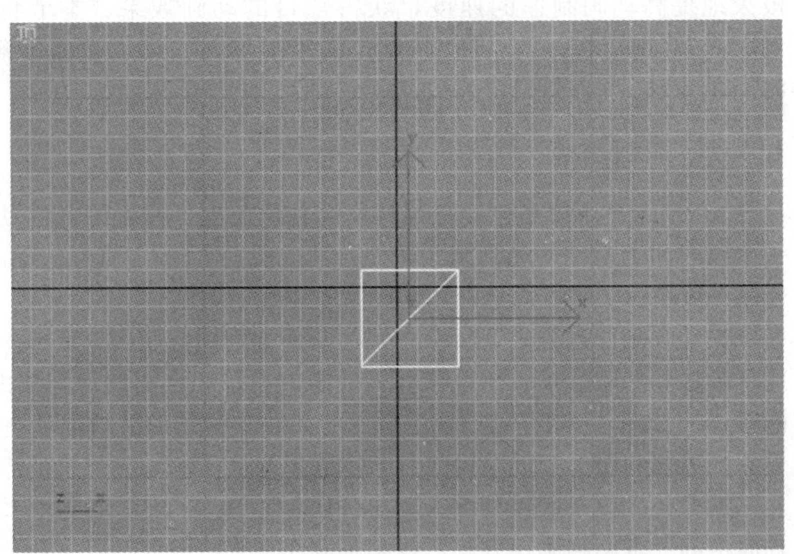

图 1—68 场景中创建的长方体对象

（2）单击【图形】按钮①，在打开的【对象类型】面板中单击【螺旋线】按钮②。在顶视图中单击，拖动鼠标创建一个放置于长方体上方的螺旋线。在打开的【参数】面板中设置螺旋线的半径、高度和圈数③，如图 1—69 所示。此时，可以看到创建的螺旋线效果，如图 1—70 所示。

（3）单击工具栏中的【选择并移动】按钮，调整螺旋线与长方体的相对位置关系，将其放置于长方体的中心并与长方体接触，如图 1—71 所示。

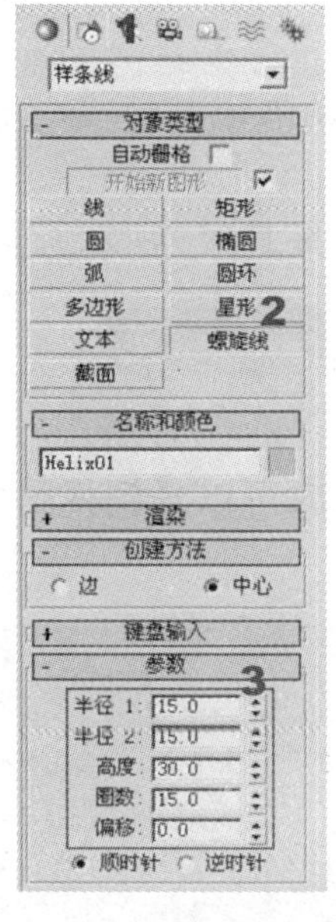

图 1—69　螺旋线参数设置

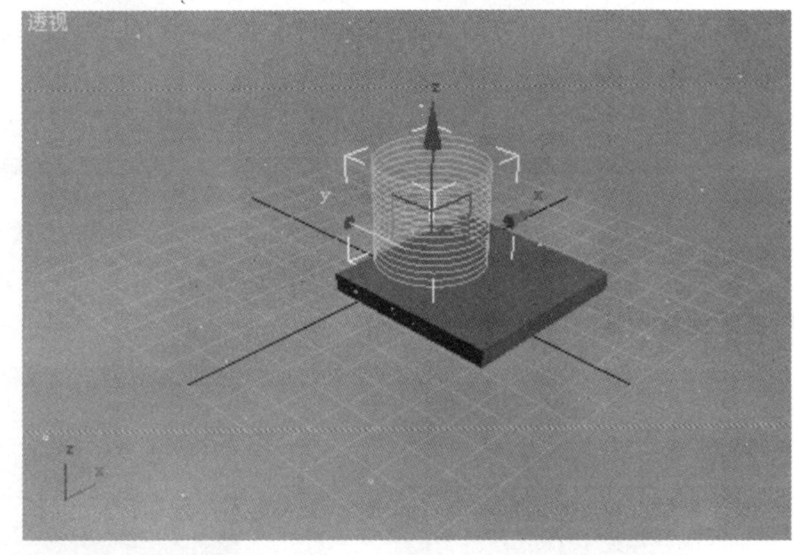

图 1—70　螺旋线效果

（4）使螺旋线处于选择状态，单击【修改】标签①并打开【渲染】面板。勾选【渲染】面板中的【可渲染】复选框②，并将【厚度】增量框中的数值改为 1③，如图 1—72 所示。

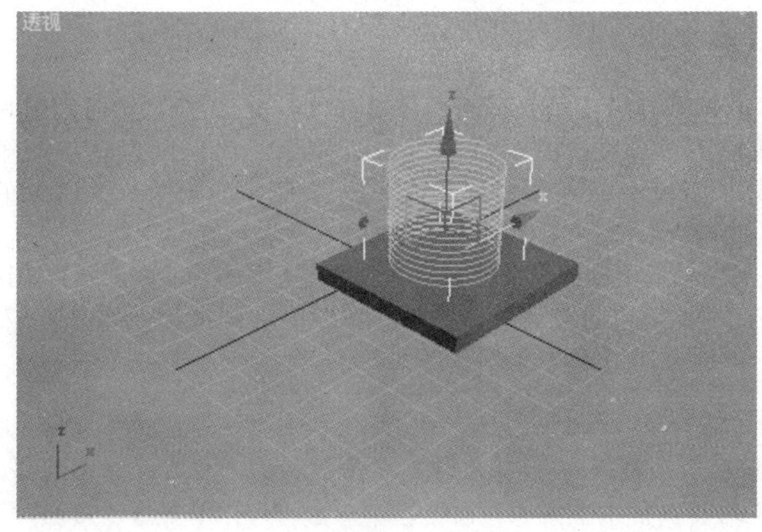

图 1—71　调整螺旋线与长方体的位置关系

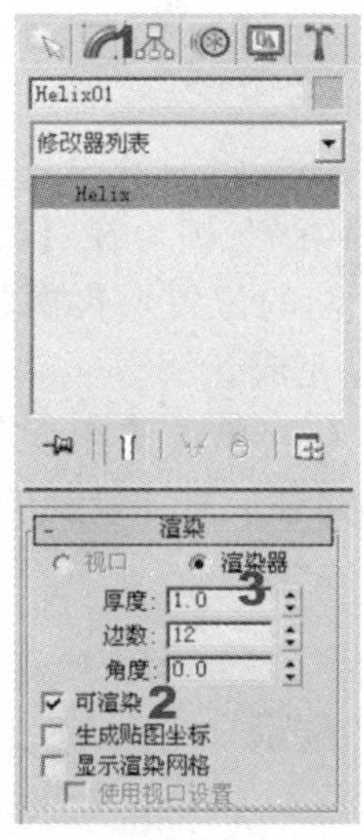

图 1—72　【渲染】面板中的参数设置

提示 勾选【可渲染】复选框使螺旋线可被渲染，【厚度】增量框的值决定了渲染时线条的厚度。这里的设置在视图中是看不到效果的，只有将对象渲染后才能看到参数设置的效果。

(5) 单击主界面下方的【自动关键点】按钮，切换到自动关键点动画记录模式，此后，对场景中对象进行的任何操作将被记录为动画。

(6) 拖动界面下方动画轨迹条上的时间滑块到第 25 帧的位置，如图 1—73 所示。

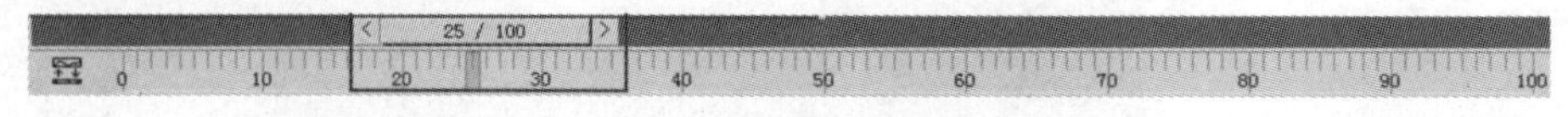

图 1—73　将时间滑块拖到第 25 帧的位置

(7) 在【参数】面板中将【高度】改为 60，如图 1—74 所示。此时可以看到视图中的螺旋线被拉长了，如图 1—75 所示。

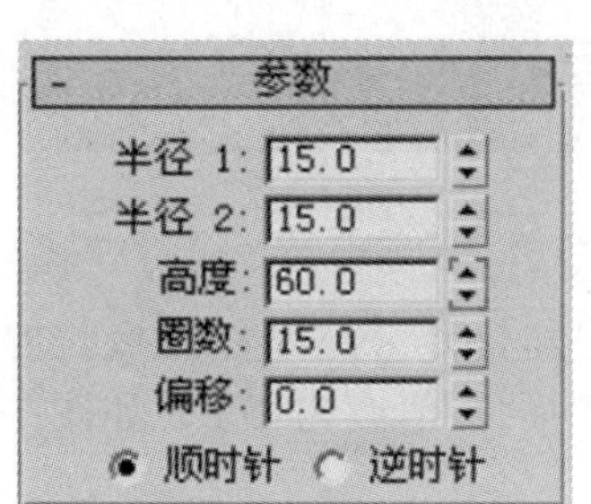

图 1—74　设置【高度】参数

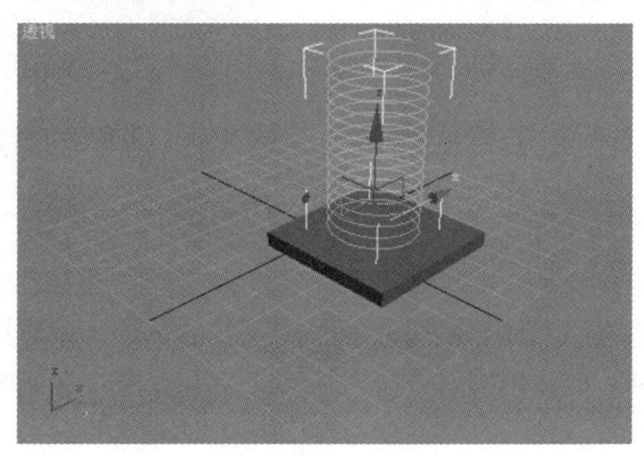

图 1—75　螺旋线被拉长

(8) 将时间滑块拖到第 50 帧，在【参数】面板中将【高度】改为 30。将时间滑块拖到第 75 帧，在【参数】面板中将【高度】再次改为 60。最后，将时间滑块拖到第 100 帧的位置，再次将【参数】面板中的【高度】改为 30。至此，动画的各关键帧的设置完成。

(9) 单击【自动关键点】按钮，退出动画记录模式。单击界面下方的【播放动画】按钮▶即可播放刚才录制的动画。此时，可以看到螺旋线拉伸、压缩的动画过程，如图 1—76 所示。

提示 动画播放时，【播放动画】按钮▶变为⏸，单击该按钮可以暂停动画的播放。3ds max 7 为动画播放提供了常用的控制按钮⏮◀▶▶⏭，单击这些按钮可实现动画播放向上一帧◀、向下一帧▶、转至开头⏮和转至结尾⏭功能。

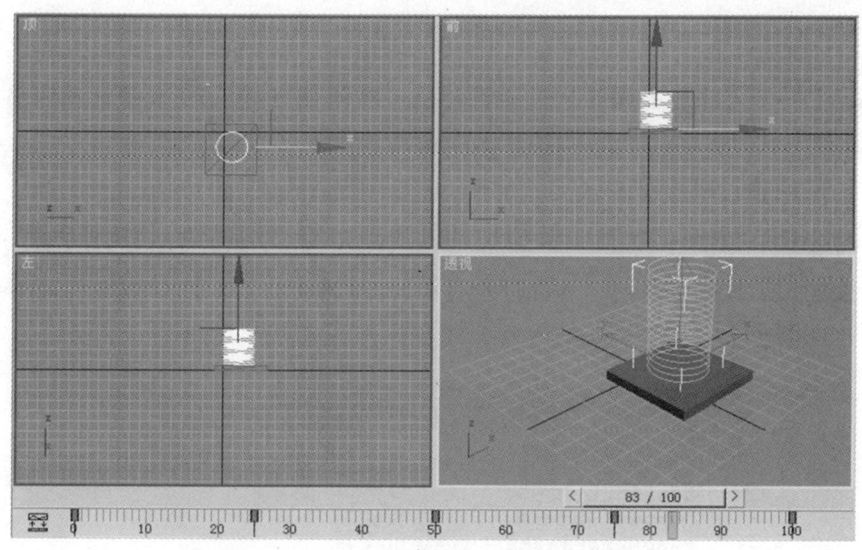

图 1—76　视图中螺旋线动画效果

（10）单击工具栏中的【渲染场景对话框】按钮，打开【渲染场景：默认扫描线渲染器】窗口设置渲染方式。在【公用参数】面板中单击【范围】单选框①，选择渲染时渲染帧范围，其帧范围在后面的增量框中设置，如图 1—77 所示。单击【文件】按钮②，打开【渲染输出文件】对话框，设置文件的保存位置③、文件名④和保存类型⑤，如图 1—78 所示。

完成文件的保存设置后，单击【保存】按钮⑥，关闭【渲染输出文件】对话框。

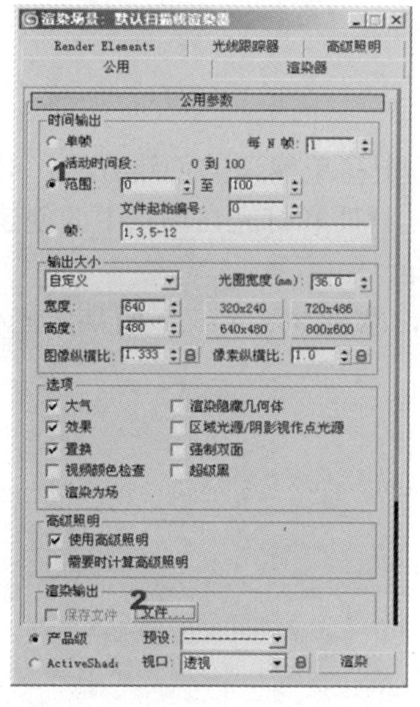

图 1—77　设置渲染方式

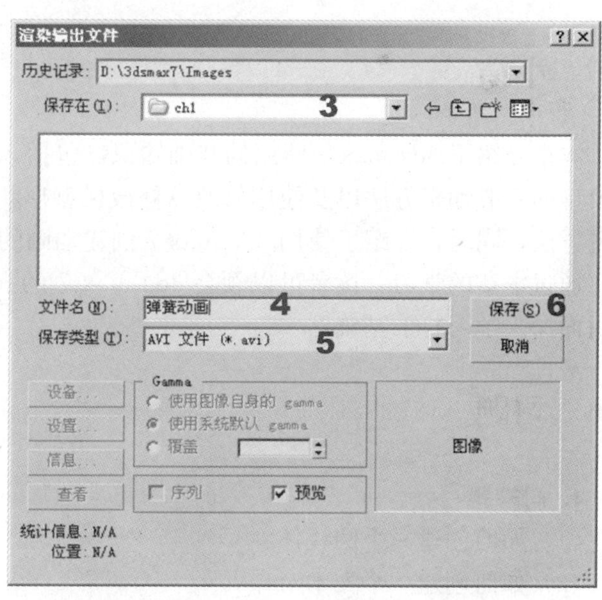

图 1—78　设置文件的保存位置、文件名和保存类型

提示 如果渲染输出文件设置为 AVI 文件格式时，在单击【保存】按钮后，系统会弹出【AVI 文件压缩设置】对话框，使用对话框可对 AVI 文件的压缩格式进行设置。如果没有什么特殊需要，可采用其默认设置。

（11）完成渲染设置后，单击工具栏中的【快速渲染（产品级）】按钮，即可实现对动画的渲染输出。此时 3ds max 7 会打开【渲染-弹簧动画 . avi】对话框，显示与渲染进度有关的内容，如图 1—79 所示。

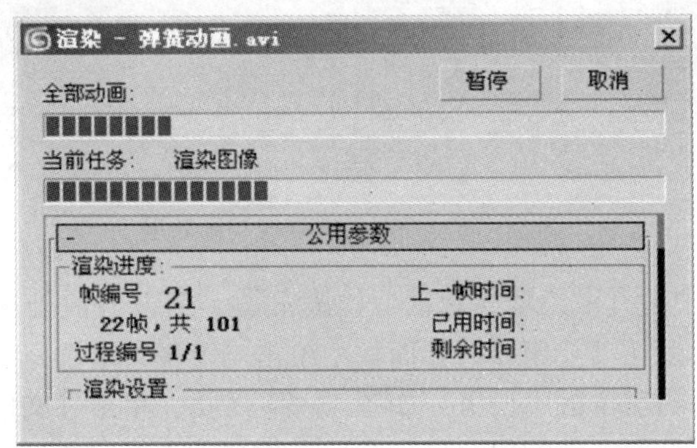

图 1—79 【渲染—弹簧动画 . avi】对话框中的渲染进度

1.5 小结

本章介绍了 3ds max 7 使用的基础知识，包括 3ds max 7 中简单模型的创建方法，对几何模型的一般编辑方法以及使用修改器修改模型形状的方法，材质和灯光在场景中的创建和设置方法，同时，介绍了使用 3ds max 7 创建动画的基本步骤。

通过本章的学习，读者可以领会 3ds max 7 的强大功能，掌握 3ds max 7 的基本操作，为后面深入学习打下基础。

1.6 习题

1. 问答题

（1）如何创建一个圆柱体？

（2）如何创建一个文本对象？

（3）视图中有一个已创建好的四棱锥，如何改变它的底面大小和高度？

（4）如何使用目标聚光灯？如何使用泛光灯？

（5）关键帧动画的一般创建步骤是什么？

（6）如何输出创建的动画？

2. 操作题

（1）使用3ds max 7创建如图1—80所示的木椅，并为场景添加灯光效果。

（2）使用3ds max 7创建一段小球在地面上上下跳动的动画。

图1—80　木椅效果

第2章 基本建模

三维模型指的是一个在空间环境中具有长、宽和高的实体。所谓建模，就是在场景中构建三维模型。在 3ds max 7 中可以有多种构建模型的方法，但这些方法都离不开建模的对象。在 3ds max 7 中，可以使用内部的建模工具和各种外挂模块来创建模型。

3ds max 7 提供了基本几何体和基础平面造型来创建诸如长方体、多面体和线等常见的三维和二维模型。同时，也能够通过对象的变形、放样和合成来创建更为复杂的复合对象。本章将介绍使用这些方法创建三维模型的基本操作。

2.1 对象的控制——挂钟

在 3ds max 7 中，对象的控制包括对象的选择、变换、复制和成组。对象的选择在建模时是至关重要的，场景中的对象只有在选择后，才能够执行需要的操作。而建模时，也离不开对象的移动、旋转、缩放等变换。本节将着重介绍建模中的对象复制和对象成组的知识。

2.1.1 知识重点

（1）对象的复制

三维建模时，场景中往往需要多个相同的物体，这就需要对对象进行复制，即创建一个对象的副本。3ds max 7 有 4 种对象复制方法，它们分别是克隆、镜像、阵列和间隔。

执行复制操作后，创建的副本与原对象间产生 3 种关系，它们分别是复制、实例和参考关系。

- 复制关系：副本与原对象之间是独立的关系，两者名称不同但具有相同的属性，单独修改，互不影响。
- 实例关系：副本与原对象具有相同的修改器堆栈，对其中任何一个的修改将影响到另一个。
- 参考关系：类似于实例关系，但副本与原对象产生单向关联，即对原对象的修改将影响副本，但对副本的修改不会影响原对象。

（2）对象的组合

创建复杂的几何模型往往需要应用多种几何体，利用这些几何体的拼接组合，构成需要的模型。同时，将多个几何体结合起来，也可进行统一的操作，便于对象的管理。

3ds max 7 能够方便地实现多个对象组合的功能。在建模时，可以将场景中的多个对象按类别组合在一起创建不同的组，通过组进行模型的管理。成组后的对象将成为一个新的整体，选择其中的任何一个对象就能够选择整个组，对组中任何一个对象的操作也将作用于整个组。

3ds max 7 中对组的操作通过【组】菜单命令来实现，如图 2—1 所示。使用这些菜单命令可实现组的创建、组成员的添加和组的拆分等操作。

图 2—1【组】菜单

2.1.2　实例介绍

本实例是制作一个简单的挂钟。在实例制作过程中，首先使用圆环、圆柱体和球体创建挂钟的盘面和指针的转轴，使用【对齐】工具来调整这些对象的位置。接着创建长方体对象作为挂钟的刻度，使用【阵列】命令对创建的长方体对象进行复制获得环绕的多个刻度。最后，创建四棱锥对象来获得挂钟的指针。

通过本实例的制作，读者将进一步熟悉标准基本体的创建方法，了解阵列复制方式的作用及使用技巧，同时了解对象组合的方法及其在建模中所起的作用。

2.1.3　制作步骤

（1）启动 3ds max 7 进入程序界面，单击【创建】标签①，选择创建几何体②。在【对象类型】面板中单击【圆环】按钮③，选择创建圆环，如图 2—2 所示。在前视图中单击并拖动鼠标，拖出一个圆形，释放鼠标左键并向内移动，观察视图，大小合适时再次单击可以创建一个圆环，如图 2—3 所示。

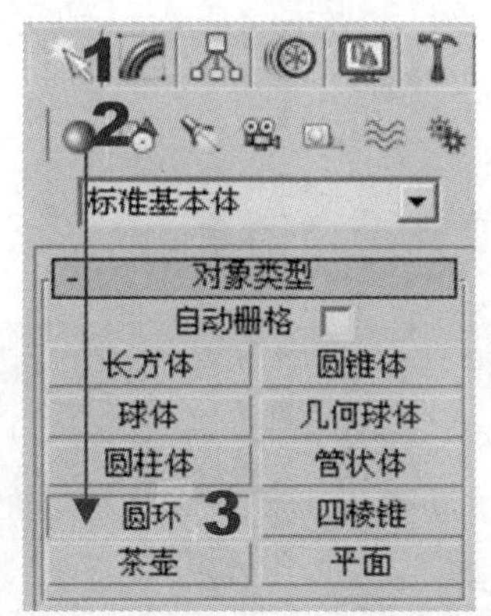

图 2—2　【对象类型】面板中的操作

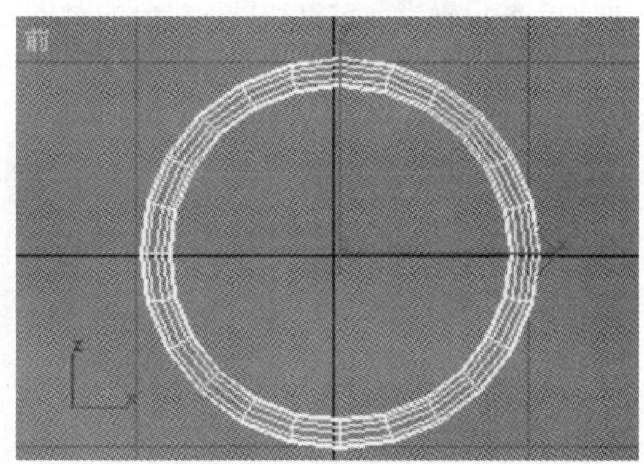

图 2—3　创建圆环

（2）单击【修改】标签，在【参数】面板中设置圆环的参数，如图 2—4 所示。在透视图中看到修改后的圆环效果如图 2—5 所示。

（3）在前视图中创建一个薄圆柱体作为钟的盘面，其参数设置如图 2—6 所示。圆柱体在透视图中的效果如图 2—7 所示。

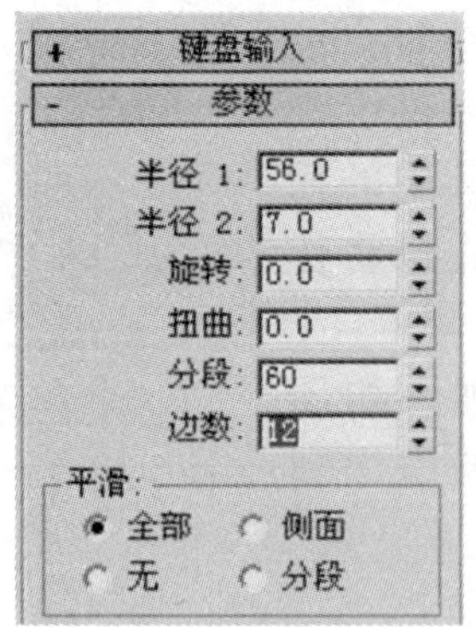

图 2—4　设置圆环的参数

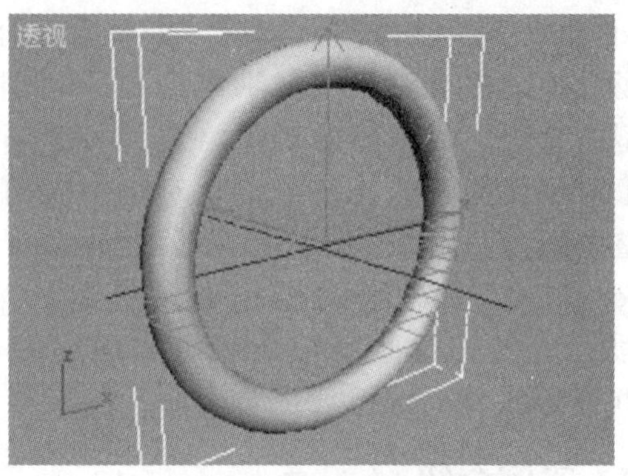

图 2—5　修改后的圆环效果

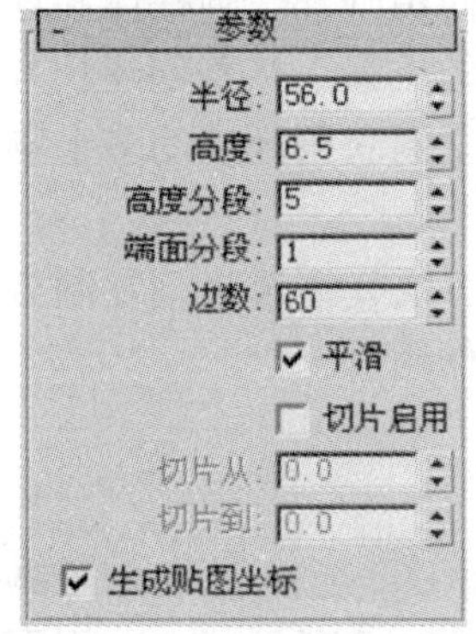

图 2—6　设置圆柱体的参数

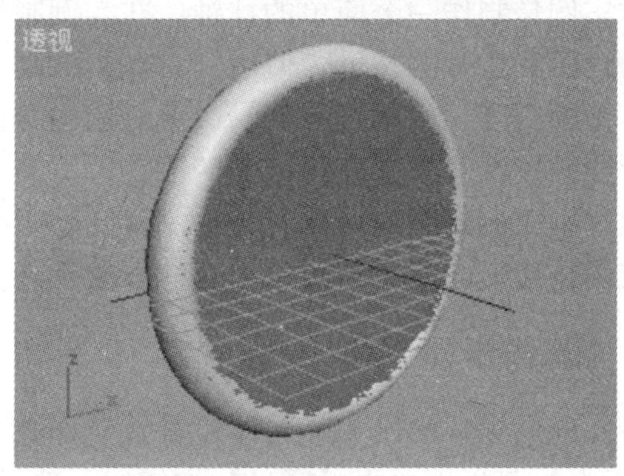

图 2—7　添加圆柱体后的效果

（4）在盘面被选择的情况下，单击工具栏上的对齐按钮。在任意视图中单击圆环，此时会弹出【对齐当前选择】对话框。在对话框中勾选【X 位置】、【Y 位置】和【Z 位置】复选框①，并设置当前对象和目标对象的对齐方式②，如图 2—8 所示。单击【确定】按钮③，调整两个对象的位置，对齐后在透视图中的效果如图 2—9 所示。

提示　使用对齐工具，可以将物体在三维空间按一定的轴向精确对齐。

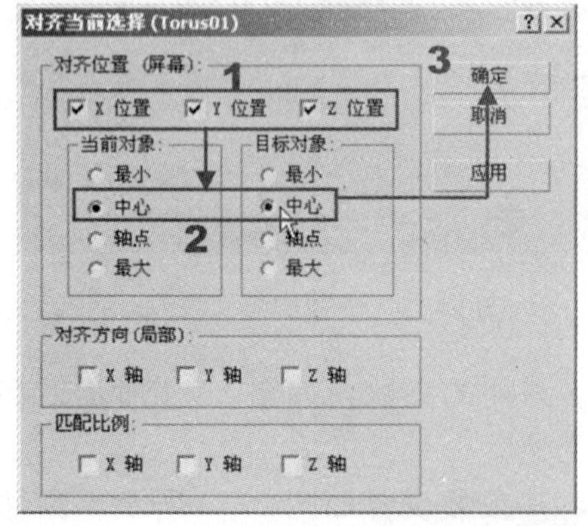

图 2—8　【对齐当前选择】对话框

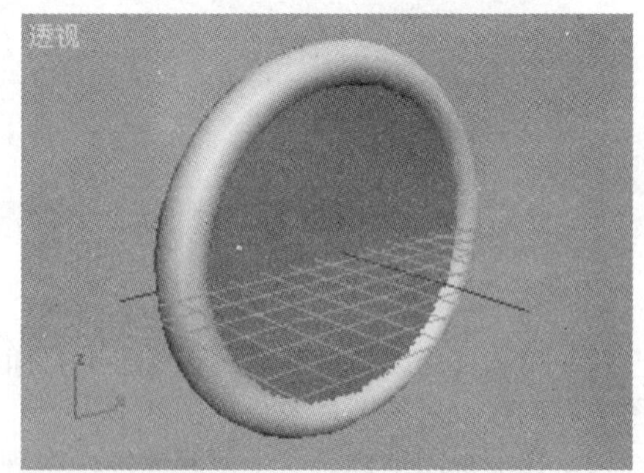

图 2—9　对齐后的相对位置

（5）单击【选择并移动】按钮，在前视图中框选圆环和圆柱体。单击【组】→【成组】命令，此时系统弹出【组】对话框。在【组名】文本框中为创建的组命名“钟面”，如图 2—10 所示。完成命名后，单击【确定】按钮关闭对话框，完成组的创建。

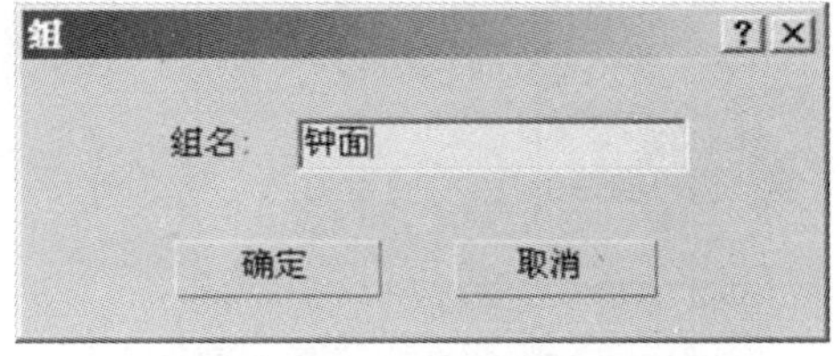

图 2—10　【组】对话框

（6）在场景中创建一个小球，调整其参数，如图 2—11 所示。采用与上面相同的方法使小球与表盘在其中心按 X、Y、Z 轴对齐，如图 2—12 所示。

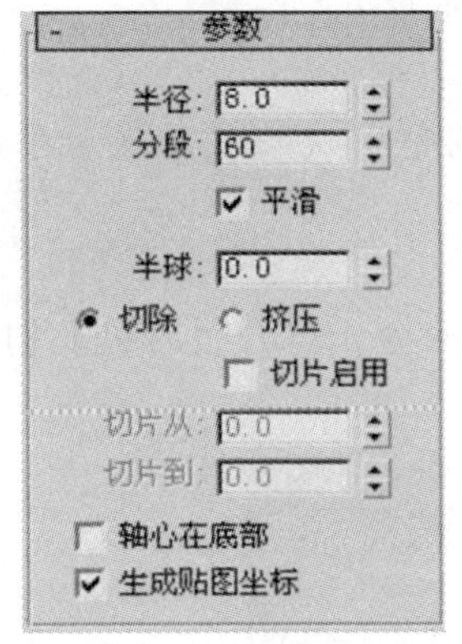

图 2—11　调整小球的参数

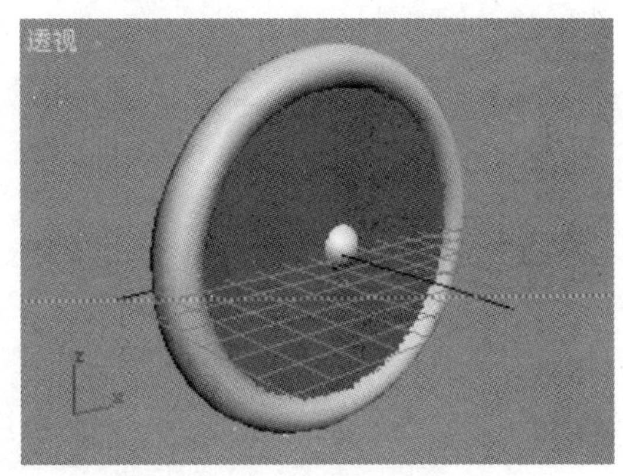

图 2—12　调整对象的位置

（7）在圆球被选择的情况下，单击【组】→【附加】命令，单击上面成组的对象，将圆球添加到该组中，如图 2—13 所示。

（8）在前视图中创建一个条形长方体，并调整其在表盘上的位置，如图 2—14 所示。该长方体将作为盘面上的刻度。

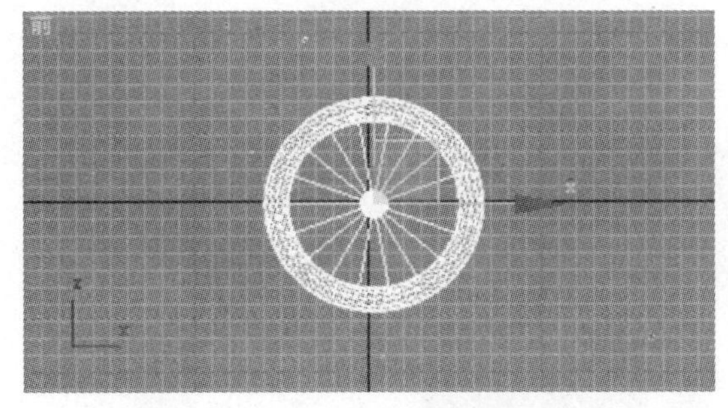

图 2—13　将圆球添加到组中

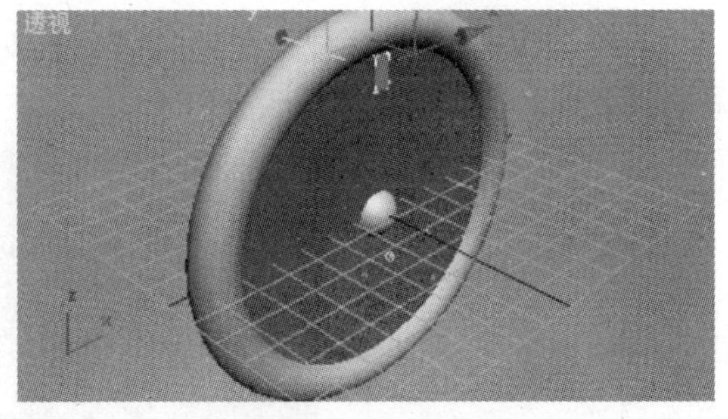

图 2—14　创建一个刻度

（9）在长方体刻度被选择的情况下，单击【层次】标签①，在【调整轴】面板中单击【仅影响轴】按钮②，如图 2—15 所示。单击工具栏上的【选择并移动】按钮，在前视图中将条形长方体的中心移动到圆环中心的位置，如图 2—16 所示。完成中心调整后再次单击【仅影响轴】按钮退出轴操作状态。

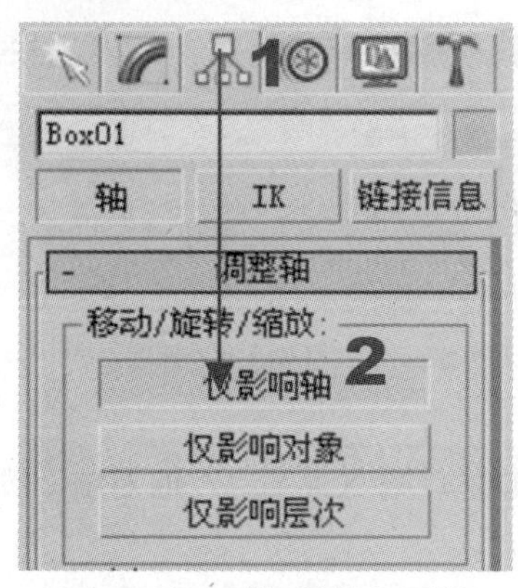

图 2—15 【调整轴】面板

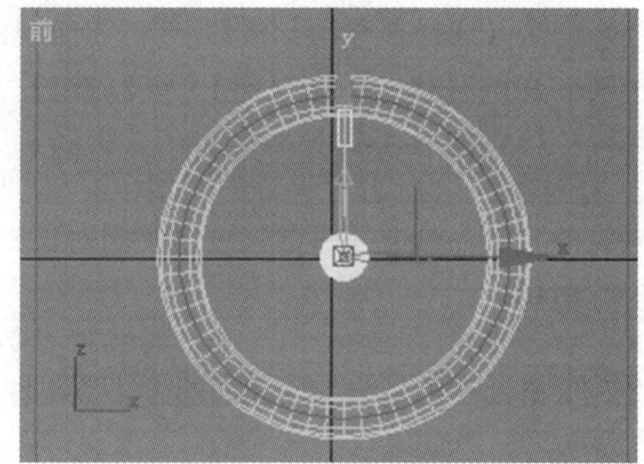

图 2—16 调整中心的位置

提示 在默认情况下，对象的中心与其几何中心重合，调整中心的位置是为了后面的复制做准备。

（10）在长方体被选择的情况下，单击【工具】→【阵列】命令，打开【阵列】对话框。在对话框中设置参数，如图 2—17 所示。

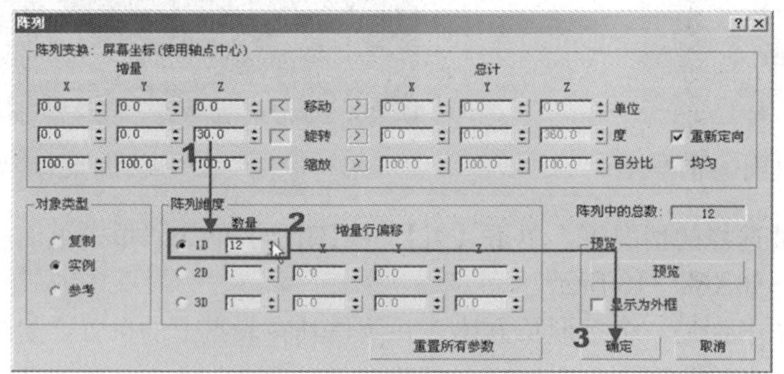

图 2—17 设置【阵列】对话框

（11）单击【确定】按钮关闭【阵列】对话框，获得钟表刻度。选择所有刻度，将刻度添加到“钟面”组中，如图 2—18 所示。

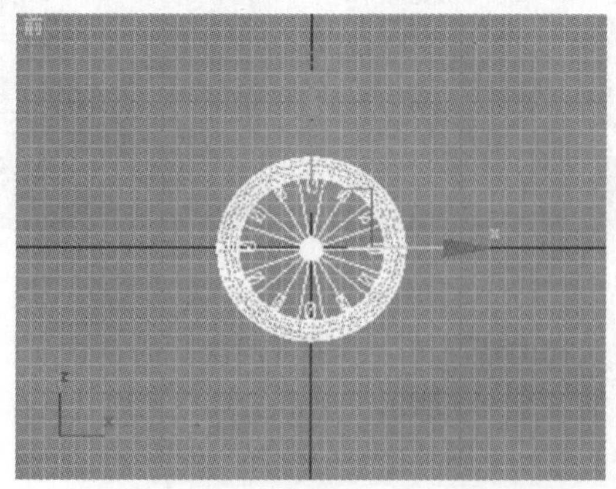

图 2—18 获得刻度并添加到“钟面”组

提示 当需要同时选择多个对象时，单击【选择并移动】按钮，按住【Ctrl】键依次单击对象，即可将对象同时选择。

（12）在【创建】面板中，单击【四棱锥】按钮，在顶视图中拖曳出四棱锥的底面，移动鼠标至合适位置后，再次单击以确定高度。将四棱锥放置于钟面的中心，在【修改】面板中调整指针的【宽度】、【深度】和【高度】参数值分别为 15、3 和 50，得到的效果如图 2—19 所示。

图 2—19 添加指针

（13）单击工具栏中的【选择并旋转】按钮，按住【Shift】键的同时按住鼠标左键并拖动，旋转复制刚才创建的指针，然后放开左键。此时，系统弹出【克隆选项】对话框，单击【复制】单选框后①，单击【确定】按钮完成指针的复制②，如图 2—20 所示。对象复制后的效果如图 2—21 所示。

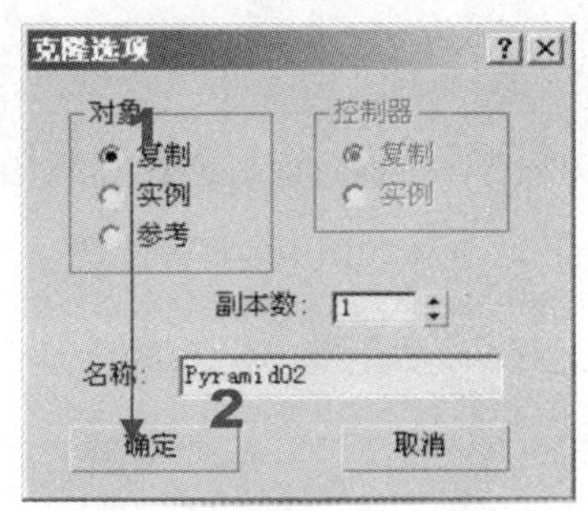

图 2—20 【克隆选项】对话框中的设置

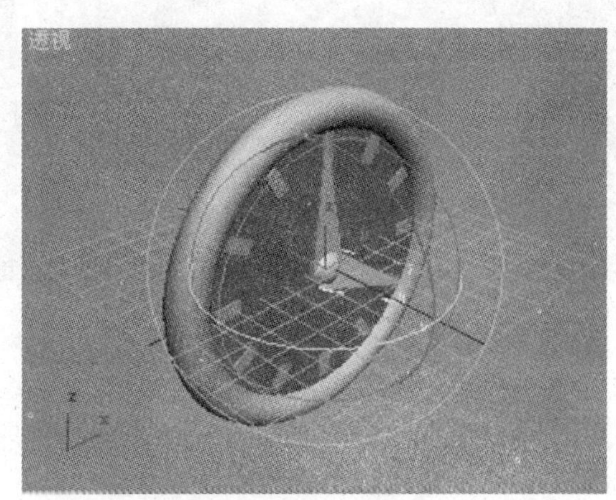

图 2—21 对象复制后的效果

（14）选择复制后的对象，在【修改】选项卡的【参数】面板中将【宽度】、【深度】和【高度】分别修改为 10、3 和 30，此时钟面效果如图 2—22 所示。

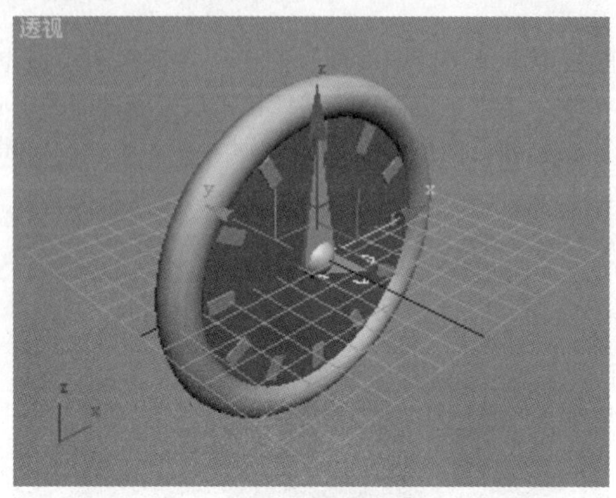

图 2—22　获得的钟面效果

（15）在前视图中创建一个圆环作为挂环，其【半径 1】和【半径 2】分别为 10 和 3。调整圆环与钟盘面的位置，并采用前面介绍的方法将圆环添加到“钟面”组中，如图 2—23 所示。

（16）至此，挂钟建模完成，其在透视视图中的效果如图 2—24 所示。

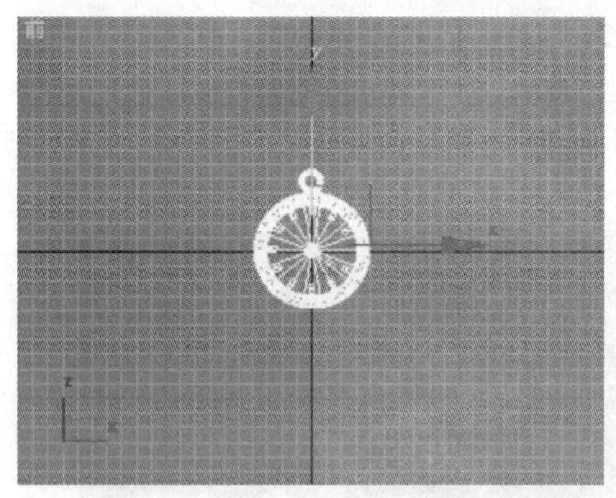

图 2—23　创建与钟面成组的挂环

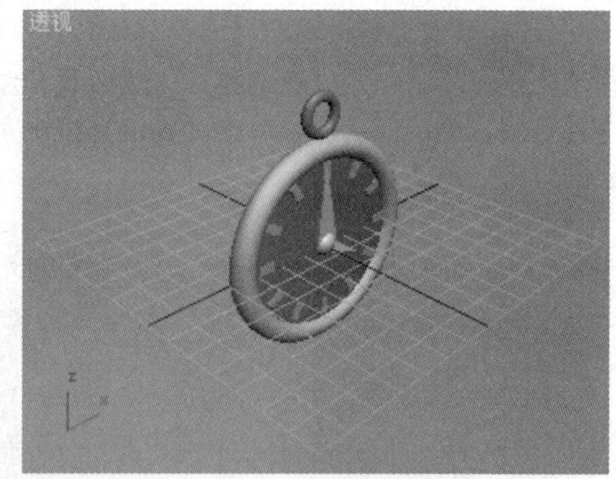

图 2—24　透视视图中的挂钟效果

2.2　二维实体拉伸——立柱

在建模时，很多复杂的模型是无法直接使用三维模型创建的。这时往往需要利用二维模型绘制出造型，再通过编辑修改命令生成三维物体。本节将介绍使用 3ds max 7 提供的修改器拉伸二维对象，以创建三维造型的方法。

2.2.1 知识重点

3ds max 7 提供了能够将二维对象拉伸为三维对象的修改器，其中，常用的是【挤出】修改器、【倒角】修改器和【剖面倒角】修改器。【挤出】修改器在上一章已经多次用到，此处不再赘述。

【倒角】修改器能够对二维图形进行拉伸变形，并在拉伸的同时在边界添加直形或圆形的倒角。而【剖面倒角】修改器是由【倒角】修改器衍生而来，在拉伸对象时需要提供一个路径作为倒角的轮廓线。本节将重点介绍【剖面倒角】修改器的使用。

2.2.2 实例介绍

本实例将介绍一个立柱的建模过程。在实例制作过程中，首先创建星形图形对象，然后在场景中创建样条线作为创建倒角对象的路径。最后使用【剖面倒角】修改器将创建的星形图形拉伸为立体图形，得到需要的立柱效果。

通过本实例的制作，读者将掌握使用【剖面倒角】修改器建模的一般步骤，了解该修改器建模的特点，同时，熟悉二维对象的创建和修改方法。

2.2.3 制作步骤

（1）启动 3ds max 7 进入程序界面。单击【创建】面板中的【图形】按钮①，在打开的【对象类型】面板中单击【星形】按钮②，如图 2—25 所示。在顶视图中拖曳鼠标创建一个星形，如图 2—26 所示。

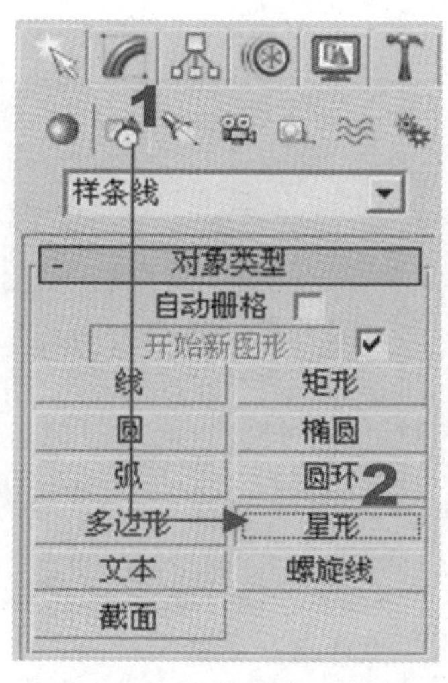

图 2—25 选择创建【星形】

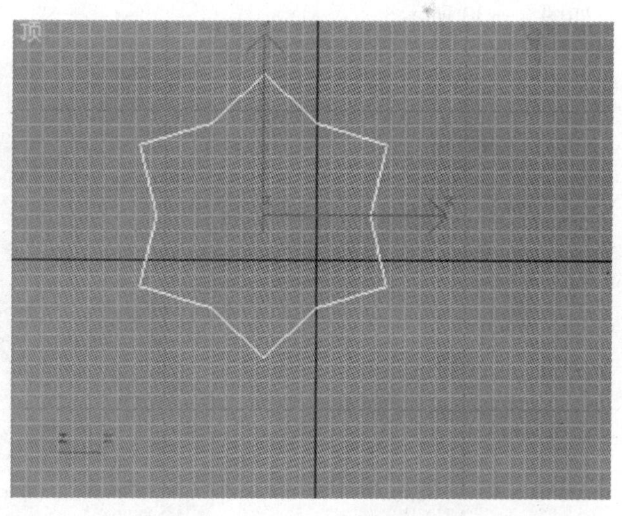

图 2—26 在顶视图中创建一个星形

（2）在【参数】面板中修改星形的形状参数如图 2—27 所示。完成参数修改后视图中的星形如图 2—28 所示。

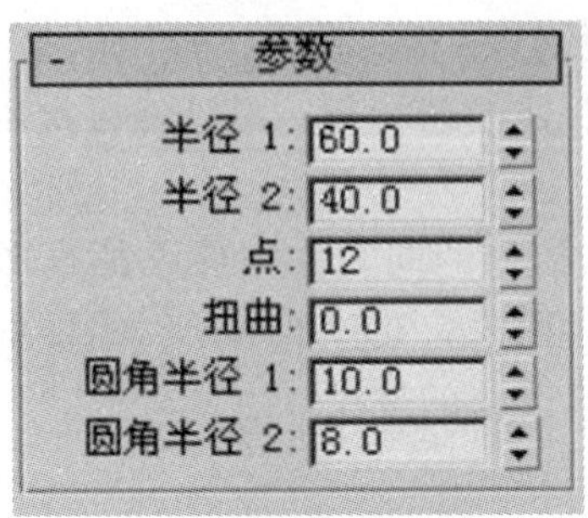

图 2—27　修改星形的参数

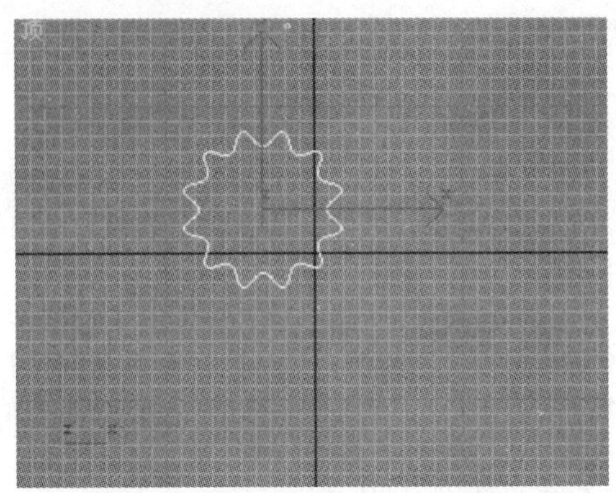

图 2—28　修改参数后的星形效果

提示　在【参数】面板中：

- 【半径 1】和【半径 2】用于设置星形的内径和外径。
- 【点】用于设置星形的尖角数量。
- 【扭曲】用于设置尖角的扭曲程度。
- 【圆角半径 1】和【圆角半径 2】分别设置尖角的内外圆角半径。

(3) 再次单击【对象类型】面板中的【线】按钮，选择创建线条，如图 2—29 所示。在视图中单击鼠标左键，移动鼠标可拉出线条，在需要位置处单击可创建一个角点，接着移动鼠标拉出其他方向的线条，单击鼠标右键完成线条的绘制。此处，在前视图中创建一根线条，如图 2—30 所示。

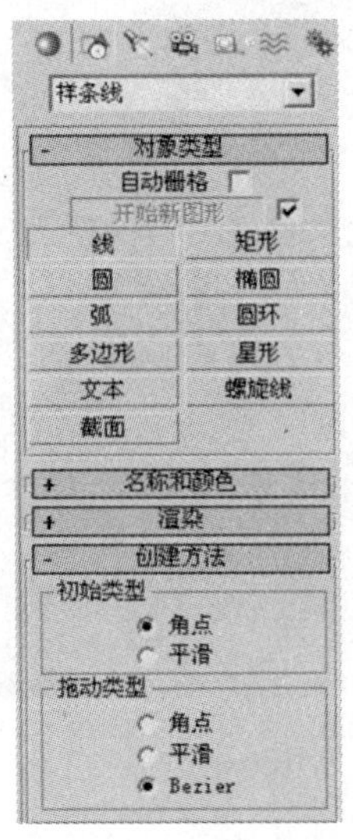

图 2—29　选择创建线条

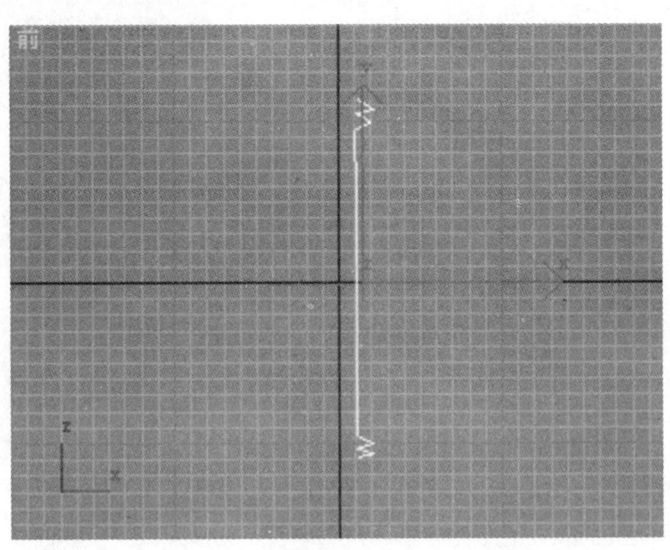

图 2—30　在前视图中绘制一条线

1. 在【创建方法】面板中：

- 【初始类型】用于设置线条起始点的状态，它包括【角点】和【平滑】两种状态，分别对应绘制直线和曲线。
- 【拖动类型】用于设定鼠标拖动时创建的线条的类型，如勾选这里的【Bezier】，则会生成Bezier曲线（贝塞尔曲线）。所谓的贝赛尔曲线也称贝兹曲线，它由线段与节点组成，节点是可拖动的支点，拖动节点可任意改变线段曲度和长度。

2. 创建直线时，按住键盘上的【shift】键，可以绘制水平或垂直的直线。

（4）单击【修改】标签①，在【选择】面板中单击【顶点】按钮②，如图2—31所示。在视图中线条需要调整的角点上单击鼠标右键，在弹出的快捷菜单中选择【Bezier】命令将点转换为Bezier点。此时该点的两侧会出现绿色的方块控制柄，拖动这些控制柄即可改变线条的形状，将线条上下两端的折线调整为曲线，如图2—32所示。

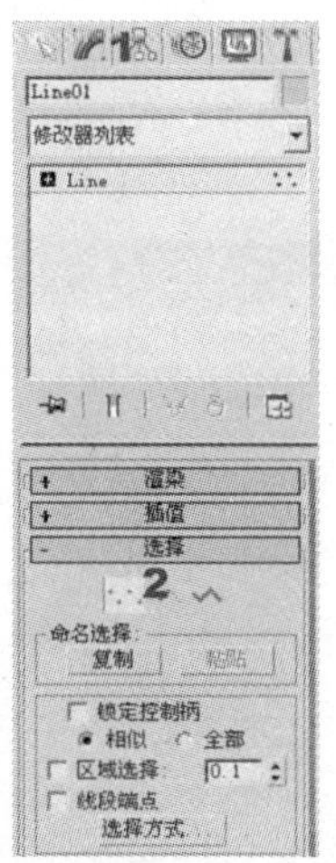

图2—31　单击【顶点】按钮

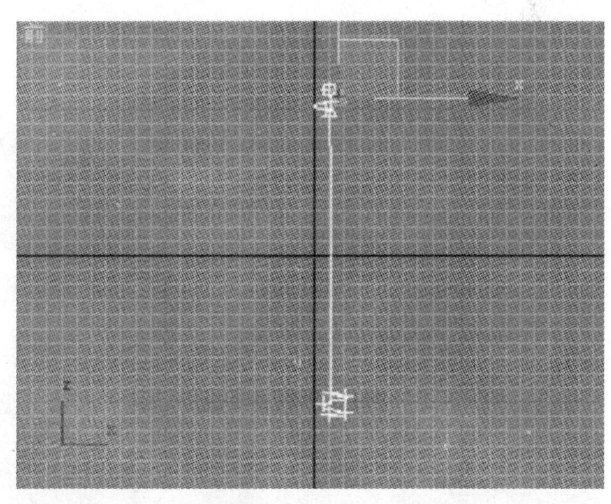

图2—32　调整线条的形状

提示　在绘制曲线时，往往无法一次获得满意的线条效果，可以先绘制线条的大致形状，然后进行局部的调整。

（5）在视图中选择创建的星形，在【修改】面板的【修改器列表】下拉列表中选择【倒角剖面】选项①，单击【参数】面板中的【拾取剖面】按钮②，准备指定倒角剖面，如图2—33所示。在视图中单击制作的线条，二维对象被拉伸为三维对象，如图2—34所示。

（6）适当调整创建的立柱高度。选择线条，在【修改】选项卡的【选择】面板中单击【样条线】按钮①，如图2—35所示。单击工具栏中的【选择并均匀缩放】按钮，在视图中拖动鼠标将线条拉长，此时立柱的高度也会随着变化②，如图2—36所示。

图 2—33　单击【拾取剖面】按钮

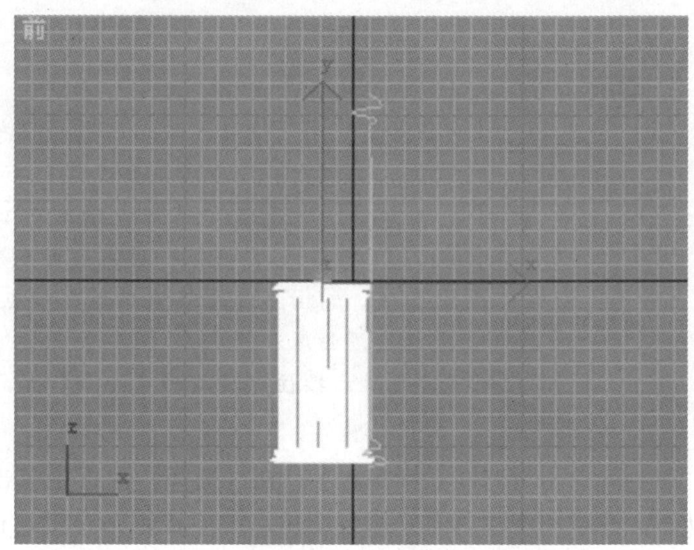

图 2—34　二维对象被拉伸

图 2—35　单击【样条线】按钮

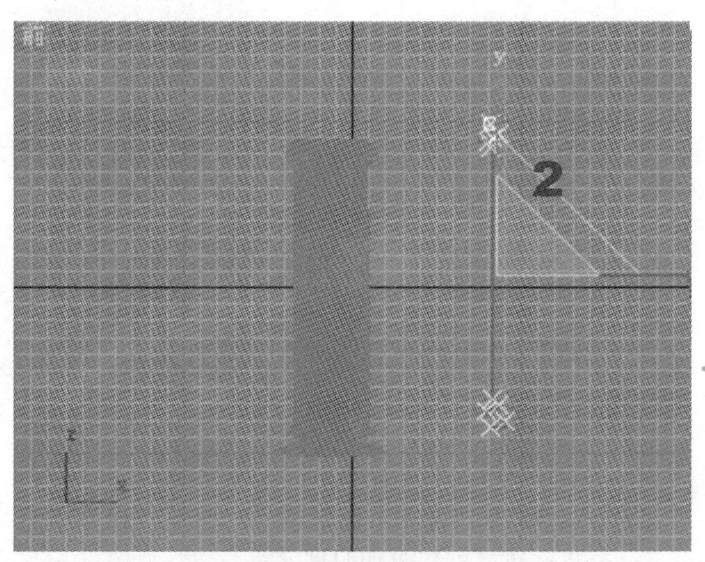

图 2—36　拉长线条

提示　如果对【倒角剖面】应用后的效果不满意，可根据需要对线条的形状或星形的形状进行修改，操作十分方便。

至此，立柱的建模完成，为对象添加材质的方法详见第 3 章的介绍。渲染后的效果如图 2—37 所示。在具体制作中可根据需要为立柱添加材质和灯光效果，此处不再赘述。

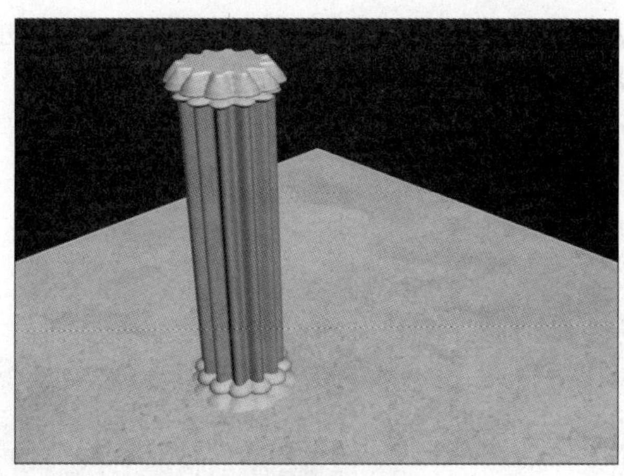

图 2—37　场景渲染后的效果

提示　完成建模后，轮廓线不能删掉，因为【剖面倒角】只是一个修改工具，只是对二维对象进行了修改。但在渲染时，轮廓线不会被渲染，渲染后的效果图中将看不到轮廓线。

2.3　二维对象的旋转——高脚杯

在现实世界里，点动成线，线动成面，当一条曲线绕着某个轴旋转时，就会形成一个面。3ds max 7 也提供了通过旋转利用二维截面造型来创建三维造型的方法。本节将介绍使用【车削】来构建三维对象的方法。

2.3.1　知识重点

与【剖面倒角】修改器一样，【车削】修改器也是一个针对二维图形进行操作的修改器。该修改器通过旋转的方式生成三维物体。这种修改器常用来制作诸如高脚杯、花瓶等对称的旋转体模型。

2.3.2　实例介绍

本实例介绍一个高脚杯的建模过程。在实例制作过程中，首先创建与高脚杯形状相符的样条线，然后使用【车削】修改器旋转样条线获得立体造型。

通过本实例的制作，读者将学习使用【车削】修改器来对二维对象进行旋转建模的方法，进一步了解样条线创建的方法，同时熟悉使用【车削】修改器建模的一般步骤，修改器有关参数的设置方法。另外，读者还可进一步熟悉修改器堆栈在建模和对象修改中的作用。

2.3.3　制作步骤

（1）启动 3ds max 7 进入程序界面。在【创建】面板中单击【图形】按钮①，单击打开的【对象类型】面板中的【线】按钮②，创建线条。同时，在【创建方法】面板的【初始类型】栏中选择【平滑】单选框③，如图 2—38 所示。在顶视图中拖动鼠标创建二维曲线，如图 2—39 所示。

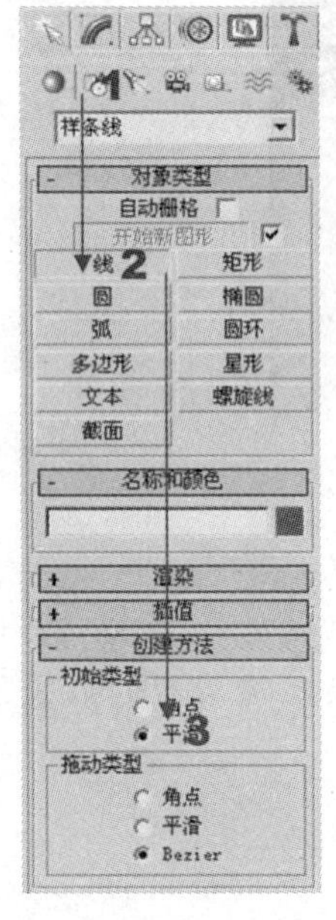

图 2—38　选择创建【线】

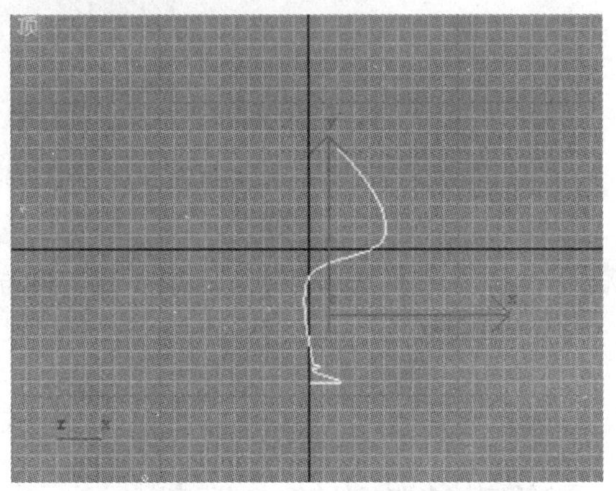

图 2—39　在顶视图中创建曲线

（2）单击【修改】标签，在【修改器列表】下拉列表中选择【车削】选项，如图 2—40 所示。此时的二维线条旋转生成三维图形，如图 2—41 所示。

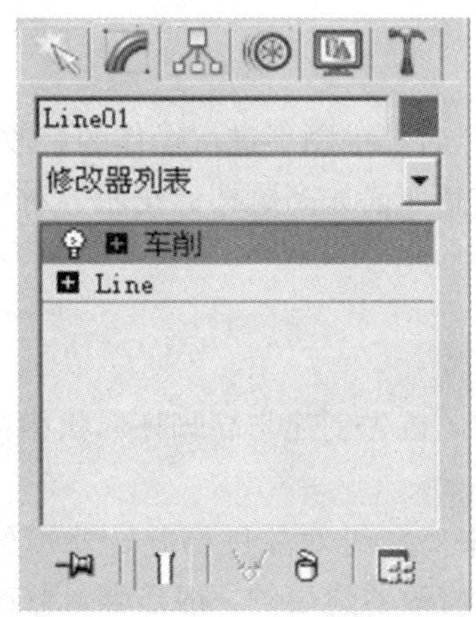

图 2—40　添加【车削】修改器

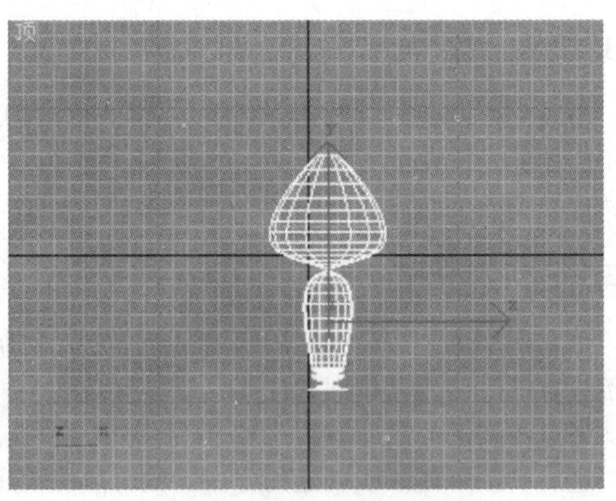

图 2—41　添加修改器后的效果

（3）在【参数】面板中，单击【对齐】栏中的【最小】按钮，如图 2—42 所示。此时获得的造型效果如图 2—43 所示。

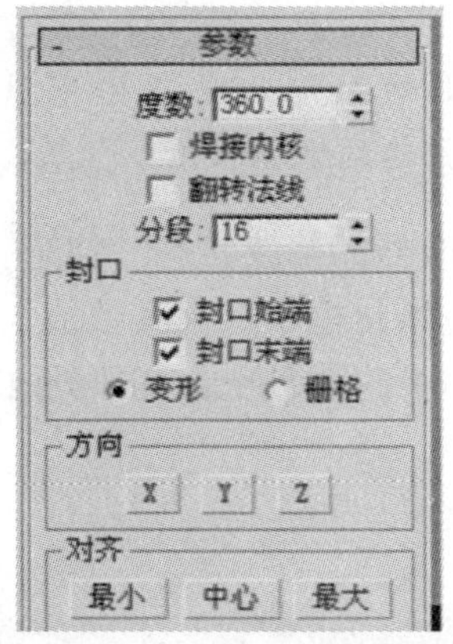

图 2—42　单击【最小】按钮

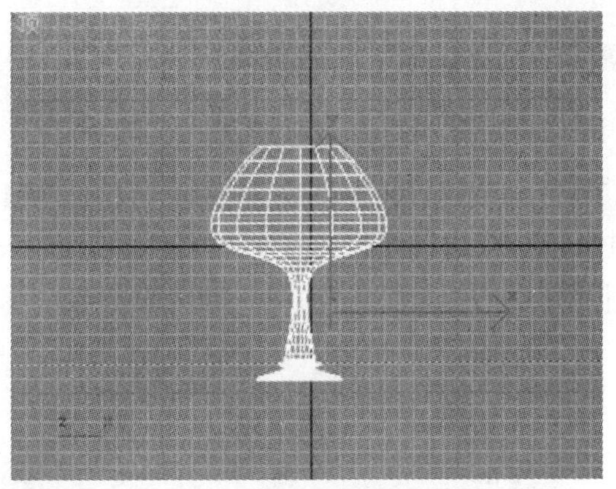

图 2—43　单击【最小】按钮后的造型效果

提示　在【参数】面板中：

- 【度数】增量框用于设置旋转的角度，其默认值为 360°。
- 【封口始端】和【封口末端】复选框用于设置是否对模型的顶端和底端进行封闭处理。
- 【方向】栏中的三个按钮用于设定旋转轴。
- 【对齐】栏中的三个按钮用于设置曲线与中心轴的对齐方式。其中，单击【最小】按钮将使曲线的内边界与中心轴对齐。单击【中心】按钮将使曲线的中心与中心轴对齐，单击【最大】按钮将使曲线的外边界与中心轴对齐。

（4）在修改器堆栈中单击【Line】选项①，进入对线条的修改状态。此时，视图中将只出现曲线，车削效果将会消失。单击【选择】面板中的【顶点】按钮②，进入对线条顶点的修改模式，如图 2—44 所示。在视图中对顶点进行调整以对线条形状进行修改，如图 2—45 所示。

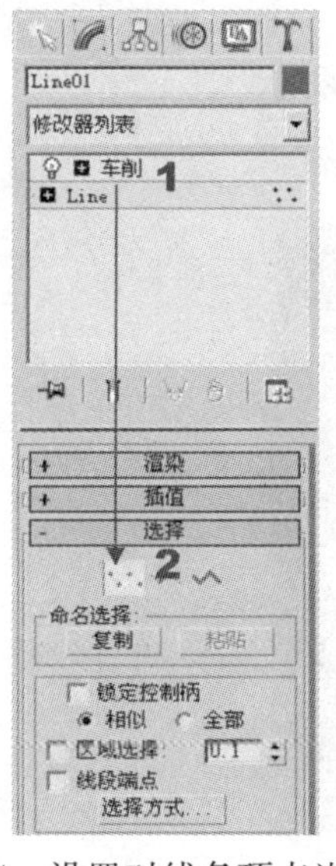

图 2—44　设置对线条顶点进行修改

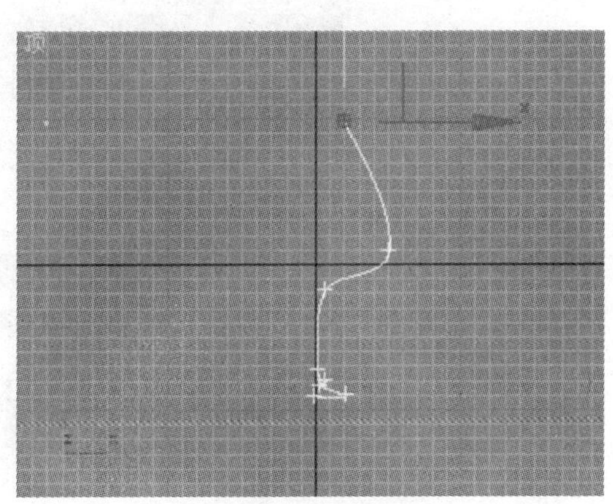

图 2—45　在视图中调整顶点的位置

提示 单击修改器堆栈下的【显示最终结果开/关切换】按钮 ，在视图中将可以看到修改器所带来的造型效果，实时预览线条改变所引起的效果变化。

(5) 在修改器堆栈中单击【车削】项①，回到对【车削】修改器的修改状态。勾选【参数】面板中的【焊接内核】和【翻转法线】复选框②，同时在【分段】增量框中加大其数值③，使造型更加平滑，如图 2—46 所示。至此，高脚杯建模完成，在前视图中的模型效果如图 2—47 所示。

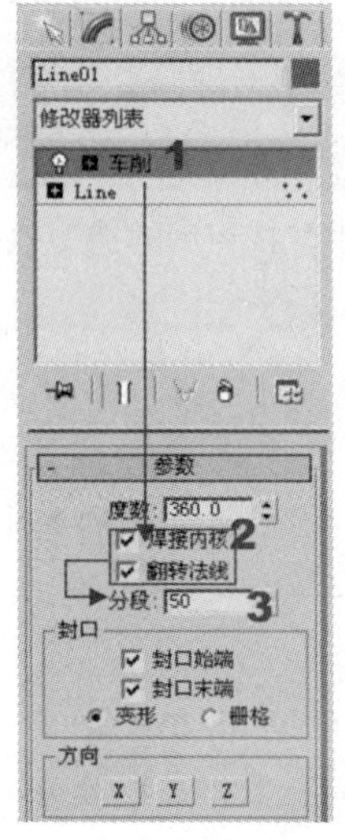

图 2—46 【参数】面板中的设置

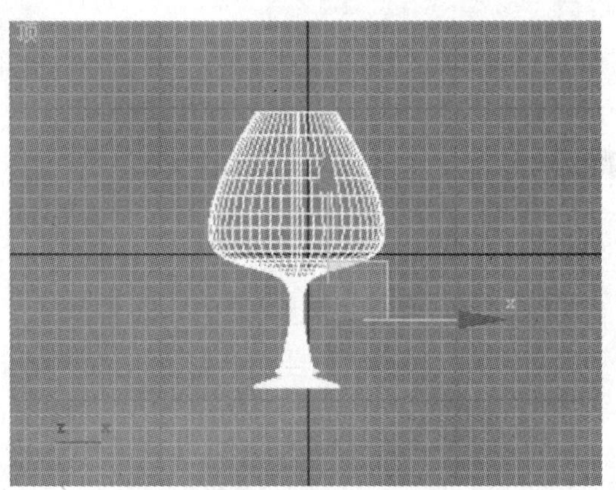

图 2—47 修改参数后的效果

提示 【参数】面板中，勾选【焊接内核】复选框，3ds max 7 会将中心轴上重合的点进行焊接精简，以获得简单造型。勾选【翻转法线】复选框时，3ds max 7 会将当前模型中的法线方向翻转。

渲染顶视图中的模型，可以看到高脚杯的效果，如图 2—48 所示。

图 2—48 模型渲染后的效果

2.4　三维对象的晶格变形——鼓起的瓦罐

作为一款三维制作软件，3ds max 7 提供了多种修改器来实现对三维对象的修改，使用这些修改器能够实现对三维对象作弯曲修改，对三维对象的一端同时在两个方向上进行缩放，对三维物体进行变形等操作，甚至能够产生诸如涟漪、起伏的波浪等效果。

2.4.1　知识重点

【剖面倒角】修改器和【车削】修改器是 3ds max 7 提供的二维模型修改器。3ds max 7 还提供了多种标准修改器来实现对对象的修改，以获得需要的模型。这类修改器包括常用的【弯曲】修改器、【锥化】修改器、【扭曲】修改器、【FFD】修改器等。本节将以【FFD】修改器的使用为例来介绍具体的建模方法。

FFD（即 Free Form Deformation）是一种特殊的晶格变形，可用于对对象进行空间变形修改。使用该修改器时，对象在视图中以带控制点的网格方形显示，通过移动控制点来调整模型表面的形状，以产生平滑的变形效果。

在 3ds max 7 中，FFD 修改器包括【FFD2×2×2】、【FFD3×3×3】、【FFD4×4×4】、【FFD（长方体）】和【FFD（圆柱体）】5 种类型，这些类型可在【修改器列表】下拉列表中看到。它们的使用方法都很相近，区别只是在控制点的数量和控制形状上有所变化。本节将以使用【FFD（圆柱体）】修改器为例来介绍该类修改器的具体使用方法。

2.4.2　实例介绍

本实例将介绍一个瓦罐的建模过程。在实例制作过程中，首先创建圆柱体模型，然后使用【FFD（圆柱体）】修改器对圆柱体的形状进行修改。

通过本实例的制作，读者将了解使用【FFD（圆柱体）】修改器的一般方法以及有关设置项的作用，掌握【设置体积】次级模式和【控制点】次级模式在对象修改时的不同作用和效果。

2.4.3　制作步骤

（1）启动 3ds max 7 进入程序界面。在透视视图中创建一个圆柱体，在【参数】面板中设置圆柱体的参数，如图 2—49 所示。透视视图中创建的圆柱体如图 2—50 所示。

（2）单击【修改】标签，在【修改器列表】下拉列表中选择【FFD（圆柱体）】选项，修改器堆栈中添加了该修改器，如图 2—51 所示。此时，视图中的对象被带有控制点的网格包围，如图 2—52 所示。

提示　FFD 修改器是对网格对象进行修改的一个重要工具，FFD 方体呈现为带网格的方体形式。使用该修改器的优势是绑定在方体上的对象能够随着方体同时移动，从而通过调整控制点能够使网格产生平滑一致的变形。

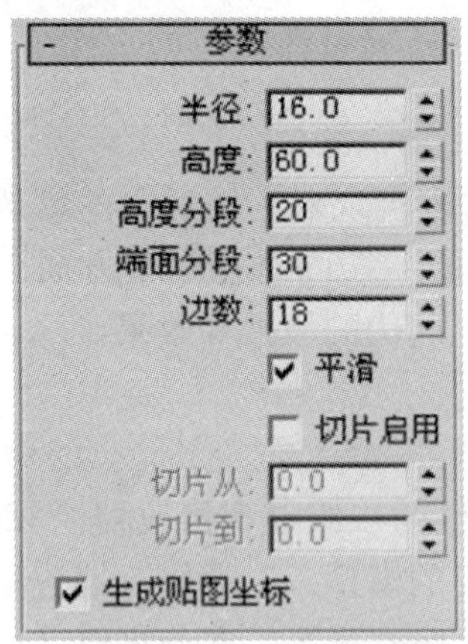

图 2—49 【参数】面板中设置圆柱体参数

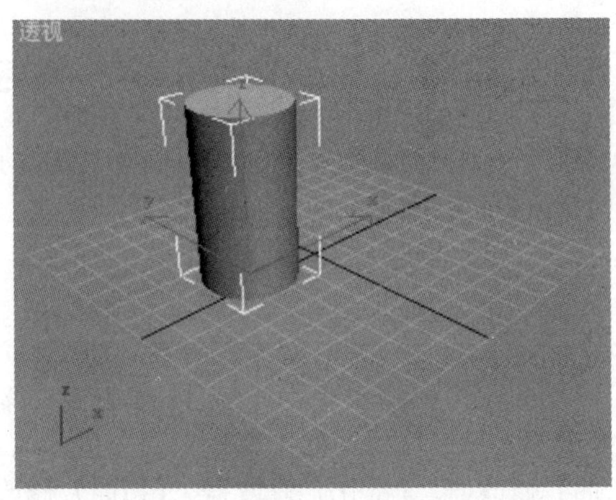

图 2—50 透视视图中创建的圆柱体

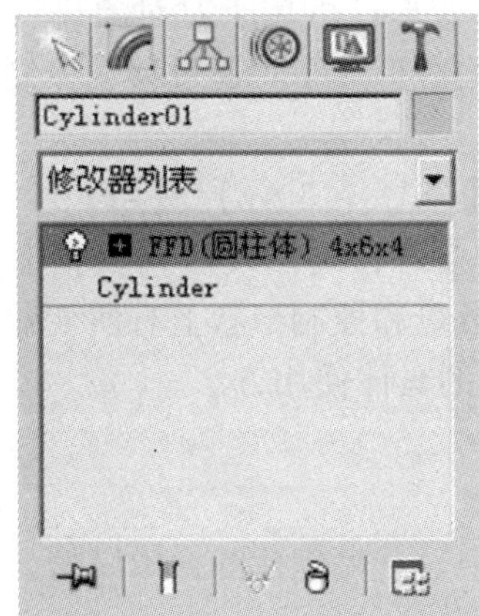

图 2—51 添加【FFD（圆柱体）】修改器

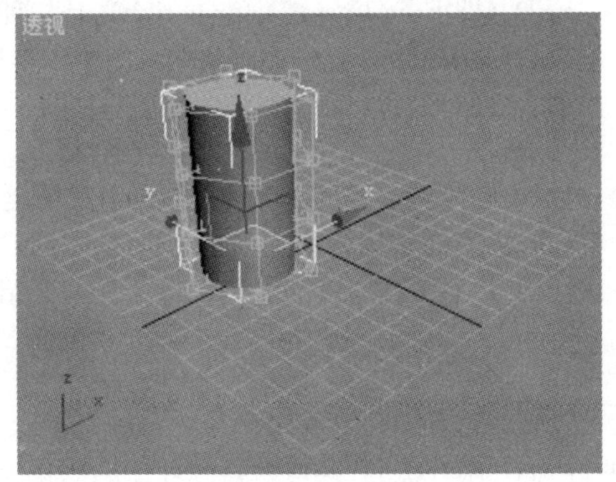

图 2—52 对象被带有控制点的网格包围

（3）单击【FFD 参数】面板上的【设置点数】按钮，如图 2—53 所示。此时打开【设置 FFD 尺寸】对话框，在【侧面】、【径向】和【高度】增量框中设定各个方向上的控制点数，如图 2—54 所示。完成设置后，单击【确定】按钮关闭对话框。

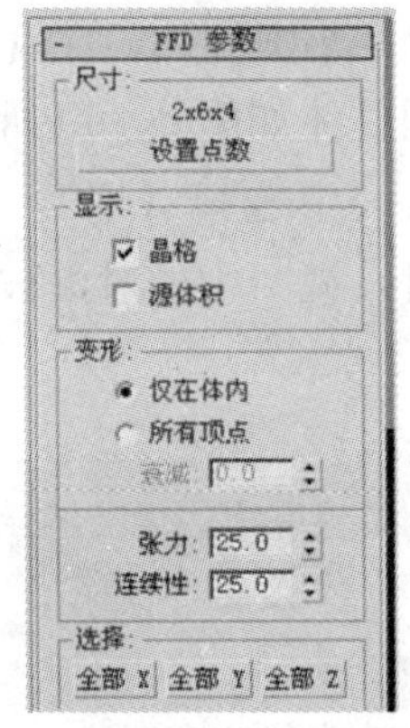

图 2—53 单击【设置点数】按钮

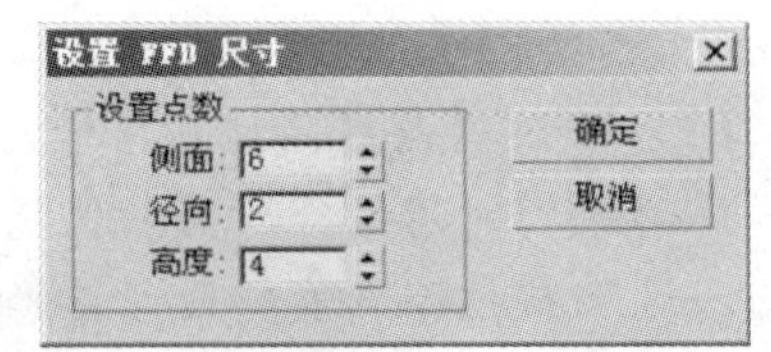

图 2—54 【设置 FFD 尺寸】对话框

提示　在【显示】栏中：

- 【晶格】复选框用于设置控制点间的黄色虚线格的显示。
- 【源体积】复选框用于设置变形盒原始体积和形状的显示。

在【变形】栏中：

- 【仅在体内】单选框被选择时，表示仅在 FFD 方体内部的物体对象顶点受变形的影响。
- 【所有顶点】单选框被选择时，表示所有物体对象的顶点都将受到变形的影响。
- 【张力】增量框用于调节变形曲线张力。
- 【连续性】增量框用于调节变形曲线的连续性数值。
- 当【选择】栏中某个按钮被激活后，在模型上选择一个控制点，则该方向上的所有控制点都将会被选择。

（4）在修改器堆栈中单击【FFD（圆柱体）】左侧的【＋】按钮①，选择其中的【设置体积】选项②，如图 2—55 所示。在工具栏中单击【选择并移动】按钮，在视图中选择圆柱体顶面的第一层控制点。使用该工具将这些控制点向下移动，减小网格对象的体积，如图 2—56 所示。

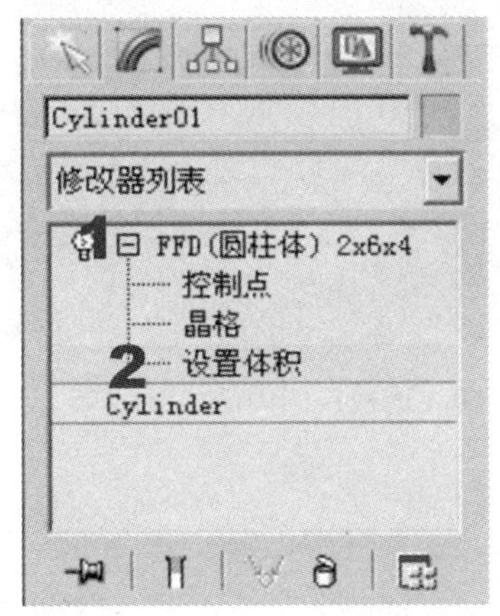

图 2—55　选择【设置体积】选项

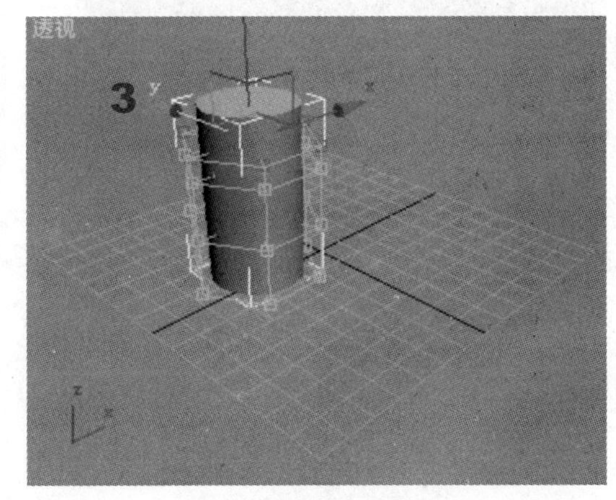

图 2—56　将第一层顶点下移

（5）在修改器堆栈中选择【控制点】，如图 2—57 所示。单击【选择并移动】按钮，再次将第一层的顶点全部选择，并向上移动这些顶点。此时，圆柱体被拉长，如图 2—58 所示。

（6）在工具栏中单击【选择并均匀缩放】按钮，选择从上向下的第三层的所有控制点。使用该工具将选择的控制点放大，此时即可获得鼓起的瓦罐效果，如图 2—59 所示。

（7）在修改器堆栈中单击【Cylinder】选项，在透视视图中适当调整瓦罐的大小和位置。模型在透视视图中的最终效果如图 2—60 所示。

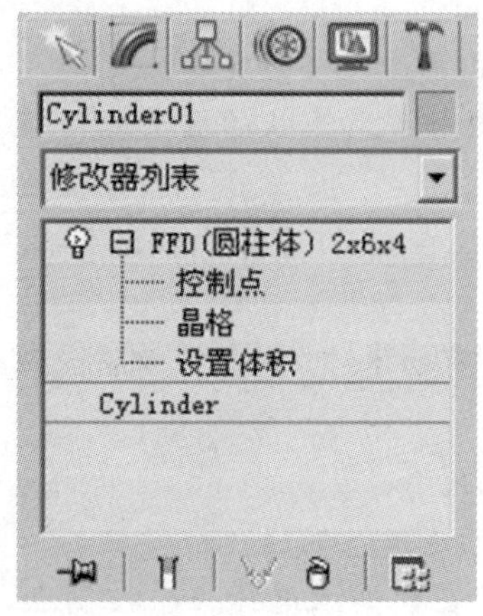

图 2—57　选择【控制点】

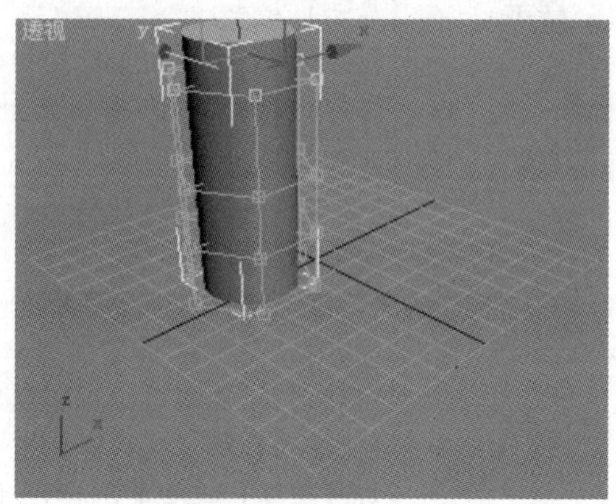

图 2—58　向上移动控制点

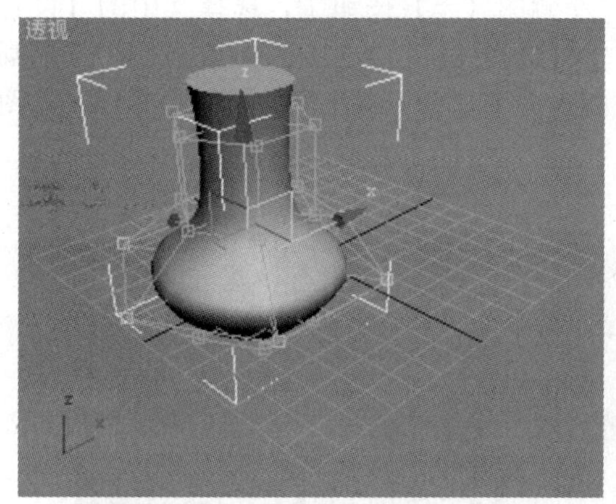

图 2—59　鼓起的瓦罐效果

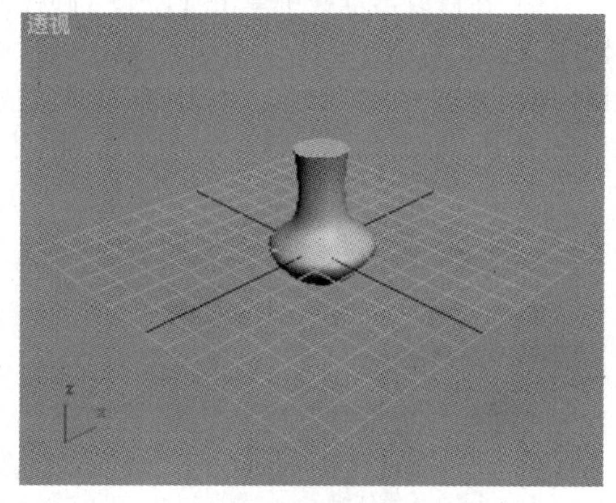

图 2—60　透视视图中的最终效果

2.5　布尔运算的应用——机器零件

实际物体往往可以看成是由很多简单物体组合而成的，在 3ds max 7 中建模时也可以将两个或更多的单独的对象组合起来形成一个新对象，这个对象称为复合对象。本节介绍使用布尔运算创建复合对象的方法。

2.5.1　知识重点

3ds max 7 提供了 10 种复合对象，它们分别是变形、散布、一致、连接、水滴网格、图形合并、布尔、地形、放样和网格化。在创建几何体时，选择【几何体】面板下拉列表中的【复合对象】选项。在打开的【对象类型】面板中，可以看到这些复合对象的创建按钮，如

图 2—61 所示。

图 2—61　【复合对象】面板中的按钮

下面，简单介绍面板中这些复合对象创建工具的特性和适用范围。

- 【变形】按钮：在两个或多个具有相同顶点数的对象间自动插入动画帧，通过对象间的形状变换来完成动画制作。
- 【散布】按钮：能够将物体在选定对象上无序散布。
- 【一致】按钮：用于将一个物体的顶点投射到另一个物体上，使被投射的物体发生形变。此按钮只能用于网格或可以转换为网格的物体。
- 【连接】按钮：用于将两个网格对象或可转换为网格的对象连接。在对象连接时，可通过参数来精确控制对象连接的形状。
- 【水滴网格】按钮：用于制作流体附着在物体表面的动画或创建黏稠的液体。这是一个变形球建模系统。
- 【图形合并】按钮：用于将二维线形融合到三维网格中，也可以删除网格对象中的样条线。
- 【布尔】按钮：可将两个或两个以上的具有重叠部分的对象进行布尔运算，将它们合并为一个对象。
- 【地形】按钮：使用等高线来创建地形。
- 【放样】按钮：将创建的二维界面沿着路径伸长，从而得到三维对象。
- 【网格化】按钮：用于将粒子系统转换为网格对象。

当两个物体具有交叠的部分时，可以通过布尔运算的方法将对象组合为一个独立的对象。布尔运算可对两个相交的对象实现交、并和差集运算。3ds max 7 允许对一个物体进行多次布尔运算，可通过对原对象的参数进行修改来影响布尔运算的结果。布尔运算是一种十分常见的建模方式。本节的实例将介绍使用布尔运算建模的方法。

2.5.2　实例介绍

本实例介绍一个机器零件的建模过程。在实例制作过程中，首先使用【挤出】修改器创建齿轮，然后使用布尔运算在齿轮上挖出零件的孔洞，获得现实中零件的模型。

通过实例的制作，读者将了解使用布尔运算建模的一般步骤，了解其参数设置方法，了解不同的运算方式在建模时的不同作用，掌握使用布尔运算方式建模的一些基本技巧。

2.5.3　制作步骤

(1) 启动 3ds max 7 进入程序界面。在顶视图中创建一个星形，其参数如图 2—62 所示。视图中的星形如图 2—63 所示。

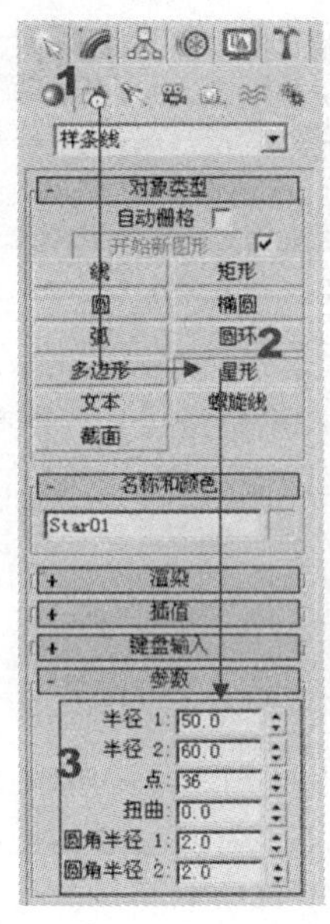

图 2—62　面板中的参数设置

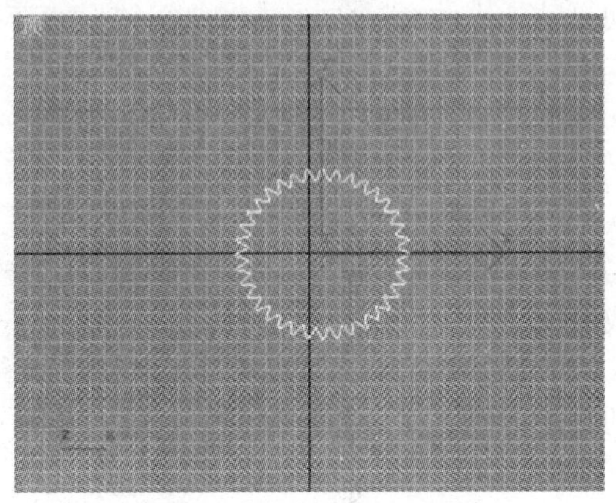

图 2—63　创建一个星形

提示　【参数】面板中【圆角半径 1】和【圆角半径 2】不宜设置过大，否则在进行拉伸时可能会出错。

（2）单击【修改】标签，在【修改器列表】下拉列表中选择【挤出】选项。在【参数】面板中设置【挤出】修改器的【数量】参数为 20，如图 2—64 所示。此时，二维对象被拉伸为三维对象，出现了一个齿轮的形状，如图 2—65 所示。

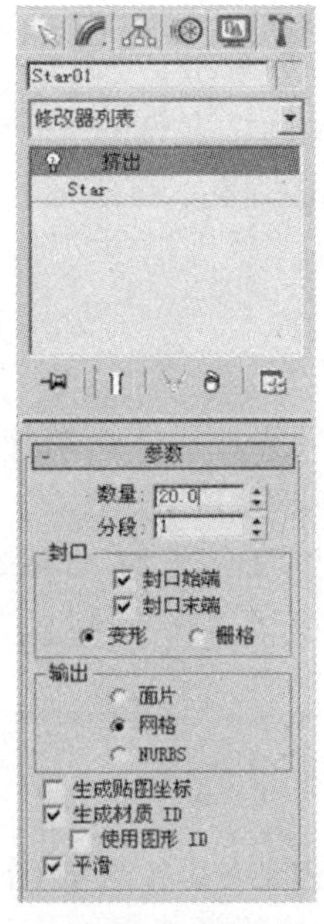

图 2—64　设置【数量】参数

图 2—65　获得齿轮

（3）在场景中创建一个圆柱体，圆柱体的半径设置为 6，边数设置为 100，其他参数可以根据需要任意设置。单击【选择并移动】按钮，调整圆柱体与齿轮的位置关系，如图 2—66 所示。

（4）按住【Shift】键，单击【选择并移动】按钮拖移圆柱体，将圆柱体复制 3 个，摆放这些复制对象，如图 2—67 所示。

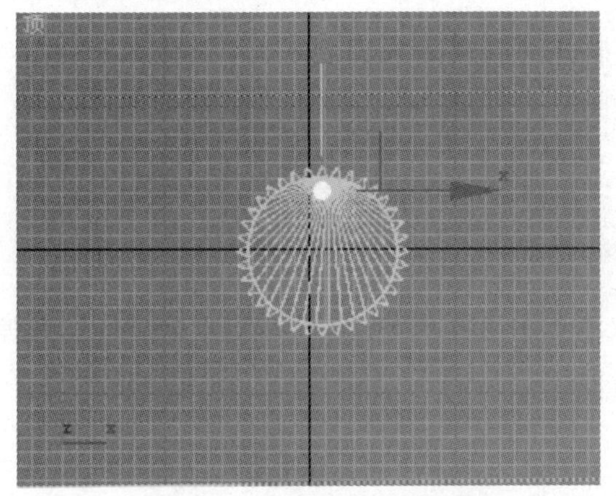

图 2—66　创建并放置圆柱体

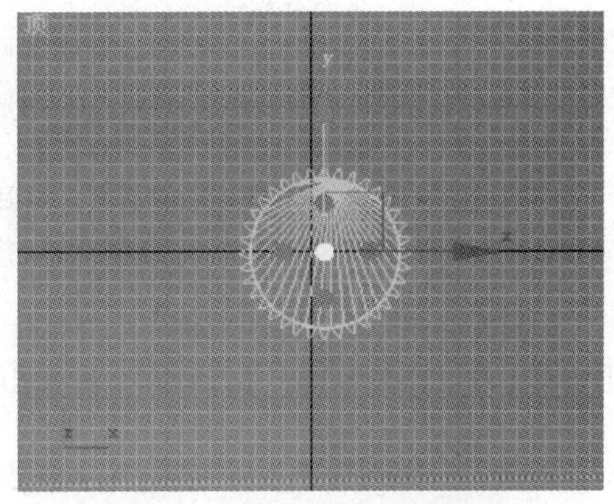

图 2—67　复制并放置圆柱体

（5）选择齿轮对象。单击【创建】标签①，选择创建几何体②。在面板的下拉列表中选择【复合对象】选项③，单击【对象类型】中的【布尔】按钮④，如图 2—68 所示。

（6）在确保【参数】面板中的【差集（A－B)】被选择的情况下，单击【拾取布尔】面板中的【拾取操作对象 B】按钮，如图 2—69 所示。在视图中单击一个圆柱体，齿轮与圆柱体进行布尔运算，在所选择的圆柱体位置挖出一个圆洞。完成布尔运算后，视图中物体的效果如图 2—70 所示。

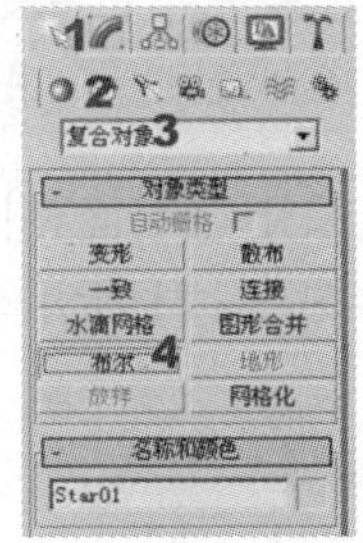

图 2—68　单击【对象类型】面板中的【布尔】按钮

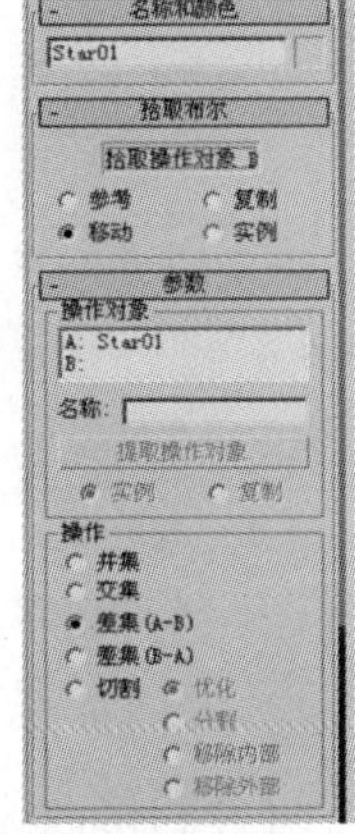

图 2—69　单击【拾取操作对象 B】按钮

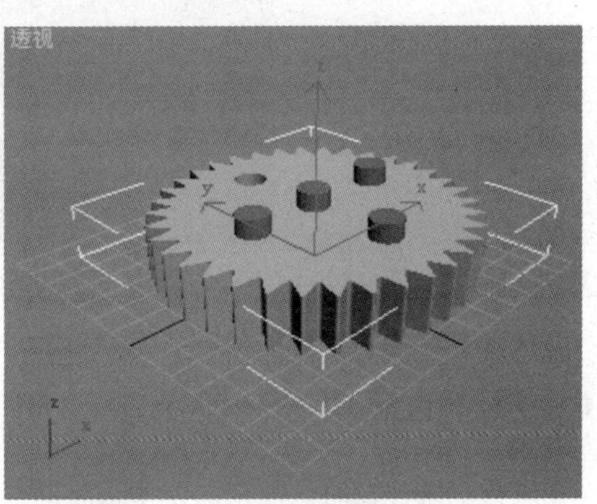

图 2—70　进行布尔运算后的效果

提示 3ds max 7 提供了多种布尔运算方式，可在【操作】栏中进行选择。

- 选择【并集】时，相交的两个物体会合并在一起，重叠部分相互结合，从而得到一个新模型。
- 选择【交集】时，相交物体间不相交的部分被去除，只保留相交的部分，从而得到一个新模型。
- 选择【差集】时，相交的两个物体进行相减运算，即从一个物体中减去另一个物体，新模型是相减后剩下的部分。根据运算中被减的对象，可选择【差集（A—B)】或【差集（B—A)】。
- 选择【切割】运算时，将进行一种特殊的运算。运算针对的是实体对象的面片，运算后得到的新模型是面片物体。

（7）在获得一个空洞的齿轮上单击右键，取消布尔运算状态。右键单击新模型，选择弹出菜单中的【转换为】→【转换为可编辑网格】命令。

提示 布尔运算只能同时进行两个对象的运算，将这两个对象结合起来。在进行连续的运算时，必须在完成一次运算后，退出当前的运算，使获得的结果成为一个独立物体后再进行下一次运算。一般的方法是将运算结果对象转换为一个可编辑的网格以获得独立对象。如果不采用上面的步骤，直接进行连续运算将会出现错误的结果。

（8）采用与上面相同的方法依次运用布尔运算创建齿轮上的其他孔洞，完成全部运算后的齿轮如图 2—71 所示。

图 2—71 完成全部运算后的齿轮效果

2.6 放样的应用——显示器

在进行三维建模时，复杂的模型很难通过对基本的几何体进行组合和修改来创建，放样建模方式正好能解决这方面的问题，能够很方便地完成一些复杂模型的创建。

2.6.1　知识重点

放样是一种创建复合对象的方法，它是将一个二维对象沿着某个路径扫描，进而形成复杂的三维对象。放样是三维建模的一种常用方法，通过在同一路径上设置不同的剖面，可以实现复杂模型的构建。

在 3ds max 7 中，放样建模的一般过程是：先创建一个二维截面和一个路径，然后使二维截面沿着路径变形，从而得到三维对象。放样时的截面和路径可以是直线，也可以是曲线，并且都允许使用封闭或不封闭的线段。在利用放样制作复合对象时，一个放样物体可以包括多个横截面，但只允许有一个放样路径。

对放样的复合对象的形状进行调整一般有两种方法，一种方法是通过调整放样截面的形状和放样路径来改变放样所得复合对象的外观。另一种方法是通过对放样的剖面图进行线形控制，这样能够获得更加复杂的放样对象。在实际的建模过程中，这两种方法常常配合使用。

2.6.2　实例介绍

本实例介绍一个显示器的建模过程。本实例制作过程中，首先，使用样条线工具创建基本的图形对象，并对创建的图形进行修改，以获得放样建模需要的形状。然后，使用放样的方式来创建显示器模型，同时，使用【拟合变形】窗口来修改放样后模型的效果，以获得需要的显示器效果。

通过本实例的制作，读者将学习放样建模的一般步骤，掌握使用放样的方式创建模型的一般技巧，了解使用变形工具修改放样效果的方法和对放样对象进行变形以创建复杂三维模型的技巧。

2.6.3　制作步骤

(1) 启动 3ds max 7 进入程序界面。打开【图形】面板，单击【对象类型】面板中的【矩形】按钮，如图 2—72 所示。在顶视图中拖动鼠标创建一个矩形，如图 2—73 所示。

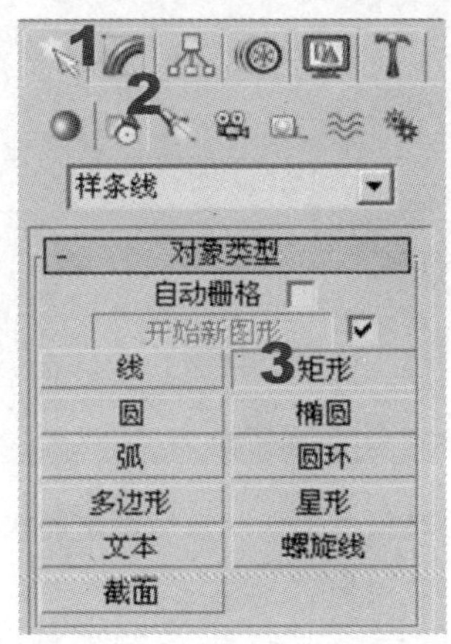

图 2—72　选择创建矩形

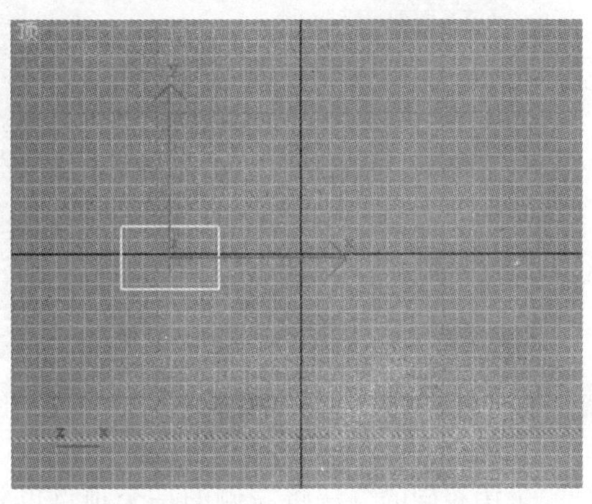

图 2—73　在顶视图中创建一个矩形

（2）在【图形】面板中单击【对象类型】面板的【线】按钮，如图 2—74 所示。在顶视图中拖动鼠标绘制图形，如图 2—75 所示。

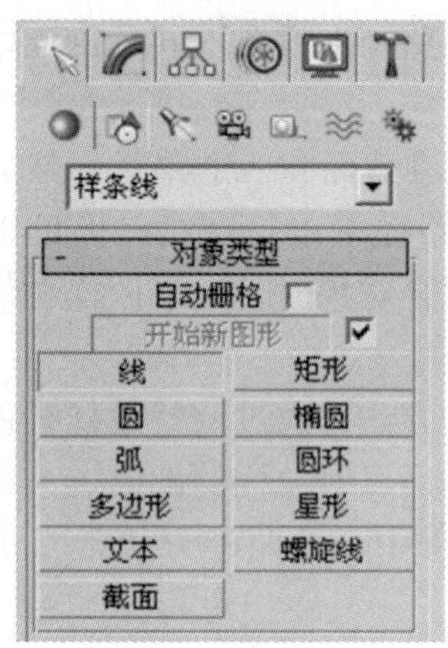

图 2—74　选择创建线

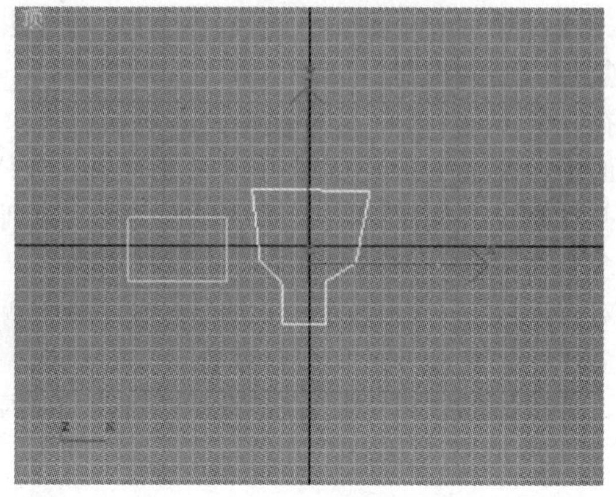

图 2—75　拖动鼠标绘制图形

（3）打开【修改】控制面板，在【修改器列表】下拉列表框中选择【编辑样条线】选项①。在【选择】面板中单击【顶点】按钮②，进入顶点子对象编辑模式，如图 2—76 所示。

（4）在顶视图图形的顶点上单击鼠标右键，选择右键快捷菜单中的【Bezier】命令，将顶点转换为 Bezier 点。拖动出现的绿色方块控制柄调整线条的形状，如图 2—77 所示。

图 2—76　进入顶点子对象编辑模式

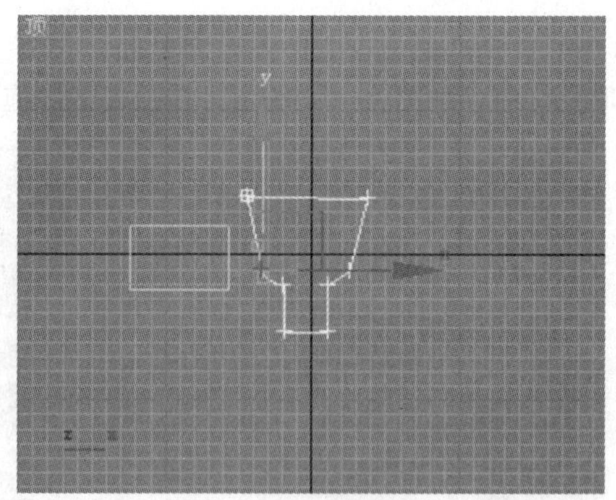

图 2—77　将顶点转换为 Bezier 点后调整形状

（5）采用相同的方法将右侧的一个顶点也转换为 Bezier 点后，调整线条的形状，如图 2—78 所示。同时，适当移动其他顶点的位置，对图形的整个形状进行适当调整。完成对形状的修改后，单击【选择】面板中的【顶点】按钮，关闭对子对象的编辑。

（6）在【图形】面板中单击【线】按钮，在顶视图中创建一条线，这条线将作为放样的路径，如图 2—79 所示。

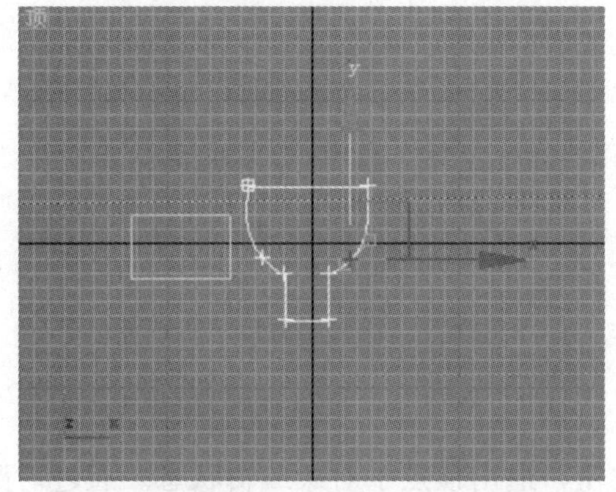

图 2—78　转换为 Bezier 点后调整线条形状

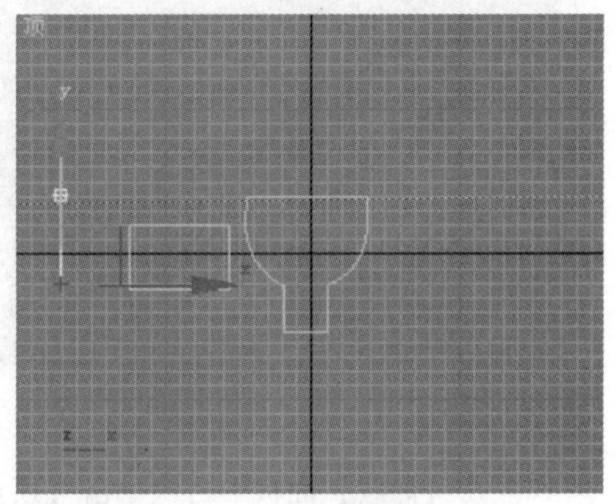

图 2—79　在顶视图中创建一条线

（7）在该路径被选择的情况下，单击【几何体】按钮①，选择下拉列表中的【复合对象】选项②。在【对象类型】面板中，单击【放样】按钮③，在【创建方法】面板中，单击【获取图形】按钮④，如图 2—80 所示。在顶视图中单击截面图形进行放样，如图 2—81 所示。

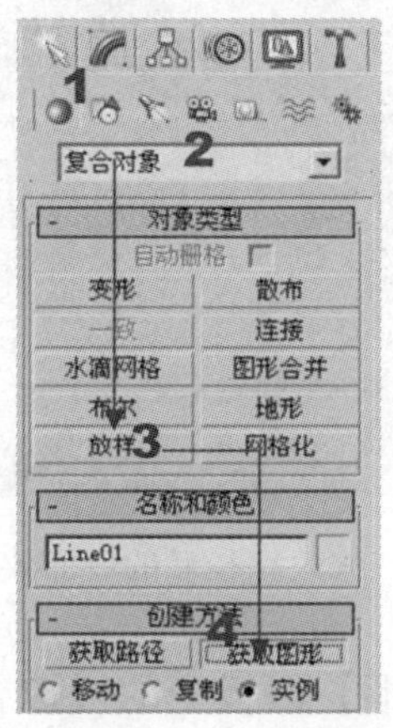

图 2—80　单击【获取图形】按钮

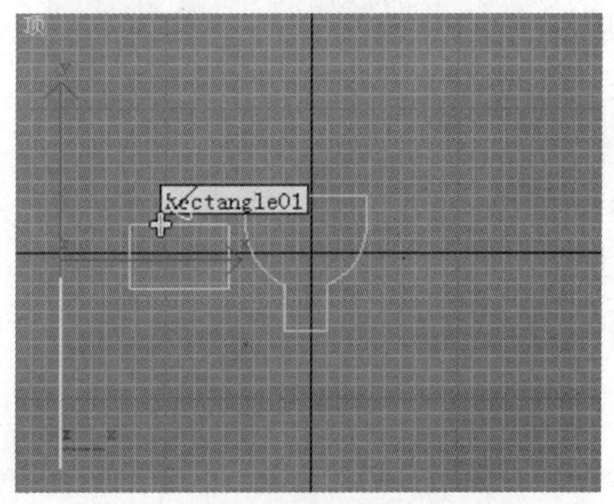

图 2—81　单击截面图形进行放样

提示　当选择是用来作为截面的二维图形时，放样时应单击【获取路径】按钮，然后再选择视图中的路径曲线放样。当选择的是作为路径的曲线时，放样时应单击【获取图形】按钮，然后再选择视图中的截面图形来实现放样。

（8）放样获得的一个长方体如图 2—82 所示。

（9）选择视图中作为放样路径的直线，单击【修改】标签①，单击【选择】面板中的顶点按钮②，如图 2—83 所示。单击工具栏中的【移动和选择】按钮，拖动作为路径直线的下端点，缩短线段的长度，如图 2—84 所示。

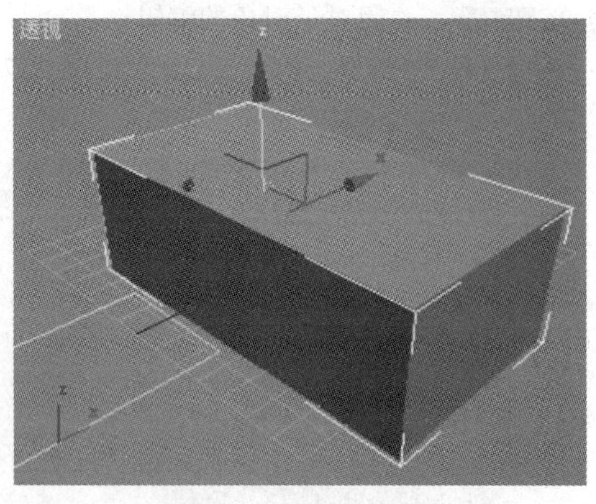

图 2—82　放样的效果

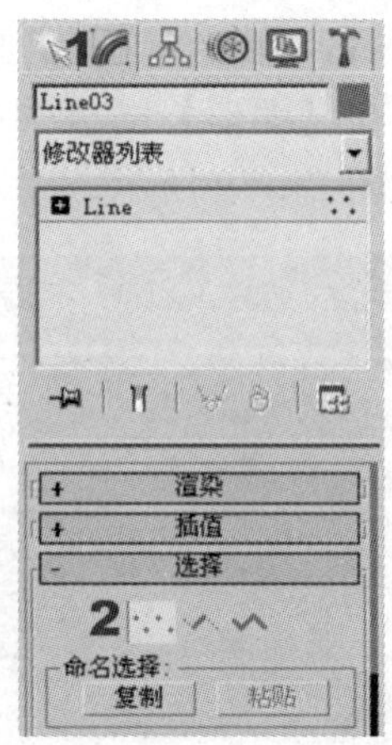

图 2—83　进入顶点子对象编辑状态

（10）在【修改】面板中再次单击【顶点】按钮，退出顶点子对象编辑状态。通过对路径的调整，放样模型形状发生改变。修改路径后的放样效果如图 2—85 所示。

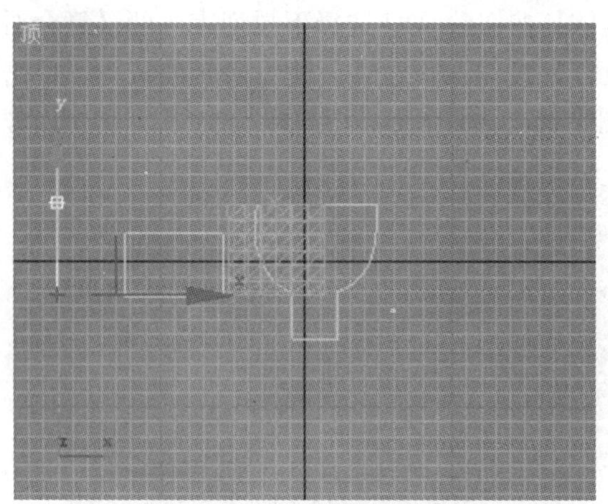

图 2—84　缩短线段的长度

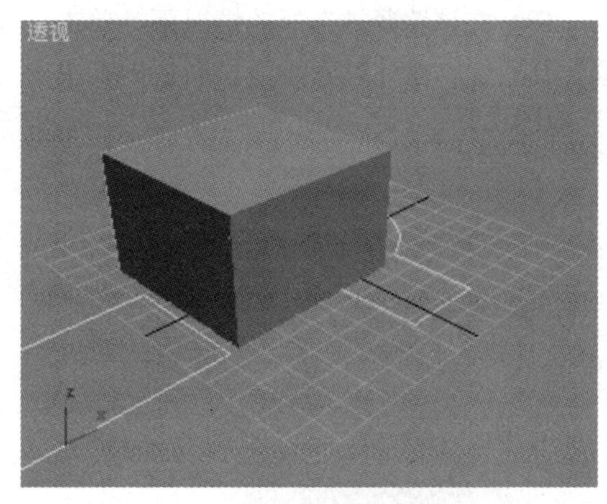

图 2—85　修改路径后的放样效果

（11）选择放样后的对象。单击【修改】标签，单击【变形】面板中的【拟合】按钮，如图 2—86 所示，打开【拟合变形】窗口，如图 2—87 所示。使用该对话框可对放样对象进行拟合变形。

提示　在【变形】面板中：

- 【缩放】用于对放样路径上的截面图形进行缩放，可产生截面图形在路径不同位置上大小不同的效果。
- 【扭曲】可以围绕放样路径将截面图形旋转一定角度，以产生扭曲的效果。
- 【倾斜】可以改变模型在路径末端的倾斜度。
- 【倒角】可用于将一个截面从它的原始位置切进或拉出一定距离。

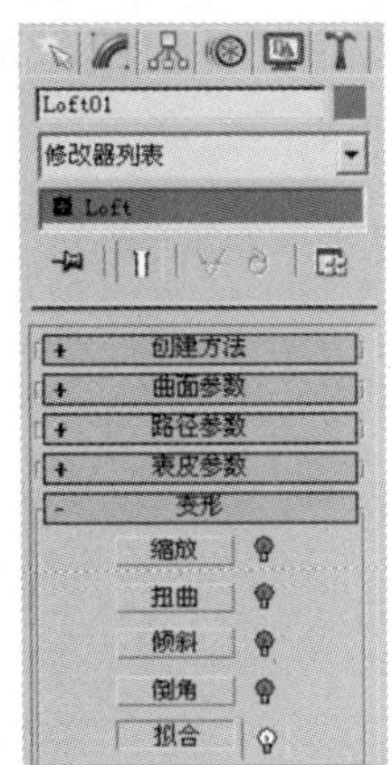

图 2—86　单击【拟合】按钮

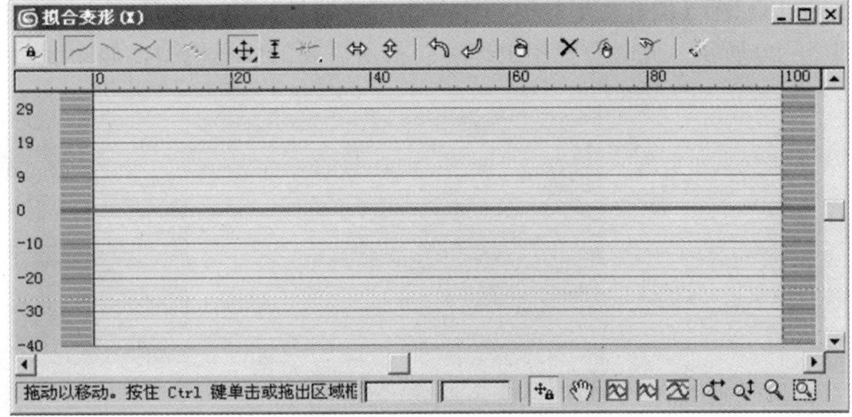

图 2—87　【拟合变形】窗口

（12）在【拟合变形】窗口中单击【获取图形】按钮，在视图中拾取截面图形，此时的【拟合变形】窗口中显示出侧面变形曲线，如图 2—88 所示。此时放样对象的形状如图 2—89 所示。

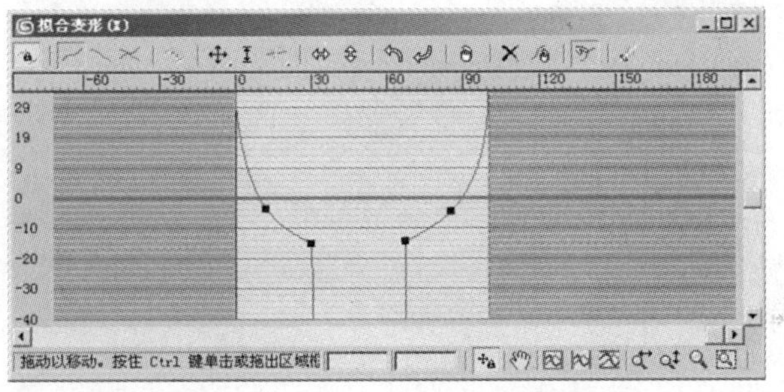

图 2—88　拟合曲线的形状

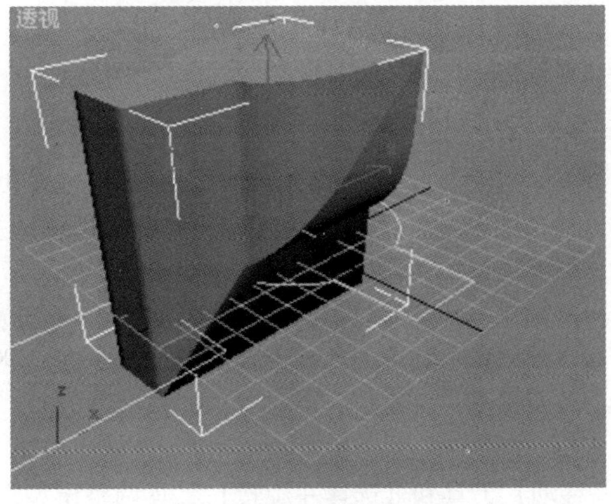

图 2—89　放样对象的形状

（13）在【拟合变形】窗口中单击【逆时针旋转 90 度】按钮，将曲线逆时针旋转，如图 2—90 所示。此时，视图中即可获得所需要的放样模型，如图 2—91 所示。

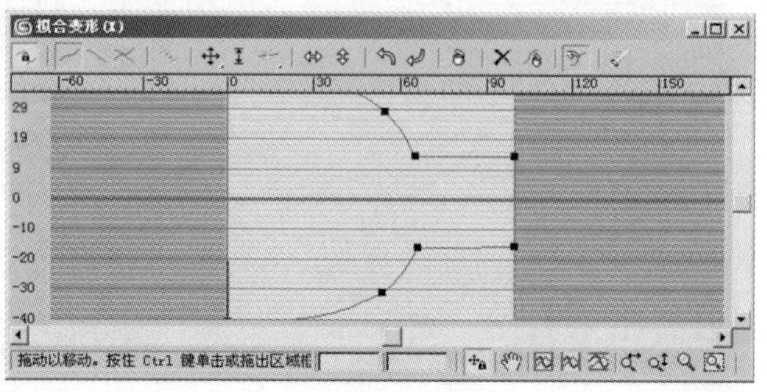

图 2—90　逆时针旋转曲线

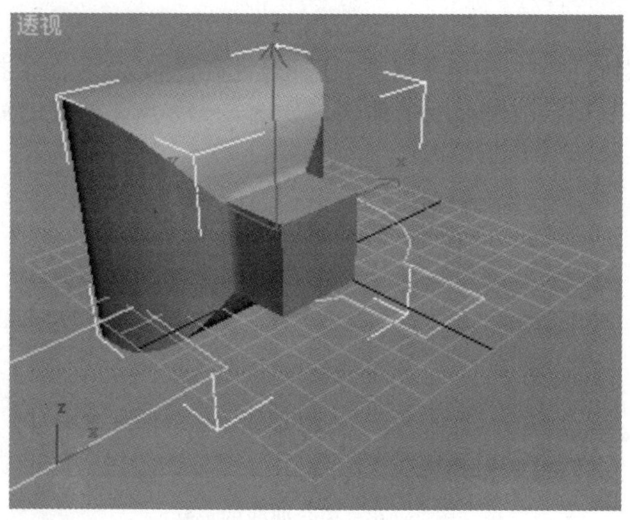

图 2—91　获得的放样模型

提示　在【拟合变形】窗口中：

- 插入【创建角点】按钮后，在曲线上单击，可在曲线上插入一个角点。
- 单击【移动控制点】按钮或【缩放控制点】按钮，可对控制点进行调整以改变曲线的形状。
- 选择一个控制点后，单击【删除控制点】按钮，可删除该控制点。
- 单击【水平镜像】按钮或【垂直镜像】按钮，可对整个曲线进行水平或垂直的镜像翻转。

（14）使用【选择并移动】工具和【选择并旋转】工具调整模型在视图中的位置。同时删除视图中放样时使用的二维对象，获得所需要的显示器模型，如图 2—92 所示。

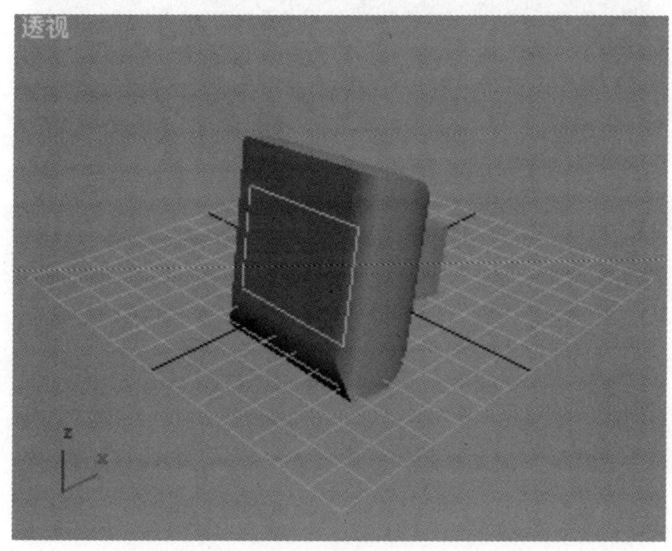

图 2—92　获得的显示器模型

2.7　小结

本章针对 3ds max 7 中常用的基本建模方法，主要介绍了对象的复制和组合等控制方式；介绍了使用二维模型修改器建立三维模型的方法，重点介绍了使用【剖面倒角】修改器拉伸二维对象和使用【车削】修改器旋转二维对象的建模方法；同时，介绍了通过复合对象建模的方法，主要介绍了布尔运算和放样的使用。另外，本章还介绍了使用标准修改器中的 FFD 修改器来建模的一般过程。

3ds max 7 中的建模方式很多，使用 3ds max 7 提供的丰富的修改器能够创建各种类型的模型，本章也只是选择性地介绍了常用的方法。读者可通过不断的练习和实践，掌握各种类型的修改器的使用，完成各种复杂的建模任务。

2.8　习题

1. 问答题

（1）要复制 10 个圆柱，使这 10 个圆柱排列为一条直线，且圆柱之间间隔 20 个单位，应该如何操作？

（2）二维对象的拉伸可以使用哪些修改器？建模的必要条件是什么？

（3）什么是布尔建模？布尔建模的一般步骤是什么？

（4）什么是放样建模？放样建模的一般步骤是什么？

2. 操作题

（1）应用所学知识创建如图 2—93 所示的立体五角星。

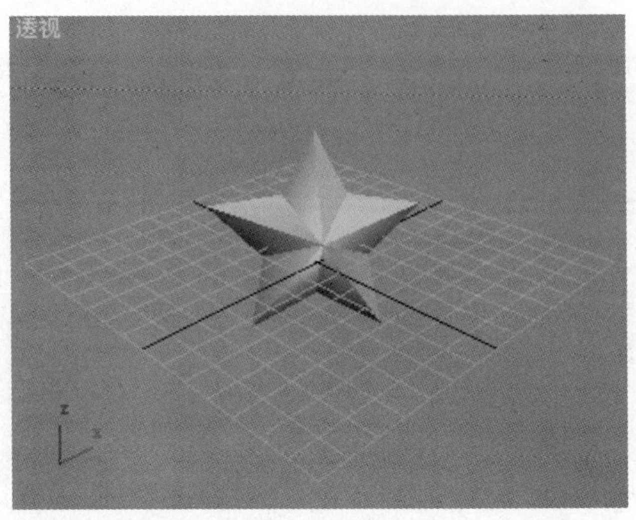

图 2—93　五角星模型

（2）应用放样建模的方式结合修改器创建如图 2—94 所示的三维文字效果。

图 2—94　三维文字效果

第3章 材质和贴图

建模只是完成了对象创建的第一步，这时创建的模型既没有亮丽的外观和独特的光泽，也没有符合真实物体所应该有的颜色、花纹、光洁度、透明度等外观属性。为使模型真实可信，需要为其添加相应的材质以模拟对象的外观属性。

3.1 双面材质的应用——木杯

现实中的任何物体都有其各自的表面特征，材质和贴图的使用正是为了能够真实地再现和模拟现实物体的各种外观特征，以模拟出真实可信的实物效果。本节将首先介绍双面材质的使用。

3.1.1 知识重点

(1) 材质和贴图

所谓的材质可以理解为一种编辑对象表面属性的方法，它指定物体表面或几个面上的特性，决定了这些面在着色时以何种形式出现。指定到材质上的图形称为贴图，贴图实际上是材质的表现形式。虽然材质和贴图是两个不同的概念，但两者不能割裂开，在很多情况下，材质需要贴图来实现其自身的效果。同时，从广义上说，材质应该包含基本材质属性和贴图这两个概念，贴图不能独立存在，只能依附在某个材质上。

在 3ds max 7 中，对材质和贴图的创建和编辑使用【材质编辑器】来完成，而真实的质地、色彩和纹理效果则需要通过最后的场景渲染才能表现出来。在【材质编辑器】中创建的材质需要指定到场景中的模型上才能起作用。大部分构成材质的元素都是可以被指定贴图的，如“漫反射”和“环境光”都可以用贴图来替换。同时，贴图也可以影响对象的透明度和物体的自发光等属性。

(2) 双面材质

双面材质是一种复合材质，可以使对象的外表面和内表面同时被渲染，并且能够将两种不同材质分别指定给物体的内外表面，以使内外表面产生不同的纹理效果。

3.1.2 实例介绍

本实例介绍一个木杯的制作过程。制作过程中，首先，利用【车削】修改器对样条线旋转创建木杯模型。然后，使用【双面材质】替换默认的标准材质，同时使用【材质编辑器】对【双面材质】进行设置，并将材质的贴图改为木纹贴图。完成材质编辑后，将材质赋予对象，完成本实例的制作。

通过实例的制作，读者将了解双面材质的添加方法，了解对材质贴图进行参数设置和修改的方法。同时，进一步熟悉【材质编辑器】的结构。

3.1.3 制作步骤

（1）启动 3ds max 7 进入程序界面。单击【创建】标签，单击其中的【图形】按钮①。在【对象类型】面板中单击【线】按钮②，如图 3—1 所示。在前视图中创建一条线，如图 3—2 所示。

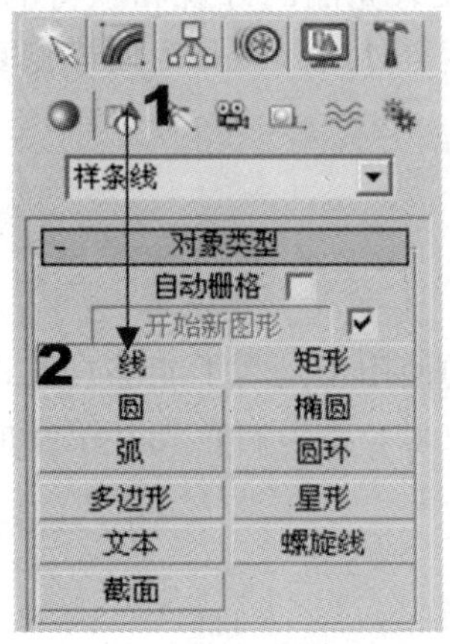

图 3—1 选择创建线条

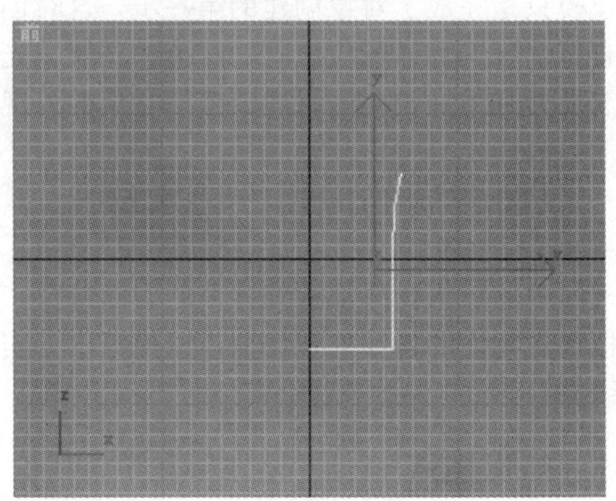

图 3—2 在前视图中创建线条

（2）单击【修改】标签①，在【选择】面板中单击【顶点】按钮②，进入顶点编辑状态，如图 3—3 所示。对线条上顶点进行调整，获得圆滑曲线，如图 3—4 所示。完成线条修改后单击【顶点】按钮，退出顶点修改状态。

（3）在【修改器列表】下拉列表框中选择【车削】选项①，单击【参数】面板中的【最小】按钮②，如图 3—5 所示。此时获得三维对象如图 3—6 所示。

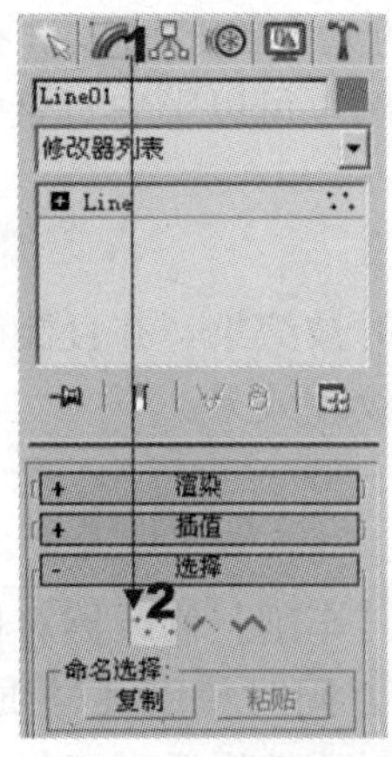

图 3—3 进入【顶点】编辑状态

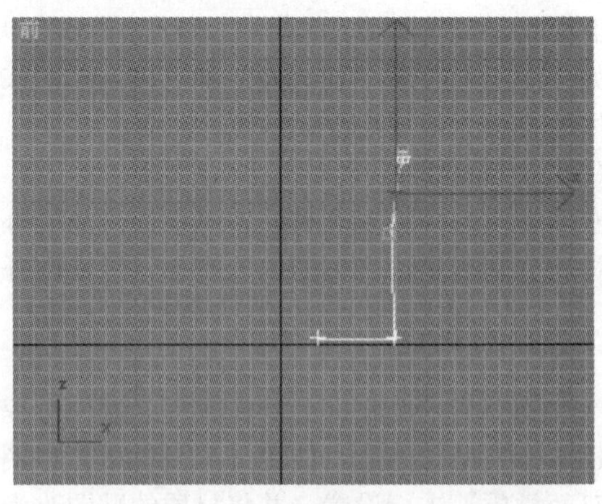

图 3—4 修改线条形状

图 3—5　使用【车削】修改器

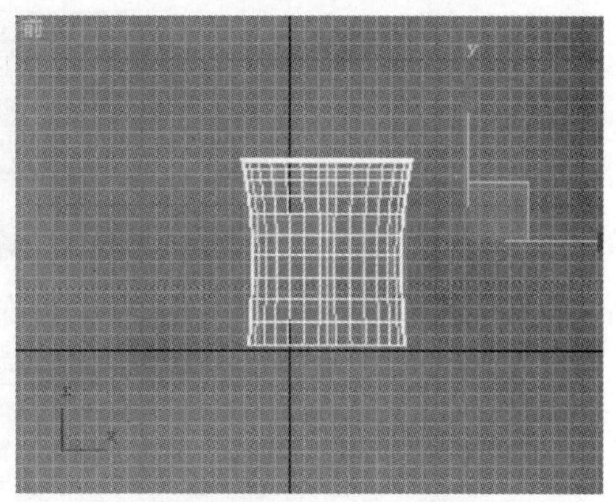

图 3—6　添加修改器后的效果

（4）在工具栏中单击【材质编辑器】按钮，打开【材质编辑器】窗口。在材质示例窗中选择第一个材质球①，单击【Standard】按钮②，如图 3—7 所示。此时，打开【材质/贴图浏览器】窗口，单击其中的【双面】选项，如图 3—8 所示。

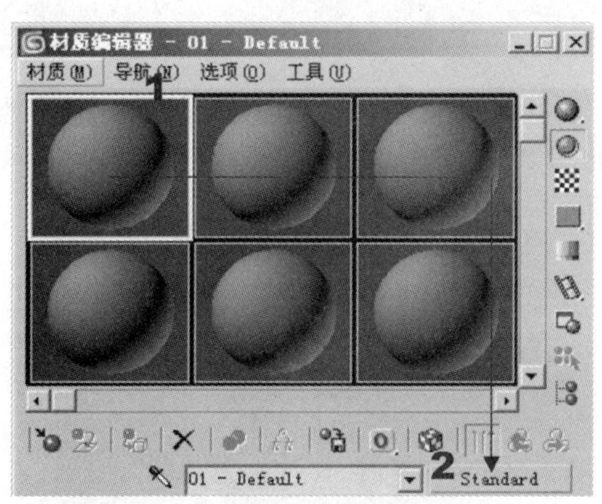

图 3—7　打开【材质编辑器】窗口

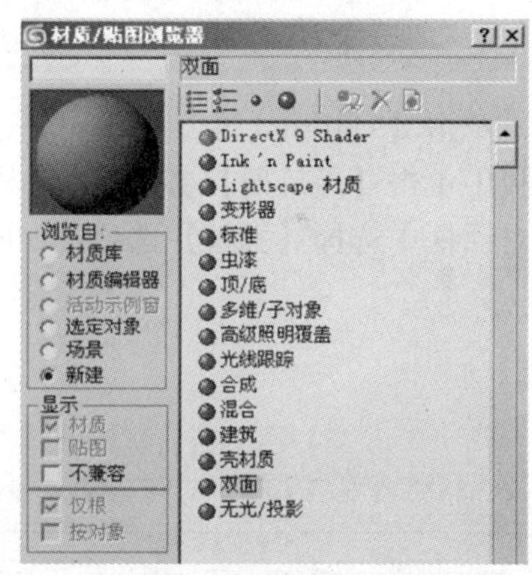

图 3—8　选择【材质/贴图浏览器】窗口中的【双面】选项

（5）完成设置后，单击【材质/贴图浏览器】窗口中的【确定】按钮关闭窗口。此时会弹出【替换材质】对话框，如图 3—9 所示。单击【丢弃旧材质】单选框，单击【确定】按钮关闭对话框。

（6）在【材质编辑器】窗口中会出现【双面基本参数】面板，如图 3—10 所示。

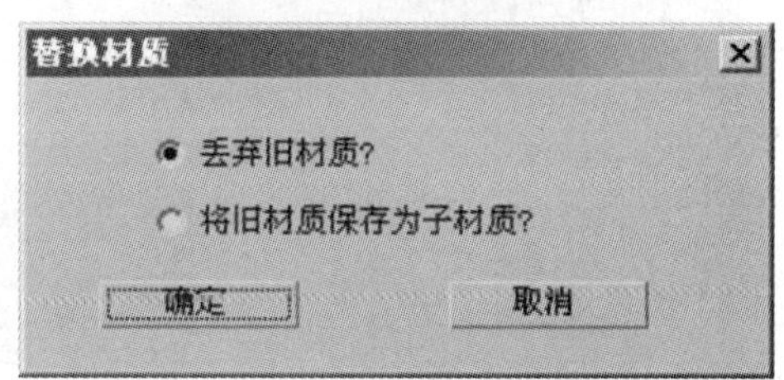

图 3—9　【替换材质】对话框

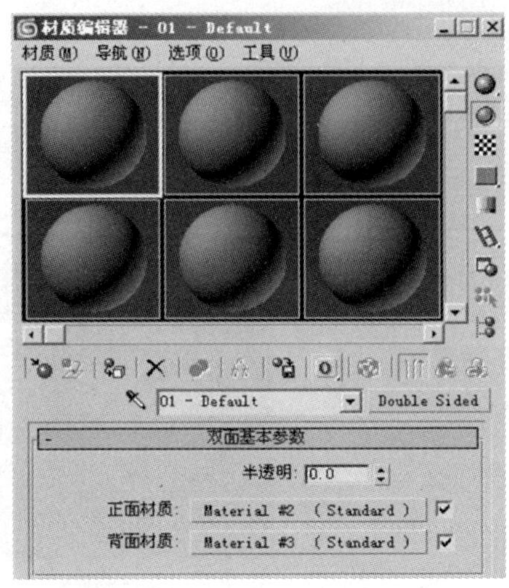

图 3—10 【双面基本参数】面板

提示 在【双面基本参数】面板中：

- 【正面材质】按钮用于设置物体外表面的材质。
- 【背面材质】按钮用于设置物体内表面的材质。
- 【半透明】增量框可设置一个材质在另一个材质上显示出的百分比，其值在0～100范围内，默认值为 0。

(7) 单击【Material ＃2 (Standard)】按钮，设置正面材质，在打开的【Blinn 基本参数】面板中单击【漫反射】旁的【无】按钮，如图 3—11 所示。在打开的【材质/贴图浏览器】对话框中选择【木材】选项，如图 3—12 所示。

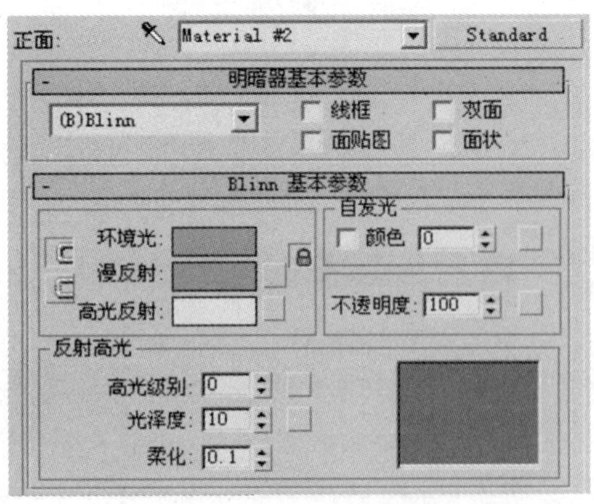

图 3—11 单击【无】按钮

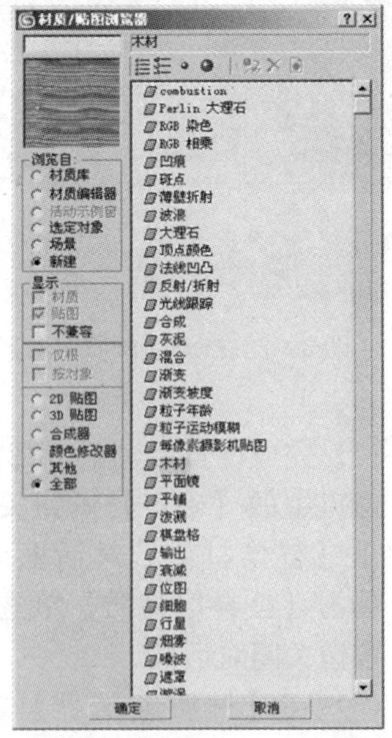

图 3—12 选择【木材】选项

提示　在 3ds max 7 中，材质间的反光差异通常使用明暗模式来区分，可以通过【明暗器基本参数】面板来进行设置。这里，3ds max 7 提供了 8 种典型的明暗模式类型，它们分别是各向异性、Blinn、金属、多层、Oren-Nayar-Blinn、Phone、Strauss 和半透明明暗器。可以通过【明暗器基本参数】面板中的 (B)Blinn 下拉列表框来进行选择。

(8) 单击【确定】按钮，关闭【材质/贴图浏览器】窗口，此时的原【无】按钮上出现一个“M”字母，表示被添加了材质。在【反射光】栏中设置【高光级别】、【光泽度】和【柔化】值，如图 3—13 所示。

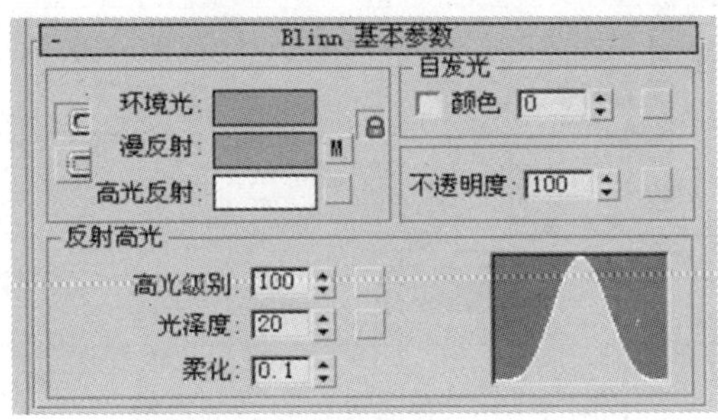

图 3—13　设置【反射高光】栏中各选项的值

提示　环境光，即对象阴影处的颜色，也就是环境光比直射光强时对象反射的颜色。漫反射，即对象固有的颜色，也就是在光照条件好时，对象反射的颜色。高光反射，即模型上高光点的颜色，高光颜色看起来比较亮，高光区的形状和尺寸可以控制。

(9) 单击【漫反射】旁的按钮①，如图 3—14 所示。打开【坐标】②和【木材参数】③面板，对木材贴图进行设置，如图 3—15 所示。

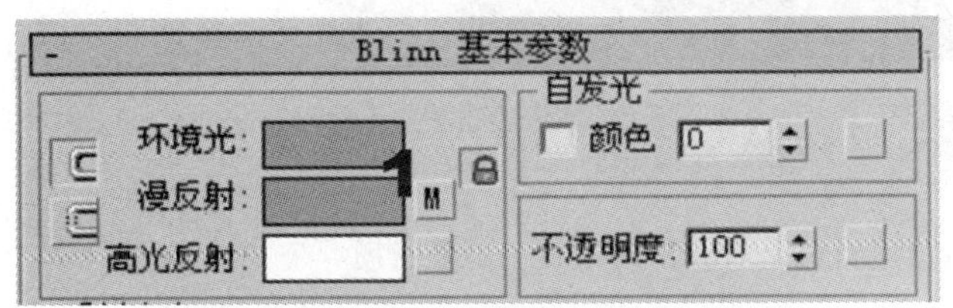

图 3—14　单击【漫反射】旁的按钮

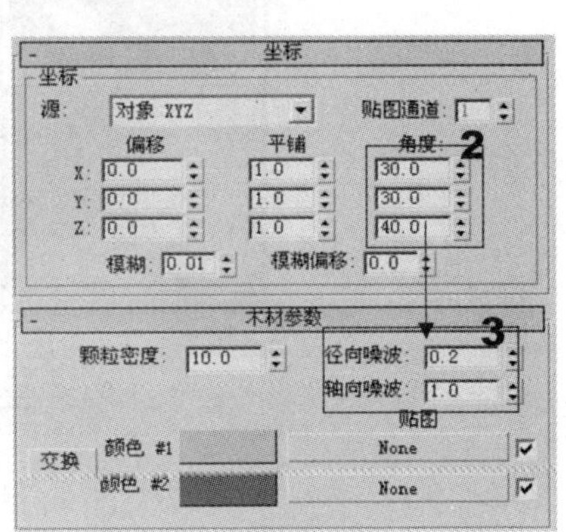

图 3—15　对木材贴图进行设置

（10）单击水平工具栏中的【转到父对象】按钮，回到【双面基本参数】面板，单击其中的【背面材质】按钮，按正面材质的设置方法指定背面材质为木材，同时进行参数设置，如图 3—16 所示。

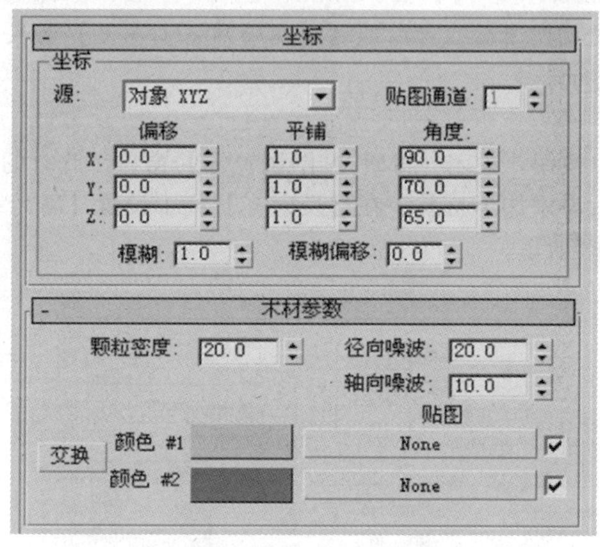

图 3—16　设置背面材质的参数

（11）完成设置后，在材质示例窗口中可通过材质球预览材质的效果，如图 3—17 所示。选择场景中的对象，单击水平工具栏中的【将材质指定给选定对象】按钮，赋予对象材质。

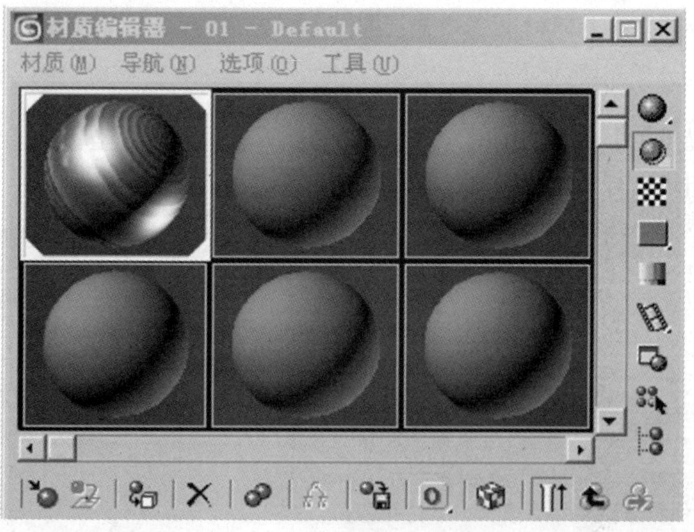

图 3—17　单击【将材质指定给选定对象】按钮赋予对象材质

提示　【材质编辑器】的水平工具栏的常用按钮介绍。

- 单击【获取材质】按钮，可打开【材质/贴图编辑器】窗口。
- 单击【将材质放入场景】按钮，可将与当前材质同名的材质放置到场景中。
- 单击【重置贴图/材质为默认设置】按钮，可将当前的编辑项目进行重新设定。
- 单击【放入库】按钮，可将当前材质保存到材质库中。
- 单击【材质效果通道】按钮，会出现一个按钮组，用于指定一个 Video Post 通道。
- 单击【在视口中显示贴图】按钮，可在视图中显示当前材质贴图的纹理。

（12）至此，材质制作完成，单击工具栏中的【快速渲染（产品级）】按钮，对透视视图进行渲染，得到的效果如图 3—18 所示。

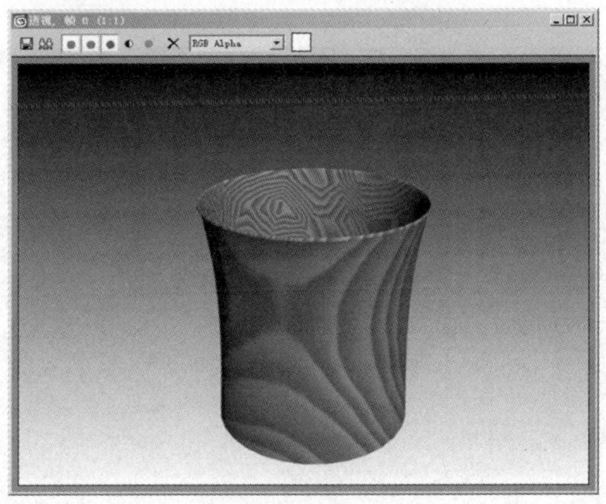

图 3—18　渲染后的效果

3.2　棋盘格贴图的应用——大理石地板砖

为了达到模拟真实物体的目的，可以在现有材质的基础上指定一些图像，也即贴图。贴图是物体材质表面的纹理，利用贴图可以在不增加模型表面复杂程度的情况下突出表现对象的细节，如创建出反射、凹凸、镂空等效果。本节将介绍棋盘格贴图的应用。

3.2.1　知识重点

3ds max 7 提供了多种贴图类型，每种贴图类型都有其自身的特点。要制作一种贴图材质，一般是先确定使用哪种贴图方式来表达，然后再指定使用何种贴图类型。在材质编辑器中的参数面板会随操作和层级的变化而改变，因此选择贴图的方式有很多种。

棋盘格贴图可以将两种颜色或图案以棋盘的形式组织起来，产生一种交错的棋盘格效果。3ds max 7 默认的效果是黑白交错的图案，可以通过设置产生多种颜色或多种数量的方格图案。

3.2.2 实例介绍

本实例将介绍大理石地板砖的制作。在实例制作过程中，使用棋盘格贴图方式来创建地板砖的网格，并修改贴图的参数。同时，使用位图贴图为网格添加纹理效果。完成材质编辑后，将材质赋予对象，完成本实例的制作。

通过实例的制作，读者将掌握棋盘格贴图的使用方法和参数设置技巧，同时，了解位图贴图的创建和设置方法。

3.2.3 制作步骤

（1）启动 3ds max 7 进入程序界面。在顶视图中创建一个长、宽、高分别为 100、100、3 的长方体，该对象在透视视图中的效果如图 3—19 所示。

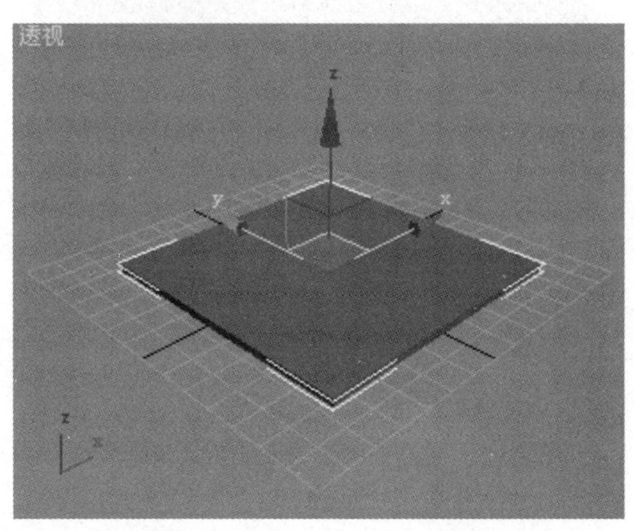

图 3—19　创建一个长方体对象

（2）单击工具栏中的【材质编辑器】按钮，打开【材质编辑器】窗口。在材质示例窗中选择一个材质球①，在【明暗器基本参数】面板中的下拉列表框中选择【Phong】选项②，并勾选【双面】复选框③，如图 3—20 所示。

（3）在【Phong 基本参数】面板的【反射高光】栏中设置【高光级别】和【光泽度】，如图 3—21 所示。

（4）单击【漫反射】旁的按钮，打开【材质/贴图浏览器】窗口，选择列表中的【棋盘格】选项，如图 3—22 所示。

（5）单击【确定】按钮关闭【材质/贴图浏览器】窗口。在【材质编辑器】的【棋盘格参数】面板中单击【颜色＃1】色块右侧的【None】按钮，如图 3—23 所示，此时会打开【材质/贴图浏览器】窗口，在窗口中双击【位图】选项，如图 3—24 所示。

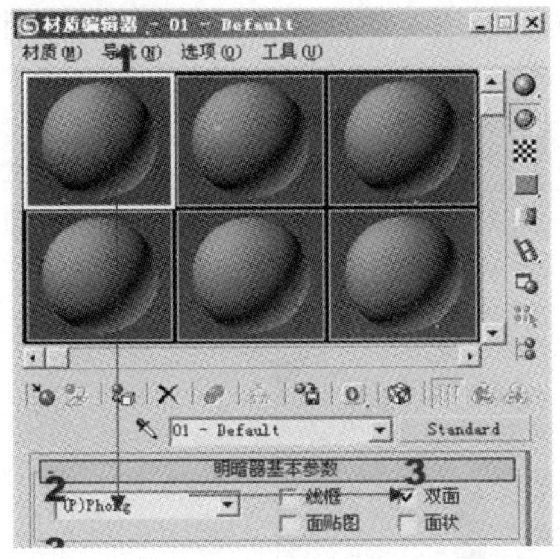

图 3—20　【明暗器基本参数】面板中的设置

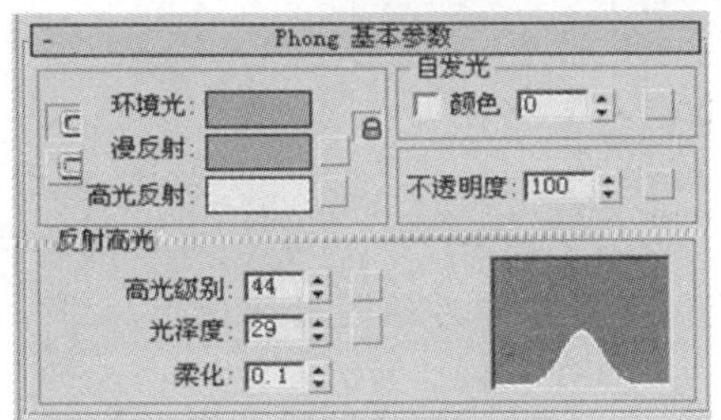

图 3—21　设置【高光级别】和【光泽度】

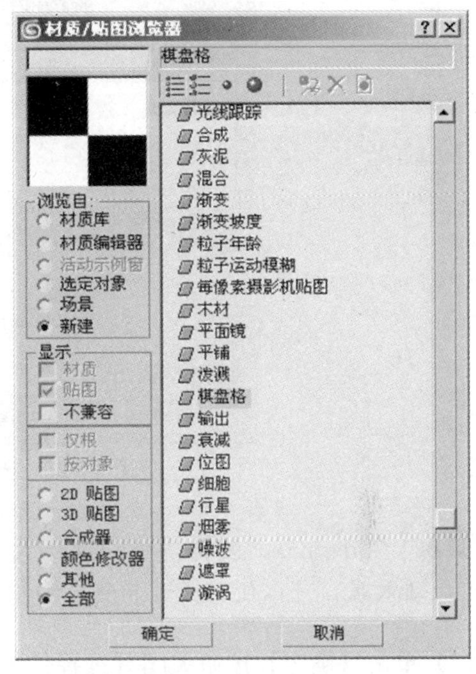

图 3—22　选择【棋盘格】选项

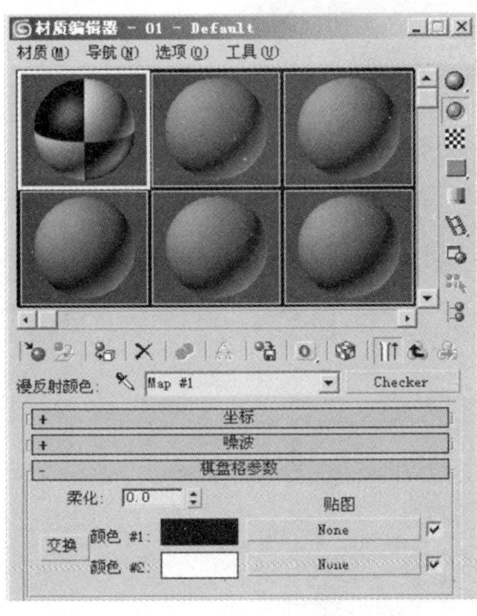

图 3—23　单击【None】按钮

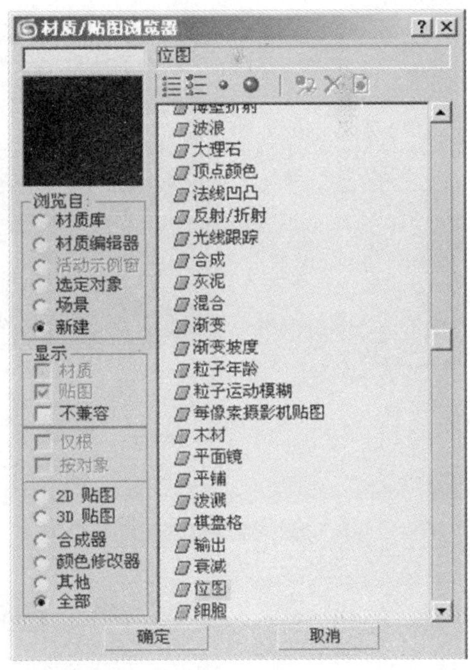

图 3—24　双击【位图】选项

（6）此时，会打开【选择位图图像文件】对话框。使用对话框选择需要的位图文件作为贴图文件，如图 3—25 所示。

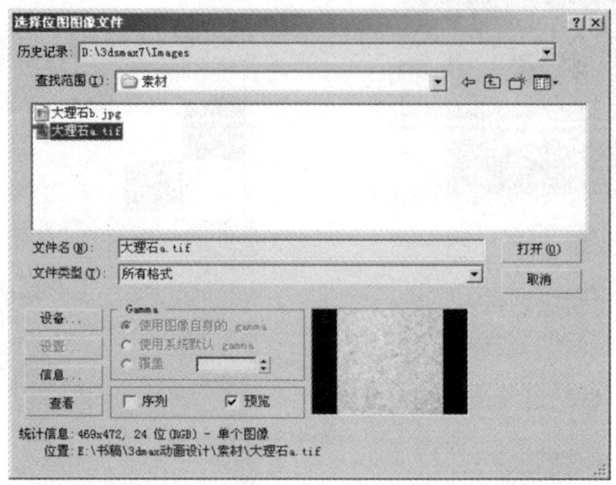

图 3—25　选择需要的位图文件

提示　3ds max 7 支持多种图像格式，如 .gif、.jpg、.psd、.tif 等。为获得真实材质效果，可以使用通过拍照或扫描等手段获取的图片作为位图贴图使用。

（7）单击【确定】按钮关闭【选择位图图像文件】对话框，在【材质编辑器】窗口中单击【转到父级】按钮，返回上一层级。此时，可以从选择的材质球上预览材质效果，如图 3—26 所示。

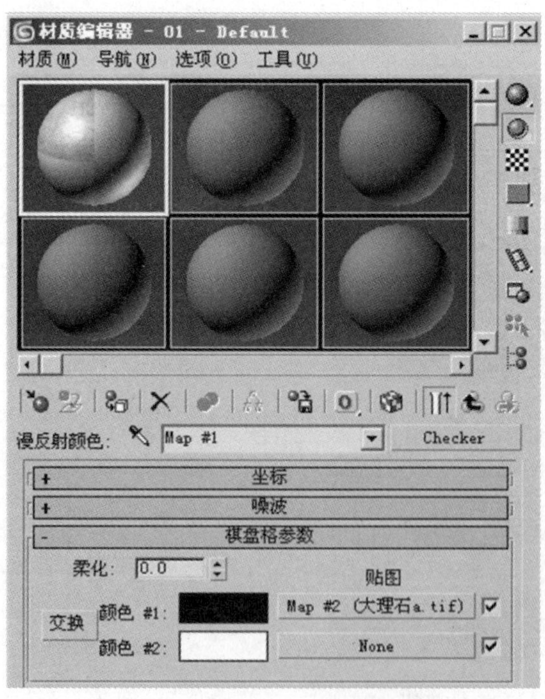

图 3—26　在材质球上预览材质效果

提示　在【棋盘格参数】面板中：

- 【柔化】增量框用于设置区域编辑模糊的程度。
- 【颜色＃1】和【颜色＃2】用于设置两个区域的颜色或贴图。
- 单击【交换】按钮可将两个区域的设置互换。

（8）单击【棋盘格参数】面板中【颜色＃2】色块旁的【None】按钮，使用上面相同的步骤设置贴图，此处选用贴图素材文件夹里的“大理石 b.jpg”文件。此时，在材质球上可以看到应用棋盘格贴图后的预览效果，如图 3—27 所示。

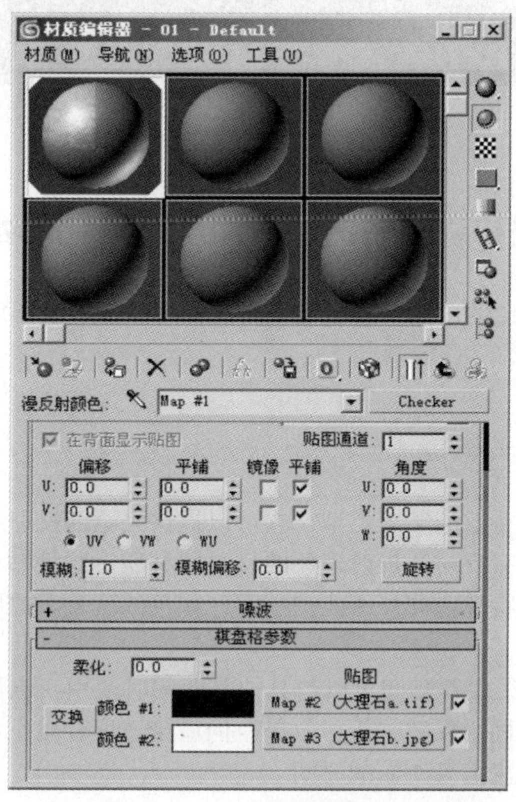

图 3—27　预览棋盘格贴图效果

提示　在【坐标】面板中，改变【平铺】增量框的【U】和【V】的值，可以改变网格的数量。改变【角度】增量框的【U】、【V】和【W】的值可以使网格旋转。

（9）选择视图中的长方体对象，单击【将材质指定给选定对象】按钮，赋予对象材质。单击工具栏中的【快速渲染（产品级）】按钮，对透视视图进行渲染。对象渲染后的效果如图 3—28 所示。

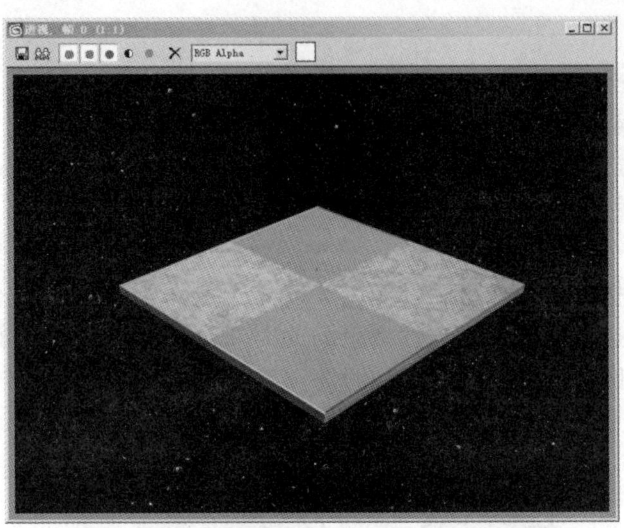

图 3—28　对象渲染后的效果

3.3　光线跟踪贴图和衰减贴图的应用——透明的水晶球

本节继续介绍材质贴图的应用，通过实例介绍 3ds max 7 中常用的光线跟踪贴图和衰减贴图的应用。

3.3.1　知识重点

（1）光线跟踪贴图

光线跟踪贴图是一种重要的贴图类型，它可以提供完全的反射和折射效果，常用于表现玻璃、大理石和金属等带有反射和折射现象的材料的材质。这种贴图比标准贴图更高级，其具有标准贴图类型的一切特性，此外还能支持雾、颜色浓度、半透明度和荧光等其他特殊效果。

在 3ds max 7 中，光线跟踪贴图可以与其他贴图同时使用，也可以用于任何材质。光线跟踪贴图能够产生更为精确的反射、折射效果，但渲染速度较慢，不过可以通过单独指定场景中需要渲染的对象来减少渲染所需的时间。

（2）衰减贴图

衰减贴图能够产生由明到暗的渐变，可作用于多种贴图方式，主要用于制作透明渐变效果，使强的地方透明，弱的地方不透明。这类似于标准材质的透明度，但使用衰减贴图方式的控制能力更强。

3.3.2　实例介绍

本实例介绍水晶球的制作过程。在实例制作中，首先，创建球体模型，使用【材质编辑器】为球体创建材质。在材质创建时，首先为标准材质添加光线跟踪贴图，并设置其颜色、透明度等参数以获得透明水晶效果，同时，使用衰减贴图来进一步增强效果。完成材质编辑后，将材质赋予对象，完成本实例的制作。

通过本实例的制作，读者将掌握光线跟踪贴图和衰减贴图的使用方法以及参数调整技巧，掌握透明水晶材质的创建方法。

3.3.3　制作步骤

（1）启动 3ds max 7 进入程序界面。在顶视图中创建一个半径为 15 的球体，其他参数使用默认值即可，如图 3—29 所示。

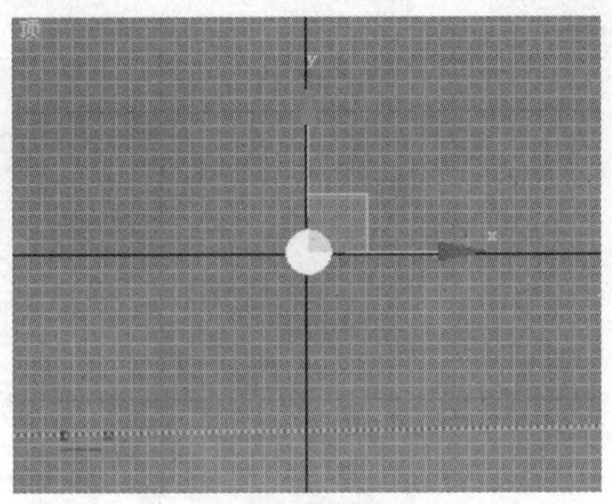

图 3—29　创建一个球体

（2）在【几何体】创建面板中单击【平面】按钮①，在顶视图中创建一个平面。在【参数】面板中设置平面的长和宽②、③，如图 3—30 所示。调整平面与球的位置关系，如图 3—31 所示。

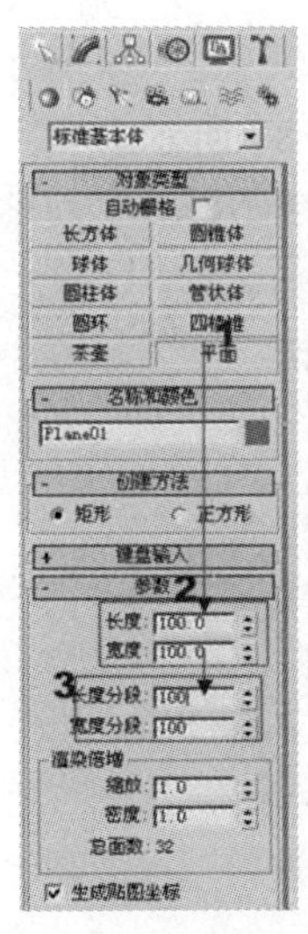

图 3—30　选择创建平面

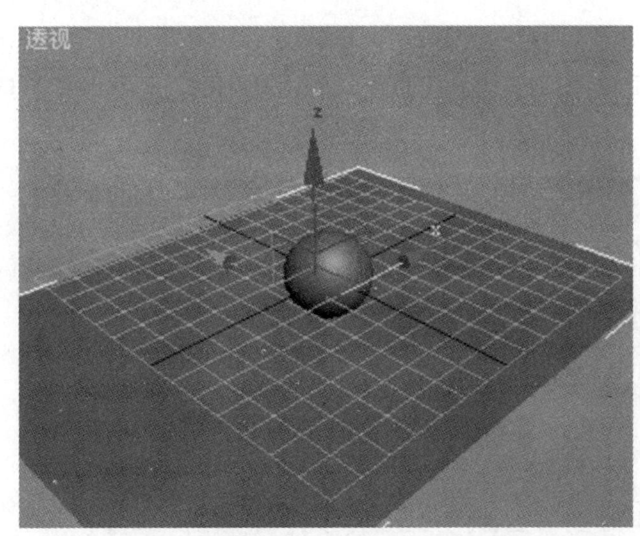

图 3—31　透视图中创建的平面

提示　这里设置较大的【长度分段】和【宽度分段】值，可以获得更为逼真的效果。

（3）选择创建的平面，单击工具栏中的【材质编辑器】按钮，打开【材质编辑器】窗口，使用上节的方法添加棋盘格贴图。同时贴图的【坐标】面板中，将【平铺】的【U】和【V】增量框的值均设置为 10，如图 3—32 所示。将材质赋予平面，渲染场景，平面获得棋盘效果。这个平面将用作背景，如图 3—33 所示。

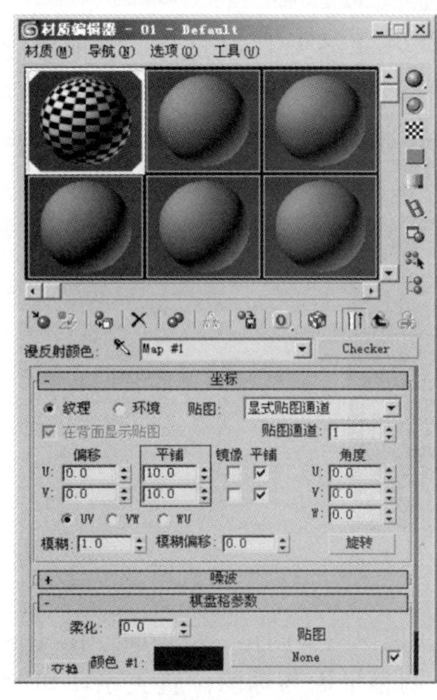

图 3—32 设置【平铺】值

图 3—33 渲染后的背景效果

（4）在材质示例窗中选择 02＃材质球，单击【Standard】按钮，如图 3—34 所示。打开【材质/贴图浏览器】窗口后，双击其中的【光线跟踪】选项，如图 3—35 所示。

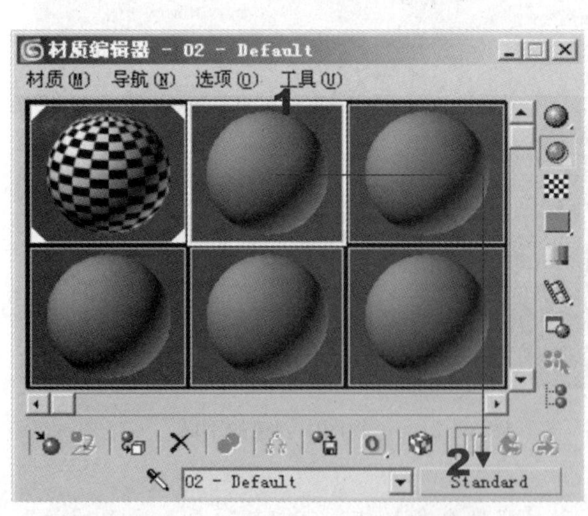

图 3—34 单击【Standard】按钮

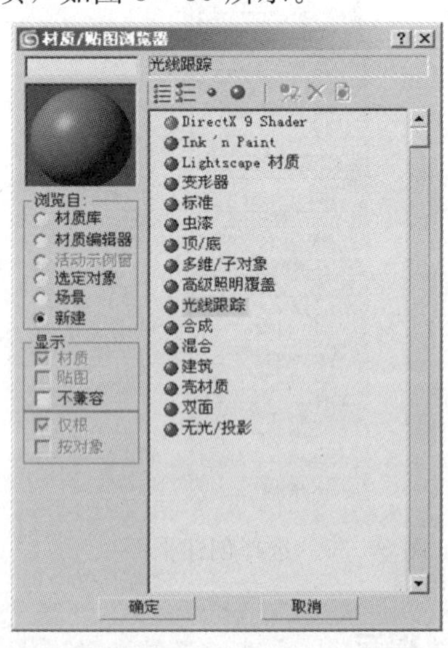

图 3—35 双击【光线跟踪】选项

（5）在【光线跟踪基本参数】面板中单击【漫反射】色块，如图 3—36 所示。此时打开【颜色选择器：漫反射】对话框，在对话框中设置【红】、【绿】和【蓝】色值，如图 3—37 所示。

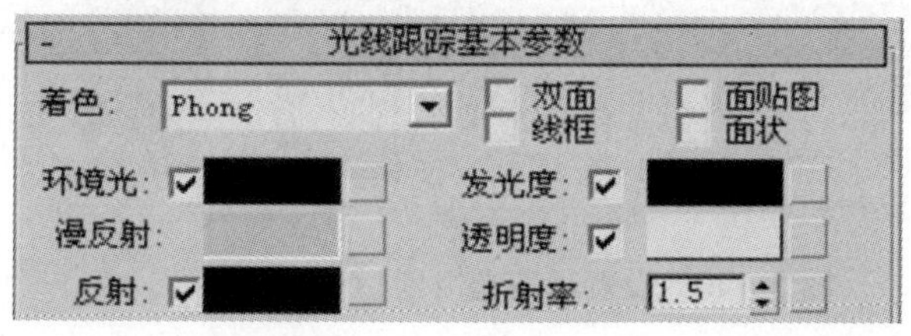

图 3—36　单击【漫反射】色块

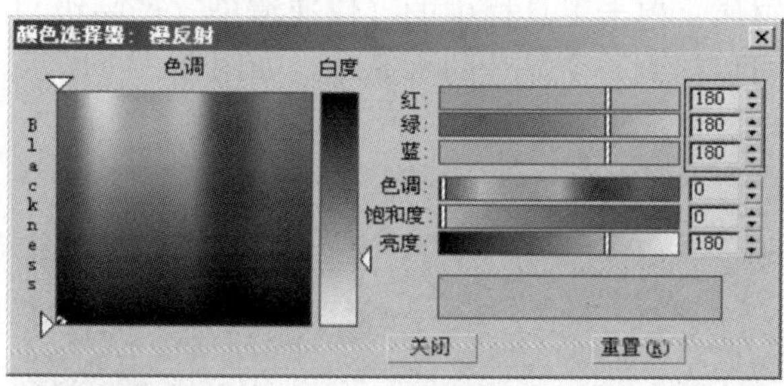

图 3—37　设置颜色值（一）

（6）单击【光线跟踪基本参数】面板中的【透明度】色块，如图 3—38 所示。【颜色选择器：漫反射】对话框变为【颜色选择器：透明度】对话框，设置颜色值，如图 3—39 所示。

（7）单击【颜色选择器：透明度】对话框中的【关闭】按钮，关闭对话框。在【光线跟踪基本参数】面板的【反射高光】栏中设置【高光级别】和【光泽度】值，如图 3—40 所示。

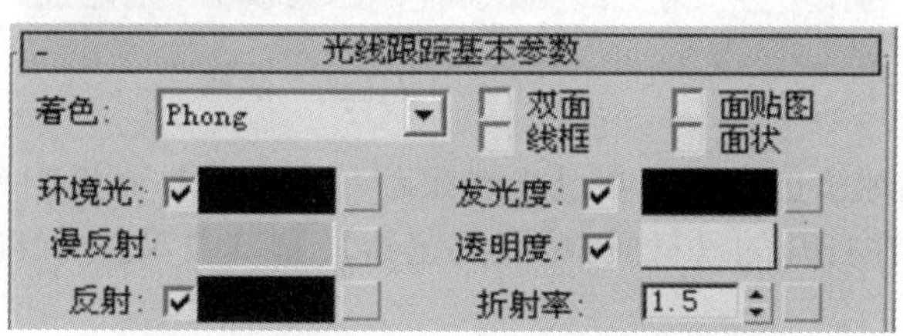

图 3—38　单击【透明度】色块

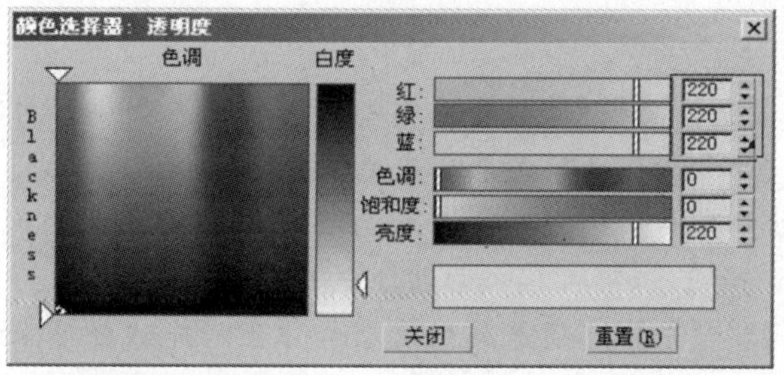

图 3—39　设置颜色值（二）

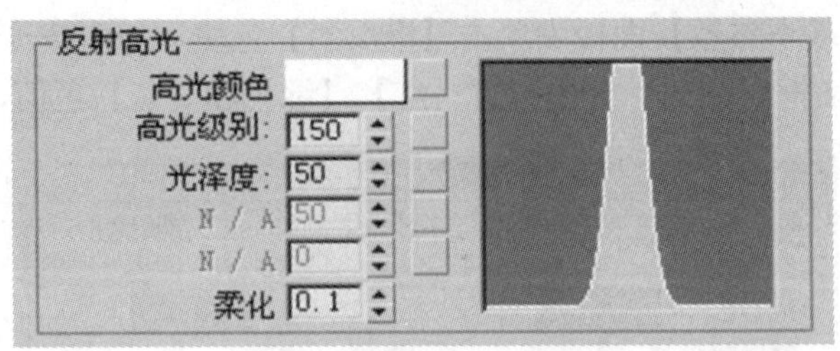

图 3—40　设置【高光级别】和【光泽度】值

（8）在视图中选择球体，单击【材质编辑器】水平工具栏中的【将材质指定给选定对象】按钮，赋予对象材质。单击工具栏中的【快速渲染（产品级）】按钮，对透视视图进行渲染。渲染场景后可以得到一个晶莹的水晶球，如图 3—41 所示。

图 3—41　场景中晶莹的水晶球

（9）进一步为水晶球添加效果。在【光线跟踪基本参数】面板中单击【反射】旁的按钮，如图 3—42 所示。在打开的【材质/贴图浏览器】窗口中双击【衰减】选项，如图 3—43 所示。

（10）关闭【材质/贴图浏览器】窗口。在【材质编辑器】的【衰减参数】面板中设置衰减参数，如图 3—44 所示。

提示　在【衰减参数】面板中，【衰减类型】下拉列表提供 5 种可选择的衰减类型：

- 【垂直/平行】选项是基于表面法线 90°的衰减方式。
- 【朝向/背离】选项是基于表面法线 180°的衰减方式。
- 【Fresnel】选项可模拟灯塔上的透镜效果。
- 【阴影/灯光】选项是利用落在物体上的光线强度来调整衰减。
- 【距离混合】选项是基于近距离和远距离的值在两者间衰减。

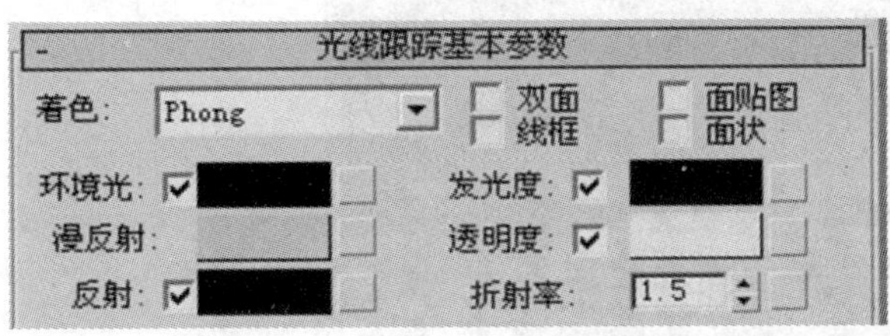

图 3—42　单击【漫反射】旁按钮

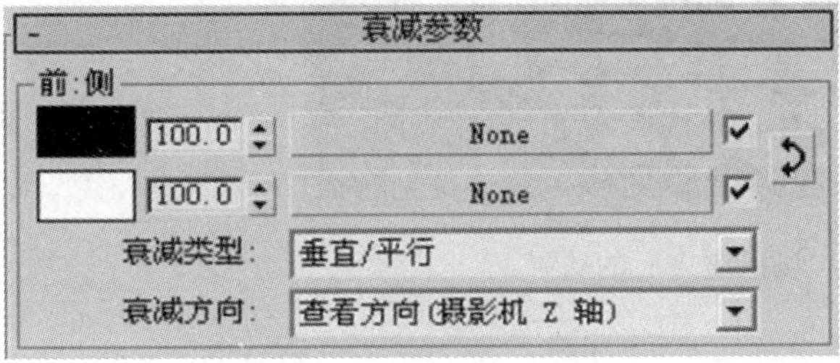

图 3—44　设置衰减参数

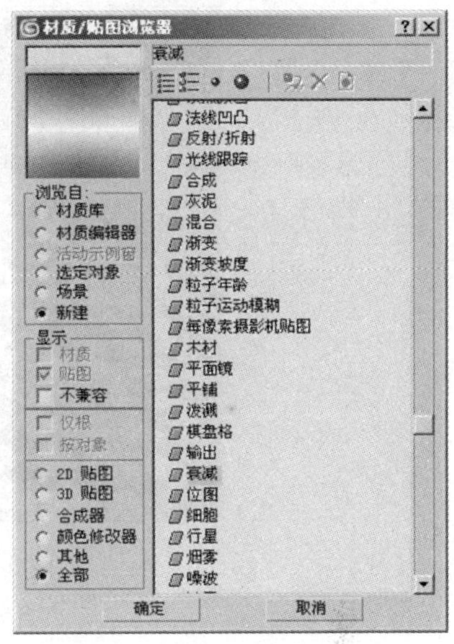

图 3—43　双击【衰减】选项

（11）在【混合曲线】面板中单击【添加点】按钮，在面板的曲线上单击添加一个顶点。单击【移动】按钮，移动曲线上添加的顶点的位置，改变曲线的形状，如图 3—45 所示。

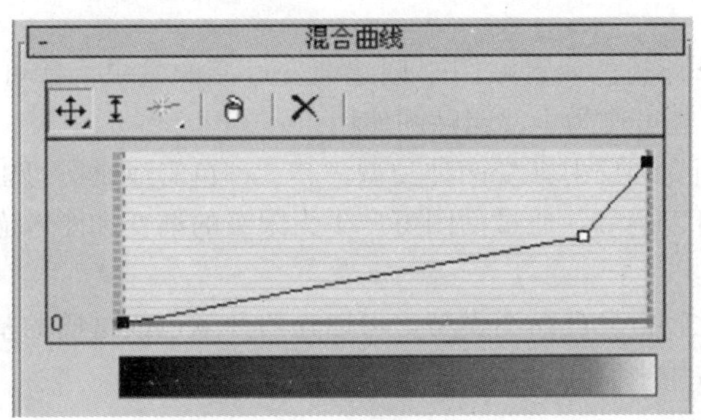

图 3—45　调整曲线的形状

提示　【混合曲线】面板可利用曲线来控制衰减产生的坡度。单击面板上的【重置曲线】按钮可将曲线回复到初始状态。在选择曲线上的顶点后，单击【删除点】按钮可删除该点。

（12）渲染场景，按上面设置得到的效果如图 3—46 所示。至此，本实例制作完成。

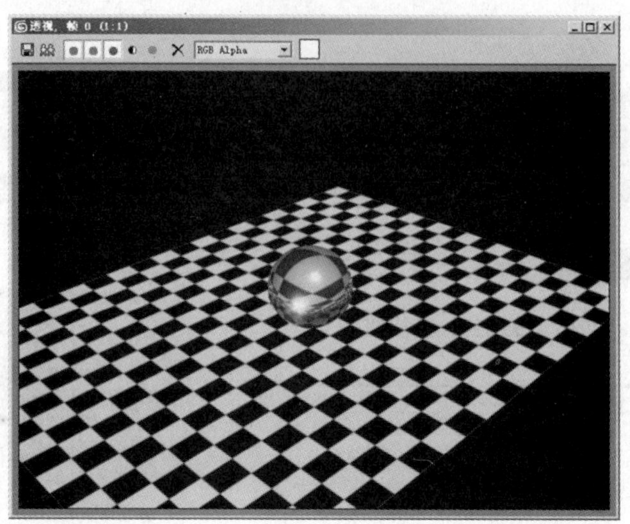

图 3—46　场景渲染后的效果

3.4　渐变贴图和噪波贴图的应用——美丽的地球

本节将介绍 3ds max 7 中渐变贴图和噪波贴图的使用方法。

3.4.1　知识重点

（1）渐变贴图

渐变贴图是使用 3 种颜色或者贴图来创建渐变过渡的效果，常可用来作为其他贴图的 Alpha 通道或过滤器，也可作为半透明贴图使用。

渐变贴图有线性渐变和反射渐变两种类型，其 3 种色彩或贴图可以调节。同时，贴图颜色区域的比例大小也可以调节，通过贴图可产生无限级的渐变和图像嵌套效果。

（2）噪波贴图

噪波贴图是一种比较常见的贴图类型，可以在两种颜色或材质的基础上创建随机的混合效果。这种贴图方式常用来制作无序贴图效果。

3.4.2　实例介绍

本实例制作从太空中看到的地球效果。在创建材质时，首先，为标准材质添加渐变贴图，并对渐变贴图的颜色进行设置。为了获得逼真的太空中蓝色地球的效果，为渐变贴图的颜色通道添加噪波贴图，并设置其参数。然后创建第二个材质，以一副天空的图片作为漫反射贴图通道的贴图，并将该材质设置为环境贴图。完成材质编辑后，将材质分别赋予各个对象，完成本实例的制作。

通过本实例的制作，读者将了解渐变贴图的使用方法和参数设置方法，掌握噪波贴图的创建和一般参数设置技巧，同时，还将了解使用位图作为环境背景的方法。

3.4.3　制作步骤

（1）启动 3ds max 7 进入程序界面。在顶视图中创建一个半径为 26 的球体，如图 3—47 所示。

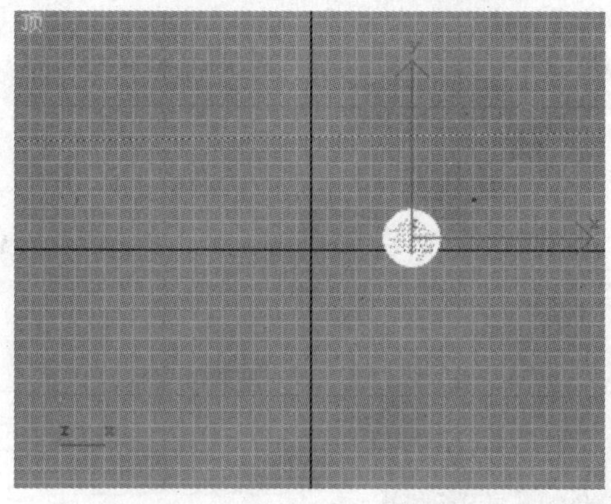

图 3—47　创建一个球体

（2）单击工具栏中的【材质编辑器】按钮，打开【材质编辑器】窗口。在【Blinn 基本参数】面板中单击【漫反射】旁的【无】按钮，如图 3—48 所示。在打开的【材质/贴图浏览器】中选择【渐变】选项，如图 3—49 所示。

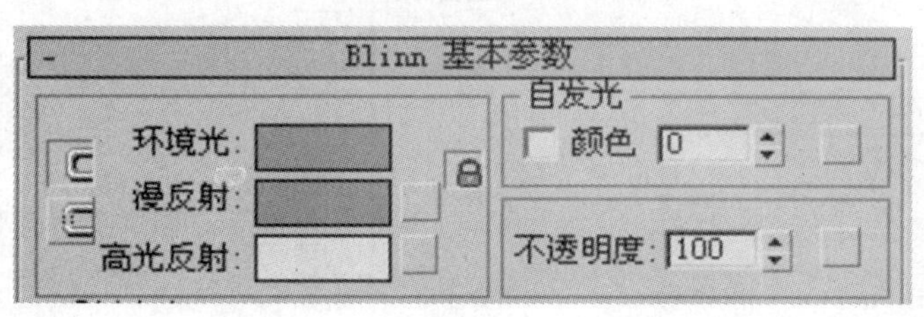

图 3—48　单击【无】按钮

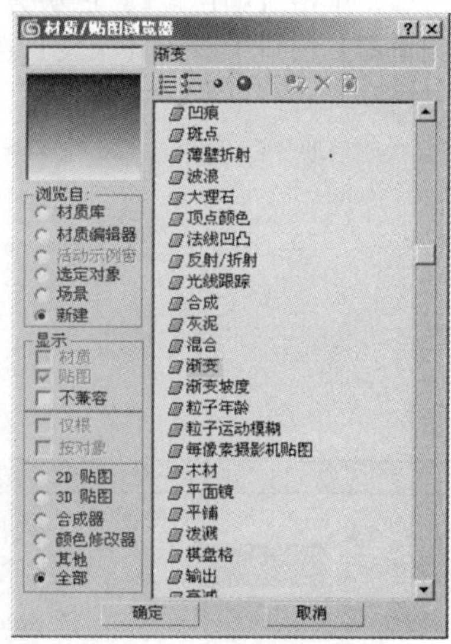

图 3—49　选择【渐变】选项

（3）单击【确定】按钮关闭【材质/贴图浏览器】窗口。在【材质编辑器】窗口的【渐变参数】面板中单击【颜色＃2】色块，如图 3—50 所示。在打开的【颜色选择器：颜色 2】对话框中设置【红】、【绿】和【蓝】色值，如图 3—51 所示。

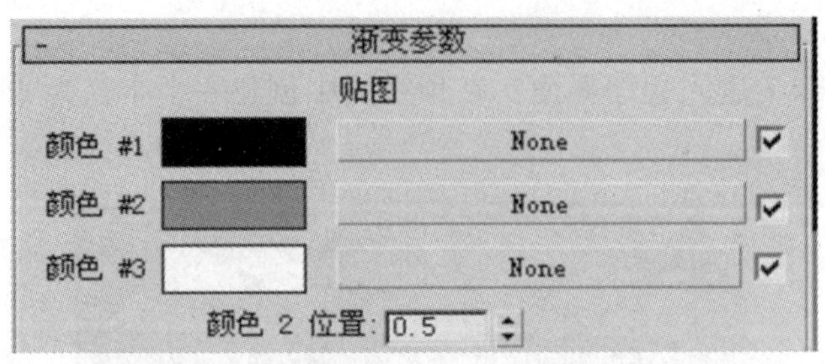

图 3—50　单击【颜色＃2】色块

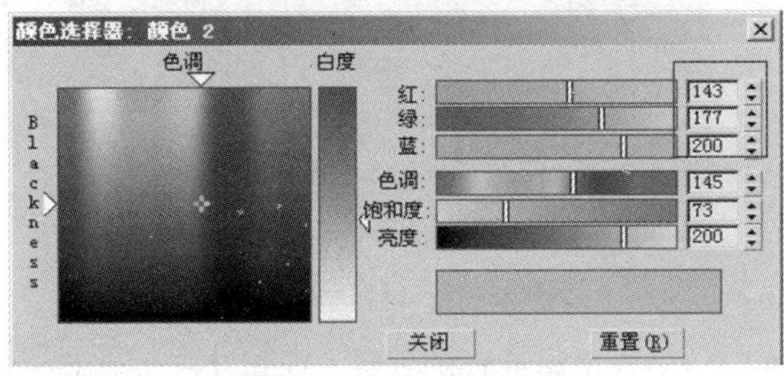

图 3—51　修改颜色值

（4）单击【颜色＃2】色块旁的【None】按钮，如图 3—52 所示。在打开的【材质/贴图浏览器】窗口中双击【噪波】选项，如图 3—53 所示。

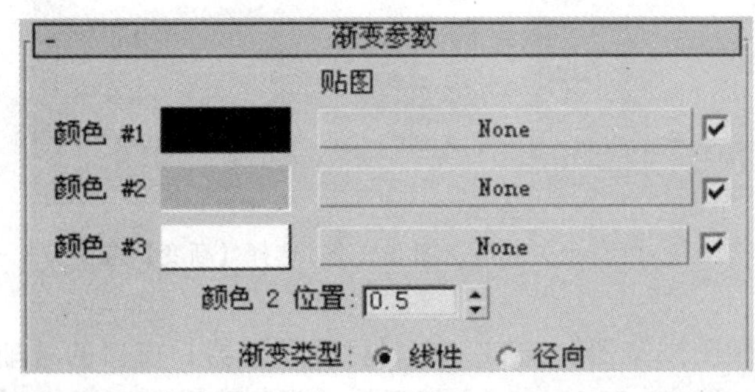

图 3—52　单击【None】按钮

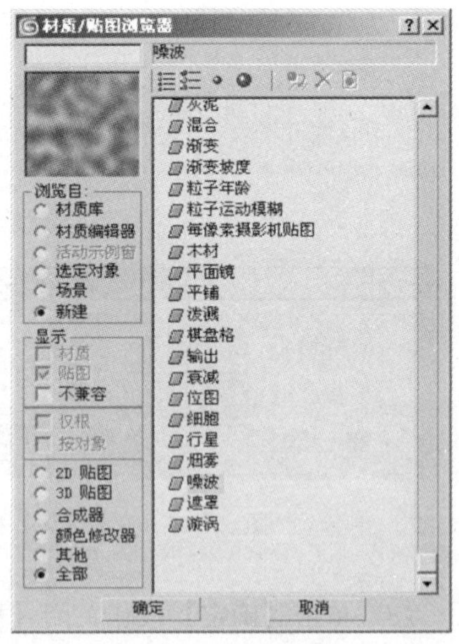

图 3—53　双击【噪波】选项

提示 【渐变参数】面板中：

- 【颜色＃1】、【颜色＃2】和【颜色＃3】用于设置渐变的颜色或贴图。
- 【渐变类型】可选择使用线性渐变模式或是径向渐变模式。
- 【颜色2位置】增量框用于设置中间色颜色的位置。默认情况下其值为0.5，此时3种颜色平分区域。若此值设为1，则颜色2将会替代颜色1，此时将得到只包含颜色2和颜色3的双色渐变。当其值设为0时，颜色2将替代颜色3，此时将获得只包含颜色1和颜色2的双色渐变。

（5）在【噪波参数】面板中单击【分形】单选框①，设置【噪波阈值】的【高】、【低】②和【级别】值③。设置【颜色＃1】和【颜色＃2】的颜色，其中【颜色＃1】的参数为（0，82，139），而【颜色＃2】的参数为（0，150，250）④，如图3—54所示。

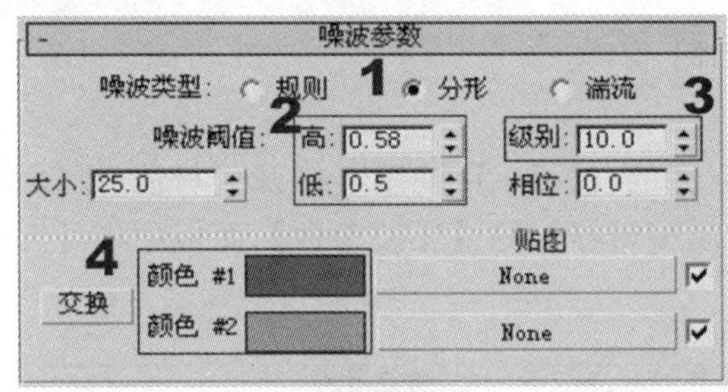

图3—54 【噪波参数】面板的设置

（6）单击【颜色＃1】右侧的【None】按钮，打开【材质/贴图浏览器】窗口，再次赋予【噪波】材质。在此贴图的【噪波参数】面板中单击【分形】单选框①，设置【大小】②和【高】③的参数值。同时，设置【颜色＃1】的颜色，其值为（0，78，144）④，如图3—55所示。

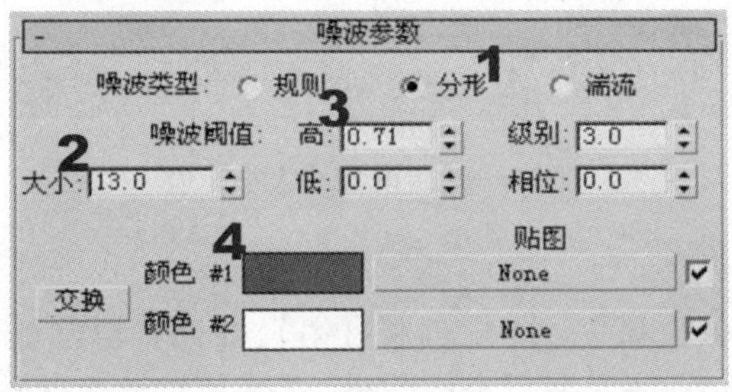

图3—55 设置【噪波参数】

提示 在【噪波参数】面板中：

- 【噪波类型】用于选择不同的噪波贴图类型，这里一共有3种模式，不同的模式使用不同的算法来计算噪波贴图。
- 【大小】增量框的值可修改噪波效果的大小。
- 【颜色＃1】和【颜色＃2】可以修改噪波的颜色或者贴图。
- 【交换】用于交换设置的两种颜色或贴图。

(7) 单击【材质编辑器】垂直工具栏中的【材质/贴图导航器】按钮，打开【材质/贴图导航器】窗口，单击其中的【漫反射颜色：Map＃1（Gradient)】选项，如图 3—56 所示。此时【材质编辑器】窗口将回到最初的【渐变参数】面板，如图 3—57 所示。

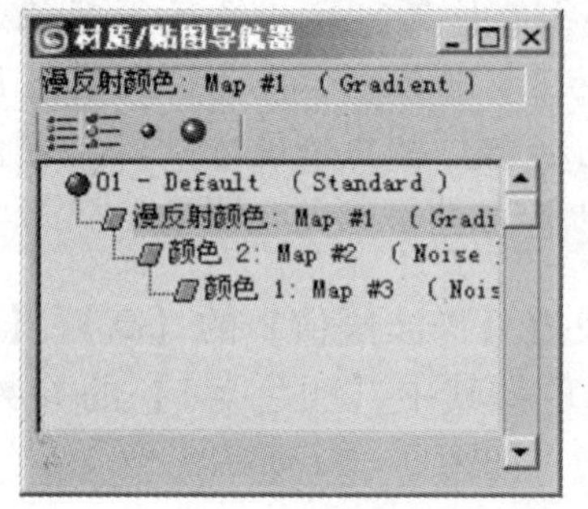

图 3—56 【材质/贴图导航器】窗口

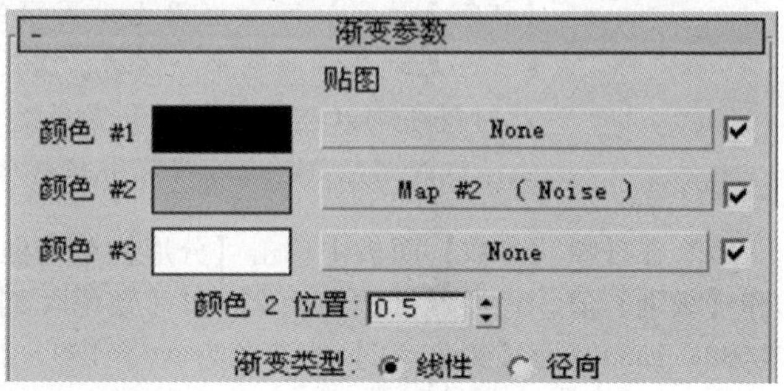

图 3—57 【渐变参数】面板

(8) 单击【颜色＃3】旁的【None】按钮，打开【材质/贴图浏览器】窗口，添加【噪波】贴图。在打开的【材质编辑器】的【噪波参数】面板中将【大小】设置为 40，如图 3—58 所示。

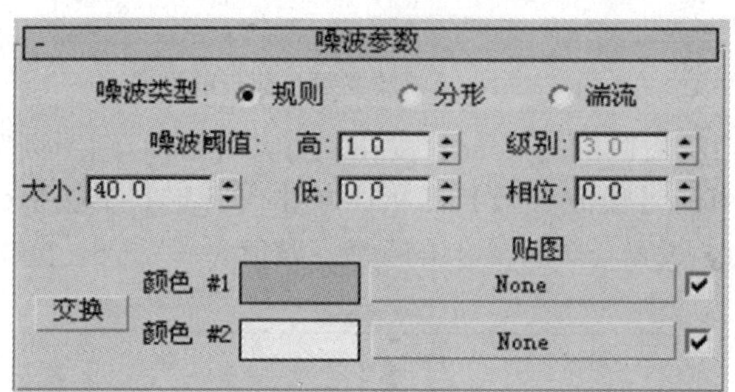

图 3—58 设置【大小】值

提示 在【噪波阈值】栏中，通过调整【高】、【低】增量框的设置值可控制两种颜色邻近阈值的大小。当选择【分形】时，【级别】增量框的数值可控制重复计算的次数，数值越大，噪波越复杂。【相位】增量框的数值可控制噪波的变化，调整该值能产生动态噪波的效果。【大小】增量框用于设置噪波的大小。

(9) 选择场景中的球体，单击【将材质指定给选定对象】按钮，赋予球体材质。对透视视图进行渲染，得到太空中的地球效果，如图 3—59 所示。

(10) 为场景添加环境贴图。在【材质编辑器】窗口中选择第二个材质球。单击【Blinn 基本参数】面板中【漫反射】旁的【无】按钮，打开【材质/贴图编辑器】窗口，如图 3—60 所示。双击其中的【位图】选项可打开【选择位图图像文件】对话框。找到用于

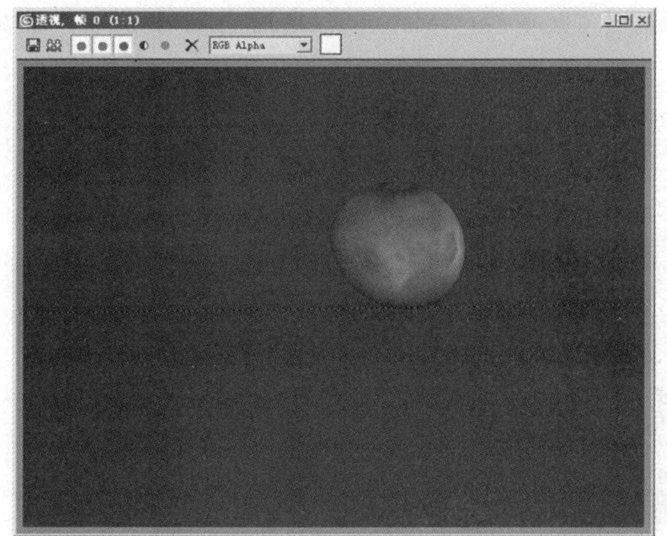

图 3—59　太空中的地球效果

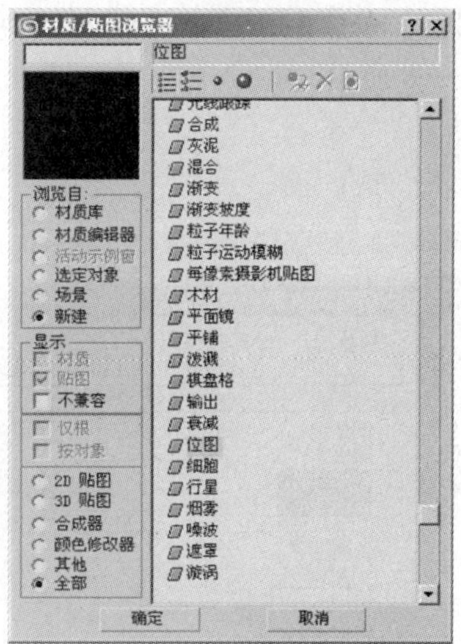

图 3—60　双击【位图】选项

场景背景的图形文件，如图 3—61 所示。选择需要的图形文件，单击【确定】按钮关闭【选择位图图像文件】对话框。

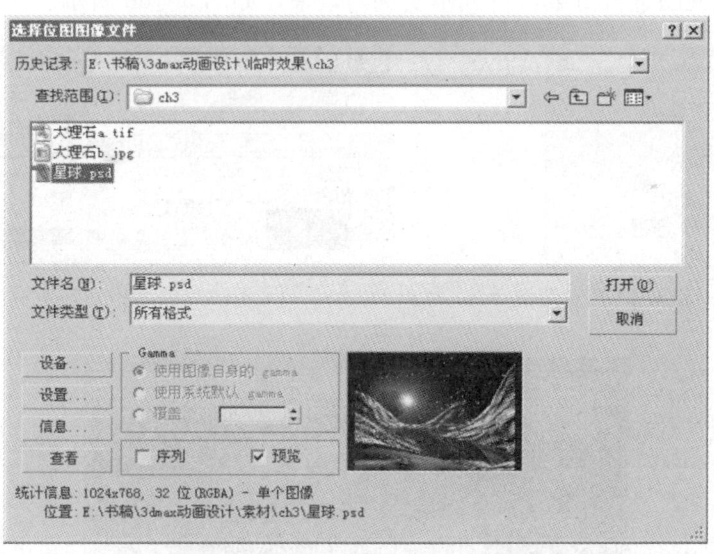

图 3—61　选择需要的图形文件

提示　当打开的是带有层的 .psd 格式的文件时，3ds max 7 会给出【PSD 输入选项】对话框，要求选择是【塌陷层】还是使用【单个层】，根据需要给出选择即可。

（11）单击【渲染】→【环境】命令，打开【环境和效果】窗口。单击【公用参数】面板中的【无】按钮，如图 3—62 所示。在打开的【材质/贴图浏览器】窗口中单击【材质编辑器】单选框，选择右侧窗口中显示的【漫反射颜色 Map＃5（星球．psd)】选项，如图 3—63 所示。

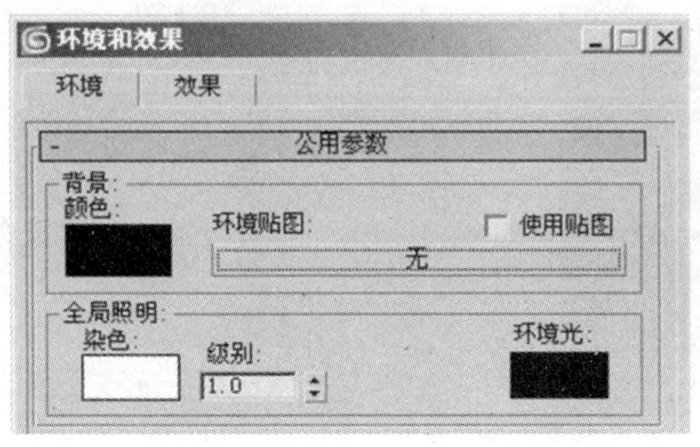

图 3—62　单击【无】按钮

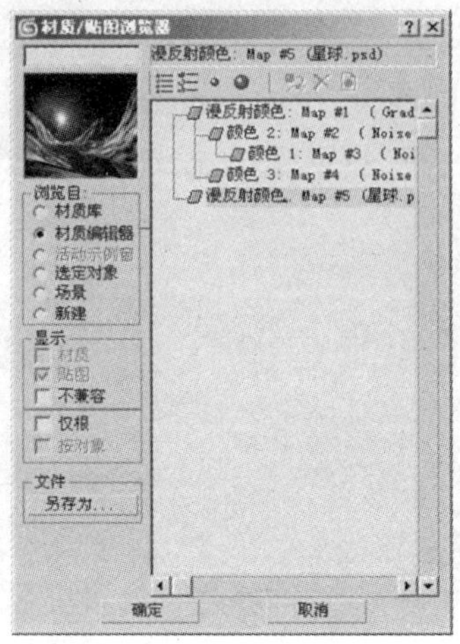

图 3—63　选择材质类型

（12）单击【确定】按钮，3ds max 7 弹出【实例和副本?】对话框，如图 3—64 所示。选择默认设置，单击【确定】按钮关闭对话框，材质被赋予环境，如图 3—65 所示。

（13）对透视视图进行渲染，得到本实例的效果，如图 3—66 所示。

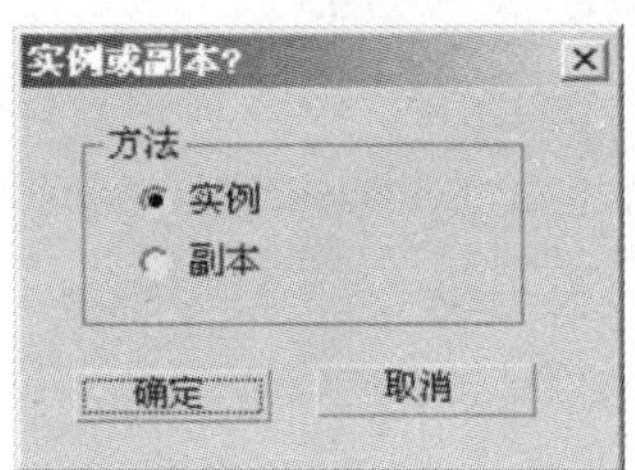

图 3—64　【实例和副本?】对话框

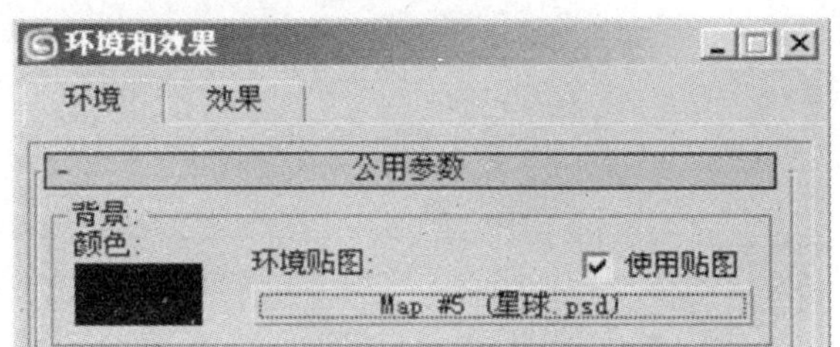

图 3—65　添加环境材质

图 3—66　实例渲染后的效果

提示　制作环境贴图时，渲染场景后如果场景中的对象和贴图的位置不能令人满意，可以在视图中移动对象的位置，而无须改变环境贴图。

3.5　凹凸贴图与【UVW 贴图】修改器—— 龙纹瓦罐

本节将介绍凹凸贴图的使用，同时介绍 3ds max 7 中 UVW 贴图坐标的有关知识。

3.5.1　知识重点

（1）凹凸贴图

使用凹凸贴图方式，能够在对象表面产生凹凸不平的效果。凹凸贴图产生的凹凸效果，是根据贴图图像色调产生的，其中黑色调凹陷，而白色调突起。据此，在使用该贴图方式时，要获得较好的效果，选择的贴图图像最好使用黑白分明的图像。

（2）【UVW 贴图】修改器

贴图坐标可用来指定贴图位于物体上的位置、方向和大小比例，通过贴图坐标能够确定二维贴图应如何映射到对象上。

贴图坐标不同于场景中的 XYZ 坐标系，它使用 UV 或 UVW 坐标系。在创建对象时，对象的【创建】面板中就存在一个复选框【生成贴图坐标】。此复选框被选中时，对物体进行渲染即可在效果图中显示贴图。

要想调整对象的二维贴图坐标，可以通过【UVW 贴图】修改器来实现。同时，【UVW 贴图】修改器是一个十分有用的修改器。当设置的贴图无法按要求正确显示时，可以考虑为物体添加这个修改器对贴图进行调整。使用该修改器相当于将贴图投射到其 Gizmo 上，通过对 Gizmo 的大小、形状和扭曲等进行修改，可随意改变贴图的大小和位置等。

3.5.2　实例介绍

本实例制作一个罐体上有龙纹雕刻的瓦罐。在实例制作过程中，使用【车削】修改器旋转样条线来创建瓦罐模型，用凹凸贴图来创建瓦罐上的雕刻效果，其中的雕刻效果是在凹凸贴图通道中使用位图贴图来实现。完成材质创建后，使用【UVW 贴图】修改器，对贴图在对象上的位置进行修改，以获得逼真的雕刻效果。完成材质编辑后，将材质赋予对象，完成本实例的制作。

通过本例的制作，读者将了解凹凸贴图的使用方法及其参数技巧，掌握使用【UVW 贴图】修改器对贴图效果进行调整的方法和操作技巧。

3.5.3　制作步骤

（1）启动 3ds max 7 进入程序界面。在前视图中创建一条曲线，如图 3—67 所示。

（2）在【修改】面板中，单击【修改】面板中的【样条线】按钮，在【几何体】面板中单击【轮廓】按钮①，在其后的增量框中输入－5②，如图 3—68 所示。此时，视图中曲线拉出轮廓，如图 3—69 所示。

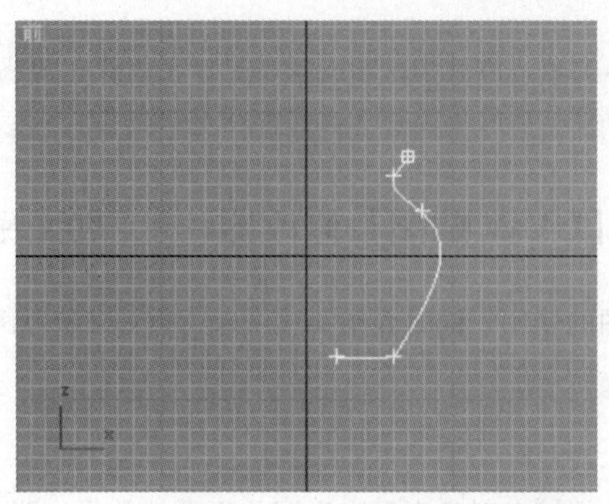

图 3—67　绘制曲线

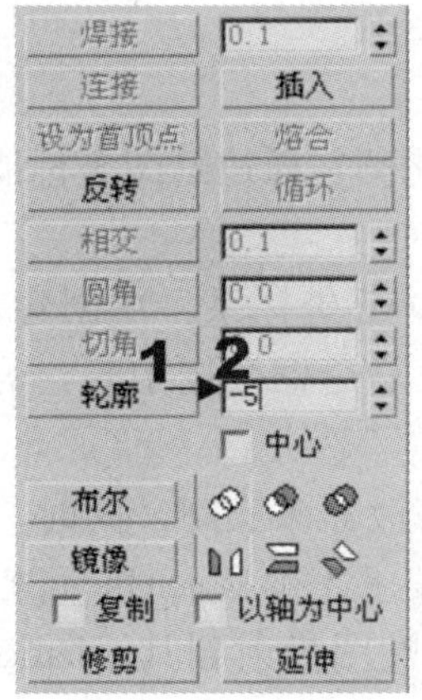

图 3—68　单击【轮廓】按钮

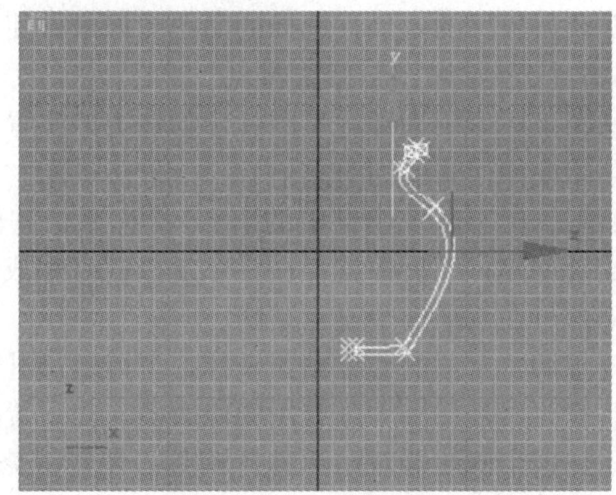

图 3—69　曲线拉出轮廓

（3）在【修改器列表】下拉列表中选择【车削】修改器①，并单击【参数】面板中的【最小】按钮②，如图 3—70 所示。完成陶罐建模，如图 3—71 所示。

图 3—70　添加【车削】修改器

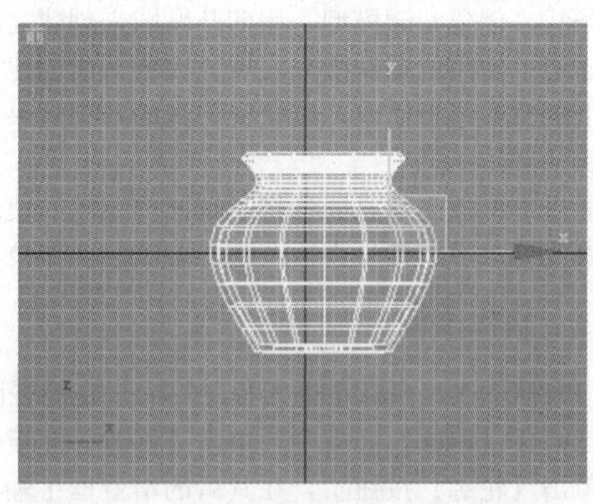

图 3—71　创建陶罐模型

（4）打开【材质编辑器】，选择第一个材质球。打开窗口中的【贴图】面板，单击【凹凸】选项的【None】按钮，如图 3—72 所示。在打开的【材质/贴图浏览器】中双击【位图】选项，如图 3—73 所示。

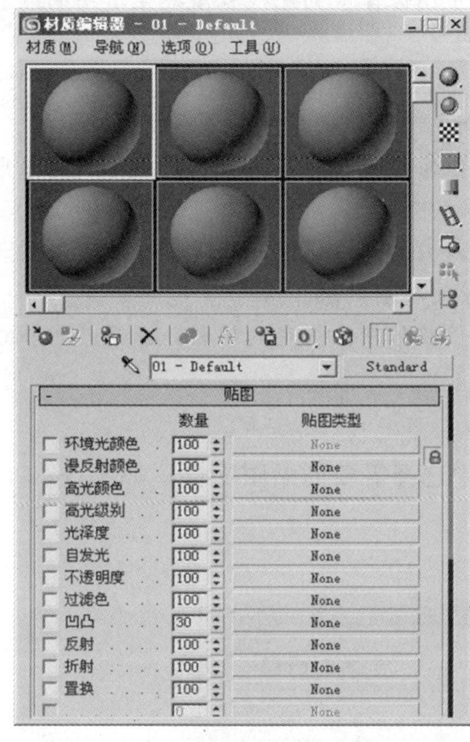

图 3—72　单击【凹凸】选项的【None】按钮

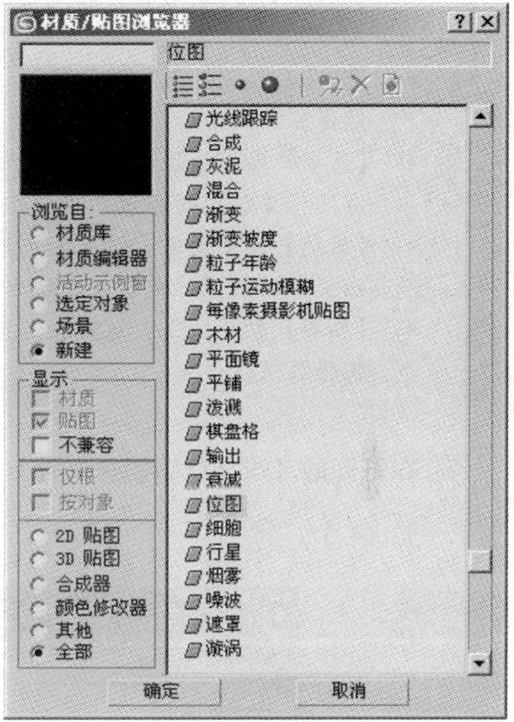

图 3—73　双击【位图】选项

提示　在创建三维场景时，贴图的应用必须指定确切的贴图通道，不能简单地指定到材质。在【材质编辑器】的【贴图】面板中，提供了 12 种贴图通道。

- 【环境光颜色】贴图通道：系统默认的贴图通道，这里设置的贴图将应用到材质的阴影区，取代环境色。
- 【漫反射颜色】贴图通道：最常用的贴图通道，设置的贴图将取代漫反射，成为对象的主要颜色，并能够表现出材质的纹理效果。
- 【高光颜色】贴图通道：指定的贴图将用于材质的高光区。
- 【高光级别】贴图通道：类似于【高光颜色】贴图通道，但效果的强弱取决于基本参数中的高光度的设置。
- 【光泽度】贴图通道：这里指定的贴图将用于物体的高光处，控制物体高光处贴图的光泽。
- 【自发光】贴图通道：这里指定的贴图将使对象某些区域发光，贴图上的黑色区域代表没有自发光的区域，白色区域代表自发光强的区域。

- 【不透明度】贴图通道：这里指定的贴图可以依据自身的明暗程度在物体表面产生透明效果。
- 【过滤色】贴图通道：这里将根据通道中图像像素的深浅程度产生透明的颜色效果。
- 【凹凸】贴图通道：这里将通过位图的颜色来使对象产生凸起或凹陷的效果。贴图颜色浅的部位会产生凸起效果，颜色深的部位会产生凹陷效果。
- 【反射】贴图通道：这里指定的贴图可以像镜子那样从表面反射图像，对象周围的物体位置的变化，将引起贴图效果的变化。
- 【折射】贴图通道：这里指定的贴图可以弯曲光线，同时能透过透明对象显示出变形的图像，常用来表现水或玻璃等的折射效果。
- 【置换】贴图通道：这里指定贴图将能使物体产生一定的位移，从而产生一种膨胀效果。

（5）在打开的【选择位图图像文件】对话框中选择需要的贴图文件，如图 3—74 所示。

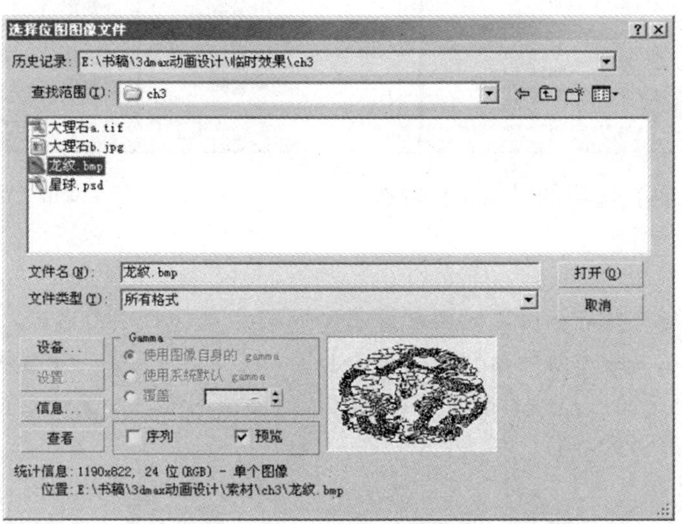

图 3—74　选择需要的文件

（6）单击【打开】按钮，关闭【选择位图图像文件】对话框添加贴图，此时在材质球上可以看到变化，如图 3—75 所示。在视图中选择对象，单击【将材质指定给选定对象】按钮，渲染场景，此时可以看到添加材质后的效果，如图 3—76 所示。

（7）使用【UVW 贴图】修改器调整贴图效果。在【修改】面板中添加【UVW 贴图】修改器。在【参数】面板中单击【柱形】单选按钮①，单击【对齐】栏中的【X】单选框②，最后单击【适配】按钮③，如图 3—77 所示。添加修改器后的前视图效果如图 3—78 所示。

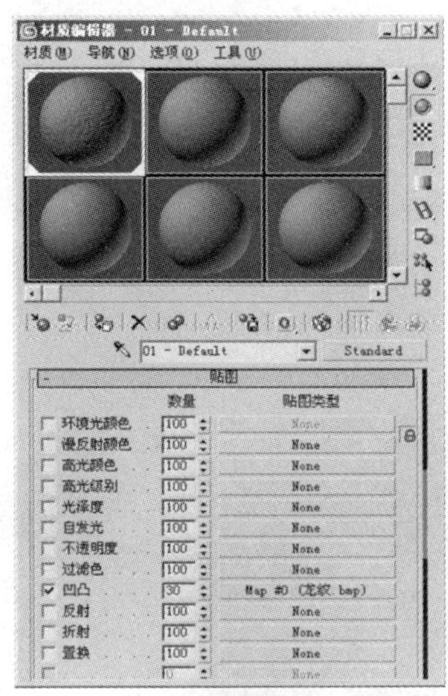

图 3—75　单击【将材质指定给选定对象】按钮

图 3—76　渲染后的效果

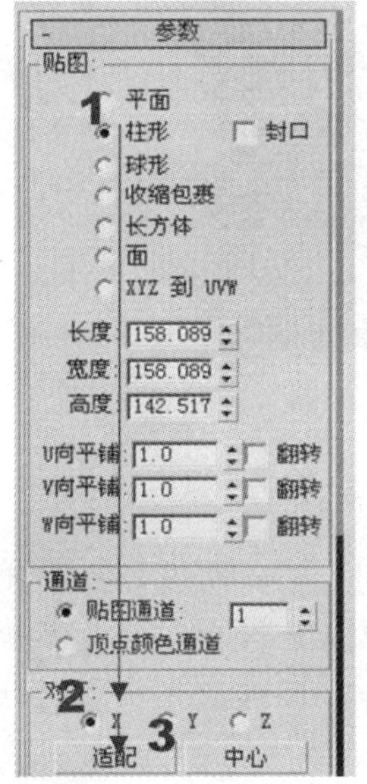

图 3—77　设置修改器

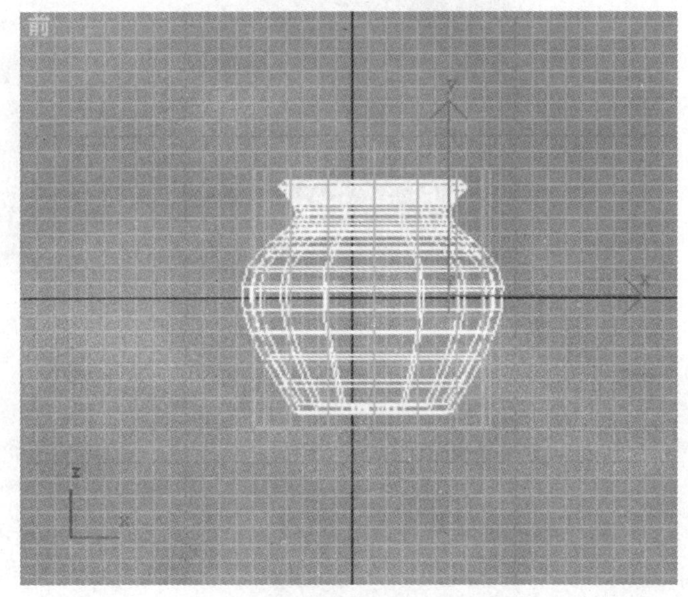

图 3—78　添加修改器后的效果

在【UVW 贴图】修改器的【参数】面板中：

- 选中【柱形】单选框表示将贴图沿着柱面映射到物体表面。
- 选中【平面】单选框表示贴图沿着平面映射到物体表面。其他选项含义与此类似。

- 【长度】、【宽度】和【高度】增量框可用来设置贴图的尺寸。
- 【U向平铺】、【V向平铺】和【W向平铺】增量框可用来设置在这3个方向上贴图重复的次数。
- 【对齐】栏中的【X】、【Y】和【Z】单选框可设置坐标对齐的轴向。
- 单击【适配】按钮可使贴图坐标自动锁定在对象外围的色界盒上。

(8) 对透视视图进行渲染，得到的效果如图3—79所示。

图3—79 渲染场景后的效果

提示 如果对渲染的效果不满意，可在修改器堆栈中单击【UVW贴图】项左侧的【+】按钮将选项展开。选择展开选项中的Gizmo，视图中包裹着对象的边界盒颜色改变。通过改变这个Gizmo几何体的大小、位置和旋转，可以很方便修改贴图对象上的大小和位置等，从而对贴图效果进行修改。

(9) 在【材质编辑器】中，单击【贴图】面板中的【漫反射颜色】后的【None】按钮。在打开的【材质/贴图浏览器】窗口中，双击【位图】选项，如图3—80所示。在【选择位图图形文件】对话框中选择需要的贴图文件，如图3—81所示。

(10) 单击【打开】按钮，关闭【选择位图图像文件】对话框。在【材质编辑器】的【坐标】面板中将【模糊】值设置为100，如图3—82所示。

(11) 至此，本实例制作完成。渲染视图，得到本实例的最终效果如图3—83所示。

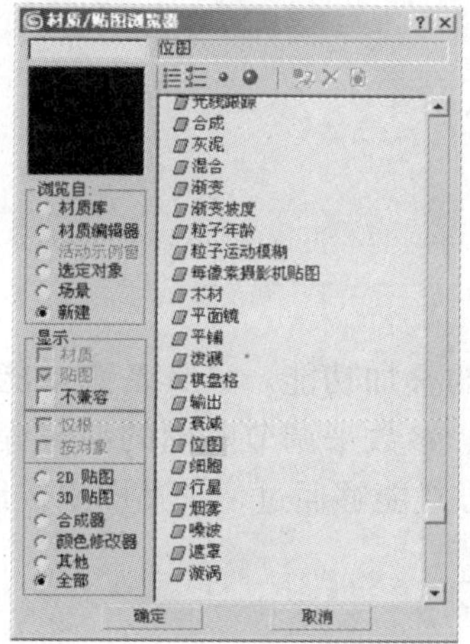

图 3—80　双击【位图】选项

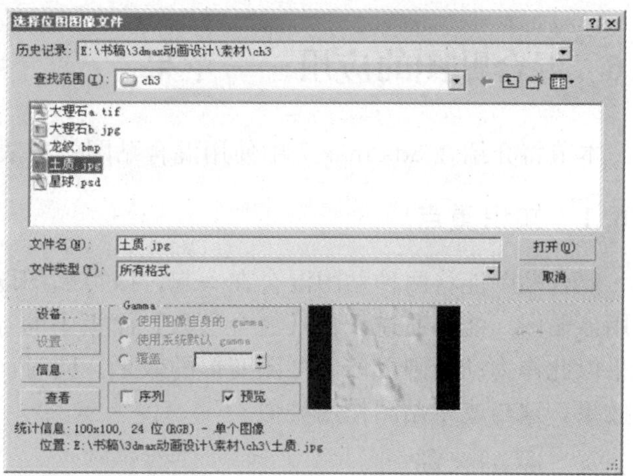

图 3—81　选择图形文件

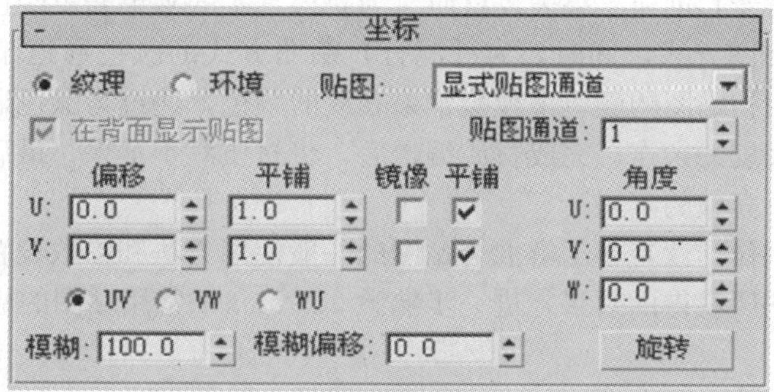

图 3—82　设置【模糊】值

图 3—83　实例渲染后的效果

3.6 混合贴图的应用——苹果

本节将介绍在 3ds max 7 中使用混合贴图的方法。

3.6.1 知识重点

混合贴图能将两种贴图混合在一起，该类贴图既有贴图的叠加功能，又具备遮罩能力。使用该贴图，能够通过设置【混合参数】面板中的【混合数】参数来调节贴图的混合程度，如果以此作为动画则可产生贴图变形的效果。同时，该贴图方式能够通过一个贴图来控制显示效果，这与遮罩贴图作用类似。

3.6.2 实例介绍

本实例制作一个苹果。在实例制作过程中，首先使用【车削】修改器创建苹果模型。然后，使用【材质编辑器】创建苹果表皮材质。为获得真实的苹果表皮颜色和质感，表皮的材质使用了【混合】贴图方式，同时，为【混合】贴图方式的颜色通道添加【灰泥】贴图方式，通过修改【灰泥】贴图的颜色来模拟苹果表皮的颜色，通过为颜色通道添加【噪波】贴图方式来模拟苹果表皮的杂点。完成材质编辑后，将材质赋予苹果。最后创建苹果柄，并设置其材质，创建一个完整的苹果。

通过本实例的制作，读者将了解混合贴图的一般使用方法和参数设置技巧，体会使用混合贴图混合多种贴图所获得的效果，进一步熟悉 3ds max 7 常用贴图的应用，体会贴图嵌套的方法和效果。

3.6.3 制作步骤

（1）启动 3ds max 7 进入程序界面。在【创建】面板中选择创建线，如图 3—84 所示。在前视图中创建一条曲线，如图 3—85 所示。

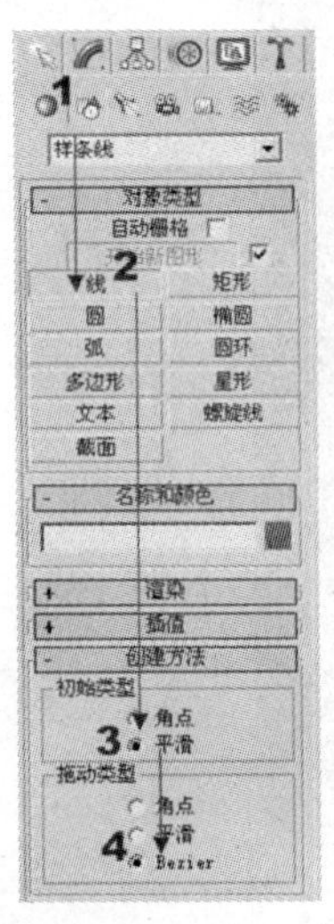

图 3—84　选择创建线

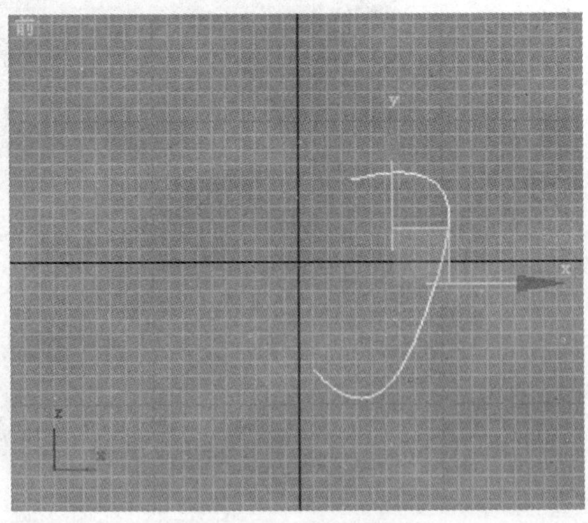

图 3—85　创建曲线

（2）打开【修改】面板，在【修改器列表】下拉列表中选择【车削】选项①，设置【分段】参数②，单击【参数】面板【对齐】栏中【最小】按钮③，如图 3—86 所示。获得三维对象，如图 3—87 所示。

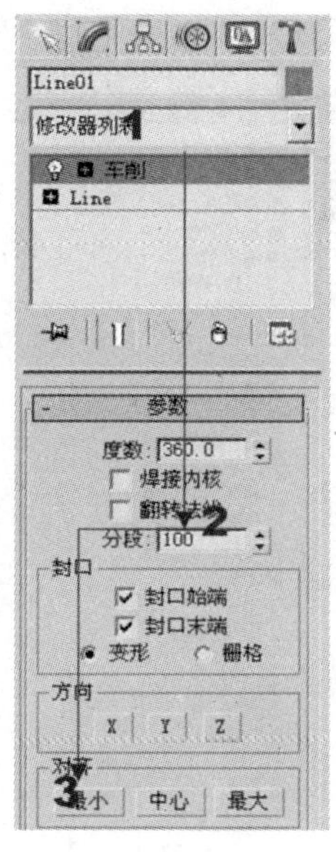

图 3—86　单击【最小】按钮

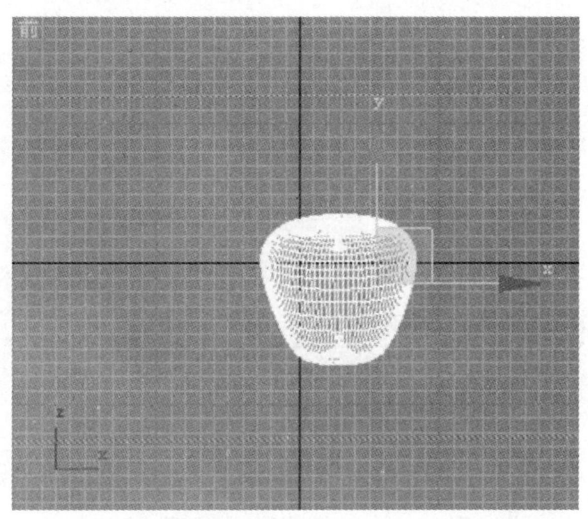

图 3—87　创建三维对象

（3）打开【材质编辑器】，在【Blinn 基本参数】面板中将【高光级别】设置为 15，【光泽度】设置为 50，如图 3—88 所示。

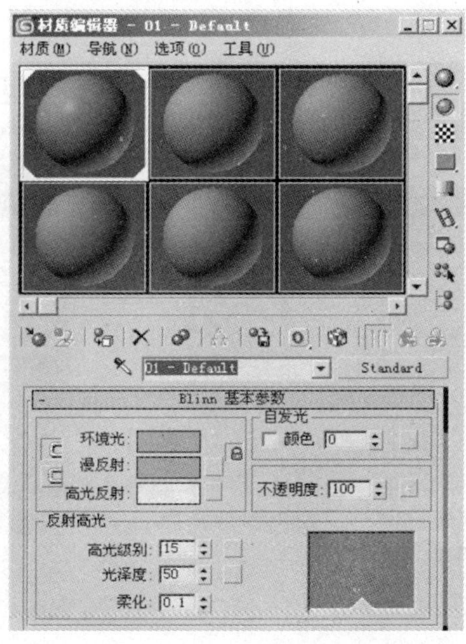

图 3—88　设置【高光级别】和【光泽度】值

（4）在【Blinn 基本参数】面板中，单击【漫反射】右侧的【无】按钮▢，如图 3—89 所示。在打开的【材质/贴图浏览器】窗口中，双击右侧窗格中的【混合】选项，如图 3—90 所示。

图 3—89　选择【混合】选项

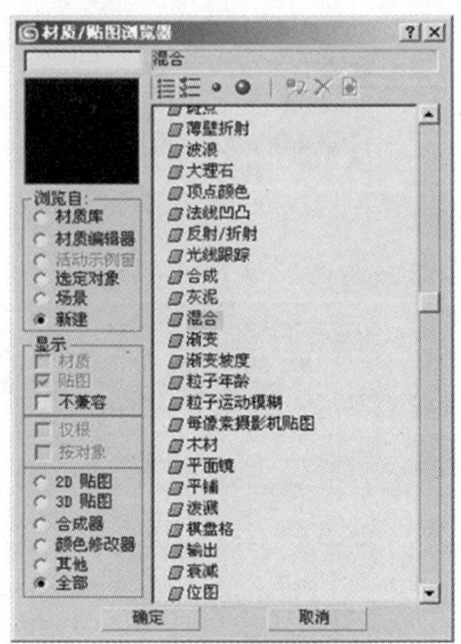

图 3—90　双击【混合】选项

（5）添加【混合贴图】后，材质窗口会打开【混合参数】面板。单击面板中【颜色＃1】右侧的【None】按钮，如图 3—91 所示。在打开的【材质/贴图浏览器】窗口中双击【灰泥】选项，如图 3—92 所示。

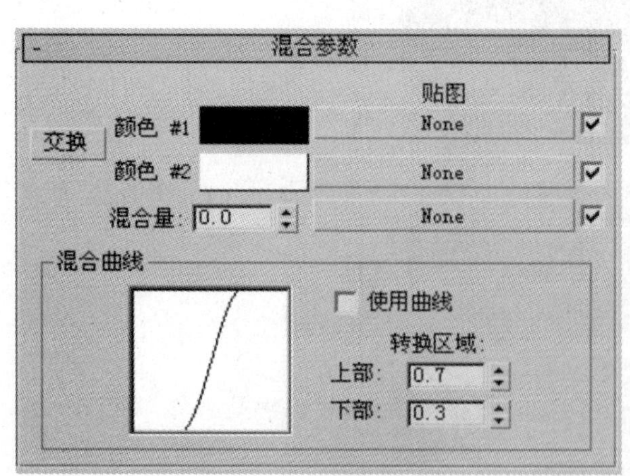

图 3—91　单击【颜色＃1】右侧的【None】的按钮

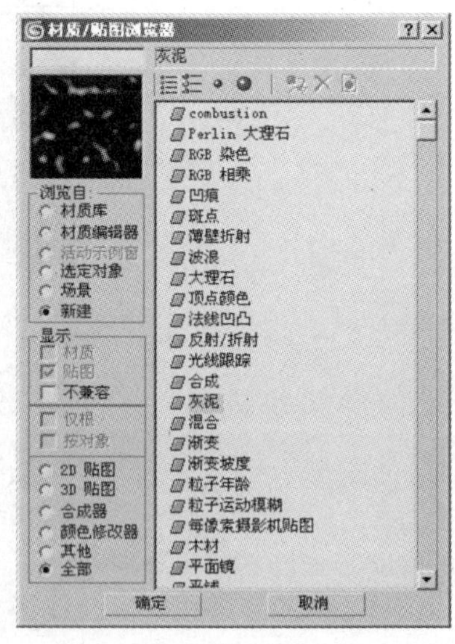

图 3—92　双击【灰泥】选项

提示　在【混合参数】面板中：

- 【颜色＃1】和【颜色＃2】用来设置用于混合的两种颜色或贴图。
- 【混合量】用于设置两种贴图的混合程度。当其值为 0 时，【颜色＃1】完全显现，当其值为 100 时，【颜色＃2】完全显现。

（6）在【材质编辑器】窗口的【灰泥参数】面板中，设置【大小】值为 1.2①，【厚度】值为 1②，【阈值】为 0.4③，如图 3—93 所示。

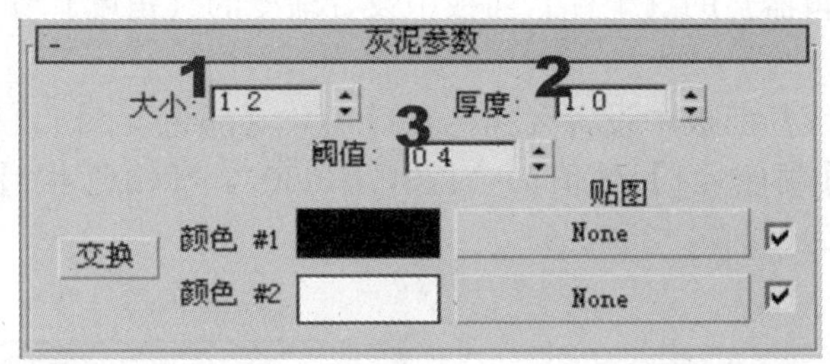

图 3—93　设置【大小】、【厚度】和【阈值】值

（7）单击【颜色＃2】色块，打开【颜色选择器：颜色 2】对话框设置颜色值，如图 3—94 所示。

（8）在【灰泥参数】面板中单击【颜色＃1】旁的【None】按钮，打开【材质/贴图浏览器】窗口，双击【噪波】选项指定【噪波】贴图。在【材质编辑器】中的【噪波参数】面板中设置【大小】值为 60①。采用与上一步相同的方法在【颜色选择器】中设置【颜色＃1】②和【颜色＃2】③的颜色，如图 3—95 所示。这里【颜色＃1】的颜色值为（240，60，140），【颜色＃2】的颜色值为（255，250，130）。

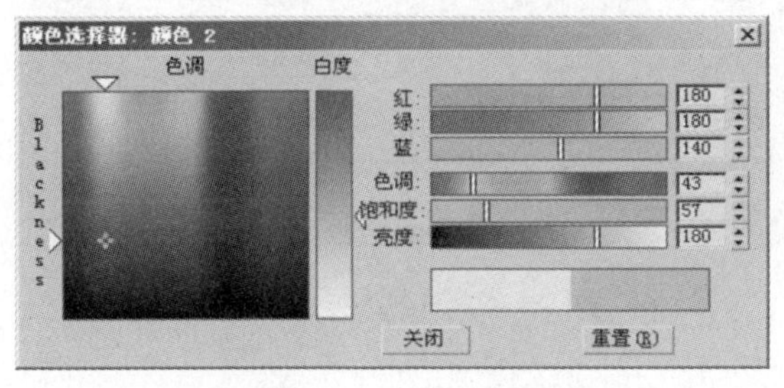

图 3—94　设置颜色值

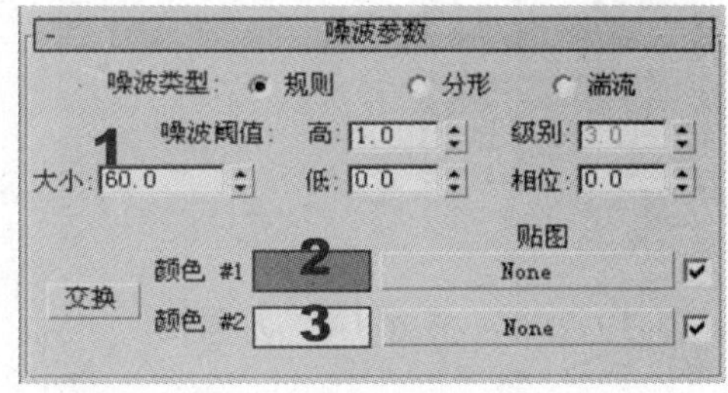

图 3—95　【噪波参数】面板的设置

（9）单击【材质编辑器】水平工具栏中的【回到父对象】按钮两次，在【混合参数】面板中单击【颜色＃2】右侧按钮。将打开【Blinn 基本参数】面板。单击【Blinn 基本参数】面板中【漫反射】右侧的【无】按钮，如图 3—96 所示。此时会打开【材质/贴图浏览器】窗口，在右侧窗口中双击【渐变】选项，如图 3—97 所示。

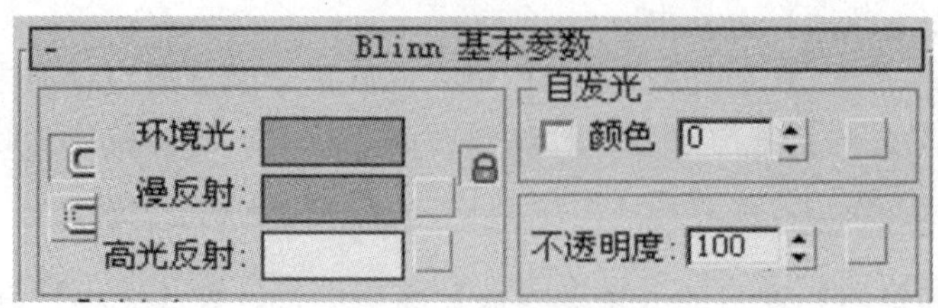

图 3—96　单击【无】按钮

(10) 在【材质编辑器】的【坐标】面板中设置渐变的【角度】参数中的【V】和【W】值，如图 3—98 所示。

(11) 在【渐变参数】面板中设置【颜色＃1】①、【颜色＃2】②和【颜色＃3】③，如图 3—99 所示。其中【颜色＃1】的值为（170，5，50），【颜色＃2】的值为（220，180，20），【颜色＃3】的值为（240，250，5）。

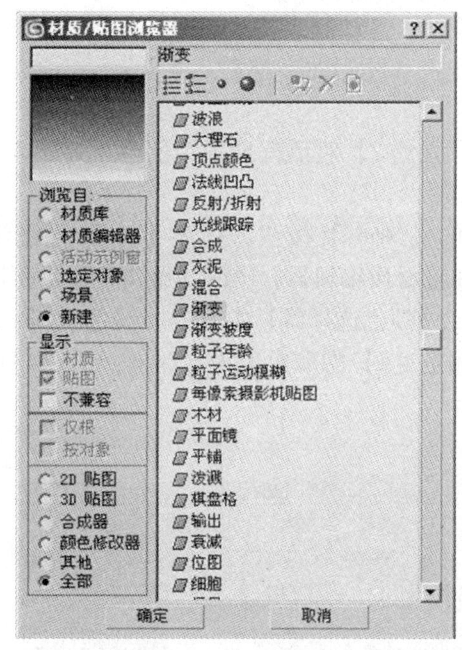

图 3—97　双击【渐变】选项

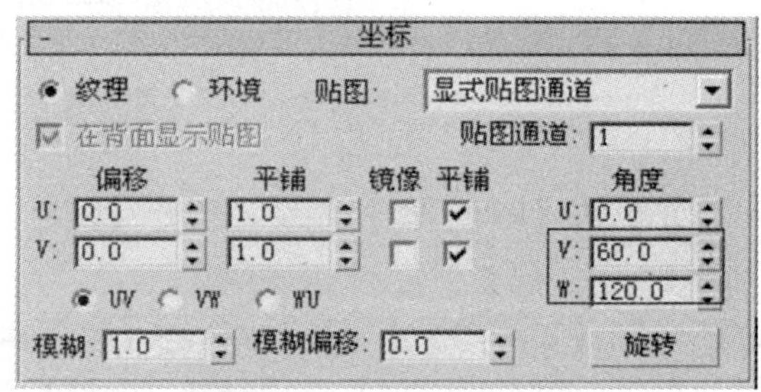

图 3—98　设置【V】和【W】值

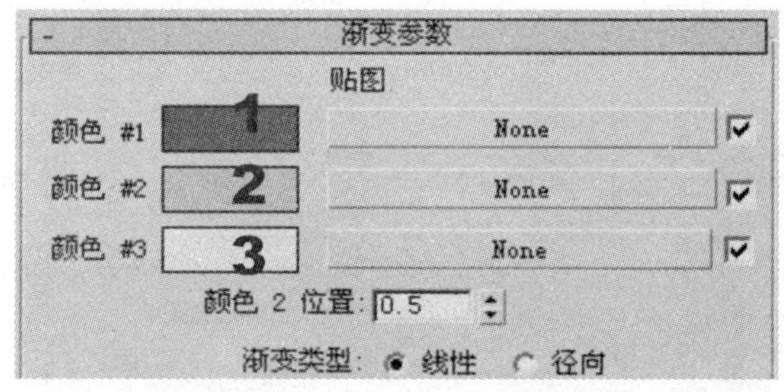

图 3—99　设置渐变参数

(12) 单击【转到父对象】按钮，在【混合参数】面板中将【混合量】设置为 2①。在视图中选择对象，单击【材质编辑】窗口中【将材质指定给选定对象】按钮②，赋予对象材质，如图 3—100 所示。渲染场景，可以看到赋予材质后对象的效果，如图 3—101 所示。

(13) 在顶视图中创建一个圆锥体，其半径 1 为 1，半径 2 为 3，高度为 80，高度分段为 8，如图 3—102 所示。

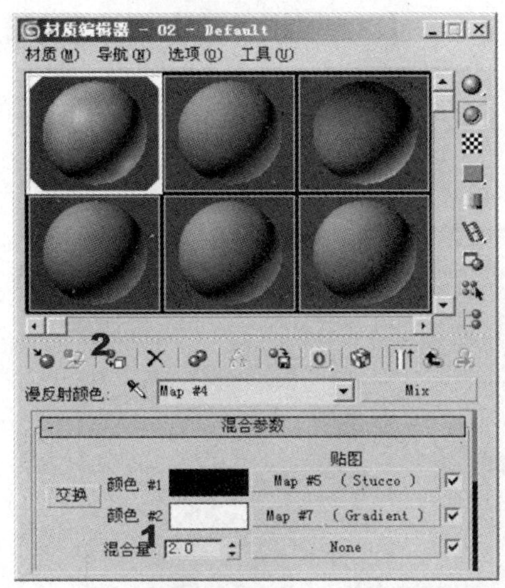

图 3—100　设置【混合量】并赋予对象材质

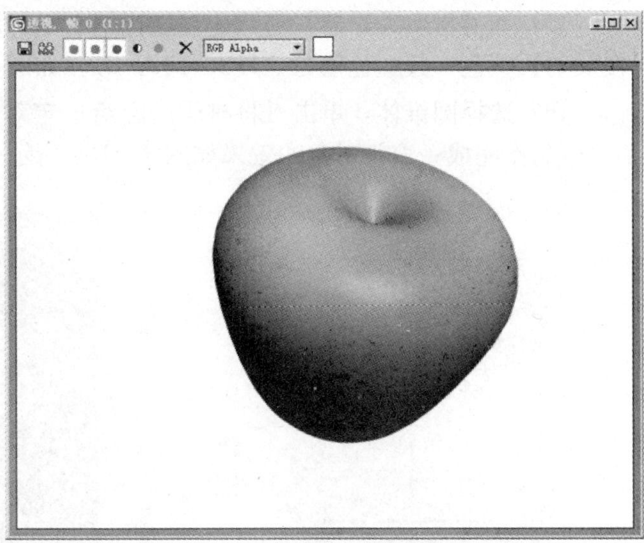

图 3—101　赋予材质后对象的效果

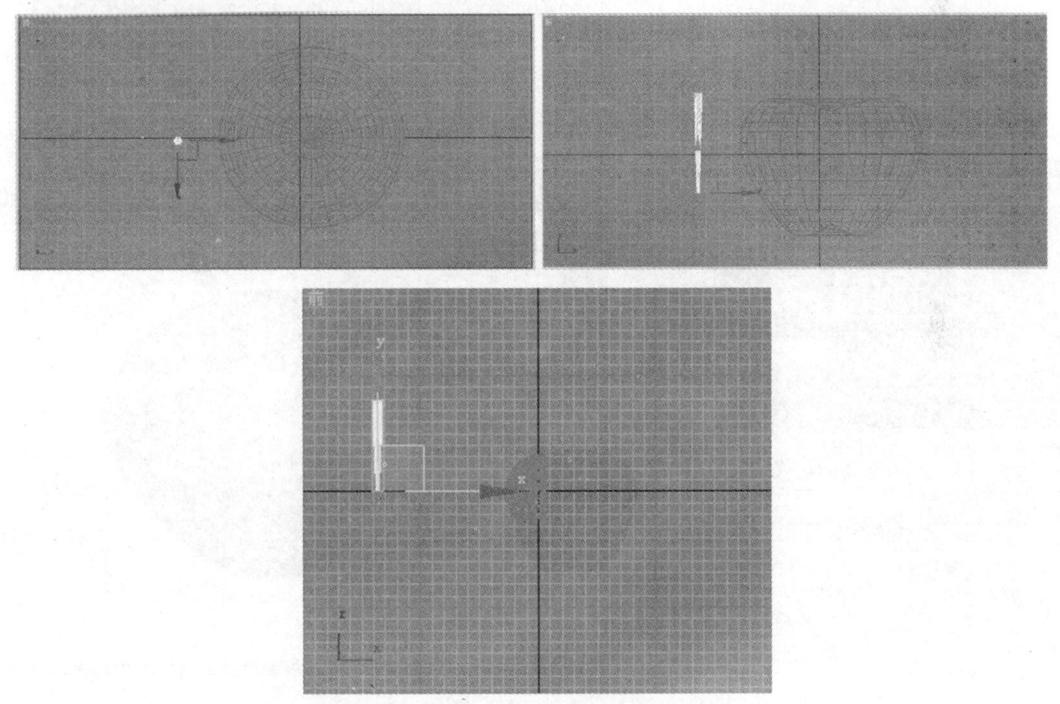

图 3—102　创建一个圆锥体

（14）在【修改】面板中为圆锥体添加【弯曲】修改器①，并设置其弯曲角度为 60°②，如图 3—103 所示。此时圆锥体被弯曲，将其放置到苹果顶部。这个弯曲的圆锥体将作为苹果的柄，如图 3—104 所示。

（15）在【材质编辑器】窗口中，选择第二个材质球。在【Blinn 基本参数】面板中设置【漫反射】颜色，其颜色值为（118，100，0），如图 3—105 所示。

（16）选择圆锥体，单击【将材质指定给选定对象】按钮，赋予其材质，一个简单的苹果柄制作完成。渲染对象的效果如图 3—106 所示。

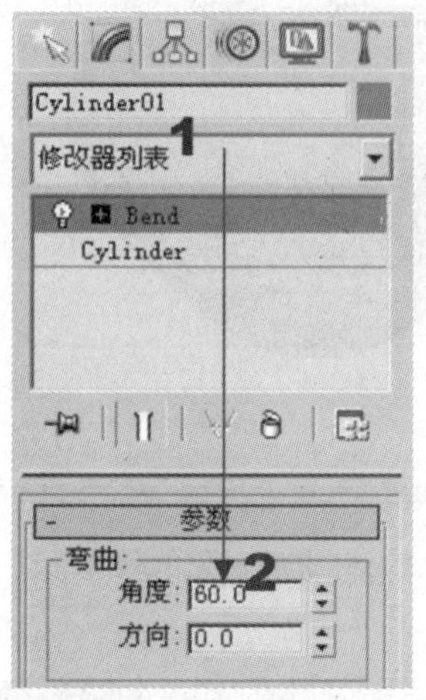

图 3—103　添加【弯曲】修改器

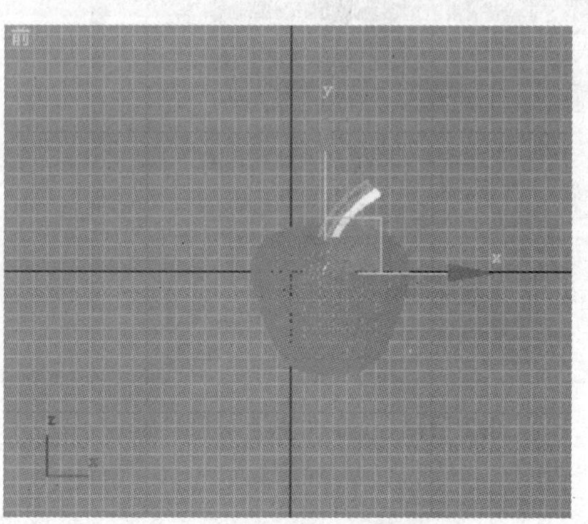

图 3—104　放置弯曲的圆锥体

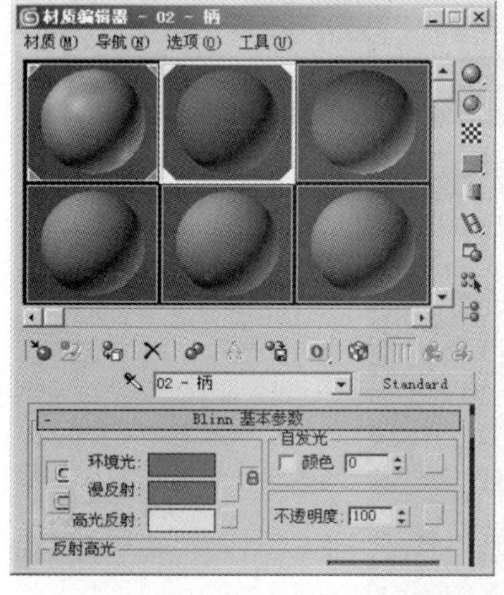

图 3—105　设置【漫反射】颜色为黑色

图 3—106　渲染后的效果

3.7　小结

本章学习了 3ds max 7 常用贴图和材质的使用方法。使用贴图和材质是 3ds max 7 模拟现实对象的一个重要手段，灵活使用贴图和材质，能够创建真实的对象，简化建模的工作量。

本章重点学习了双面材质的使用，同时学习了棋盘格贴图、噪波贴图、凹凸贴图、渐变贴图、光线跟踪贴图和衰减贴图等常用贴图的使用方法。通过本章学习，读者可掌握【材质编辑器】的使用，了解贴图添加的方法以及为对象创建材质效果的一般思路和理念。

3.8　习题

1. 问答题

（1）如何改变材质的类型？

（2）如何为某个材质贴图？

（3）如何修改材质的颜色？

（4）如何修改贴图属性？

（5）如何添加环境贴图？

（6）【UVW 贴图】修改器的作用是什么？如何使用该修改器？

2. 操作题

（1）使用混合材质制作本章 3.6 节中的苹果。

（2）利用学过的方法制作浮雕效果，效果例图如图 3—107 所示。

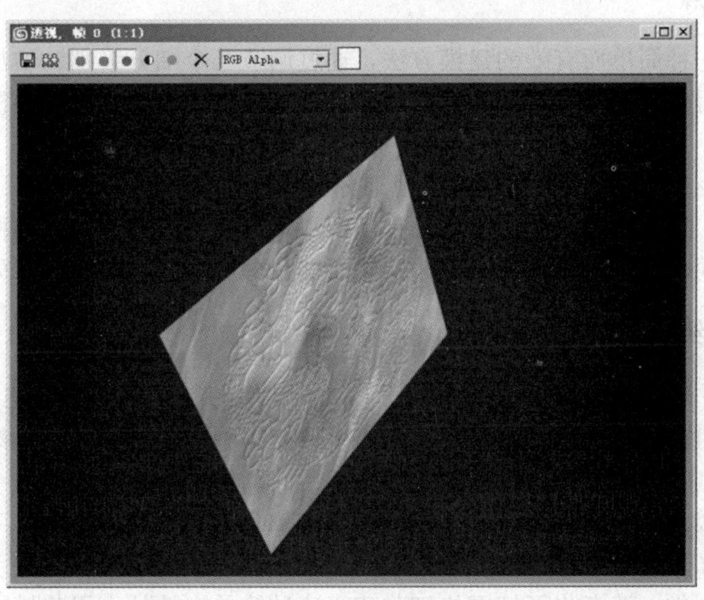

图 3—107　浮雕效果

第4章 高级建模

高级建模是相对于前面介绍的基础建模而言的。基础建模一般是在场景中先创建 3ds max 7 的基本内置模型，然后通过组合、复制和拼合等方式以形成复杂的模型，同时，通过对创建的基本内置模型进行修改来获得所需模型的建模方式，也属于基础建模。高级建模则与此有所不同，它是通过对构成模型的点、线、面和体进行直接修改来创建复杂的模型。常用的高级建模方式包括细分建模、多边形建模和 NURBS 建模方式等。

4.1 细分建模——凹陷的枕头

在 3ds max 7 中，细分建模是一种简单而有效的建模方法，可以创建各种复杂的三维模型，本节将介绍这种建模方式的应用。

4.1.1 知识重点

细分建模是一种简单而有效的建模方法，通过调节几个细分级别，增加模型表面的细分数，能使模型变得光滑。细分建模能够满足作品细节加工的需要，可以使模型有粗有细，其应用十分广泛。

3ds max 7 提供了多种修改器用来实现细分面片，如编辑网格修改器、网格平滑修改器和细分修改器等。细分建模，常用的方法是使用编辑网格修改器对对象网格进行修改，以创建需要的模型。同时，配合网格光滑修改器来对棱角分明的网格对象进行处理，使其光滑。

4.1.2 实例介绍

本实例介绍一个凹陷的枕头的制作过程。在本实例的制作中首先创建一个长方体对象，将其转换为网格对象后，使用【网格平滑】修改器获得平滑的枕形对象，然后使用【网格平滑】修改器，分别在顶点和边次级模式下对平衡后的网格进行修改，以进一步调整对象的形状，获得凹陷的效果。完成建模后，使用【材质编辑器】创建枕头材质，并将其赋予对象，完成本实例的制作。

通过实例的制作，读者将了解网格细分建模这种简单有效的高级建模方式。同时，读者将熟悉使用【网格平滑】修改器的方法，包括在顶点和边次级模式下对网格进行编辑修改的方法和技巧，和【网格平滑】修改器的常用参数的设置方法。

4.1.3 制作步骤

(1) 启动 3ds max 7 进入程序界面。在【创建】面板中单击【长方体】按钮①。在顶视图中创建一个长方形，同时设置长方体的【长度】、【宽度】和【高度】值②和分段参数③，如图 4—1 所示。视图中的长方体如图 4—2 所示。

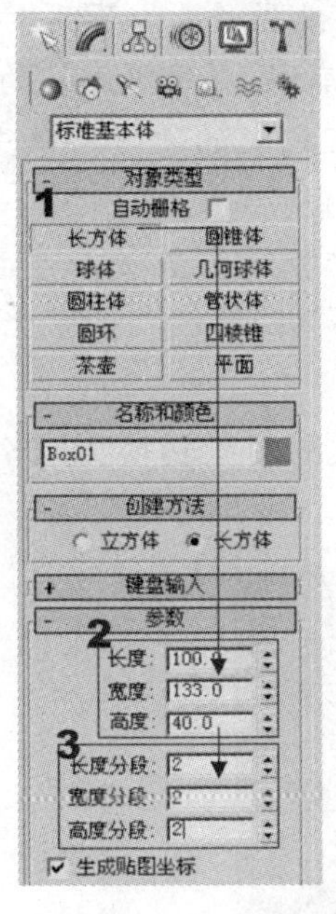

图 4—1　设置长方体参数

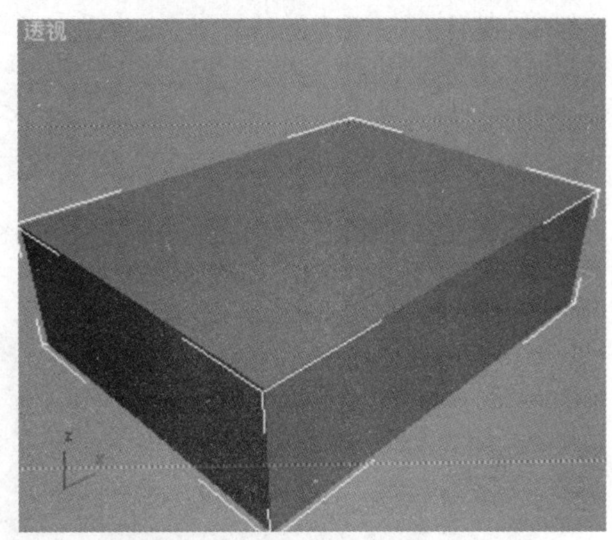

图 4—2　创建的长方体

（2）单击【修改】标签，在【修改器列表】下拉列表中选择【网格平滑】修改器①。在【细分量】面板中，设置【迭代次数】为 4②，如图 4—3 所示。此时的长方体变得平滑，如图 4—4 所示。

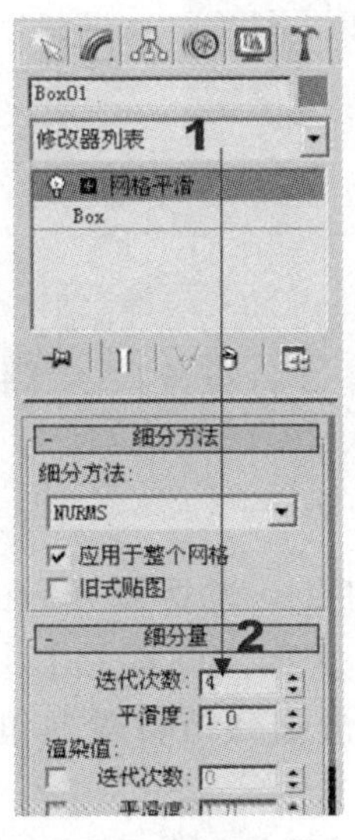

图 4—3　添加【网格平滑】修改器

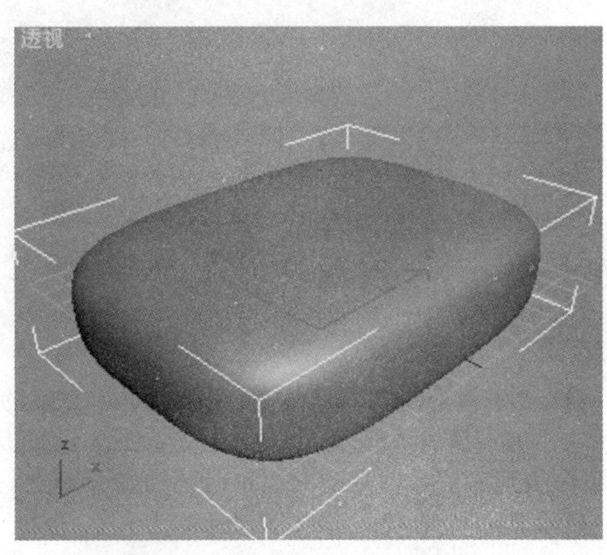

图 4—4　添加修改器后的效果

提示 【迭代次数】增量框中的值越大，模型就会越光滑，模型顶点数也会随着此值的增大而呈几何级数增大。这里【迭代次数】的值不要设置过大，否则对于配置不高的计算机系统由于计算量的增大，有可能造成系统崩溃。【平滑度】的值决定了面的增加方式，当值较小时，只在两个面的角度比较尖锐的地方添加平面。如果【平滑度】值为1，则即使两个面已经在一个平面上了，系统仍会添加平面。当在【渲染值】栏中勾选【迭代次数】和【平滑度】复选框并设置相应参数时，3ds max 7在渲染时将采用这里的参数值使模型具有更多细节。

(3) 在【修改器列表】下拉列表中选择【编辑网格】选项，此时对象转换为网格对象，如图 4—5 所示。

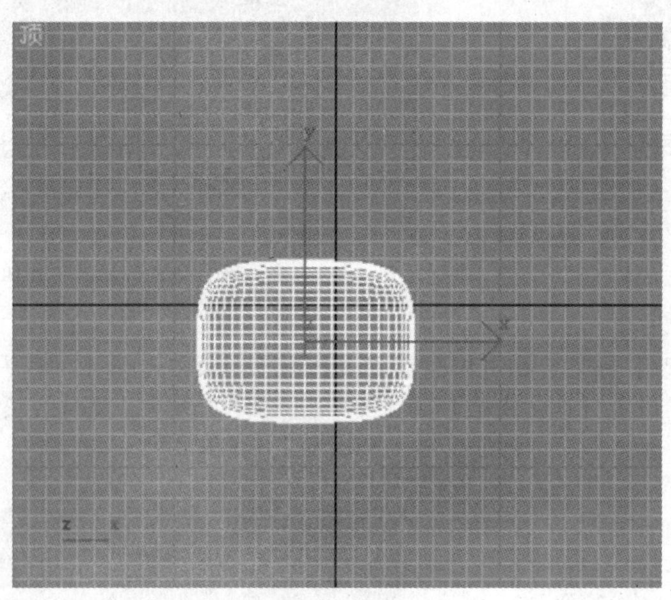

图 4—5 转换为网格

提示 此处，也可以选择对象后右击，在快捷菜单中选择【转换为】→【转换为可编辑网格】命令。

(4) 在修改器堆栈中单击【网格平滑】项左侧的【+】按钮①，选择展开后的【顶点】选项②，进入顶点次级模式。在【局部控制】面板中勾选【显示控制网格】复选框③，如图 4—6 所示。此时对象上出现蓝色的细分节点，同时对象被细分结构线框包围，如图 4—7所示。

(5) 在视图中选择对象中间层的 4 个角上的细分点，在【局部控制】面板中将【权重】设置为 15，如图 4—8 所示。此时对象具有了枕头的形状，如图 4—9 所示。

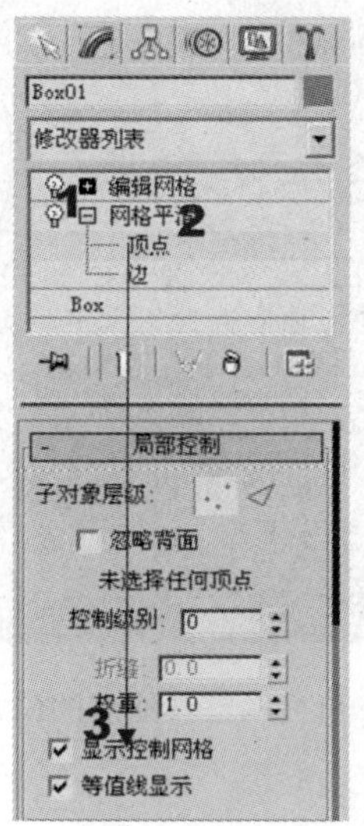

图4—6　勾选【显示控制网格】复选框

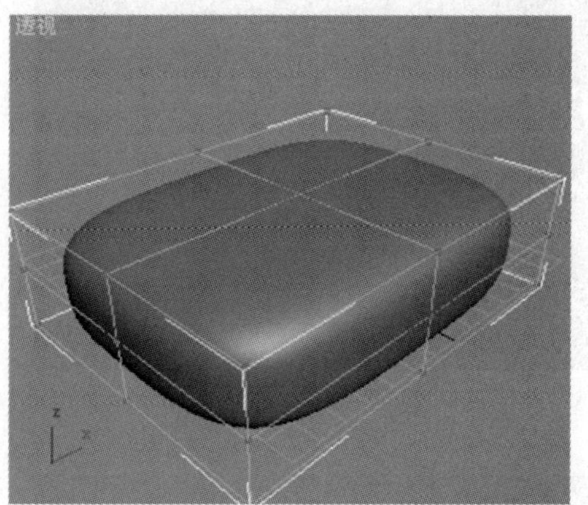

图4—7　显示细分节点和细分结构线框

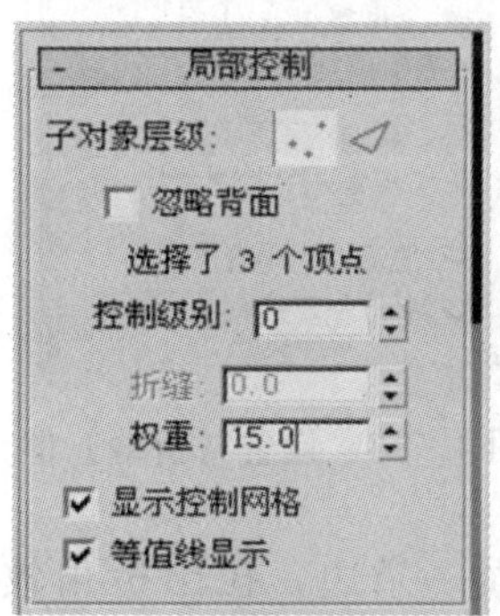

图4—8　设置【权重】值

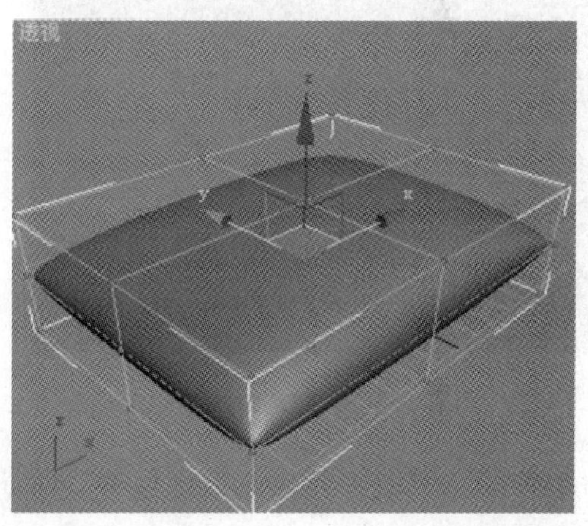

图4—9　获得枕头造型

提示　按住【Ctrl】键依次单击需要选择的点，可同时选择多个点。如果有些点无法直接选择，可先修改能够选择点的权重值，然后，取消顶点次级模式。再使用【选择并旋转】工具旋转对象，使需要选择的点可见，使用相同的参数设置这些点的权重值即可。

（6）单击【选择并移动】按钮，在透视视图中选择线框正中间的点。将该点沿着Z轴的方向向下移动，获得枕头凹陷的效果，如图4—10所示。

（7）使用相同的方法，调整其他点，以增强枕头凹陷效果，如图4—11所示。

（8）在【局部控制】面板中单击【边】按钮，在视图中选择枕头一角的两条边，如图4—12所示。在【局部控制】面板中，将【折缝】设置为0.8，如图4—13所示。

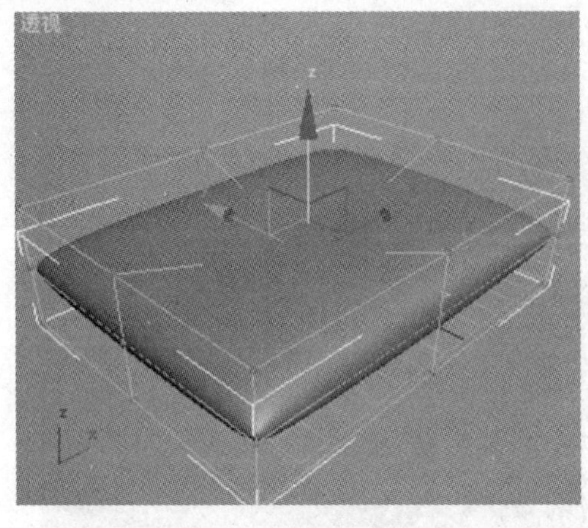

图 4—10 向下移动中间的点

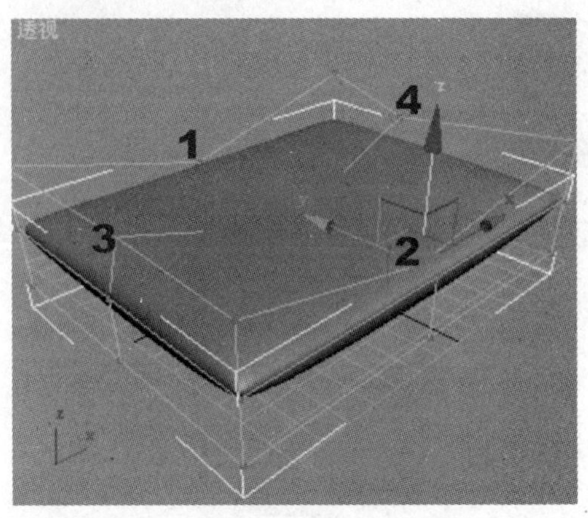

图 4—11 调整其他点的位置

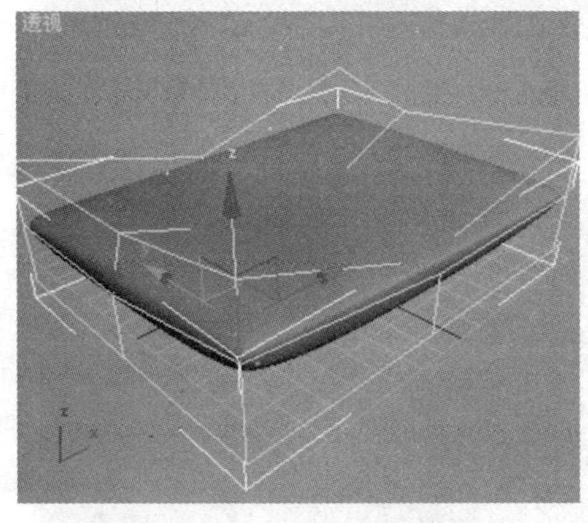

图 4—12 同时选择两条边

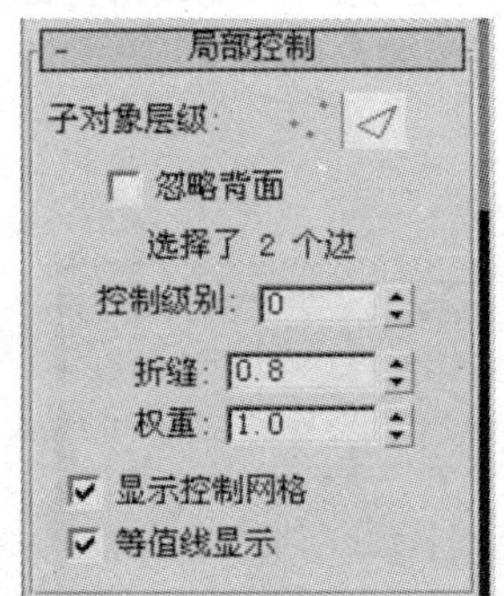

图 4—13 设置【折缝】值

(9) 单击【选择并移动】按钮，拖动位于角上的下面一条边，拉出折角效果，如图 4—14 所示。

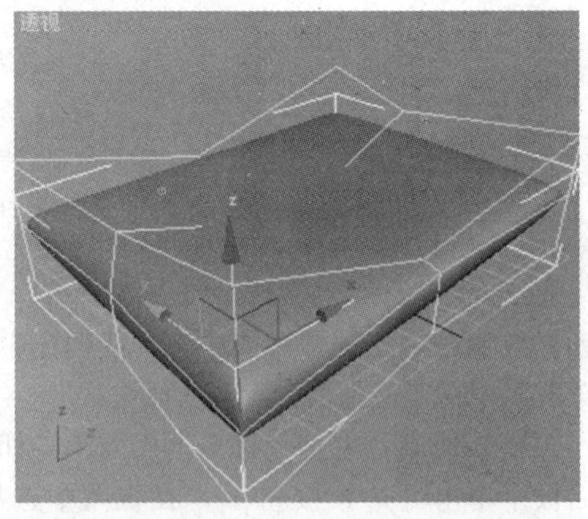

图 4—14 拉出折角效果

（10）采用与上面相同的方法处理枕头的其他 3 个角，获得折角效果如图 4—15 所示。

（11）创建更强的凹陷效果。在【局部控制】面板中将【控制级别】设置为 4①，单击【顶点】按钮 进入顶点次级模式②，如图 4—16 所示。

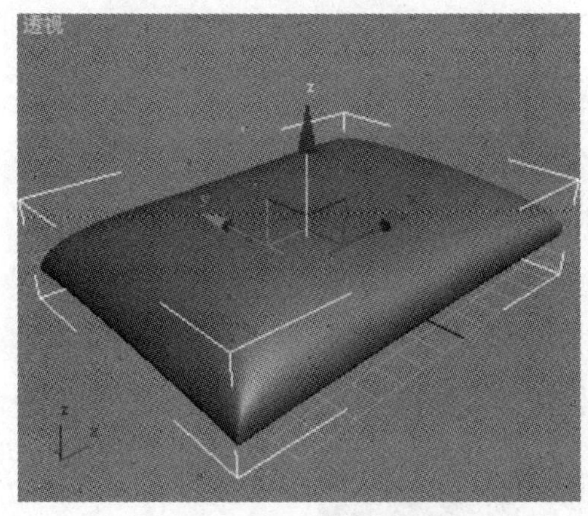

图 4—15　处理其他 3 个角后的效果

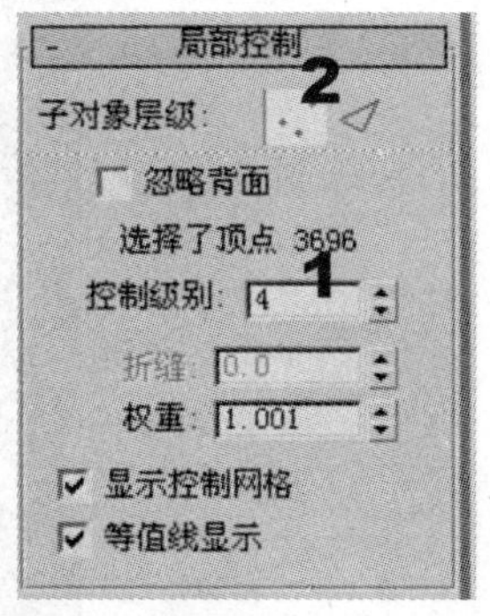

图 4—16　进入顶点次级模式

（12）打开【软选择】面板，勾选【使用软选择】复选框①，将【衰减】值设置为 50②，如图 4—17 所示。按此设置，单击工具栏中的【选择并移动】按钮，在对象中心单击，则在该点周围受软选择设置影响的点均被选择，如图 4—18 所示。

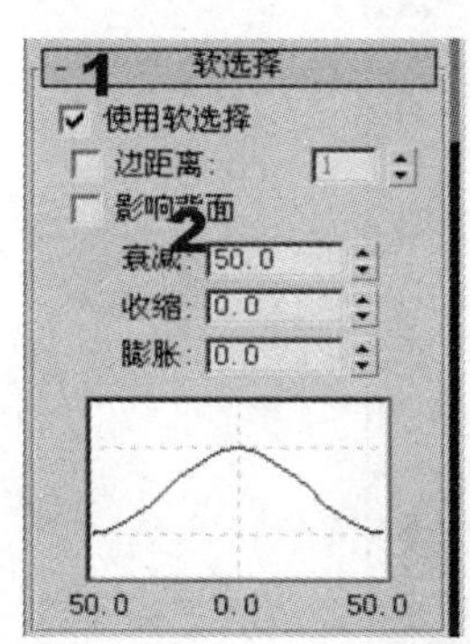

图 4—17　【软选择】面板中的设置

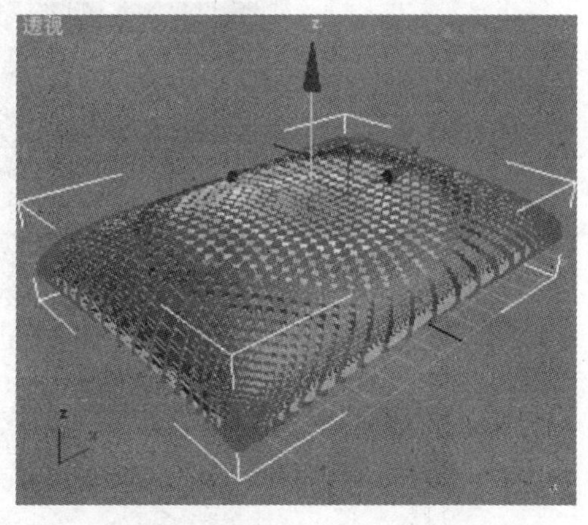

图 4—18　受影响点被选择

在【软选择】面板中：

- 勾选【使用软选择】复选框，将开启软选择功能。
- 勾选【边距离】复选框时，在被选择点及其影响顶点间以边数来限制影响范围，同时在表面范围内将以边距来测量顶点的影响区域。
- 勾选【影响背面】复选框，软选择功能将能够影响对象背面的次级对象。
- 【衰减】、【收缩】和【膨胀】增量框内的值将改变曲线的形状，而影响区域的形状将与曲线的形状一致。

（13）使用【选择并移动】工具向下拖移这些点，枕头中心的凹陷将会加大，如图 4—19 所示。

（14）打开【材质编辑器】窗口，指定一款布纹理图片作为位图贴图，如图 4—20 所示。

（15）将材质赋予对象，渲染场景。对象渲染后的效果，如图 4—21 所示。

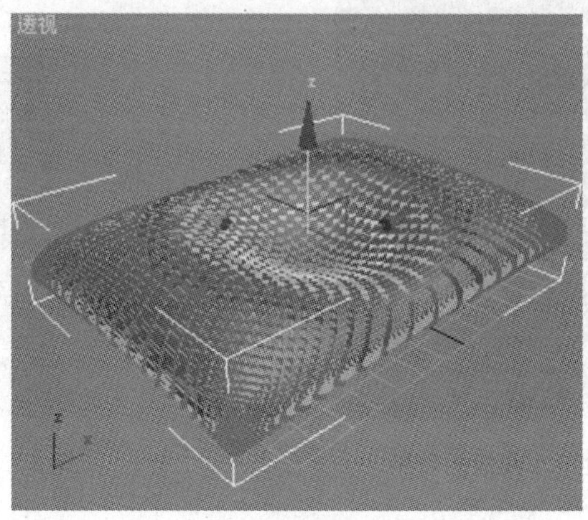

图 4—19　向下拖移这些点

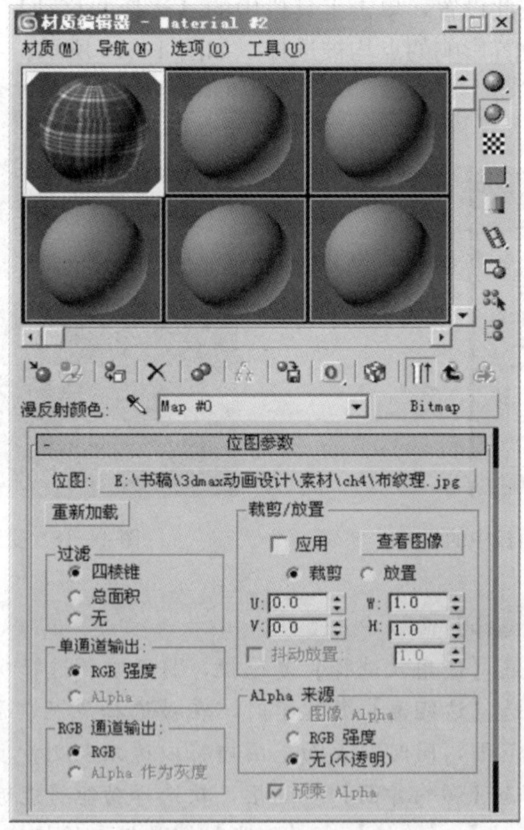

图 4—20　指定位图贴图

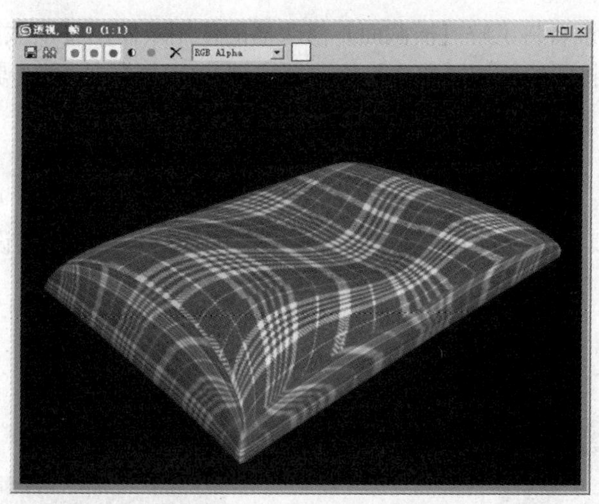

图 4—21 场景渲染后的效果

4.2 面片建模——塑料瓶

面片建模方式是 3ds max 7 中一种简单而有效的建模方式，本节将介绍面片建模的有关知识。

4.2.1 知识重点

面片建模实际上是一种将二维对象结合成三维对象的建模方法。这里的面片实际上是根据样条线边界形成的一种贝塞尔曲线。面片建模具有很多优点，直观而且能够参数化地调整网格的密度，能够极大地方便建模。

面片的构成是样条线网络构架，在 3ds max 7 中这种构架的调整可以采用很多方法，如手工绘制，使用二维图形创建或使用修改器。面片一般由 3 至 4 个边来创建，作为边的样条线节点必须要分布在每个边上，而且每个边的节点必须要相交。

在面片建模时，常使用【横截面】修改器和【曲面】修改器。【横截面】修改器可以自动根据一系列样条线来创建样条线网络架构。编辑器能够自动在样条线节点之间创建交叉的样条线，从而形成面片结构。

【曲面】修改器在建模时常用来创建面片表面。修改器能够分析样条线构架，在满足条件的样条线构架内创建面片表面。

4.2.2 实例介绍

本实例介绍一个护手霜塑料瓶的制作过程。在本实例制作中，首先创建组成模型的样条线，使用【横截面】修改器来自动生成网格体。在完成网格体的创建后，使用【曲面】修改器来完成面片建模。最后使用【材质编辑器】创建塑料材质，并将材质赋予对象，完成本实例的制作。

通过实例的制作，读者将了解【横截面】修改器的作用及使用【横截面】修改器创建网格体的一般步骤，同时，还将了解使用【曲面】修改器实现片面建模的一般步骤和参数设置技巧。

4.2.3 制作步骤

（1）启动 3ds max 7 进入程序界面。打开【图形】创建面板①，单击【椭圆】按钮②，如图 4—22 所示。在顶视图中创建一个椭圆，如图 4—23 所示。这里设置椭圆的【长度】和【宽度】分别为 80 和 160③。

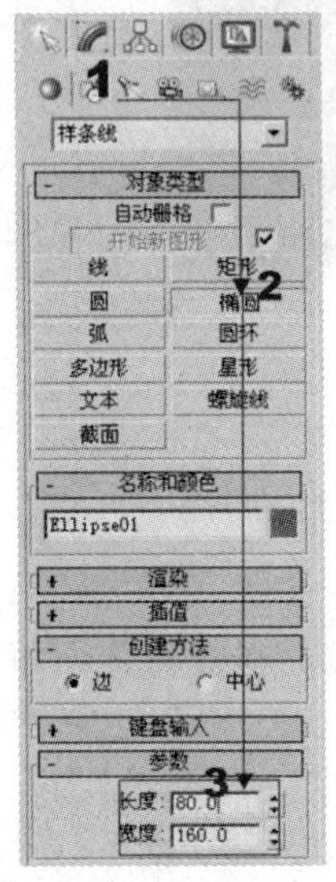

图 4—22 选择创建椭圆

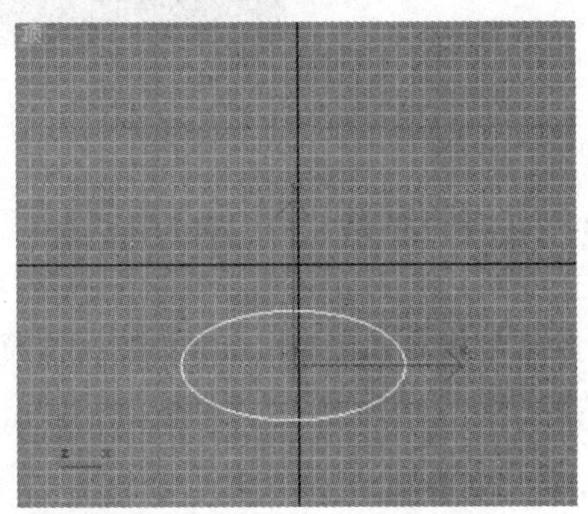

图 4—23 在顶视图中创建椭圆

（2）在工具栏中单击【选择并移动】按钮✥，在前视图中，按住【Shift】键沿 Y 轴方向向上拖动对象，系统弹出【克隆选项】对话框。在对话框中单击【复制】单选框①设置对象为复制对象，将【副本数】设置为 15②，如图 4—24 所示。单击【确定】按钮关闭对话框，对象在场景中被复制，如图 4—25 所示。

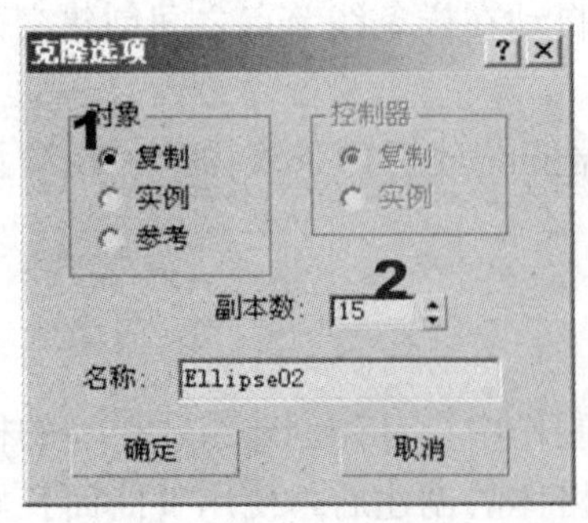

图 4—24 【克隆选项】对话框

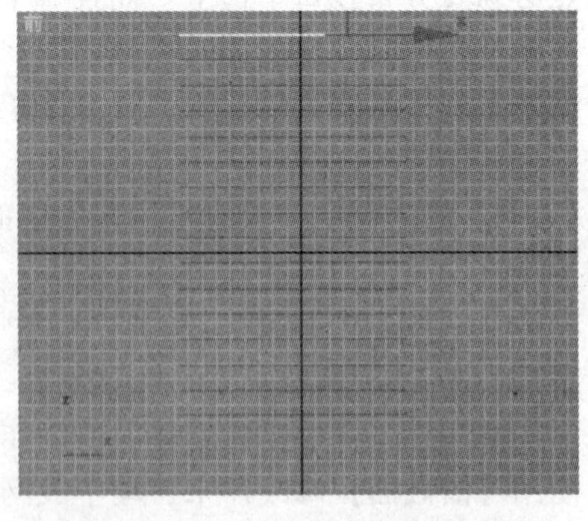

图 4—25 复制对象

（3）在工具栏中单击【选择并均匀缩放】按钮，对顶部的 3 个椭圆进行缩放，如图 4—26 所示。

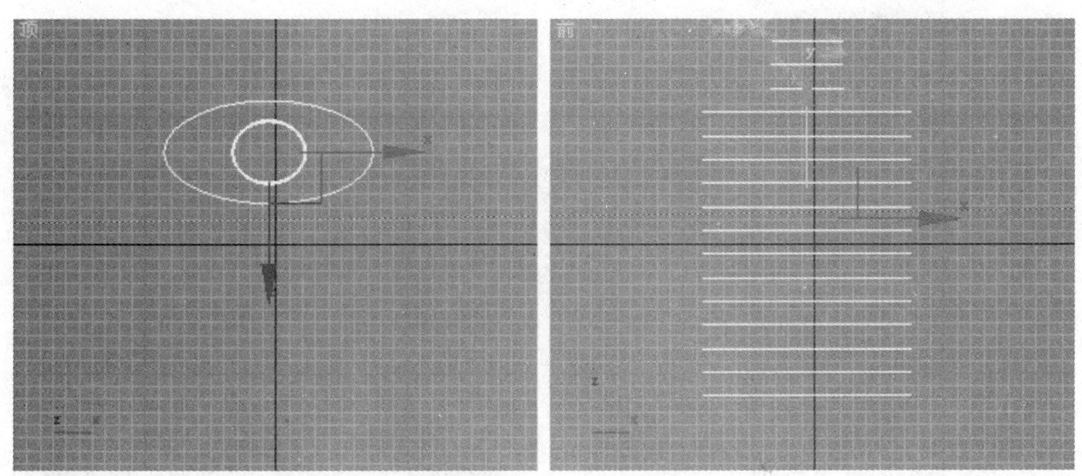

图 4—26　对顶部的 3 个椭圆进行缩放

（4）仍然使用【选择并均匀缩放】工具，在前视图中对下面的 3 个椭圆在 X 轴方向上进行收缩，如图 4—27 所示。

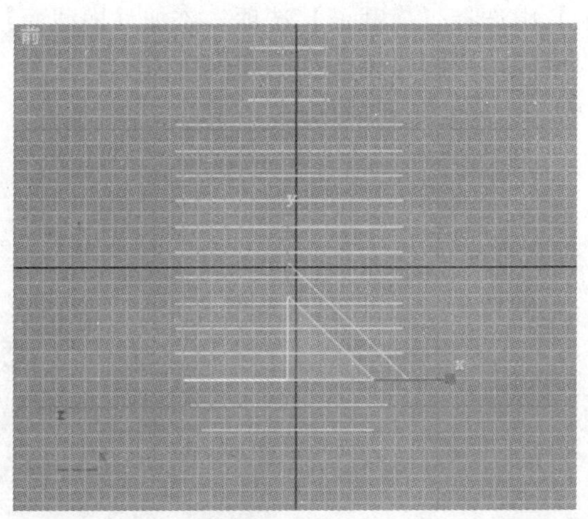

图 4—27　对下面 3 个椭圆在 X 轴方向上收缩

（5）选择最上面一个椭圆。打开【修改】面板，在【修改器列表】下拉列表中选择【编辑样条线】选项①。单击【几何体】面板中的【附加】按钮②，如图 4—28 所示。按从上向下的顺序依次选择其他的椭圆对象，如图 4—29 所示。

提示　在附加其他椭圆时，一定要按照顺序选择，否则在后面织网成面时将会出错。这里实际上是将这些椭圆构成一个图形。

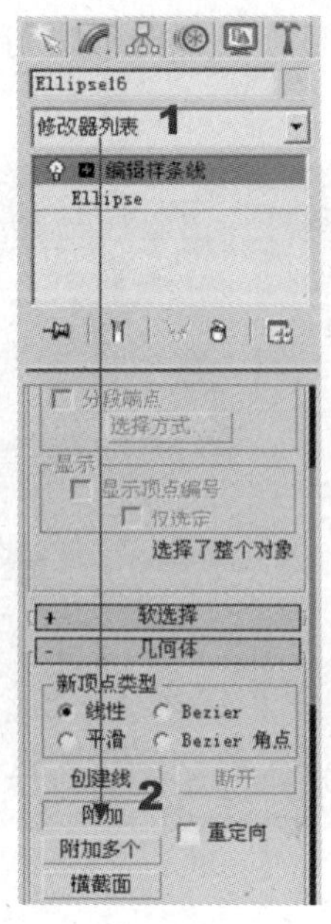

图 4—28　添加【编辑样条线】修改器

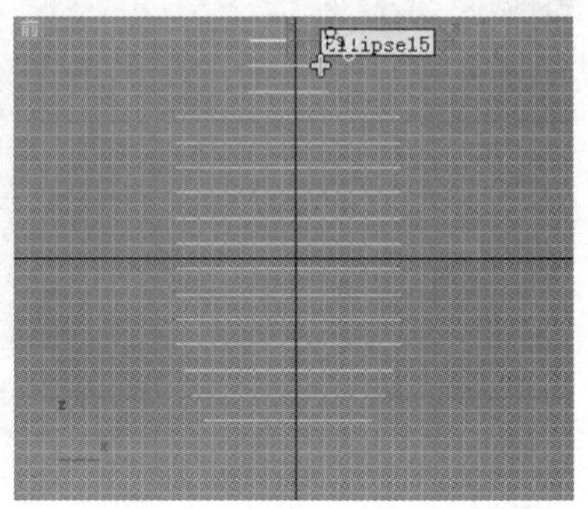

图 4—29　依次单击椭圆对象

(6) 在【修改器列表】中选择【横截面】选项，添加【横截面】修改器，如图 4—30 所示。此时对象表面自动生成四边形网格体，如图 4—31 所示。

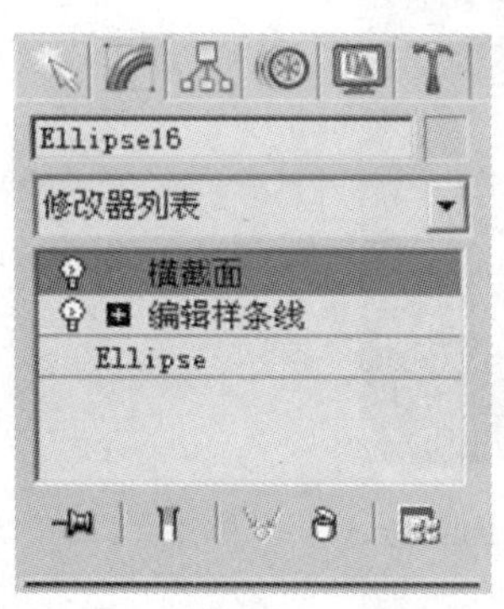

图 4—30　添加【横截面】修改器

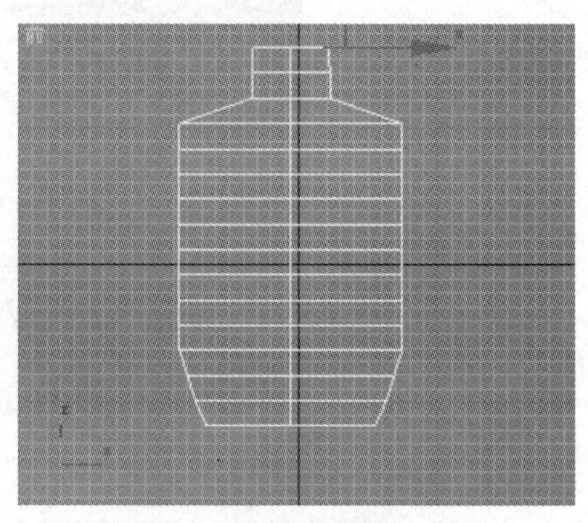

图 4—31　对象表面生成四边形网格体

提示　【横截面】修改器只有一个【参数】面板，面板中【样条线选项】栏中的单选框可以用来设置样条线上节点的类型，包括线性、平滑、Bezier 和 Bezier 角点。样条线节点类型将影响表面的光滑程度。

（7）在【修改器列表】中选择【曲面】选项，添加曲面修改器，如图 4—32 所示。此时对象自动生成了表面，如图 4—33 所示。

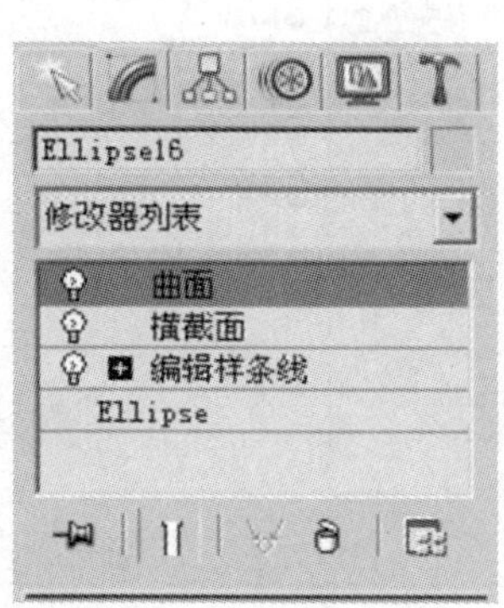

图 4—32　添加【曲面】修改器

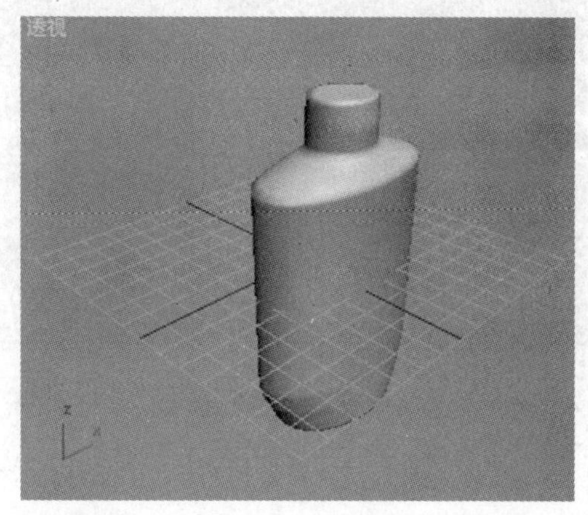

图 4—33　生成表面

（8）在修改器的【参数】面板中，将【面片拓扑】栏中的【步数】设置为 70，如图 4—34 所示。此时视图中对象的表面变得平滑，如图 4—35 所示。

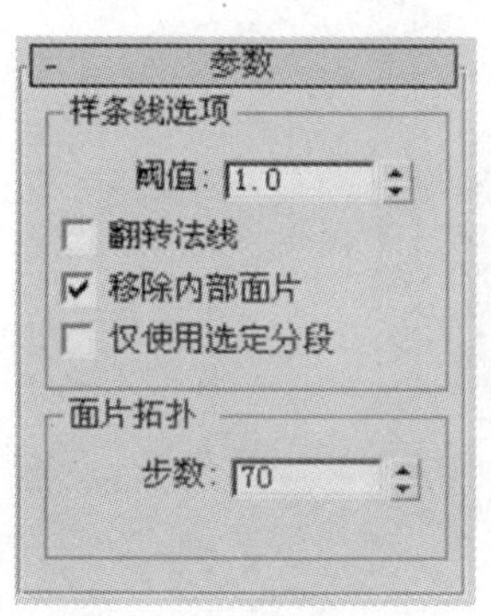

图 4—34　设置【步数】

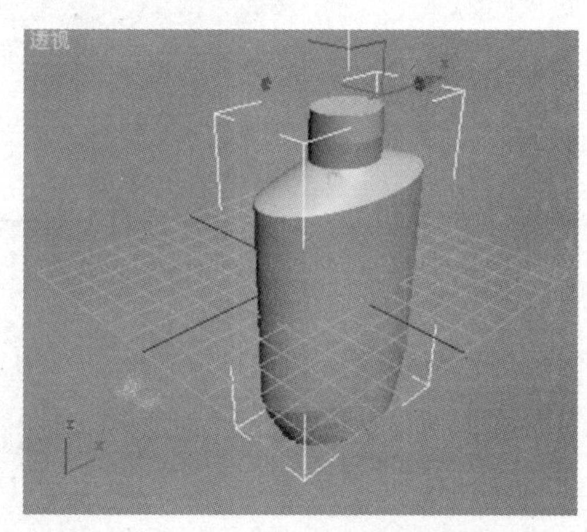

图 4—35　对象表面变得平滑

提示　如果看不见生成的表面，说明法线方向反了，可以勾选【参数】面板中的【翻转法线】复选框。【面片拓扑】栏中的【步数】增量框可调整面片网格的密度。

（9）创建塑料材质。打开【材质编辑器】，单击【Standard】按钮，如图 4—36 所示。在打开的【材质/贴图浏览器】窗口中双击【光线跟踪】选项，如图 4—37 所示。

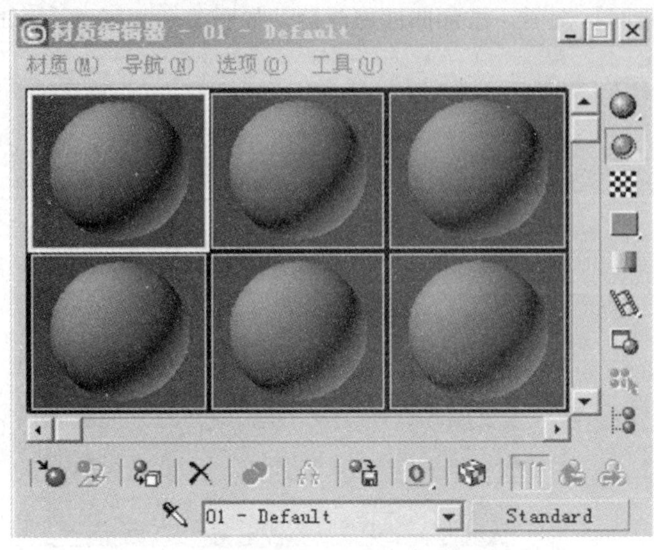

图 4—36　单击【Standard】按钮

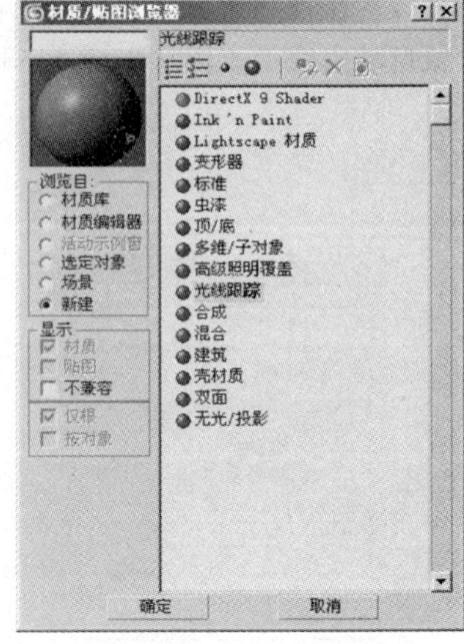

图 4—37　双击【光线跟踪】选项

（10）在【材质编辑器】窗口的【光线跟踪基本参数】面板中进行材质设置，如图 4—38 所示。

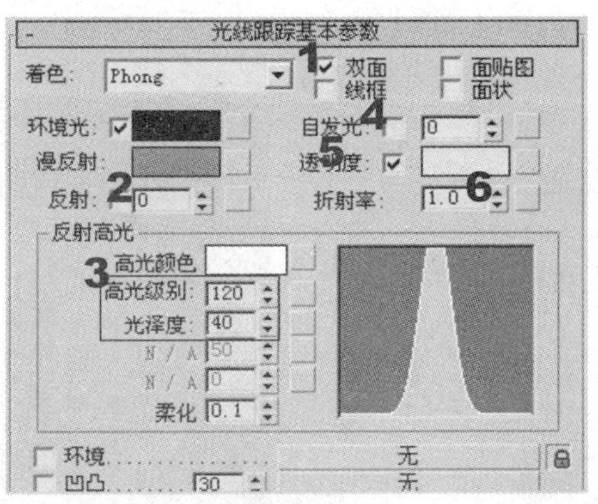

图 4—38　设置【光线跟踪基本参数】

（11）在【扩展参数】面板中将【荧光】颜色设置为灰色，其颜色值为（184，184，184）。如图 4—39 所示。

（12）将材质赋予对象。渲染场景，得到的效果如图 4—40 所示。

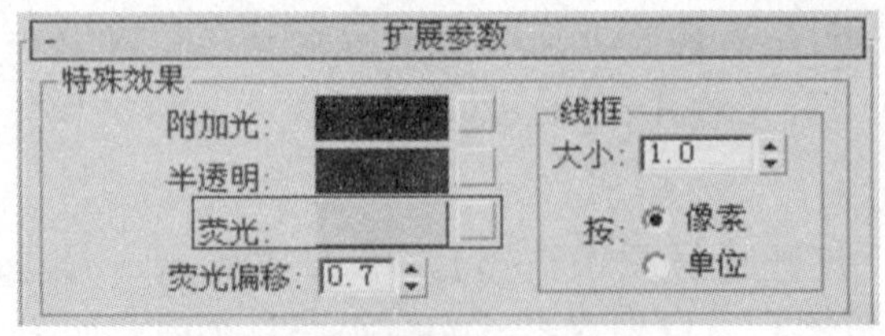

图 4—39　设置【荧光】颜色

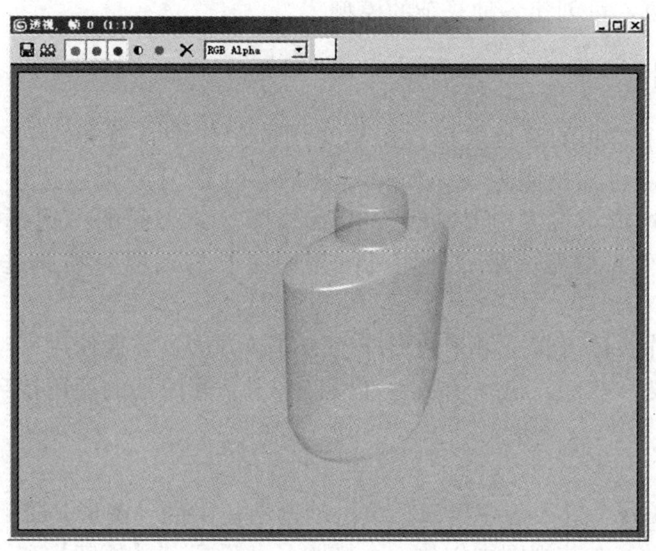

图 4—40　渲染后的效果

提示　当需要改变 3ds max 7 渲染的默认背景颜色时，可单击【渲染】→【环境】命令，打开【环境和效果】设置窗口。在【环境】选项卡中，单击【公用参数】面板中的【颜色】色块可打开【颜色选择器：背景色】对话框，使用该对话框即可设置渲染时的背景颜色。

4.3　多边形建模——喷头

多边形建模是 3ds max 7 中一种常见的建模方式。计算机中的三维对象，实际上是由大量多边形构成的。在实际建模中，最常见的是由无数个三角形构成的对象，通过对这些三角形面进行排列和组合，能够创建出复杂的三维结构。本节将介绍多边形建模的有关知识。

4.3.1　知识重点

3ds max 7 提供了大量的可用于多边形建模的工具，从而为用户提供了多种修改和建模的手段。使用多边形建模的方法，可有效地控制模型的网格密度，可在制作后期对网格进行调整和纠正，从而使建模变得方便和高效。

多边形建模经常用来表现光滑的曲面，但不适合创建边缘尖锐的曲面造型。同时，由于模型上的控制点较多，建模时如果网格规划不合理，将会产生许多多余的面，往往也会影响到建模最后的效果。因此，使用多边形建模方式要求用户有较高的空间构造能力。

使用多边形建模方式，一般是先创建基本几何体，然后将创建的几何体塌陷为可编辑的多边形或可编辑的网格，再通过不断的修改和细分得到最终需要的效果。为了修改多边形和网格，3ds max 7 提供了【编辑多边形】和【编辑网格】修改器。根据需要使用这两种修改器来对对象进行修改，可创建各种复杂的模型。

4.3.2　实例介绍

本实例介绍一个喷头的建模过程。在本实例的制作中，首先，创建椭圆形的样条线，使用【挤出】修改器将其拉伸为立体对象；然后，使用【编辑多边形】修改器将立体对象转化为可编辑多边形，在多边形次级模式下选择对象表面的多边形进行挤出、缩放和旋转操作，以创建喷头模型；最后使用【网格平滑】修改器对喷头进行修改，获得光滑的喷头模型。

通过实例的制作，读者将了解多边形建模的基本方法，掌握使用【编辑多边形】修改器修改对象形状的方法和技巧，进一步熟悉【网格平滑】修改器的使用技巧。

4.3.3　制作步骤

（1）启动 3ds max 7 进入程序界面。单击创建面板中的【图形】①，单击【椭圆】按钮②，如图 4—41 所示。在前视图中创建一个椭圆，并设置其【长度】和【宽度】的值分别为 90 和 45③，如图 4—42 所示。

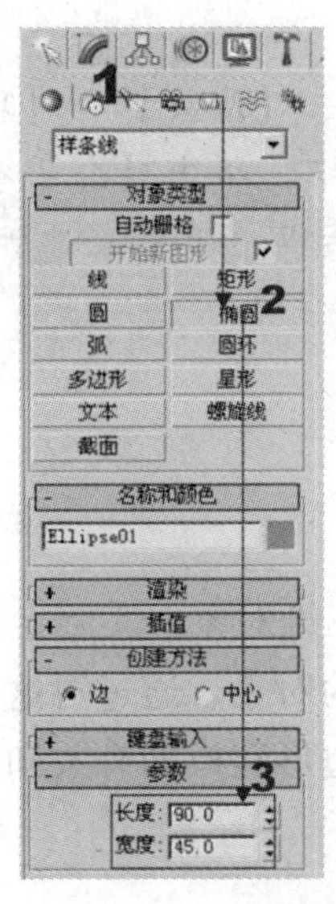

图 4—41　选择创建椭圆

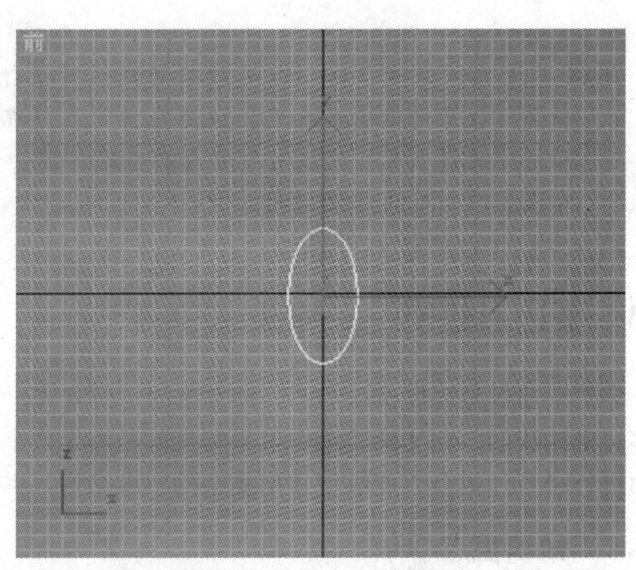

图 4—42　创建一个椭圆

（2）单击【修改】标签①。在【修改器列表】下拉列表中选择【挤出】修改器②。在【参数】面板中将【数量】设置为 20③，如图 4—43 所示。此时，对象变为三维对象，如图 4—44 所示。

（3）在【修改器列表】下拉列表中选择【编辑多边形】修改器，将对象转换为可编辑的多边形。在【选择】面板中单击【多边形】按钮■，进入多边形次级模式，如图 4—45 所示。单击【选择并移动】按钮✥，在视图中单击对象前面的面，选中该面，如图 4—46 所示。

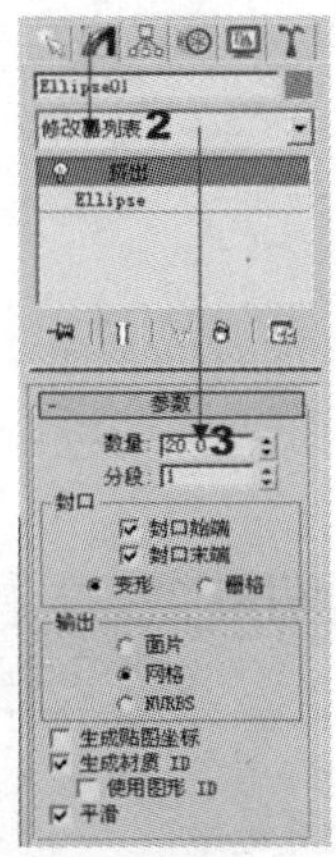

图 4—43　添加【挤出】修改器

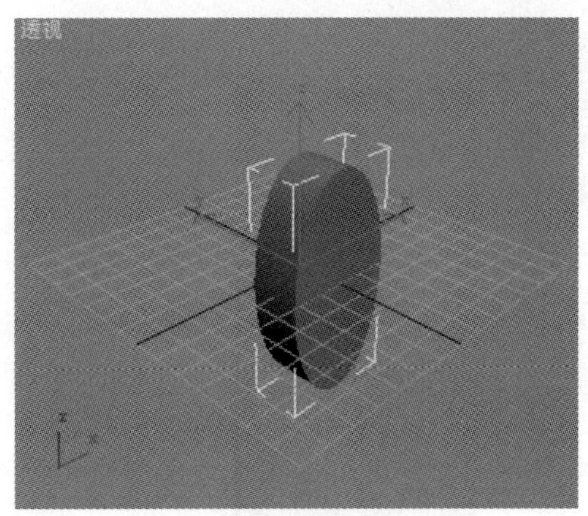

图 4—44　对象挤出的效果

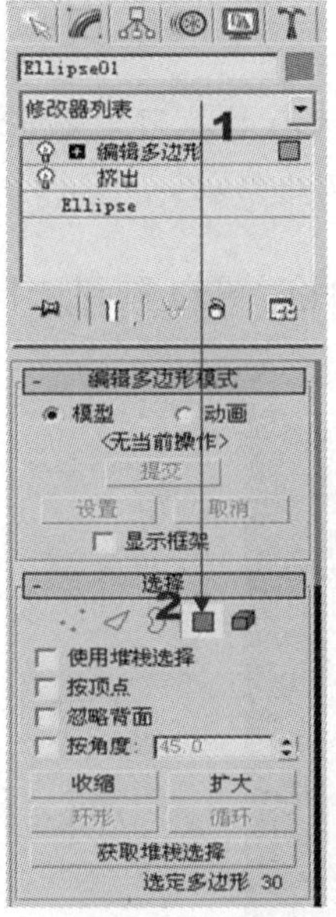

图 4—45　添加【编辑多边形】修改器

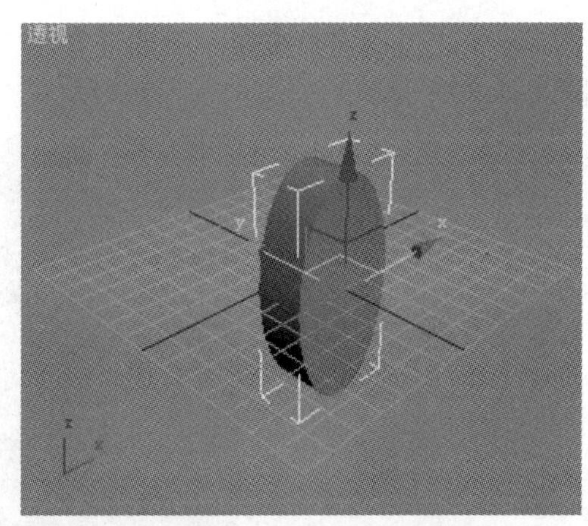

图 4—46　选择对象前面的面

提示　将对象转换为可编辑的多边形，除了实例中的方法外，还有下面两种方法：其一，在对象上单击鼠标右键，在快捷菜单中选择【转换为】→【转换为可编辑多边形】命令即可将对象转换为可编辑多边形；其二，在选择视图中的几何体后，打开【修改】面板，在修改器堆栈下方的空白处右击，在菜单中选择【可编辑多边形】命令即可。只有将对象转换为多边形后，才能对多边形进行修改，创建需要的模型。

（4）展开【编辑多边形】面板，单击【挤出】按钮右侧的【设置】按钮①，如图 4—47 所示。此时可打开【挤出多边形】设置对话框。在对话框中将【挤出类型】设置为【组】②，【挤出高度】设置为 22③，如图 4—48 所示。

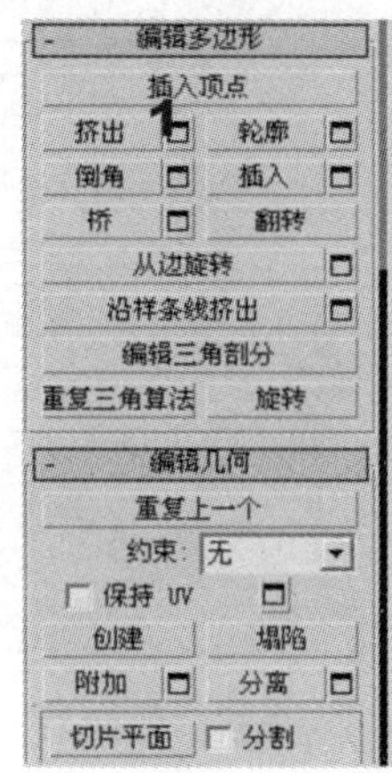

图 4—47　单击【设置】按钮

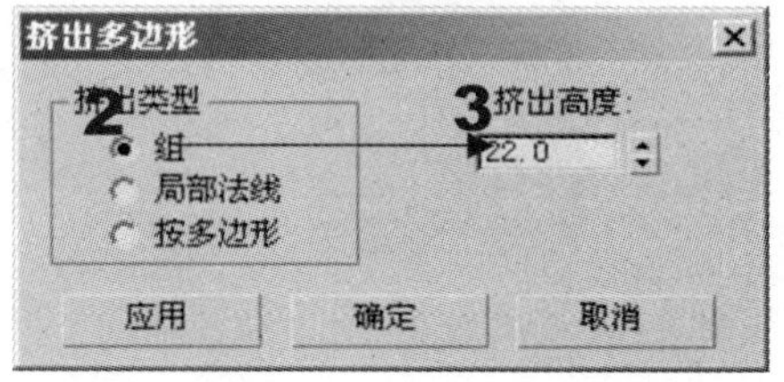

图 4—48　【挤出多边形】对话框

提示　当直接单击【挤出】按钮，使该按钮处于按下状态时，可直接拖动鼠标将面挤出，任意改变挤出的程度，能十分方便地改变对象的形状。

（5）单击【确定】按钮，关闭【挤出多边形】对话框，此时可以看到选择的面被挤出，如图 4—49 所示。

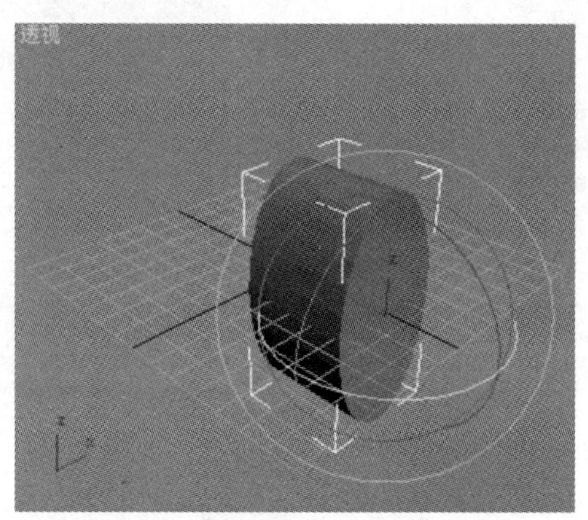

图 4—49　选择的面被挤出

（6）在工具栏中的【选择并均匀缩放】按钮上单击鼠标右键，打开【缩放变换输入】对话框。在对话框中的【偏移：世界】增量框中输入 30，如图 4—50 所示。按【Enter】键确认参数输入，此时选择的面被缩小为原来的 30%，如图 4—51 所示。

（7）单击标题栏上的【关闭】按钮，关闭【缩放变换输入】对话框。再次单击【编辑多边形】面板中【挤出】按钮右侧的【设置】按钮，在打开的【挤出多边形】面板中将【挤出高度】设置为 22，如图 4—52 所示。此时视图中选择的面被挤出一段，如图 4—53 所示。

图 4—50　【缩放参数输入】对话框

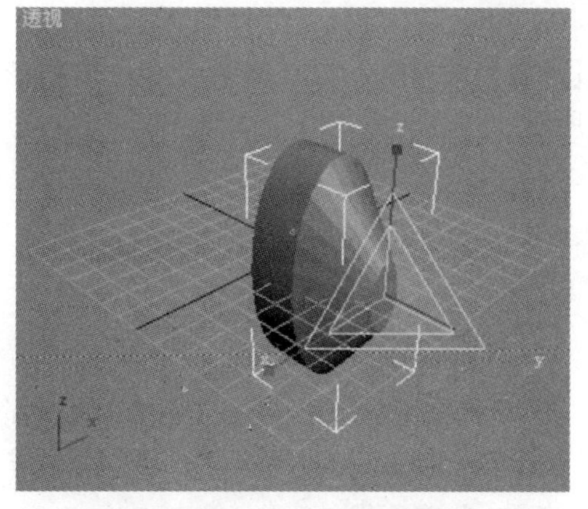

图 4—51　面缩小后的效果

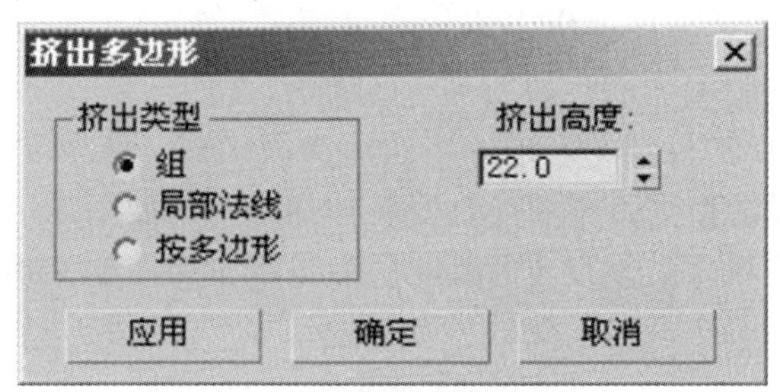

图 4—52　设置【挤出高度】

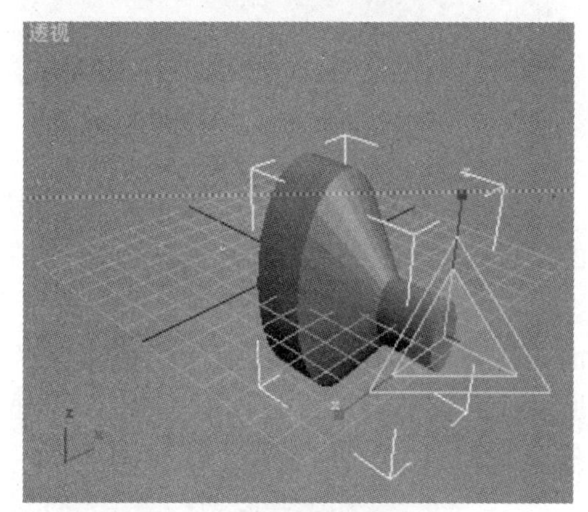

图 4—53　面被挤出

（8）用右键单击工具栏上的【选择并旋转】按钮，弹出【旋转变换输入】对话框，在【绝对：世界】栏中的【X】增量框中输入 90，如图 4—54 所示。此时选择的面会沿 X 轴方向旋转 90°，如图 4—55 所示。

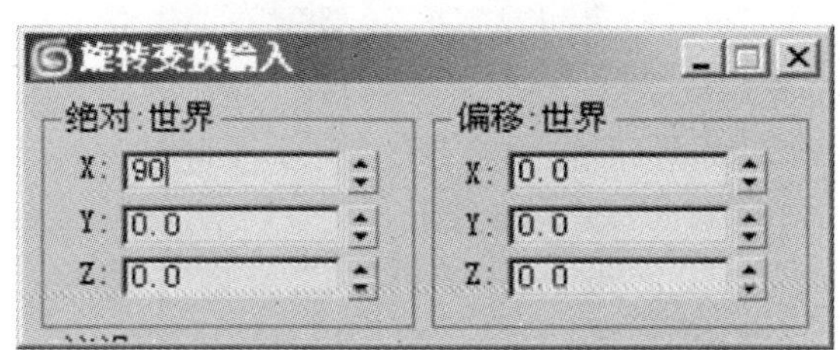

图 4—54　【旋转变换】对话框

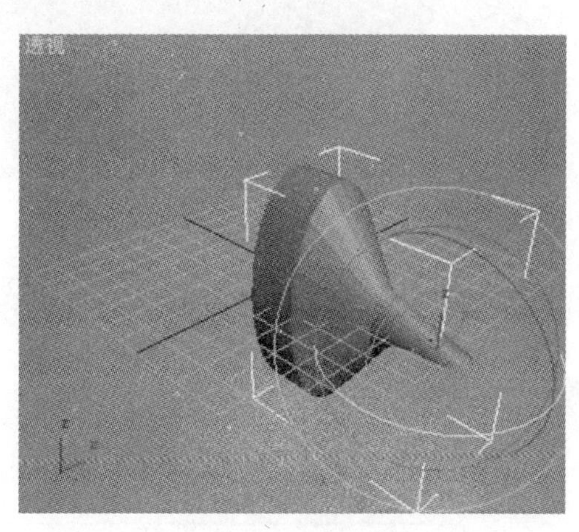

图 4—55　面旋转 90°

(9) 关闭【旋转变换输入】对话框。单击【编辑多边形】面板中【挤出】按钮右侧的【设置】按钮，在打开的【挤出多边形】面板中将【挤出高度】设置为 122，如图 4—56 所示。得到对象的效果如图 4—57 所示。

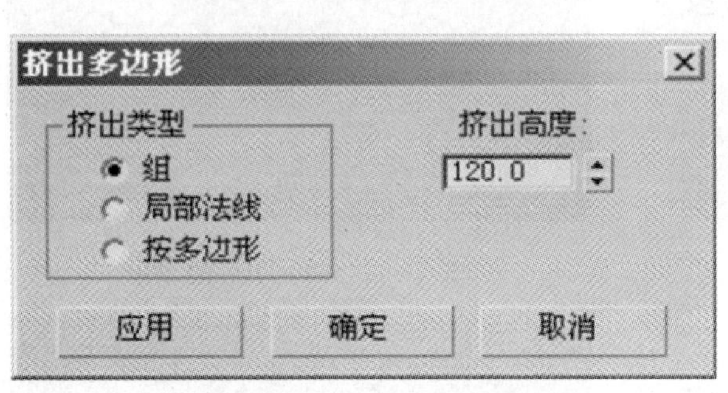

图 4—56　设置【挤出高度】

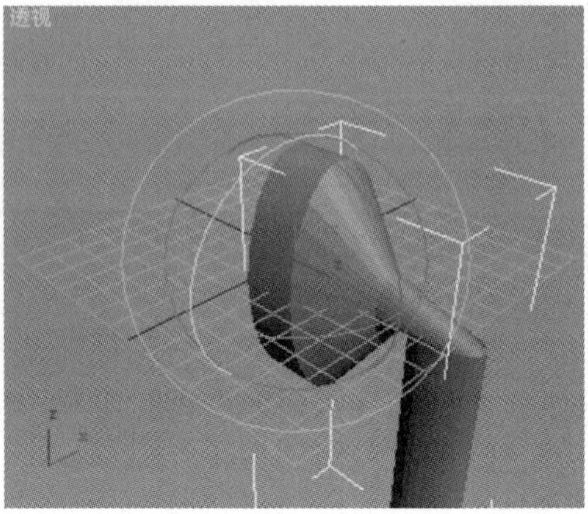

图 4—57　挤出效果

(10) 在【选择】面板中单击【多边形】按钮，退出多边形次级模式。单击工具栏上的【选择并旋转】按钮，旋转整个喷头，使喷嘴朝前，如图 4—58 所示。

(11) 在【选择】面板中再次单击【多边形】按钮，进入多边形次级模式。选择喷嘴面，打开【编辑几何体】面板，单击【网格平滑】按钮旁的【设置】按钮①，如图 4—59 所示。系统弹出【网格平滑选择】对话框。将对话框中的【平滑度】参数设置为 1②，如图 4—60 所示。单击【应用】按钮两次。

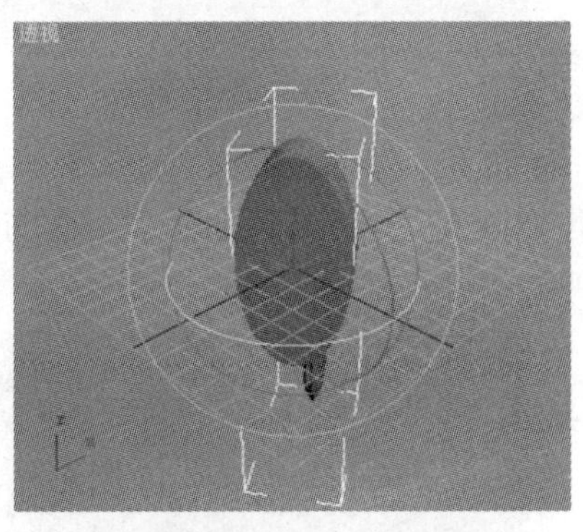

图 4—58　使喷嘴朝前

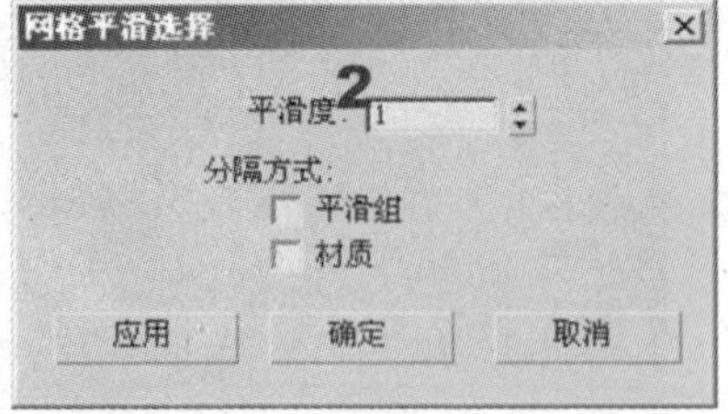

图 4—60　设置【平滑度】的值

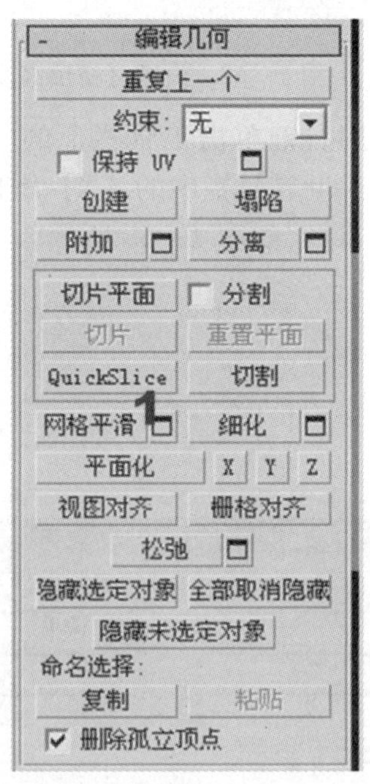

图 4—59　单击【设置】按钮

（12）然后关闭对话框，将设置的【平滑度】参数两次应用到面上。此时得到的效果如图 4—61 所示。

（13）在【选择】面板中单击【多边形】按钮■，退出多边形次级模式。在整个对象被选择的情况下，在【修改器列表】下拉列表中选择【网格平滑】选项，添加该修改器，如图 4—62 所示。此时对象变得平滑，如图 4—63 所示。

（14）至此，喷头的建模完成。渲染场景后模型的效果如图 4—64 所示。

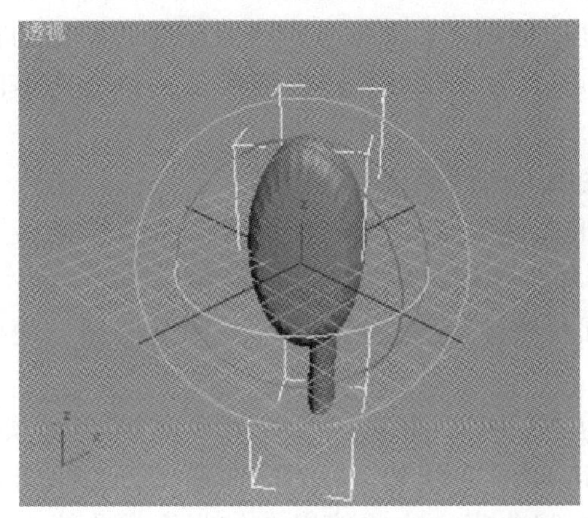

图 4—61　应用【平滑度】参数后的效果

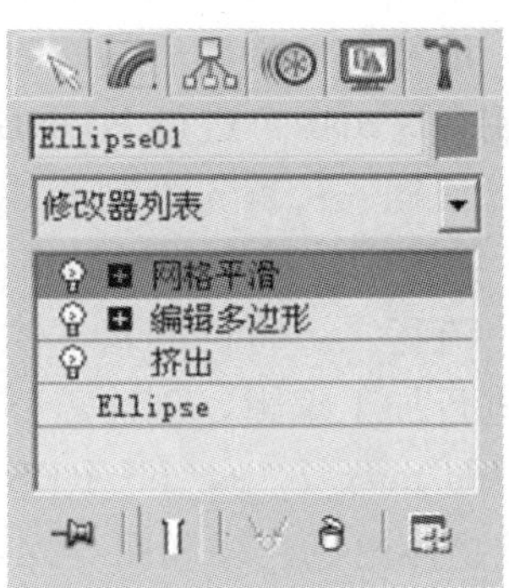

图 4—62　添加【网格平滑】修改器

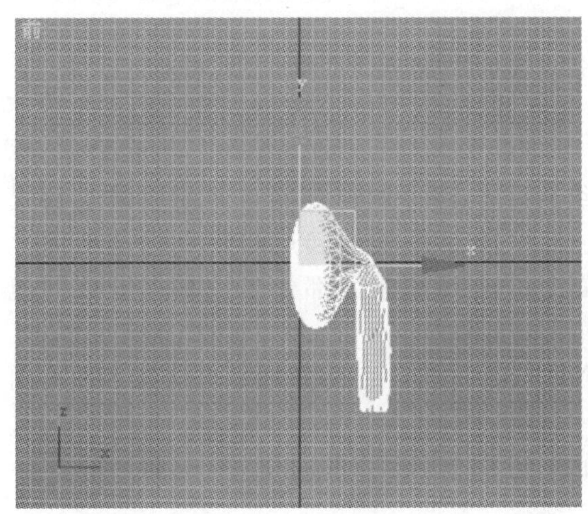

图 4—63　添加修改器后的效果

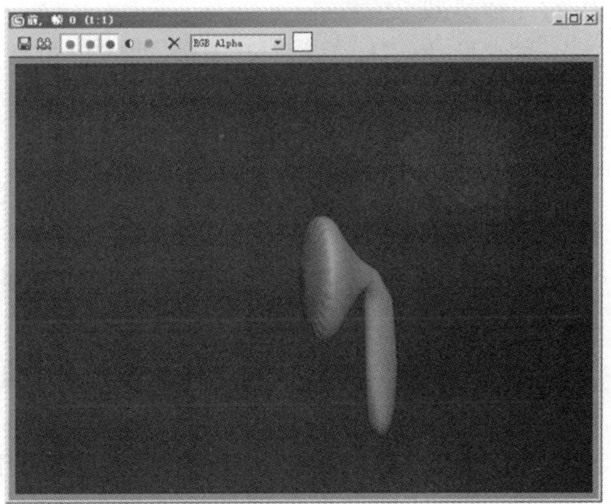

图 4—64　渲染后的效果

4.4　NURBS 建模——水罐

NURBS 建模方式是一种用途广泛的建模方式，这是一种独立的建模方式，其功能强大，适用于建立各种模型，但操作较为复杂。本节将介绍使用 NURBS 建模的一般思路和技巧。

4.4.1 知识重点

所谓的 NURBS，是 Non-Uniform Rational B-Spines 的缩写形式，即“非均匀有理 B 样条线”，它可以理解为由空间内的一组线条构成的曲面，这个曲面是完整的光滑四边形，NURBS 曲面被扭曲或旋转都不会破损或穿孔。一个 NURBS 物体就是由许多这样的面拼接构成的。

在 3ds max 7 中，NURBS 建模是一种先进的建模方式。该建模方式主要是基于控制点来调节表面的曲度，自动计算出表面的光滑精度。使用 NURBS 建模方式创建的模型的控制点少，易于在空间进行调节造型。同时，3ds max 7 为 NURBS 建模提供了一整套完整的造型工具，能够方便建模后的修改。

使用 3ds max 7 进行 NURBS 建模一般可采用下面两个流程。

- 流程一：首先绘制曲线，在对曲线的形态进行编辑修改，然后将曲线转化入一个 NURBS 物体中，最后使用编辑工具对曲线进行加工编辑，创建需要的模型。
- 流程二：将标准基本体、放样物体或面片物体等直接转换为 NURBS 曲面，使用曲面工具进行加工编辑，创建需要的模型。

在 3ds max 7 中，NURBS 物体可以分为 NURBS 曲面和 NURBS 曲线两种类型。NURBS 物体由点、线和面等元素组成。其中 NURBS 曲线和 NURBS 曲面可分为编辑点型和 CV 型。编辑点型是由曲线或曲面上的点来控制曲度，这些编辑点与曲面或曲线是一体的；CV 型是由曲线或者曲面外的点来控制曲度，它可以通过权重来进行调节，是建模中常用的一种类型。

与常见几何体一样，NURBS 曲线也包括多个 NURBS 次级子对象。

- 点：点一般指的是曲线或曲面上的点，是点曲线和点曲面的次级对象，可以生成不属于曲线或曲面的独立的点对象。
- CV：CV 是 CV 曲线和 CV 曲面的次级对象，通过调整控制点，使用数学公式计算的方式控制曲线或曲面的形状。这里要注意，除了曲线的起点和终点以及曲面上的 4 个点以外，控制点一般不会在曲线或曲面上。曲线和曲面都处于控制点形成的包围圈中。
- 曲线：3ds max 7 中存在两种类型的 NURBS 曲线，它们分别是点曲线和 CV 曲线。
- 曲面：3ds max 7 中存在两种类型的曲面，它们分别是点曲面和 CV 曲面。

4.4.2 实例介绍

本实例介绍一个水罐的建模过程。在实例制作过程中，创建 NURBS 曲线，使用【NURBS】面板中提供的【创建车削曲面】工具来获得三维模型。完成模型创建后，使用修改器，对曲面进行编辑修改获得需要的形状。

通过实例的制作，读者将了解 NURBS 建模的一般过程，掌握通过对构成 NURBS 的元素如曲面、CV 曲线或曲面上的顶点等进行编辑修改以获得不同形状的方法。

4.4.3　制作步骤

（1）启动 3ds max 7 进入程序界面。打开【创建】面板，单击【图形】按钮①。在【图形】子面板的下拉列表框中选择【NURBS 曲线】选项②。在【对象类型】面板中单击【CV 曲线】按钮③，如图 4—65 所示。在前视图中，创建的曲线如图 4—66 所示。

图 4—65　选择创建【CV 曲线】

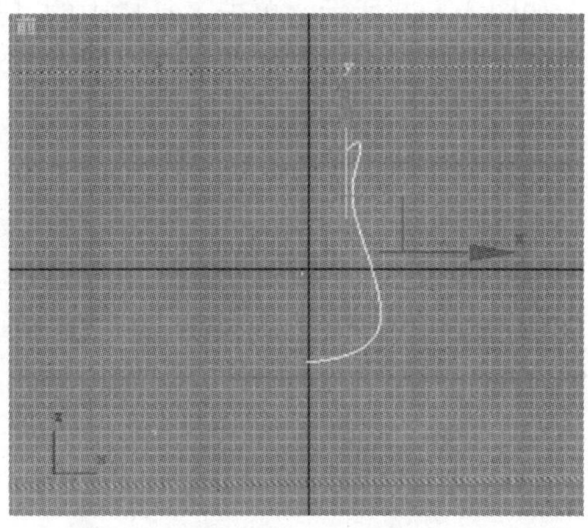

图 4—66　创建曲线

提示　在这里，单击鼠标创建节点，移动鼠标拉出曲线，单击鼠标右键完成线条创建。按【Backspace】键可删除当前绘制的点。

（2）进入【修改】面板，此时系统会弹出【NURBS】面板。选择【曲面】类的【创建车削曲面】工具，如图 4—67 所示。在视图中单击对象，可获得三维对象，如图 4—68 所示。

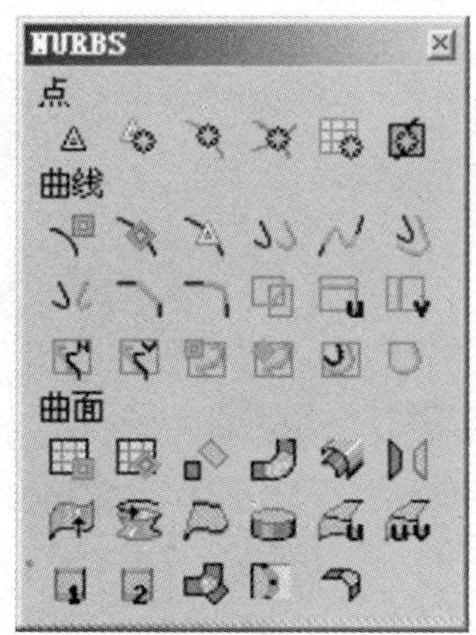

图 4—67　选择【创建车削曲面】工具

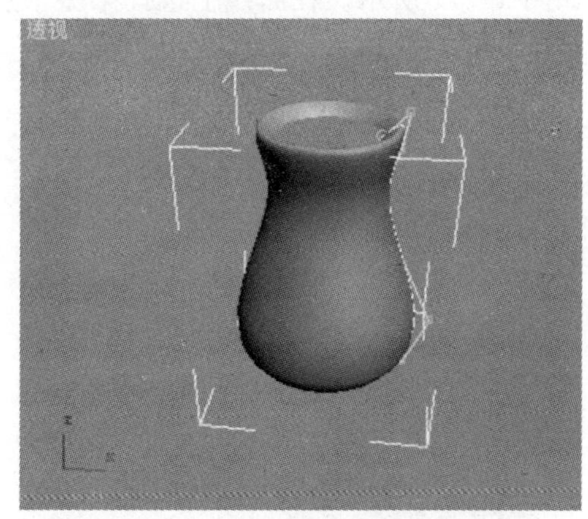

图 4—68　获得三维对象

提示　在选择【创建车削曲面】工具后，面板中将会打开该工具的设置面板，可以设置度数、方向等参数。在工具按钮上单击鼠标右键可以取消该工具的选择，同时，命名面板中该工具的设置面板将会自动消失。

（3）在修改器堆栈中，单击【NURBS 曲线】选项左侧的【＋】按钮，选择【曲线 CV】选项，如图 4—69 所示。单击工具栏中的【选择并移动】按钮，单击曲线上的点并移动，对曲线的形状进行调整，如图 4—70 所示。

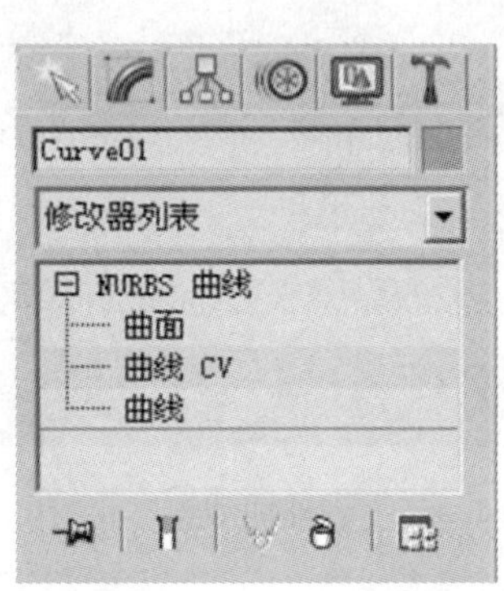

图 4—69　选择【曲线 CV】项

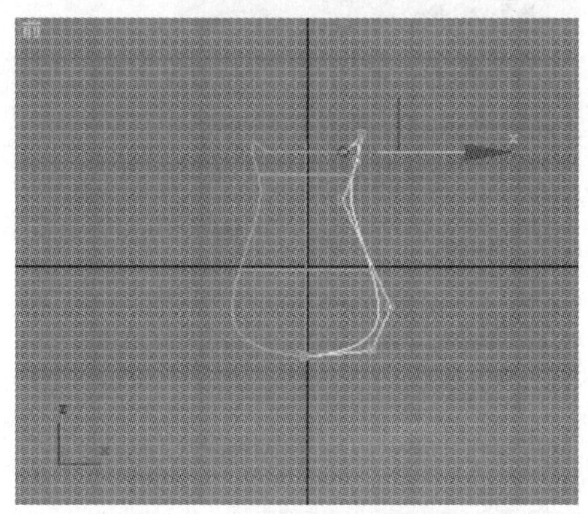

图 4—70　调整曲线形状

提示　单击主界面下视图控制区的【所有视图最大化显示】按钮，可使视图最大化显示，方便对曲线的修改。

（4）确保【CV】面板中的【单个 CV】按钮处于按下状态，单击面板中的【延伸】按钮，如图 4—71 所示。在曲线上选择第一个点，如图 4—72 所示。

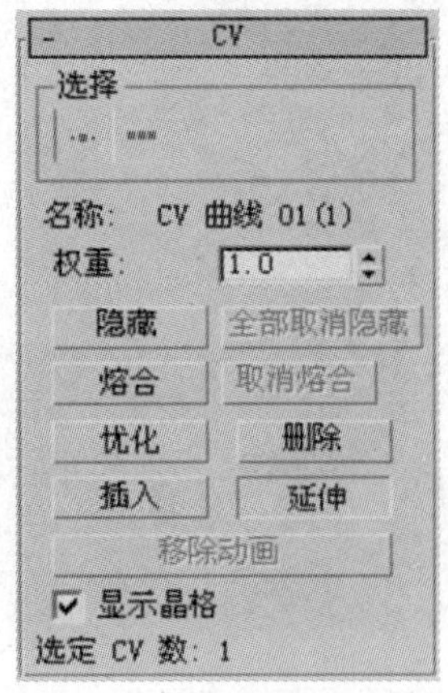

图 4—71　单击【延伸】按钮

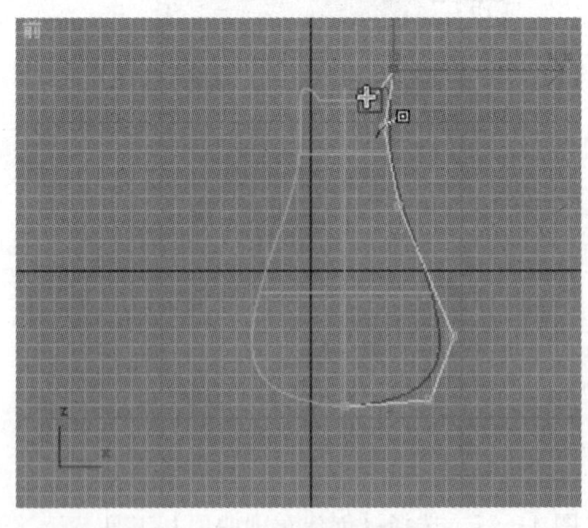

图 4—72　选择曲线上的点

（5）拖动鼠标，此时可获得一条新的曲线。在合适的位置释放鼠标，得到一个点。选择该点再次拖动鼠标，可创建新的曲线。完成曲线创建后，单击鼠标右键，完成延伸操作。在视图中创建曲线，如图 4—73 所示。

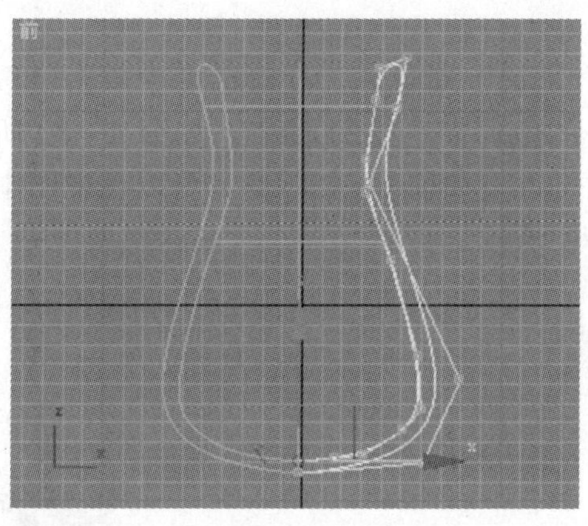

图 4—73　创建曲线

（6）单击【选择并移动】按钮，调整延伸线上点的位置，改变曲线的形状，如图 4—74 所示。这样可以获得有一定厚度的内壁效果，如图 4—75 所示。

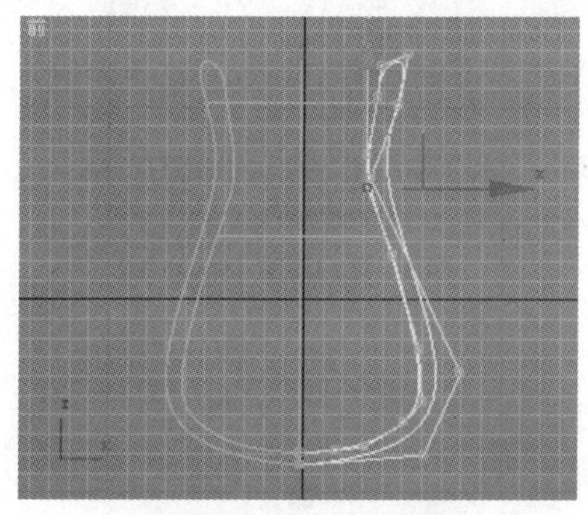

图 4—74　调整点的位置

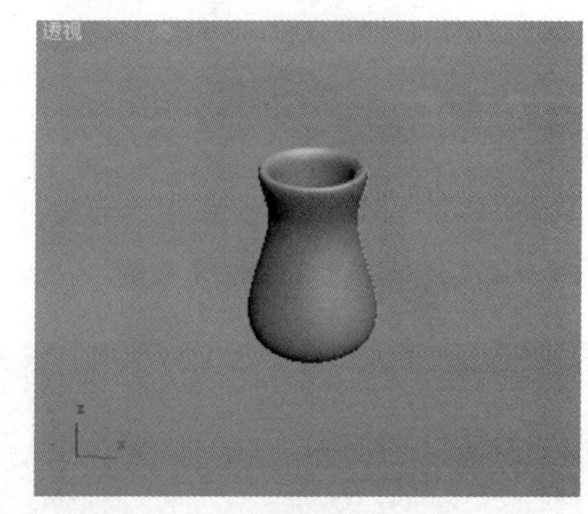

图 4—75　获得内壁厚度效果

（7）单击修改器堆栈中的【曲面】项①，进入曲面次级模式。单击【曲面公用】面板中的【所有连接曲面】按钮后②，单击【使独立】按钮使模型曲面独立③，如图 4—76 所示。

提示　创建 NURBS 物体后，根据当前元素的类型，在修改器堆栈中展开的目录会出现不同的级别。在如图 4—76 所示的修改器堆栈中，选择【NURBS 曲线】下的【曲面】级别可对整个 NURBS 物体进行操作。选择【曲线 CV】级别可调节 CV 曲线上的控制点。在【曲面】级别中可选择整个曲面，对曲面进行变换、删除、转化和结合等操作，被选择的曲面会显示为红色。【曲线】级别被选中时，可选择曲线并对其进行变换、删除、转化和结合等操作。

（8）在修改器堆栈中选择【曲面 CV】，如图 4—77 所示。此时对象上将显示出控制点和线框，如图 4—78 所示。

（9）在修改器堆栈中单击【曲面】，在【曲面公用】对话框中单击【转化曲面】按钮，如图 4—79 所示。

（10）此时会打开【转化曲面】对话框。在对话框中单击【数量】单选框①，在【在 U 向】增量框中输入比原值小的值，如这里的 19②，如图 4—80 所示。完成设置后单击【确定】按钮关闭对话框。再次进入【曲面 CV】状态，可以在视图中看到对象在 U 向方向上的点的个数已减少，如图 4—81 所示。

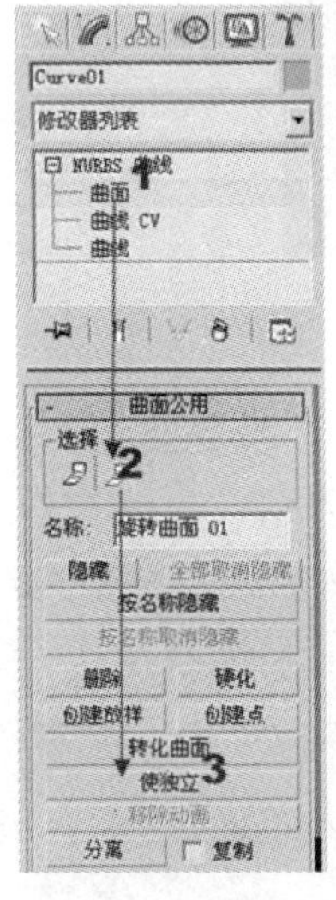

图 4—76　单击【使独立】按钮

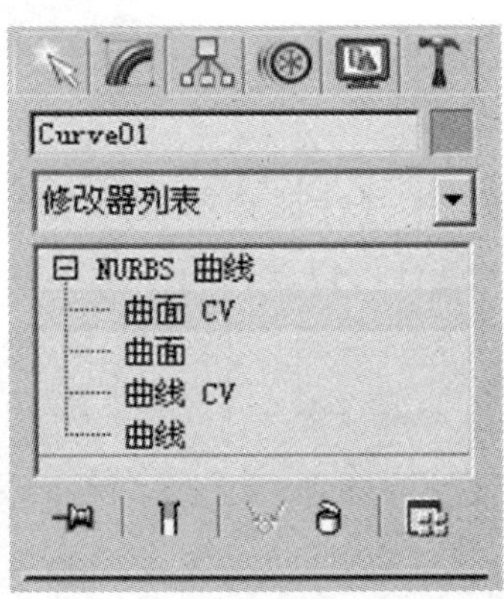

图 4—77　选择【曲线 CV】

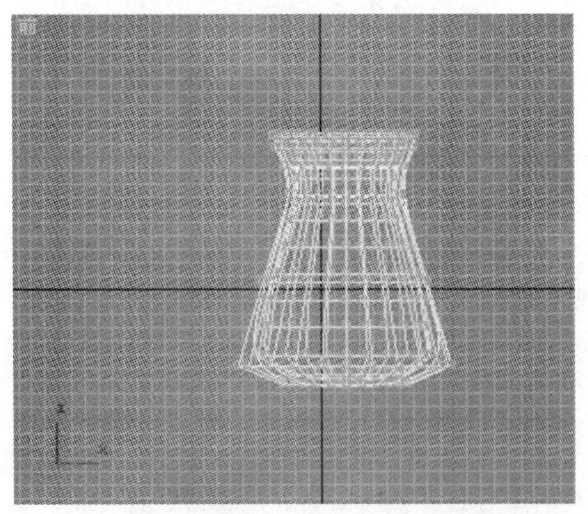

图 4—78　对象上出现控制点和线框

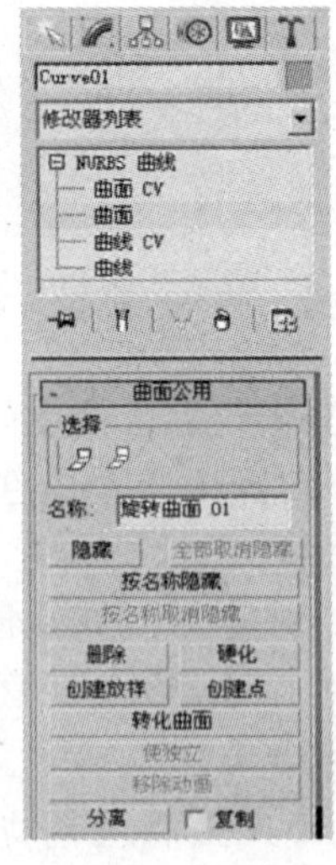

图 4—79　单击【转化曲面】按钮

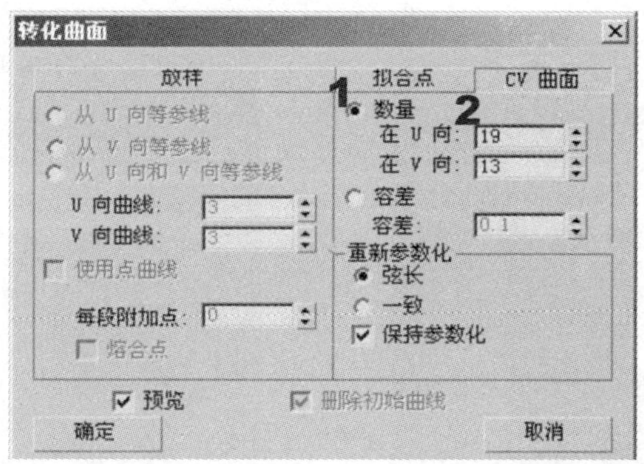

图 4—80　设置【在 U 向】的值

提示　控制点过多不利于编辑时对控制点的选择。在不影响建模效果的前提下，可以减少控制点的数量。

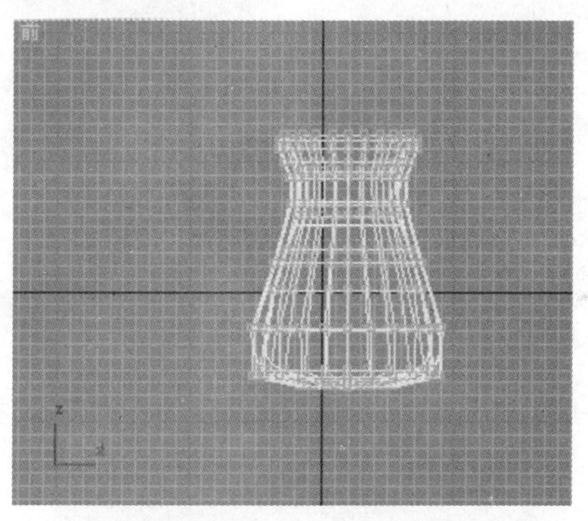

图 4—81　U 向上的控制点减少

（11）在【CV】面板中单击【CV 行】按钮，单击【选择并移动】按钮，在顶视图中选择外圈右侧的两行控制点，将其沿 X 轴方向向右侧拖出，如图 4—82 所示。

（12）在【CV】面板中单击【单个 CV】按钮，单击【选择并移动】按钮，分别调整拖到右侧的控制点的位置，使其形成尖嘴形，如图 4—83 所示。

（13）选择内圈的 3 个控制点，将其向右侧移动一段距离。然后分别选择这 3 个控制点，适当调整它们的位置，如图 4—84 所示。这样做是为了在尖嘴处获得一定的深度感，这些效果可以在渲染后看到，如图 4—85 所示。

（14）单击【选择并移动】按钮，在顶视图中选择左边的两行控制点，将它们沿着 X 轴方向向左侧拖出，如图 4—86 所示。

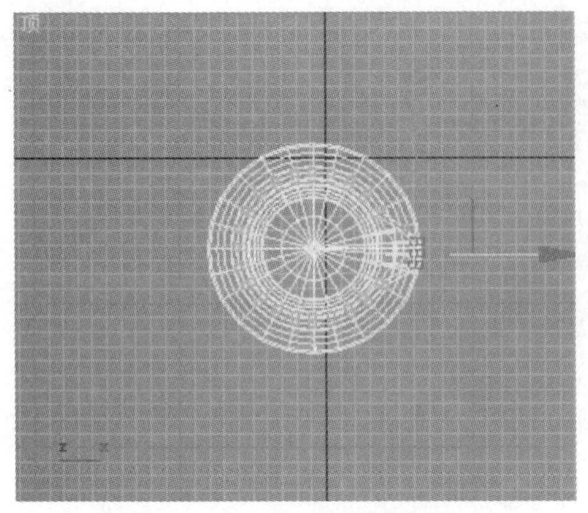

图 4—82　向右侧拖出控制点

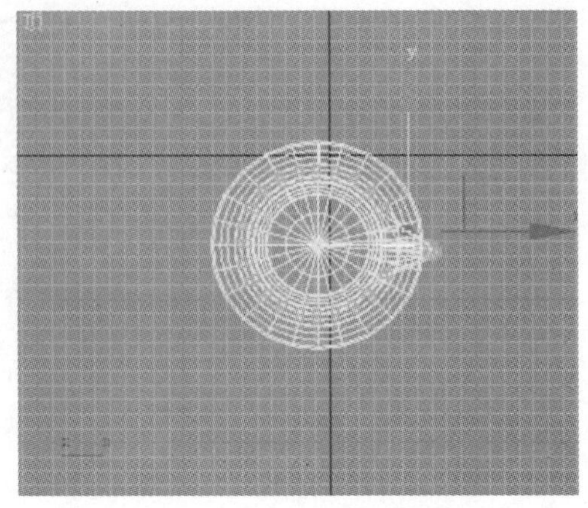

图 4—83　分别调整控制点

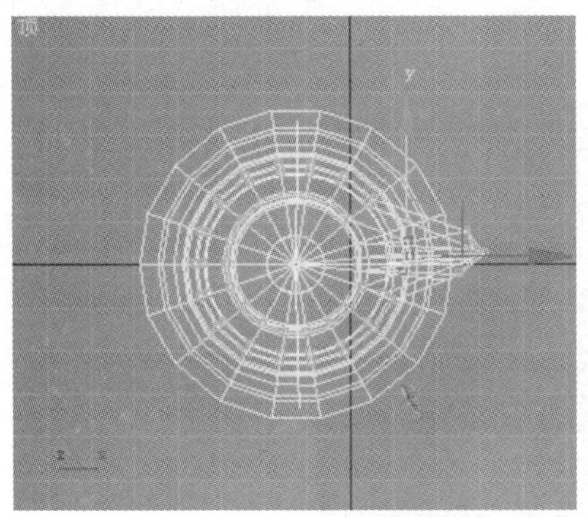

图 4—84　调整控制点的位置

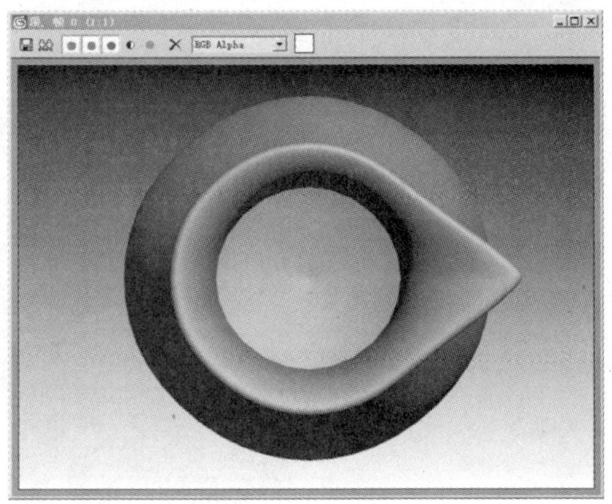

图 4—85　渲染后的尖嘴效果

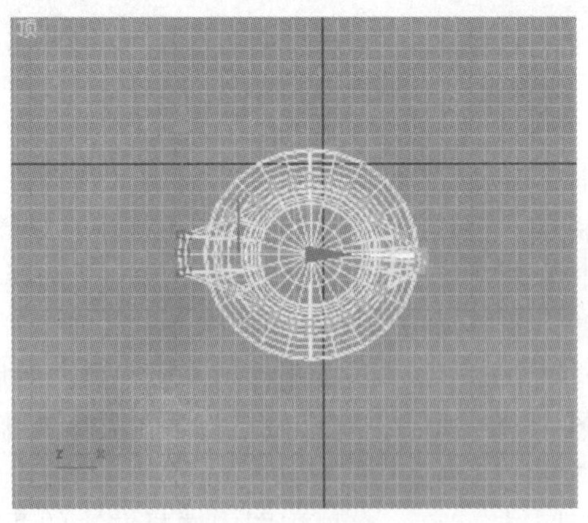

图 4—86　将左侧的控制点拖出

（15）单击【选择并移动】按钮✥，在前视图中将这两行控制点沿 Y 轴方向向上移动，得到翘起的效果，如图 4—87 所示。渲染透视视图，可以看到建模效果，如图 4—88 所示。

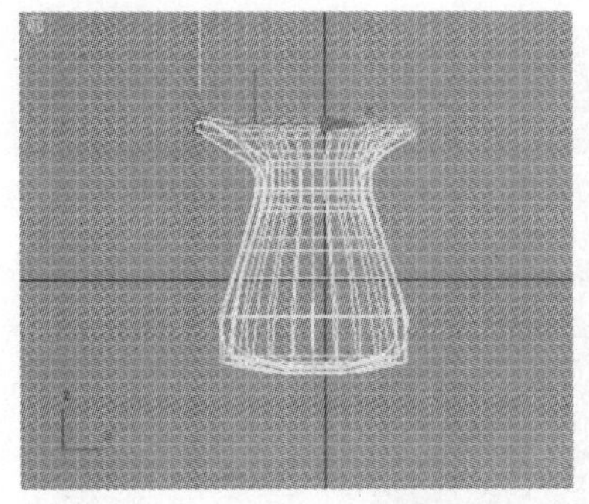

图 4—87　向上移动控制点

图 4—88　获得翘起效果

（16）单击【选择并移动】按钮✥，进一步对点的位置进行调整以修改罐嘴部的细节，如使罐嘴部略微下翻，如图 4—89 所示。这样做是为了使对象的造型更加逼真，调整后的效果，如图 4—90 所示。

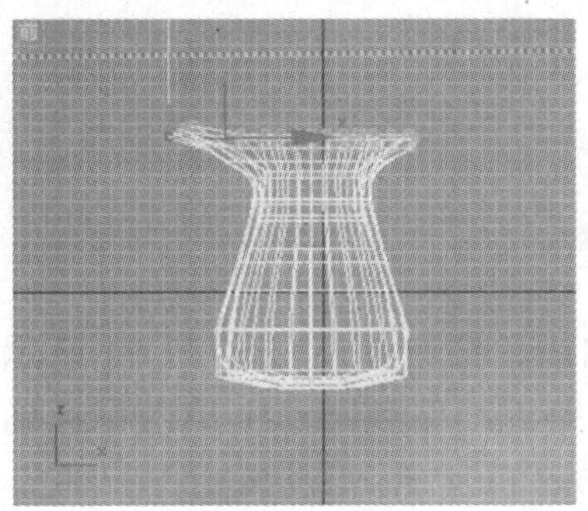

图 4—89　调整细节

图 4—90　调整后的水罐效果

（17）制作水罐的把手。在【NURBS 工具箱】中选择【创建点曲线】工具，如图 4—91 所示。在前视图中创建曲线，如图 4—92 所示。

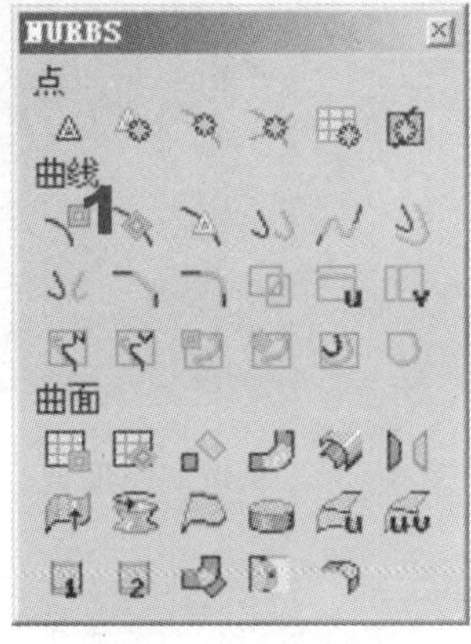

图 4—91　选择【创建点曲线】工具

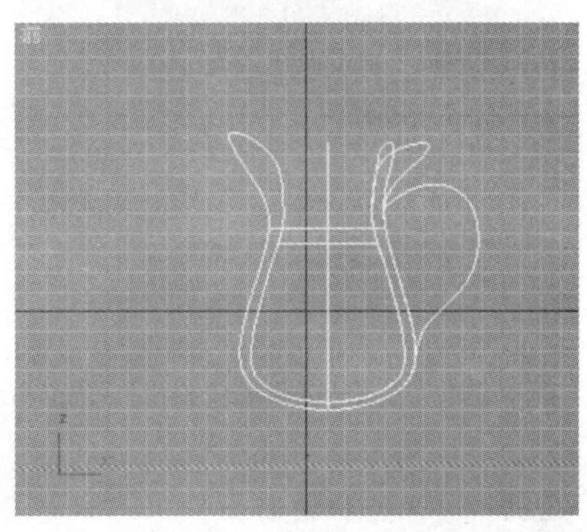

图 4—92　创建点曲线

（18）在左视图中创建一个半径为 5 的圆，如图 4—93 所示。在圆上单击鼠标右键，单击快捷菜单中【转换为】→【转换为 NURBS】命令，将圆形转换为 NURBS 曲线。

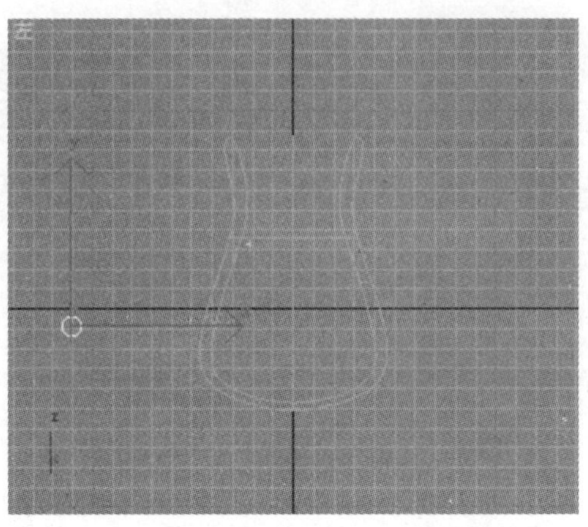

图 4—93　创建一个半径为 5 的圆形

提示　这里，也可以进入修改面板，选择修改器堆栈中的【NURBS 曲线】，在其【常规】面板中单击【附加】按钮，然后单击视图中的圆形，也可实现将圆形转换为 NURBS 曲线。

（19）在【NURBS 工具箱】中单击【创建单轨扫描】按钮，如图 4—94 所示。单击把手曲线，此时移动鼠标会拖出一条虚线。接着将这条虚线引到圆形上单击鼠标确定。此时，出现一个立体把手，圆形是它的一个截面，如图 4—95 所示。

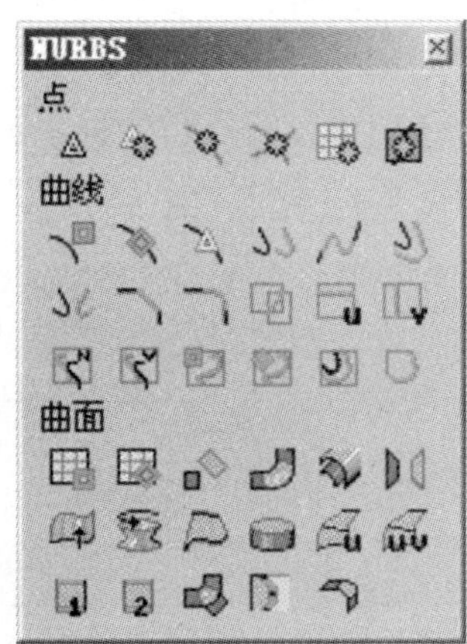

图 4—94　单击【创建单轨扫描】按钮

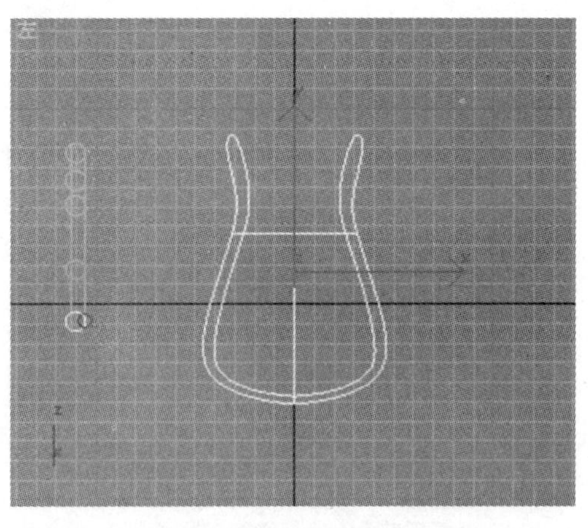

图 4—95　获得立体把手

提示　【单轨扫描曲面】工具可将多个横截面曲线排列在一条曲线轨道上以获得曲面。

（20）在【单轨扫描曲面】面板中，取消默认的对【平行扫描】复选框的勾选，勾选【捕捉横截面】复选框，如图 4—96 所示。此时曲线把手变为立体把手，如图 4—97 所示。在视图中单击鼠标右键，取消【创建单轨扫描】命令。

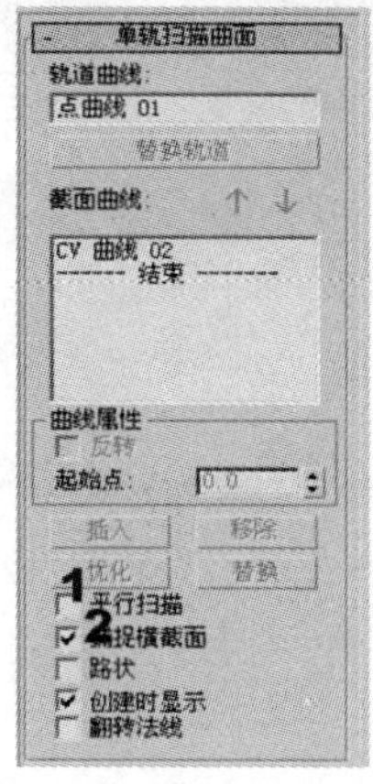

图 4—96　勾选【捕捉横截面】复选框

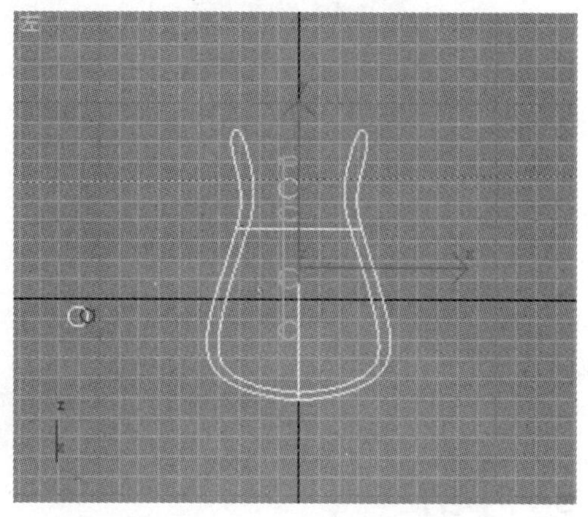

图 4—97　获得立体把手

（21）在修改器堆栈中选择【点】，单击【点】面板中的【所有点】按钮，如图 4—98 所示。利用【选择并移动】工具选择把手上的任意控制点，这时把手上所有点被选择。使用【选择并移动】工具移动把手位置，如图 4—99 所示。

（22）在把手被选择的情况下，在修改器堆栈中选择【曲面】选项，展开【曲面近似】面板。单击【渲染器】单选框，同时取消对【锁定在顶层级】复选框的勾选。在【细分预设】栏中，单击【高】按钮，如图 4—100 所示。这样在渲染时可以提供细分精度，使把手显得更光滑。

（23）至此，本实例制作完成。渲染创建可以看到创建对象的效果，如图 4—101 所示。

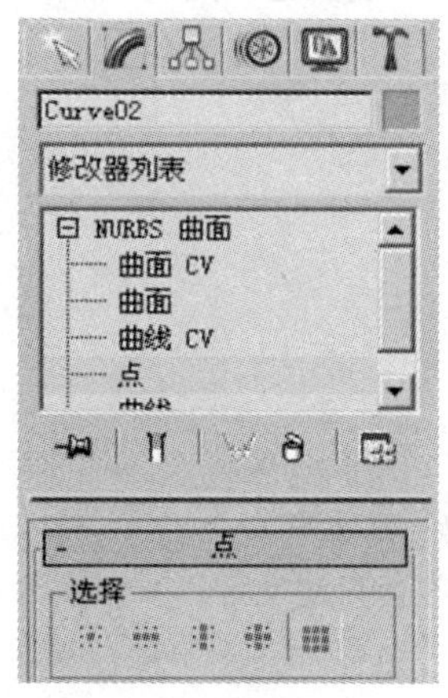

图 4—98　选择【点】选项

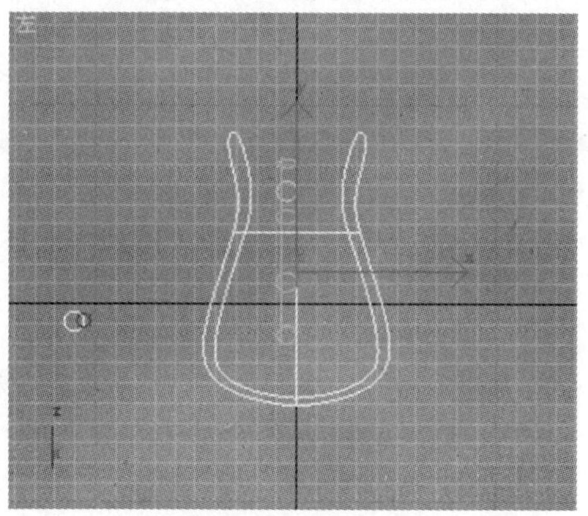

图 4—99　调整把手的形状

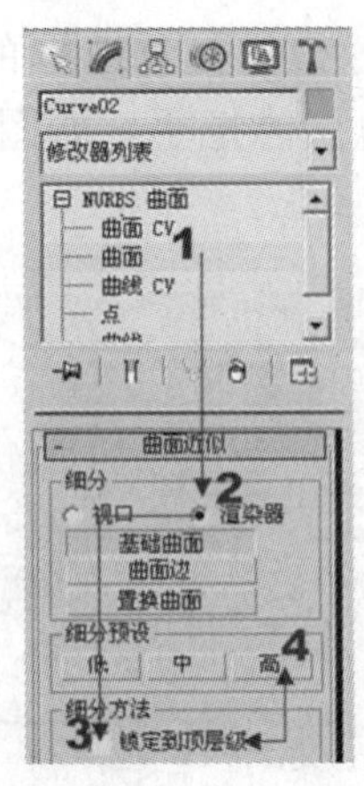

图 4—100 【曲面近似】面板中的设置

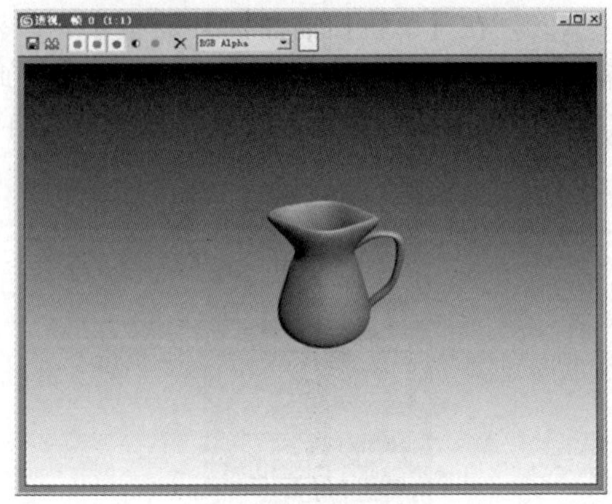

图 4—101 渲染后的效果

4.5 小结

本章学习了 3ds max 7 建模的高级方法，包括细分建模、面片建模、多边形建模和 NURBS 建模。高级建模是有别于基础建模方法的高级技术。基础建模方法是在创建基本内置模型后，用它们拼合成复杂的模型，或者对这些基础模型进行修改以获得需要的模型。很显然，多边形建模方式与此不同。

高级建模方法为创建复杂的模型提供了多样化的解决方案，为用户提供了更多的想象空间和更多的修改余地。这些建模方法各具特色，各有所长。在建模时往往是根据不同的建模需要，综合使用不同的方法，以创建自己需要的模型。

通过本章的学习，读者可以了解高级建模的一般方法，掌握有关修改器的使用技巧。高级建模在技术上并不复杂，但往往需要对点、线和面进行细致的修改，同时更加注重空间构造能力，需要读者在不断的练习中获得提高。

4.6 习题

1. 问答题

(1) 细分建模的特点是什么？

(2) 面片建模常使用哪些修改器？

(3) 简述多边形建模一般方法。使用这种建模方式的优势是什么？

(4) NURBS 建模方式的流程有哪几种？它适用于哪些模型的建立？

2. 操作题

(1) 使用已掌握的方法创建洗涤液瓶子模型，效果如图 4—102 所示。

(2) 使用已掌握的方法创建牙膏管模型，效果如图 4—103 所示。

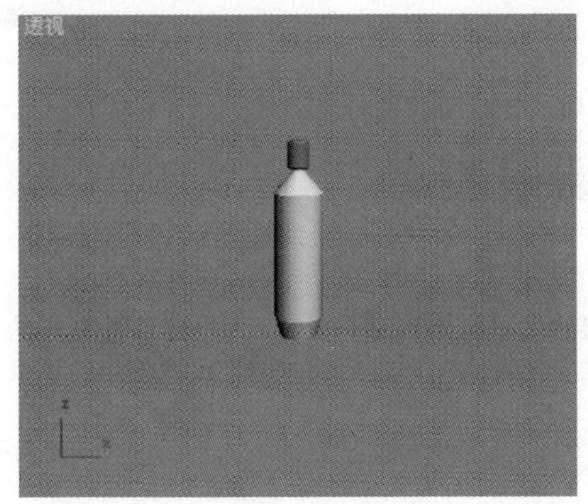

图 4—102　洗涤液瓶子模型

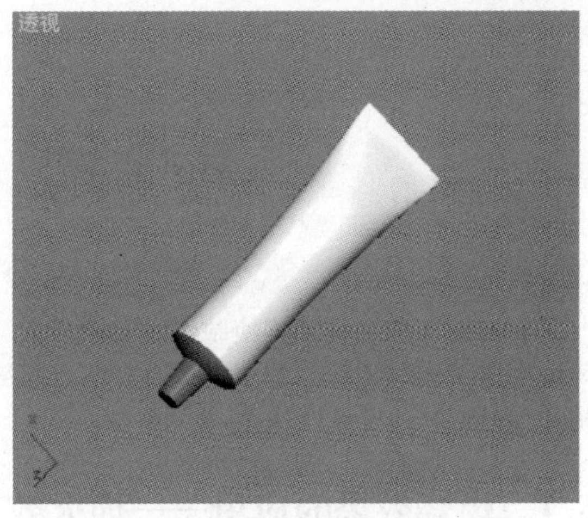

图 4—103　牙膏管模型

第5章 场景特效

真实的环境和氛围将使制作的动画或效果图的效果倍增，3ds max 7 为创建各种真实的环境提供了多种方案。本章将重点介绍环境效果中火效果和雾效果的使用，以及使用粒子系统和 Video Post 创建环境特效的方法。

5.1 燃烧效果的应用——烛火效果

在 3ds max 7 中，通过设置环境效果能够创建十分真实的燃烧效果，本节将介绍在作品中使用火效果的方法。

5.1.1 知识重点

环境设置是 3ds max 7 中与建模、动画同等重要的内容。作品要获得很好的艺术表现力，具有真实的氛围，离不开环境设置。3ds max 7 提供了强大的环境设置功能，能够创建各种增加场景真实感的气氛。

火效果是 3ds max 7 中一个常用的环境效果，该效果的创建需要结合环境辅助对象。将火效果指定给一个环境辅助对象，辅助对象的大小和高度决定火效果的渲染效果。在创建火效果时，可以使辅助对象的尺寸随时间变化，以获得火燃烧或逐渐熄灭的效果。在辅助对象中可以通过设置【种子】值来获得随机效果，也可以通过使用一个不变的值来获得持续不变的、相同的火焰效果。

需要注意的是，火效果并不是光源，它实际上并不会像日常生活中那样会发光。若要获得发光效果，则需要与光源配合使用。

5.1.2 实例介绍

本实例介绍一个点燃的蜡烛的制作过程。在蜡烛的制作过程中，首先，创建蜡烛模型，使用【材质编辑器】分别创建蜡烛烛体材质和蜡烛烛芯材质，并分别赋予对象。然后，在烛芯上方创建 Gizmo 对象，使用【环境和效果】面板创建火效果，并设置火焰的颜色等参数。最后，将火效果指定给 Gizmo 对象，通过调整 Gizmo 对象的形状获得需要形状的火焰。同时，在场景中添加泛光灯获得真实的火焰光照效果。在渲染场景后，完成本实例的制作。

通过本实例的制作，读者将初步了解 Gizmo 对象的使用方法，了解使用场景特效的方法和设置技巧，同时，掌握场景中火焰效果的创建方法和对火焰效果的调整技巧。

5.1.3 制作步骤

(1) 启动 3ds max 7 进入程序界面。在【创建】面板中选择创建【圆锥体】。在顶视图中创建一个圆锥体，并修改其参数，如图5—1所示。此时锥体在前视图中的效果如图5—2所示。

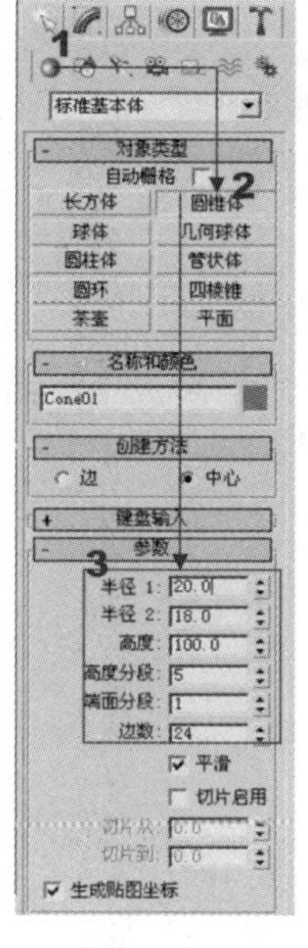

图5—1　选择创建圆锥体

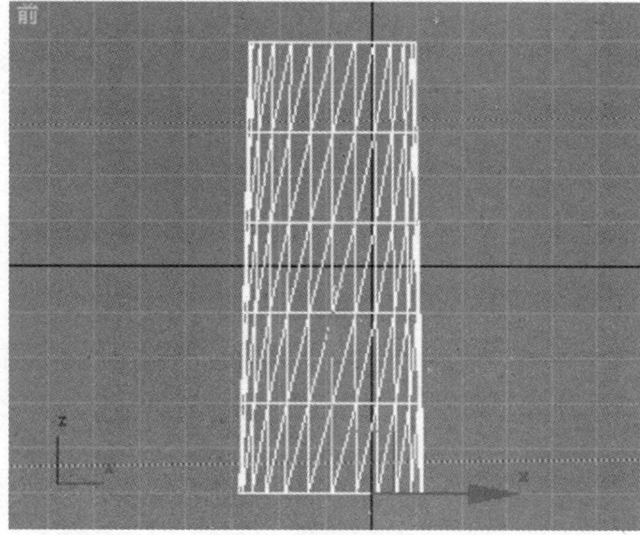

图5—2　创建的圆锥体

（2）单击工具栏中的【材质编辑器】按钮，打开材质编辑器，如图5—3所示。单击【Standard】按钮，打开【材质/贴图浏览器】对话框，在右侧的窗格中选择【光线跟踪】选项，如图5—4所示。

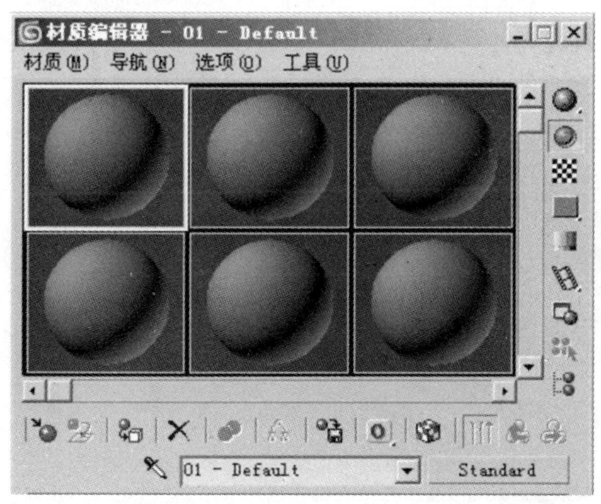

图5—3　单击【Standard】按钮

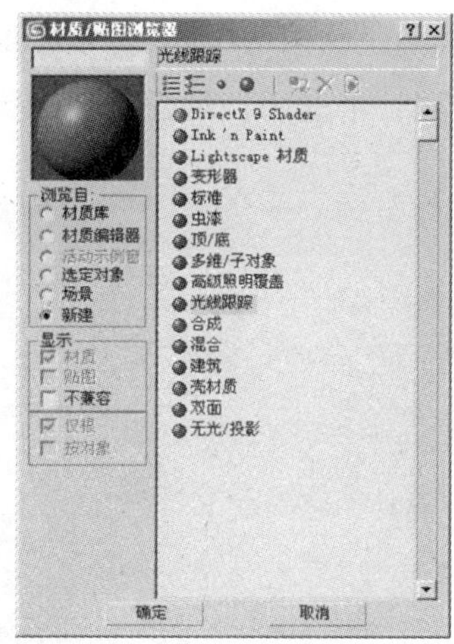

图5—4　选择【光线跟踪】选项

（3）单击【确定】按钮，关闭【材质/贴图浏览器】对话框。在【光线跟踪基本参数】面板中单击【漫反射】色块，如图5—5所示。此时可打开【颜色选择器：漫反射】对话框。在对话框中将颜色设置为纯白色，如图5—6所示。

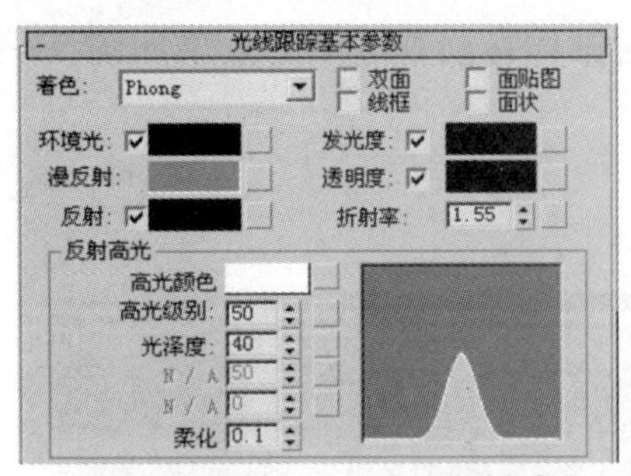

图 5—5　单击【漫反射】色块

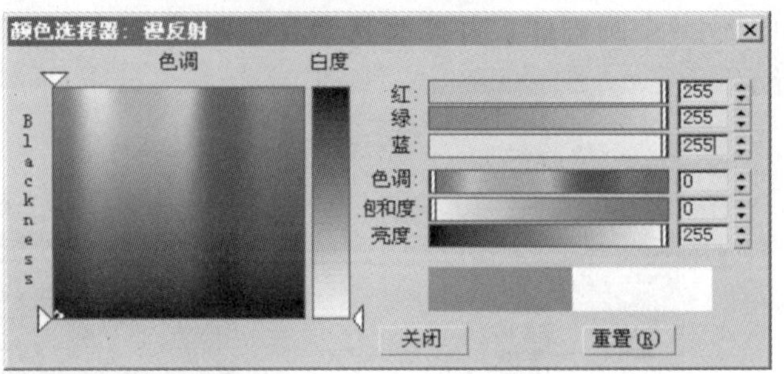

图 5—6　设置颜色为白色

（4）关闭【颜色选择器：漫反射】对话框。在【光线跟踪基本参数】面板中，将【高光级别】设置为 75①，将【光泽度】设置为 25②，如图 5—7 所示。

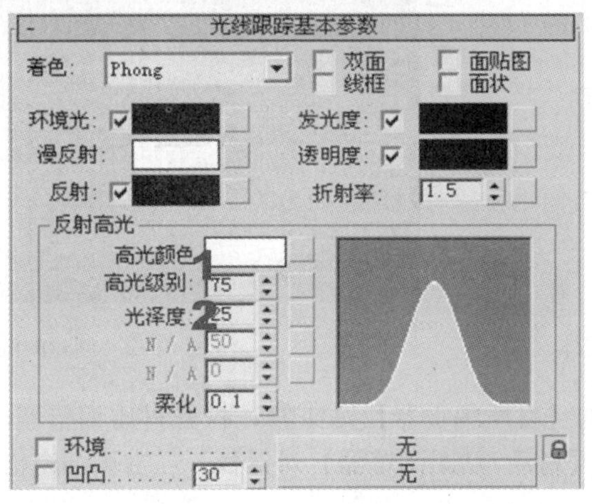

图 5—7　设置【高光级别】和【光泽度】

（5）展开【扩展参数】面板，单击【半透明】色块，如图 5—8 所示。在打开的【颜色选择器：半透明】对话框中设置颜色值，如图 5—9 所示。

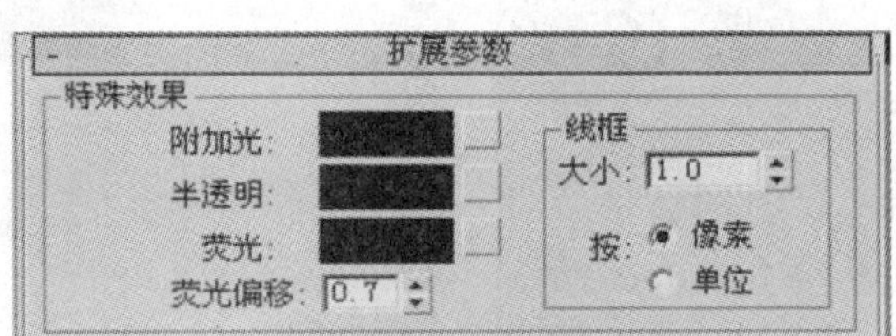

图 5—8　单击【半透明】色块

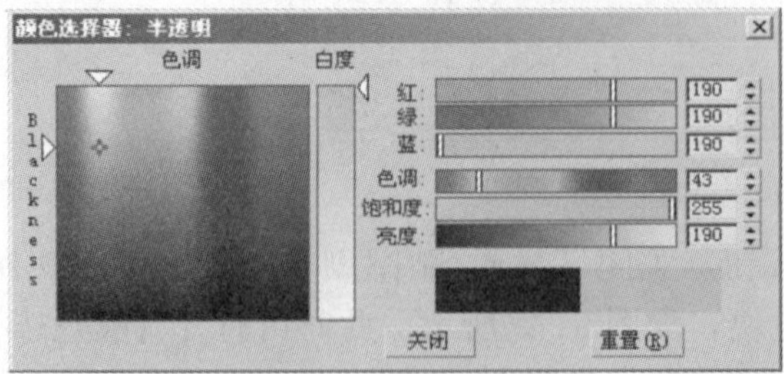

图 5—9　设置颜色值

（6）完成材质设置后，选择场景中的对象，单击【材质编辑器】中的【将材质指定给选定对象】按钮，赋予对象材质。单击【快速渲染（产品级）】按钮，可以看到赋予材质后的渲染效果，如图 5—10 所示。

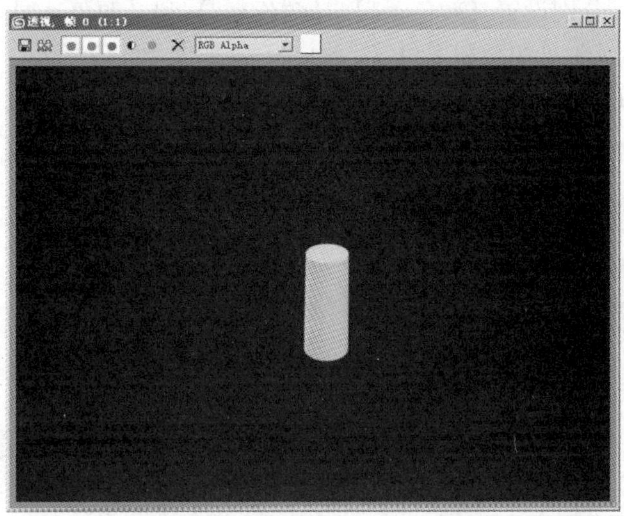

图 5—10　赋予材质后渲染的效果

（7）制作烛芯。在顶视图中创建一个圆锥体，并设置其参数，如图 5—11 所示。将新建圆锥体放置于蜡烛烛芯的位置，这个圆锥体将作为蜡烛的烛芯使用，如图 5—12 所示。

（8）制作烛芯的材质。在【材质编辑器】对话框中选择第二个材质球。在【Blinn 基本参数】面板中设置【高光级别】和【光泽度】，如图 5—13 所示。

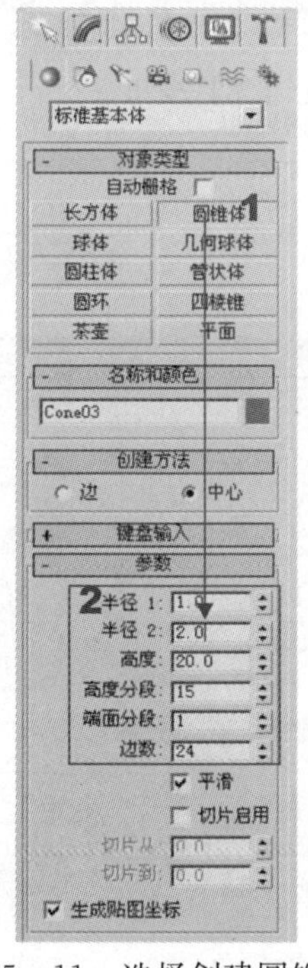

图 5—11　选择创建圆锥体

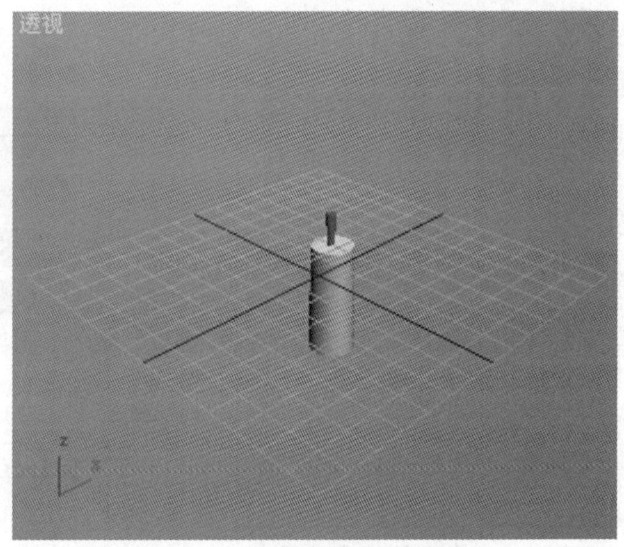

图 5—12　放置作为烛芯的圆锥体

（9）单击【漫反射】旁的【无】按钮▢，如图 5—14 所示。在【材质/贴图浏览器】对话框中选择【渐变】选项，如图 5—15 所示。

（10）单击【确定】按钮关闭【材质/贴图浏览器】对话框。在【材质编辑器】对话框的【渐变参数】面板中，分别设置【颜色＃1】、【颜色＃2】和【颜色＃3】的颜色为红色（250，32，2）、紫色（131，16，130）和黑色（0，0，0），如图 5—16 所示。

（11）将材质赋予烛芯，渲染后的效果如图 5—17 所示。

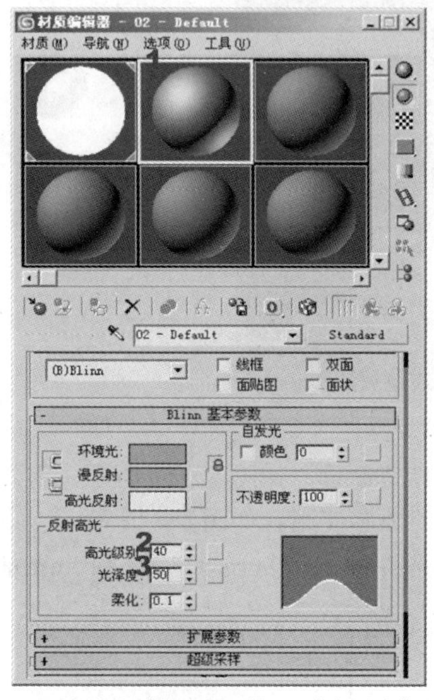

图 5—13　设置【高光级别】和【光泽度】的值

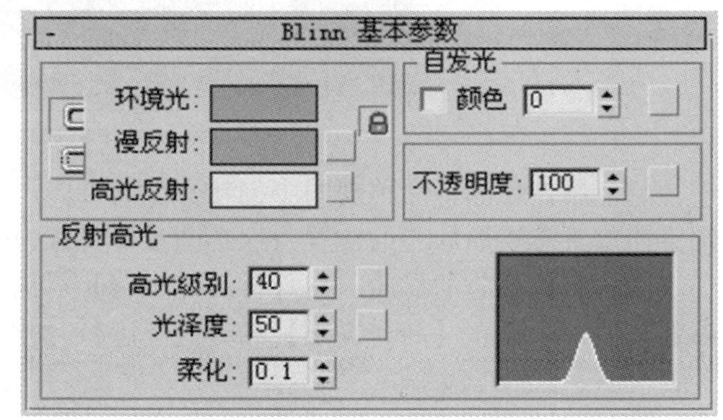

图 5—14　单击【无】按钮

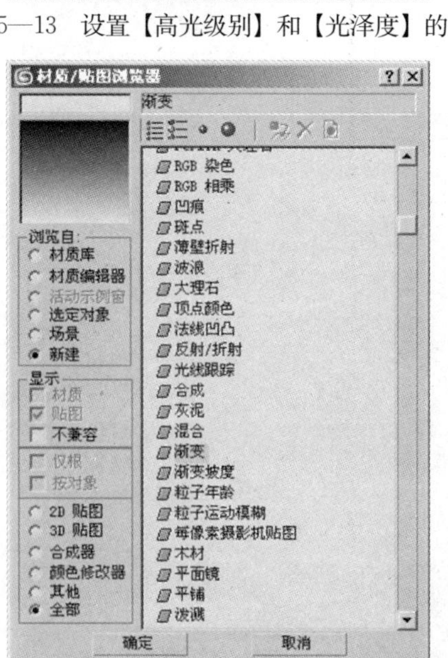

图 5—15　选择【渐变】选项

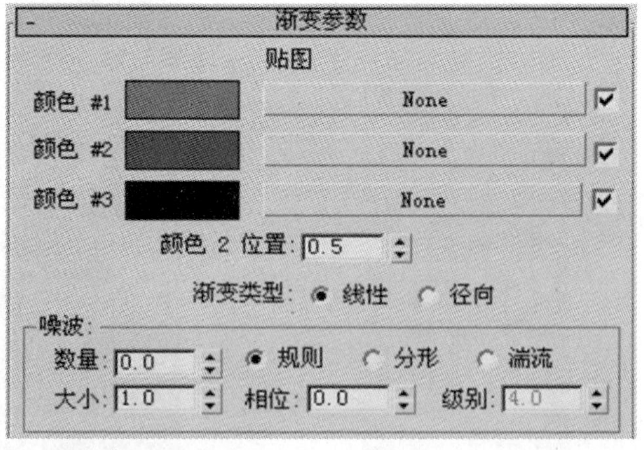

图 5—16　设置颜色

图 5—17　赋予材质后渲染的效果

（12）制作烛光。单击【创建】面板中的【辅助对象】按钮①，在下拉列表框中选择【大气装置】选项②。单击【对象类型】面板中的【球体 Gizmo】按钮③。在前视图中创建一个球体 Gizmo 对象，在【球体 Gizmo 参数】面板中设置其半径，并勾选【半球】复选框④，如图 5—18 所示。此时创建的对象效果，如图 5—19 所示。

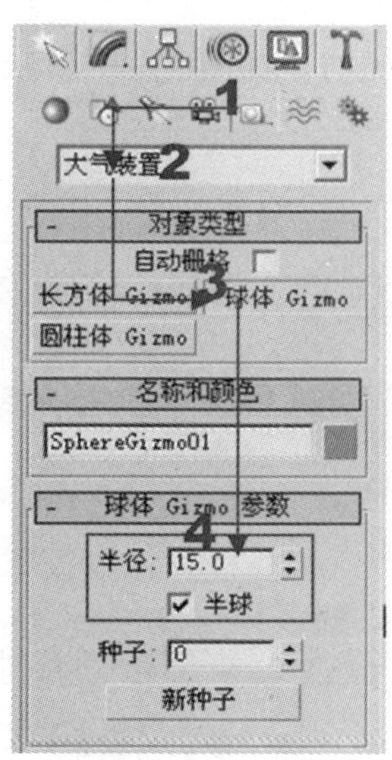

图 5—18　选择创建【球体 Gizmo】

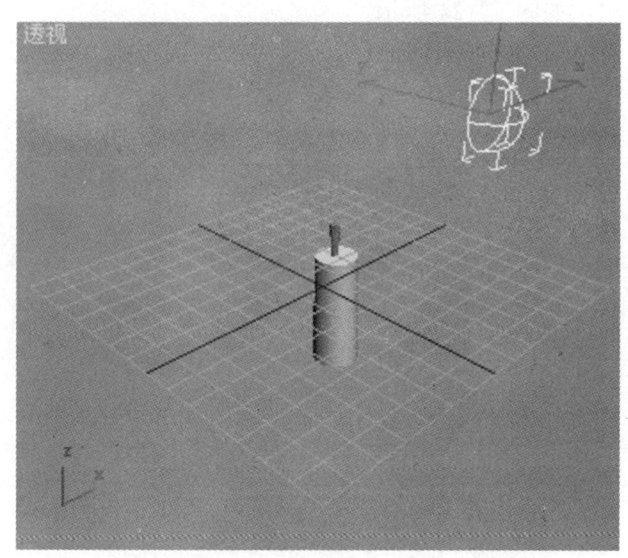

图 5—19　视图中创建的球体 Gizmo

（13）单击【选择并旋转】按钮，将对象旋转 90°，单击【选择并移动】按钮将其放置于烛芯的正上方，如图 5—20 所示。

（14）打开【修改】面板，单击【大气和效果】面板中的【添加】按钮，如图 5—21 所示。在打开的【添加大气】对话框中选择【火效果】，如图 5—22 所示。

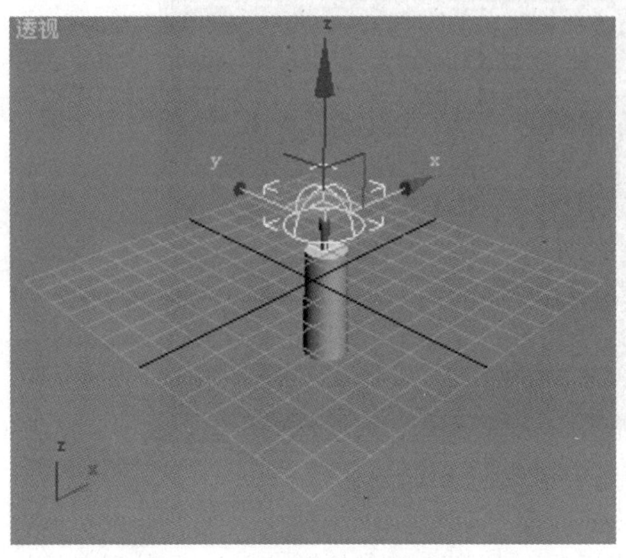

图 5—20　旋转并放置 Gizmo 对象

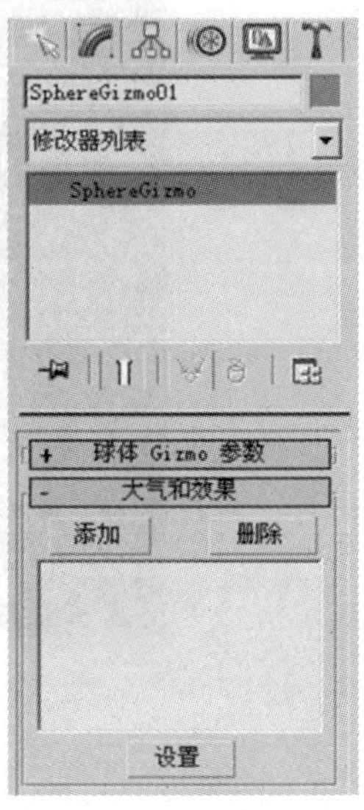

图 5—21　单击【添加】按钮

（15）单击【确定】按钮，关闭【添加大气】对话框。在【大气和效果】面板中选择刚添加的【火效果】项，单击【设置】按钮，如图 5—23 所示。此时将打开【环境和效果】对话框，如图 5—24 所示。

（16）在对话框的【火效果参数】面板中，对火焰效果进行设置，如图 5—25 所示。

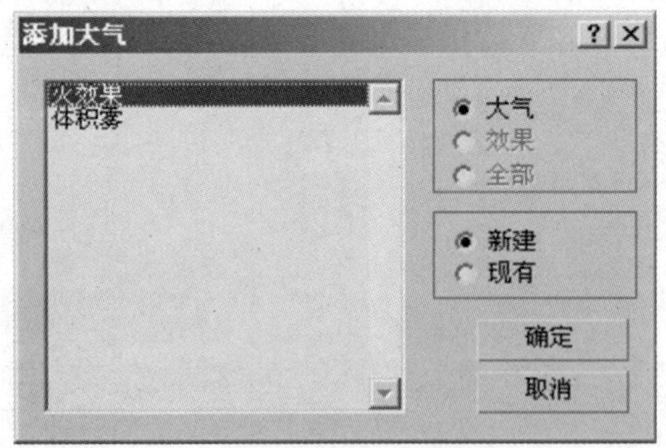

图 5—22　选择【火效果】

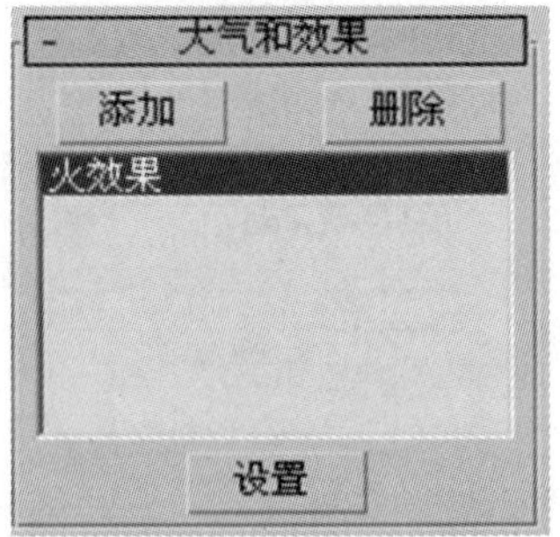

图 5—23　单击【设置】按钮

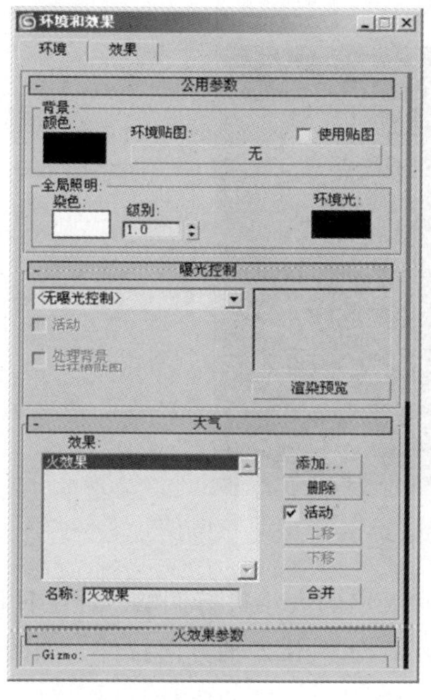

图 5—24　【环境和效果】对话框

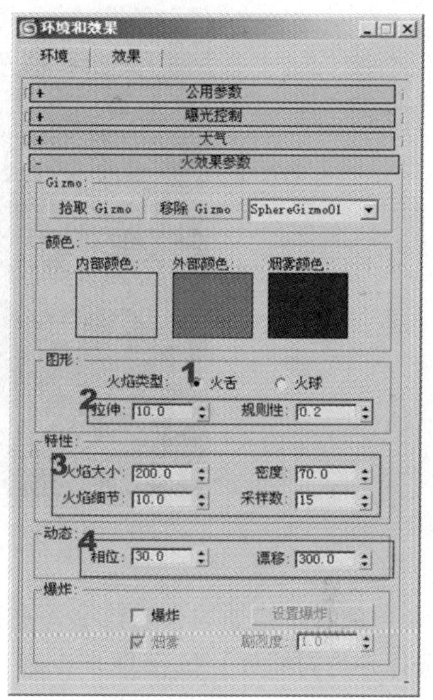

图 5—25　【火效果参数】面板中的设置

提示　在【火效果参数】面板中：

- 【拾取 Gizmo】按钮用于选定线框，通常火效果使用的是半球形线框。
- 【内部颜色】、【外部颜色】和【烟雾颜色】用于设置火焰效果的颜色，即火焰内焰、外焰和烟的颜色。
- 在【火焰类型】中选择【火舌】可产生沿中心有定向的火焰效果，常用于制作火把、烛火和喷射火焰等。选择【火球】时，创建球形膨胀火焰，从中心向四周扩散，没有方向性，常用来制作火球或恒星等效果。
- 【拉伸】参数将沿 Gizmo 的 Z 轴方向拉伸火焰，可用于获得火舌或长长的火苗效果。
- 【规则性】参数用于设置 Gizmo 内部的填充情况。当该值为 0 时，火焰分散而细微。当该值为 1 时，火焰将充满整个 Gizmo，Gizmo 的边缘即为火焰的边缘，这种火焰较为规则。
- 【相位】增量框中的数值用于控制火焰变化的速度，可用于动画中动态火焰的效果。
- 【漂移】增量框中的数值用于设置火焰沿 Z 轴升腾的快慢。

（17）渲染透视视图，效果如图 5—26 所示。

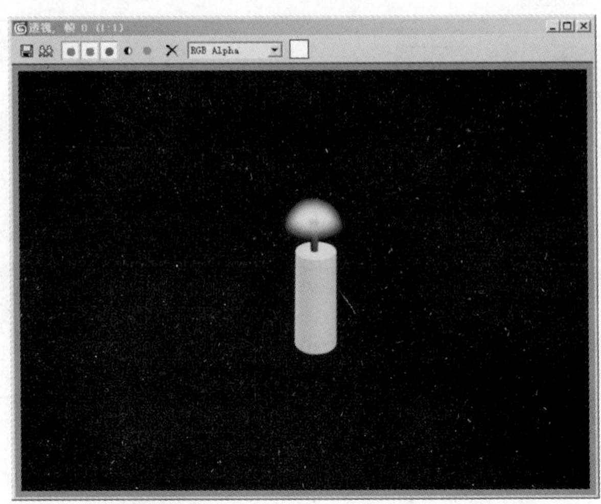

图 5—26　渲染透视视图的效果

（18）此时，蜡烛的火焰较小，不够真实，下面对火焰的大小进行调整。在工具栏中单击【选择并均匀缩放】按钮，在透视视图中将 Gizmo 对象沿 Z 轴方向拉伸，如图 5—27 所示。

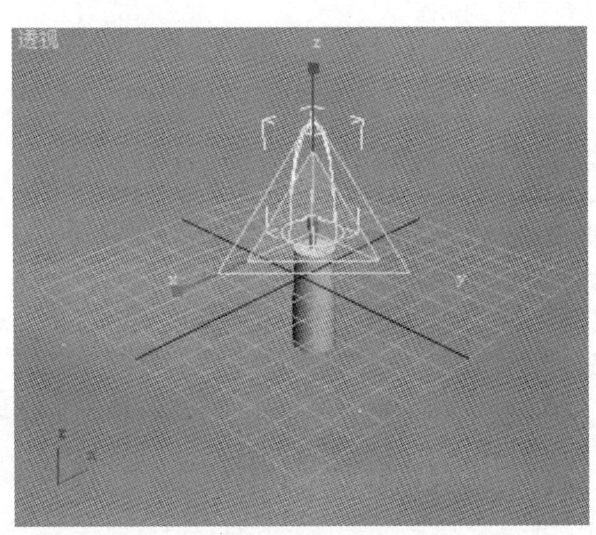

图 5—27　沿 Z 轴方向拉伸 Gizmo 对象

（19）再次渲染场景，此时的火焰大小就比较正常了，如图 5—28 所示。

（20）在前视图中创建一个长方体，其长、宽和高分别为 2、300 和 300。将该长方体放置于蜡烛的下方，如图 5—29 所示。

（21）通过添加灯光来获得蜡烛的光照效果。在【创建】面板中单击【灯光】按钮①，单击【对象类型】面板中的【泛光灯】按钮②，选择创建一个泛光灯，如图 5—30 所示。在烛芯的中心放置一个泛光灯，如图 5—31 所示。

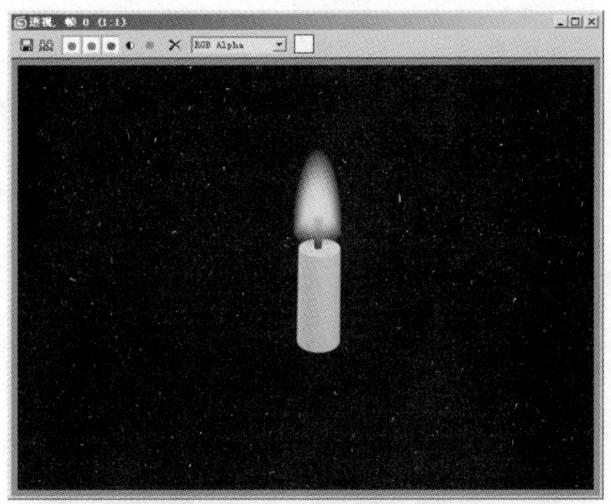

图 5—28　渲染后的效果

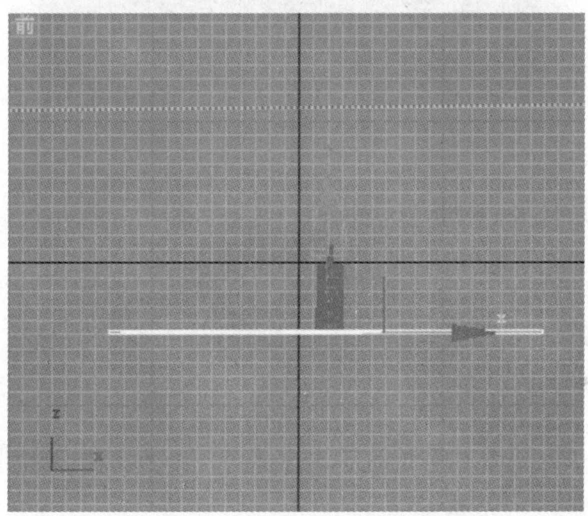

图 5—29　在蜡烛下方创建一个长方体

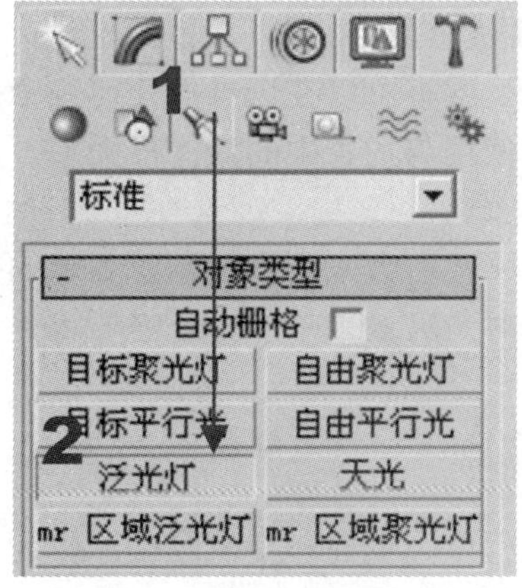

图 5—30　选择创建泛光灯

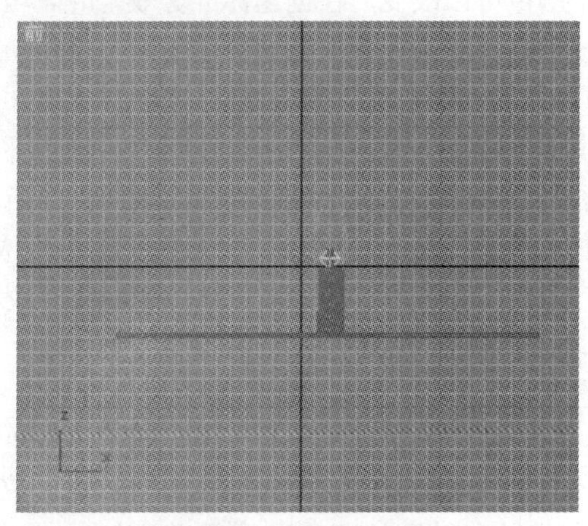

图 5—31　放置泛光灯

提示 泛光灯是一种点光源，可以用来照亮周围的物体。其没有特定的照射方向，不与灯光相互排斥的物体均会被其照亮。在三维场景中，泛光灯常用来补光，以增加场景的整体亮度，营造特殊的灯光效果。

（22）至此，本实例制作完成。渲染透视视图，可以看到最终效果如图 5—32 所示。

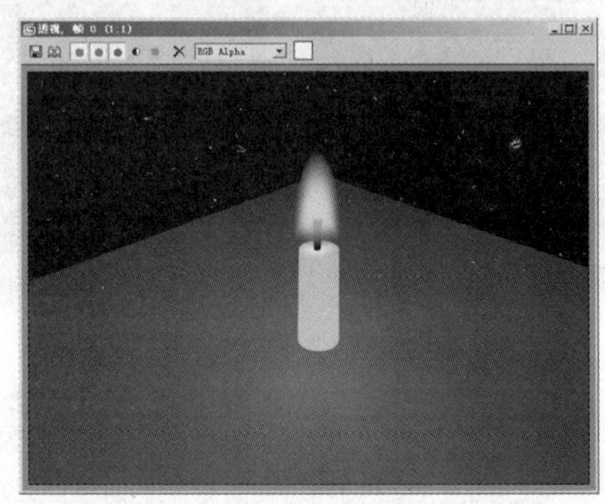

图 5—32 最终的渲染效果

5.2 雾效果的应用——波光粼粼

自然界中的雾能使环境有一种朦胧感，3ds max 7 能够创建多种类型的雾效果。本节将介绍使用雾效果增添场景气氛的方法。

5.2.1 知识重点

3ds max 7 的【环境设置】对话框可设置 3 种雾效果，分别是标准雾、层雾和体雾，它们具有相似的特征，但实际运用效果不同。

标准雾在 3ds max 7 中比较简单，可为场景增加大气扰动效果。标准雾默认的颜色为白色，但这个颜色可以改变。在创建标准雾效果时，可添加材质作为雾的颜色，以便于产生各种颜色或带有纹理的雾效果。标准雾的使用要求与摄像机配合，雾的深度由摄像机的环境范围控制。

层雾像一块平板，有一定的高度、无限的长度和宽度。层雾可以在场景的任何一个位置设置其顶部和底部，它总是与场景中的地面平行。层雾的使用与场景中的摄像机无关，其总是平行于顶视图。

体雾可用来产生密度不均匀的雾效果。体雾能够使用噪声参数来制作出飘忽不定的雾效果，很适合创建被风吹动的云之类的效果。体积雾在使用时与火效果一样，也需要将其赋予一个辅助对象。

5.2.2 实例介绍

本实例介绍创建波光粼粼的场景效果。在实例制作过程中，创建一个薄圆柱体作为水面模型。通过在材质的凹凸贴图通道添加噪波贴图，在材质的反射和折射通道添加位图贴图来模拟水面的效果。通过【环境和效果】对话框，添加雾环境特效，并对雾效果的参数进行设置。最后添加目标聚光灯获得波光粼粼效果。渲染场景后，完成本实例的制作。

通过本实例的制作，读者将掌握使用材质贴图创建水面效果的方法，了解环境效果中的雾效果的创建方法和参数设置技巧，掌握灯光和摄像机在创建场景效果时的使用技巧。

5.2.3　制作步骤

(1) 启动 3ds max 7 进入程序界面。在【创建】面板中选择创建一个圆柱体，在视图中创建圆柱体。在【参数】面板中设置圆柱体的参数，如图 5—33 所示。前视图中的圆柱体如图 5—34 所示。

图 5—33　设置圆柱体参数

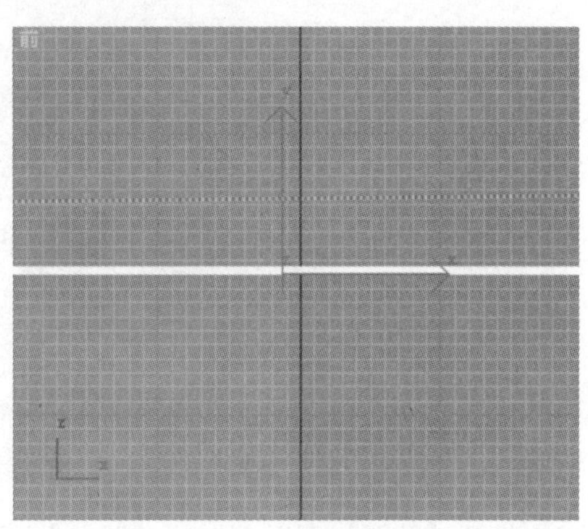

图 5—34　创建圆柱体

(2) 单击【摄像机】按钮①，在【对象类型】面板中单击【目标】按钮②，如图 5—35 所示。在左视图中创建一个目标摄像机，如图 5—36 所示。

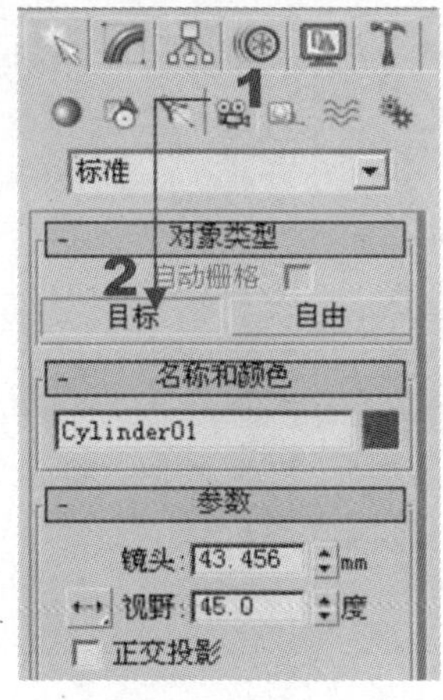

图 5—35　选择创建【目标】摄像机

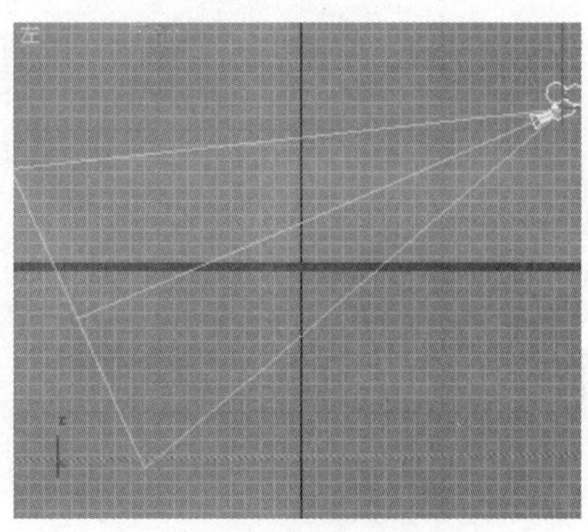

图 5—36　创建目标摄像机

（3）单击工具栏中的【材质编辑器】按钮，打开【材质编辑器】对话框。选择第一个材质球①。单击【Blinn 基本参数】面板中【环境光】左侧的按钮②，取消环境光与漫反射的颜色关联。将环境光的颜色设置为黑色，同时设置漫反射颜色为（0，0，50）③。同时，将【高光级别】设置为 50，【光泽度】设置为 40④，如图 5—37 所示。

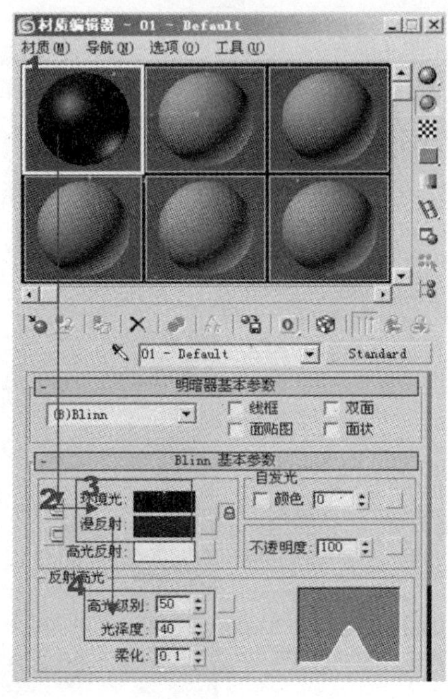

图 5—37 【材质编辑器】对话框的设置

（4）打开【贴图】面板，勾选【凹凸】复选框①，在右侧的增量框中输入数值 30。单击其右侧的【None】按钮②，如图 5—38 所示。在打开的【材质/贴图浏览器】对话框中，选择【噪波】选项，如图 5—39 所示。

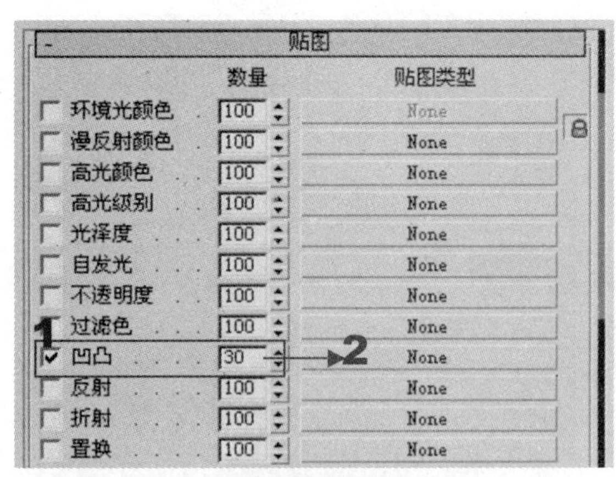

图 5—38 勾选【凹凸】复选框

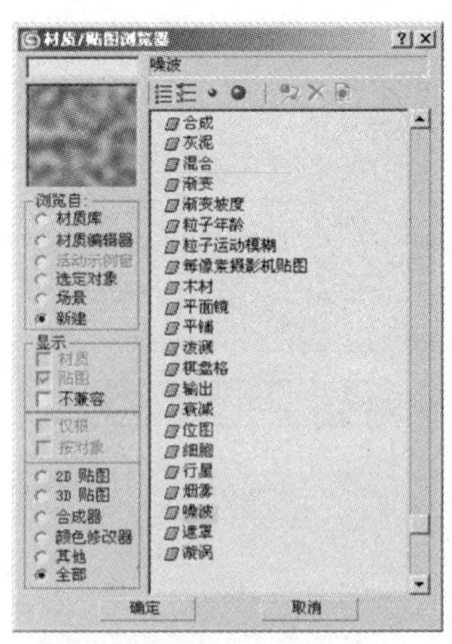

图 5—39 选择【噪波】选择

（5）单击【确定】按钮，添加噪波贴图方式。在【材质编辑器】对话框的【坐标】面板和【噪波参数】面板中进行参数设置，如图 5—40 所示。

（6）单击【转到父对象】按钮，返回上一级材质。在【贴图】面板中勾选【反射】复选框，在右侧的增量框中输入参数 50①，单击右侧的【None】按钮②，如图 5—41 所示。

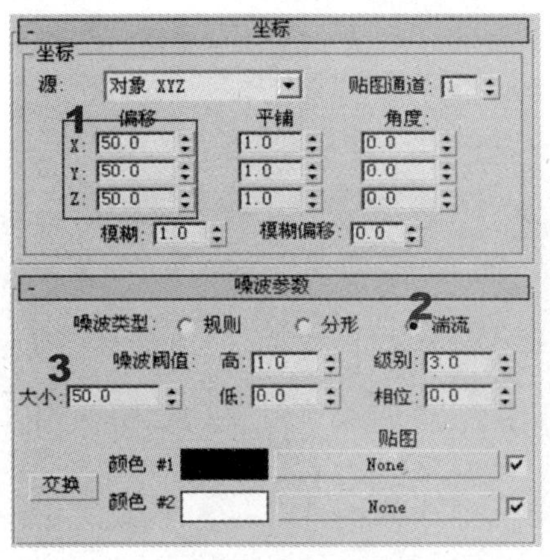

图 5　40　设置【噪波】贴图的有关参数

图 5—41　设置反射贴图数量

（7）在打开的【材质/贴图浏览器】对话框中，双击【位图】选项，如图 5—42 所示。打开【选择位图图像文件】对话框，通过对话框选择所需的位图文件，如图 5—43 所示。

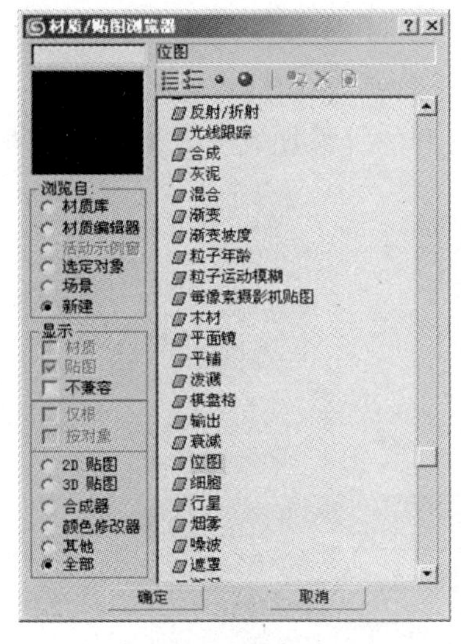

图 5—42　双击【位图】选项

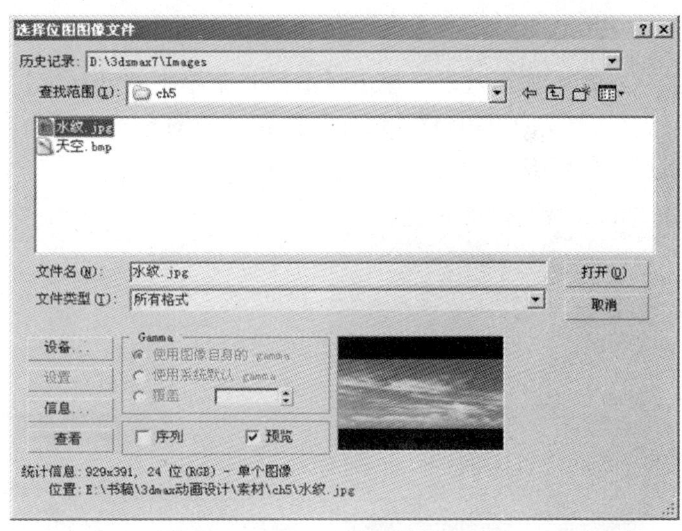

图 5—43　选择需要的位图文件

（8）单击【确定】按钮，关闭【选择位图图像文件】对话框。在【材质编辑器】对话框中单击【转到父对象】按钮，返回上一级材质。在【贴图】面板中勾选【折射】复选框，在右侧的增量框中输入数值 50。采用和上面相同的方法添加位图贴图，贴图采用和上一步相同的位图文件。此时通过材质球可以预览材质效果，如图 5—44 所示。

(9) 在透视视图中选择创建的圆柱体，按【C】键将透视视图转换为摄像机视图。单击【材质编辑器】中的【将材质指定给选定对象】按钮。将材质赋予圆柱体对象。渲染摄像机视图，此时可以看到水波的效果，如图 5—45 所示。

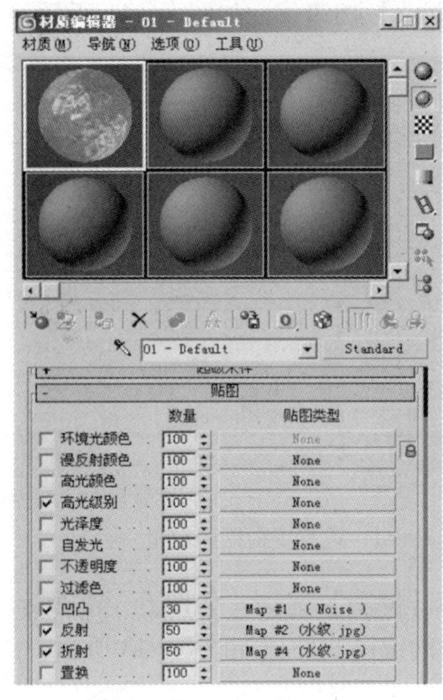

图 5—44　创建的材质效果

图 5—45　水波效果

(10) 添加雾效果。单击【渲染】菜单中的【环境】命令，打开【环境和效果】对话框。单击【大气】面板中的【添加】按钮，如图 5—46 所示。在打开的【添加大气效果】对话框中选择【雾】选项，如图 5—47 所示。

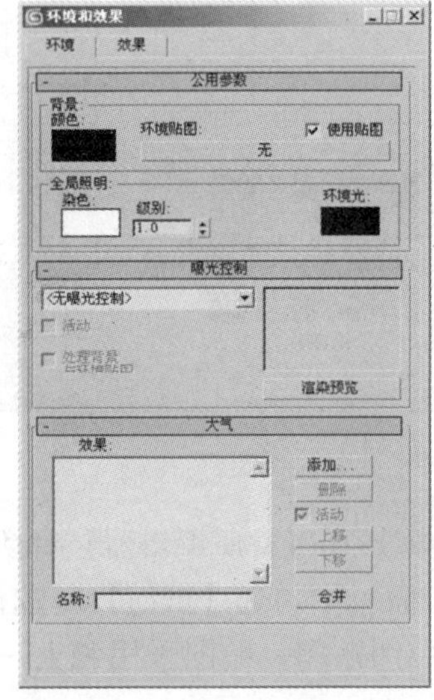

图 5—46　单击【添加】按钮

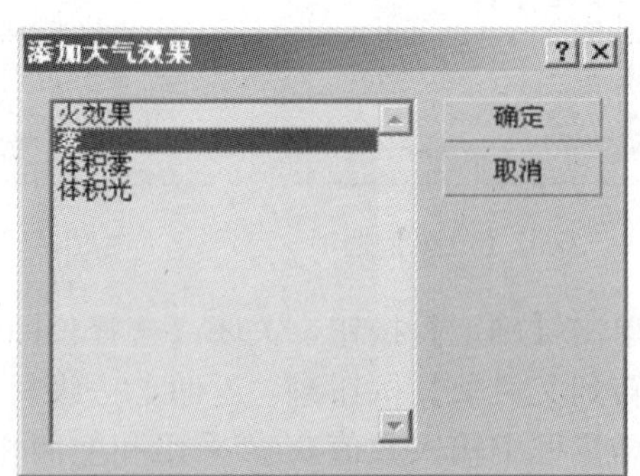

图 5—47　选择【雾】选项

(11) 单击【确定】按钮，关闭【添加大气效果】对话框。在【环境和效果】对话框的【雾参数】面板中设置雾效果的参数。单击【颜色】色块打开【颜色选择器：雾颜色】对话框，设置雾的颜色，具体参数如图 5—48 所示。

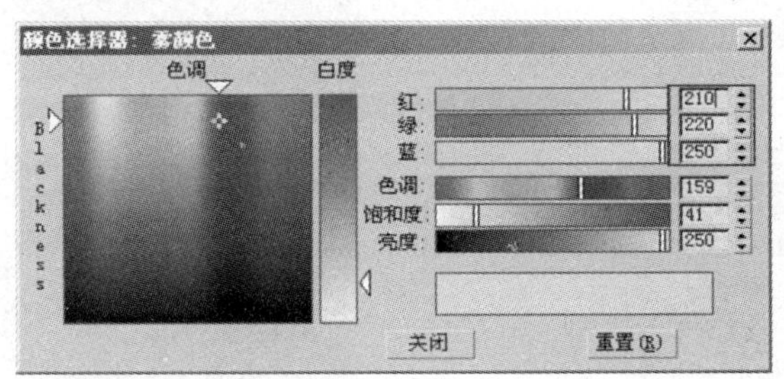

图 5—48　设置雾颜色

(12) 勾选【指数】复选框，设置【近端%】和【远端%】的值，具体数值如图 5—49 所示，关闭【环境和效果】对话框。

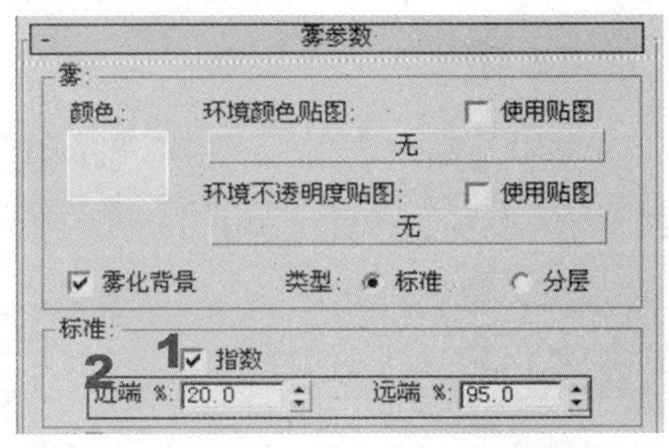

图 5—49　设置【近端%】和【远端%】的值

提示　如果需要创建层状雾，可单击【分层】单选框。在勾选【指数】复选框时，雾的浓度呈指数级衰减变化，当该复选框未被选择时，浓度随距离呈线性衰减变化。【远端】和【近端】增量框的值用来设置浓度变化的范围。

(13) 在【创建】面板中单击【灯光】按钮①，打开【对象类型】面板。单击其中的【目标聚光灯】按钮②，创建目标聚光灯，如图 5—50 所示。在左视图中创建一个目标聚光灯，如图 5—51 所示。

提示　3ds max 7 中的聚光灯分为目标聚光灯和自由聚光灯。聚光灯有照射方向和照射范围两个设置参数，可实现对物体的选择性照射，它们常被用作主光源。

(14) 至此，本实例制作完成。渲染摄像机视图，实例渲染后的效果如图 5—52 所示。

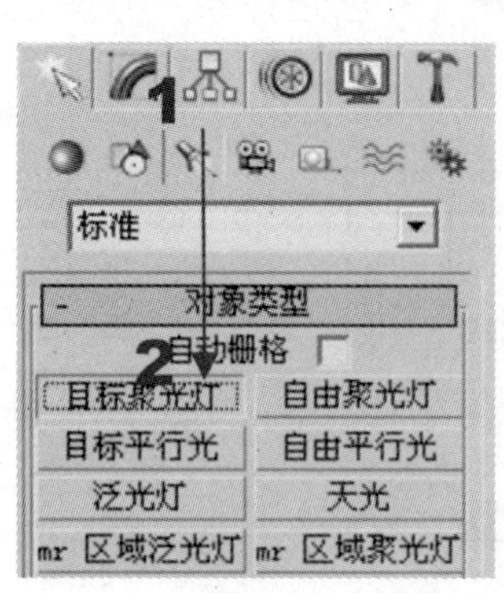

图 5—50 选择创建目标聚光灯

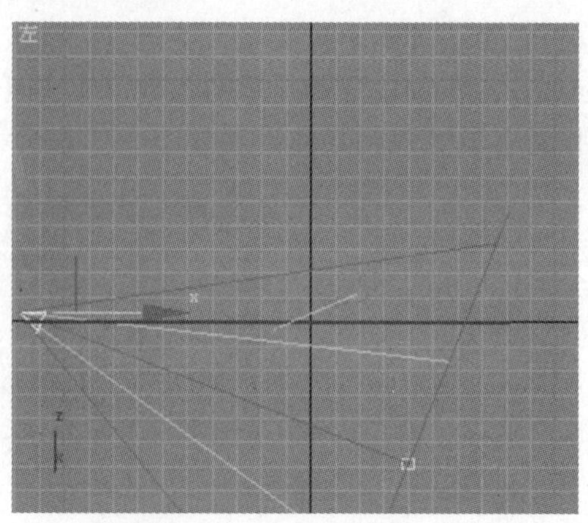

图 5—51 创建目标聚光灯

图 5—52 实例渲染后的效果

5.3 粒子系统的使用——发散的烟花

3ds max 7 的粒子系统功能众多，除了可以模拟各种自然效果外，还可以创建美轮美奂的场景效果。本节将介绍粒子系统的使用方法。

5.3.1 知识重点

3ds max 7 拥有强大的粒子系统，是制作各种特效不可或缺的工具。在 3ds max 7 的早期版本中，粒子系统只能模拟雨、雪等自然效果。随着 3ds max 7 的功能逐步完善，粒子系统也得到了发展，在 3ds max 7 中，可以随意模拟各种具有创意的三维效果，如火花、爆炸以及瀑布等。

3ds max 7 提供了 7 种粒子类型，它们分别是 PF Source、喷射、雪、暴风雪、粒子云、粒子阵列和超级喷射。下面对这些粒子效果进行简单介绍。

- PF Source：PF 即 Particle Flow（粒子流），它可以自定义粒子的行为，创建复杂的粒子仿真。
- 喷射：这是一种简单的粒子系统，能发射垂直的粒子流，粒子的形态可以是四面体尖锥，也可以是四面体面。常用来模拟水滴下落效果，如下雨、喷泉等。
- 雪：类似于喷射粒子系统，但其粒子形态是六角形面片，并且增加了翻滚参数，可用来模拟雪花和雪花下落的效果。如果赋予其多维材质，可获得五彩缤纷下落的碎片效果。如果将雪粒子向上发射，也可表现火星效果。
- 暴风雪：暴风雪粒子系统是在雪粒子系统的基础上增加了一些功能，它是从一个平面向外发射的粒子流，使用方法与雪粒子系统相似。暴风雪粒子系统可以模拟雪景，同时还可以模拟火花四射、气泡上升以及开水沸腾等效果。
- 粒子云：粒子云是在一个限定的空间内产生粒子效果的粒子系统。使用粒子云时，可在视图中建立一个立方体，该立方体作为一个容器，然后在容器内放置各种粒子。
- 粒子阵列：粒子阵列系统将以一个三维物体作为目标物体，从它表面发射粒子阵列。目标物体决定粒子的形态，可根据不同的粒子类型表现喷发或爆裂等特殊效果。
- 超级喷射：超级喷射粒子系统和暴风雪粒子系统相似，只是发射点不同。暴风雪粒子系统从一个平面发射，而超级喷射系统是从一个点发射粒子流。

5.3.2　实例介绍

本实例制作烟花的效果。在实例制作过程中，首先在场景中创建【喷射】粒子系统并设置其形状，然后使用【材质编辑器】为粒子系统创建材质，同时使用【环境和效果】面板创建 Glow 环境效果，对效果进行颜色、大小和强度等参数的设置。渲染场景后，完成本实例的制作。

通过本实例的制作，读者将了解粒子系统的创建方法，掌握粒子系统参数设置的一般技巧，了解为粒子系统添加材质的方法，掌握 Glow 环境特效的创建和设置方法。

5.3.3　制作步骤

(1) 启动 3ds max 7 进入程序界面。在【创建】面板中单击【几何体】按钮，在其下拉列表框中选择【粒子系统】选项①。单击展开的【对象类型】面板中的【喷射】按钮②，如图 5—53 所示。在前视图中创建一个粒子系统，使其正好面向屏幕，如图 5—54 所示。

> **提示**　拖动主界面下方的时间滑块，可以看到喷射粒子的形态。场景中的矩形平面是粒子系统的发射源，与该平面垂直的线段表示粒子系统的发射方向。发射源是所有粒子系统的起始区域，扩大其范围可以扩大粒子的分布。

(2) 打开【修改】面板，对粒子系统进行参数设置，具体参数如图 5—55 所示。此时，在透视视图中可以看到一个朝各个方向喷射的粒子系统，如图 5—56 所示。

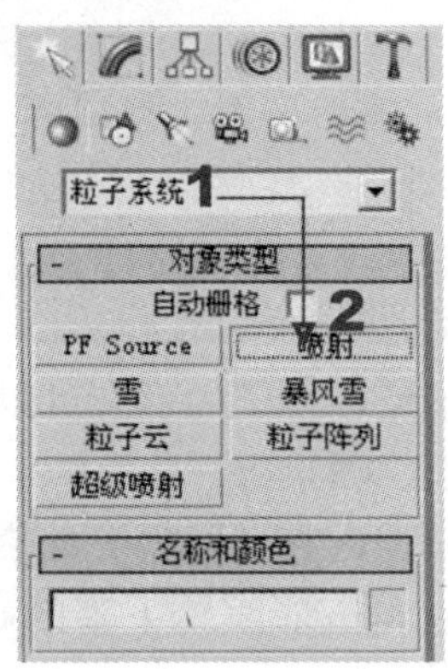

图 5—53　选择创建【喷射】粒子系统

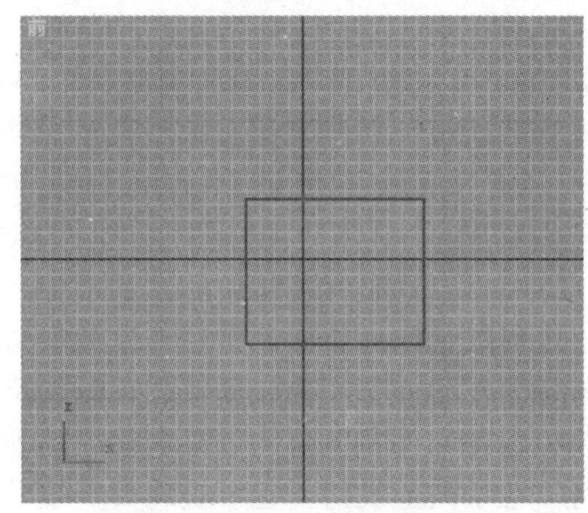

图 5—54　创建一个粒子系统

图 5—55　粒子系统参数设置

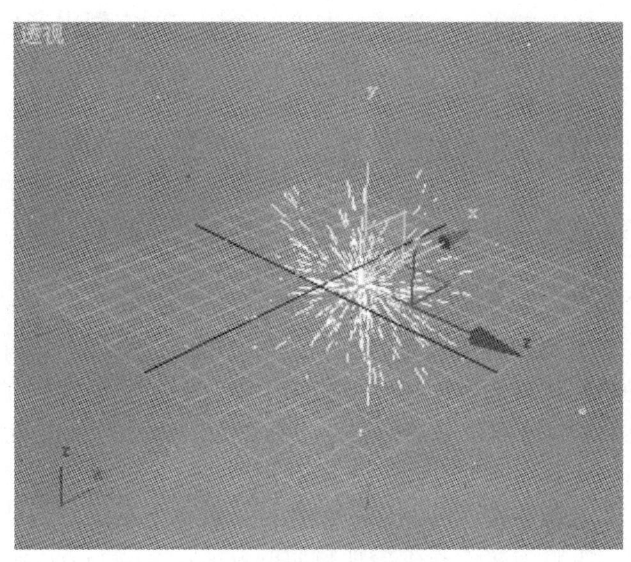

图 5—56　朝各个方向喷射的粒子系统

在【参数】面板中：

- 【速度】增量框用于设置粒子的初始速度，其默认值为 10，即每个粒子在 2.5 帧内移动 10 个单位。这里将其设置为 0，拖动时间滑块就不会出现发射粒子的效果。
- 【变化】增量框中的数值用于控制粒子的尺寸和方向的变化范围。
- 【开始】增量框用于设置放射源开始发射粒子时的帧数，这里设置为—30 以保证在第一帧就能够看到发射效果。【寿命】增量框中的数值以帧为单位设置每个粒子的生命周期。
- 【发射器】栏中的【宽度】和【长度】增量框用于设置发射源的尺寸。

（3）为粒子系统添加材质。单击【材质编辑器】按钮打开【材质编辑器】对话框。在【Blinn 基本参数】面板中单击【环境光】色块，如图 5—57 所示。在打开的【颜色选择器：环境光颜色】对话框中设置环境光的颜色，如图 5—58 所示。

（4）在【自发光】栏中的【颜色】增量框中输入数值 100，获得纯发光效果，如图 5—59 所示。

图 5—57　单击【环境光】色块

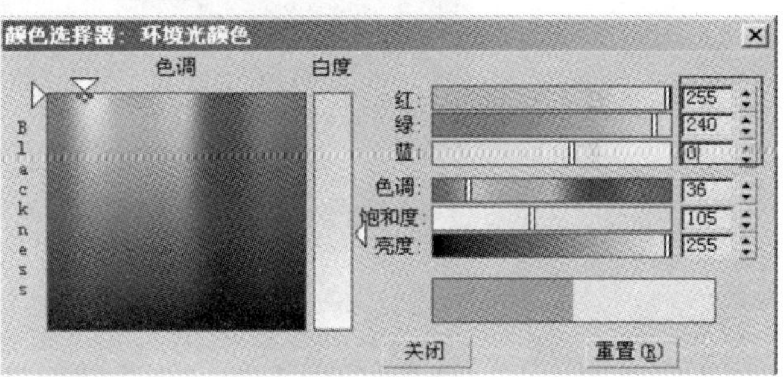

图 5—58　设置环境光颜色值

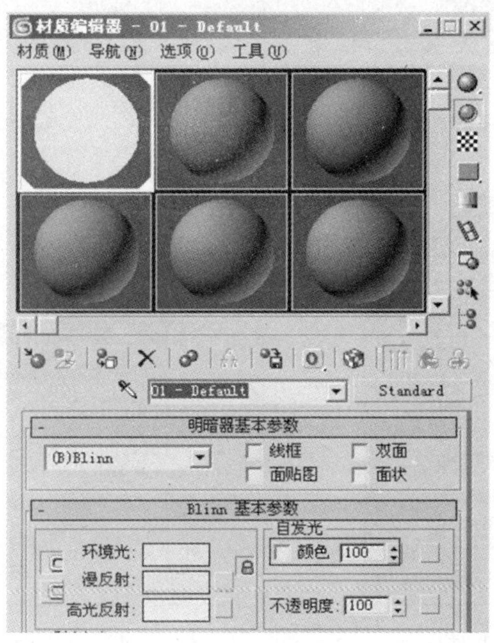

图 5—59　设置【颜色】值为 100

（5）在【反射高光】栏中设置【高光级别】和【光泽度】的值，如图 5—60 所示。

（6）在粒子系统被选择的情况下，单击【材质编辑器】对话框中的【将材质指定给选定对象】按钮，赋予对象材质。渲染透视视图，可以看到获得材质后的粒子效果，如图 5—61 所示。

（7）单击【渲染】菜单中的【效果】命令，打开【环境和效果】对话框。单击【添加】按钮，如图 5—62 所示。在打开的【添加效果】对话框中选择【镜头效果】，如图 5—63 所示。

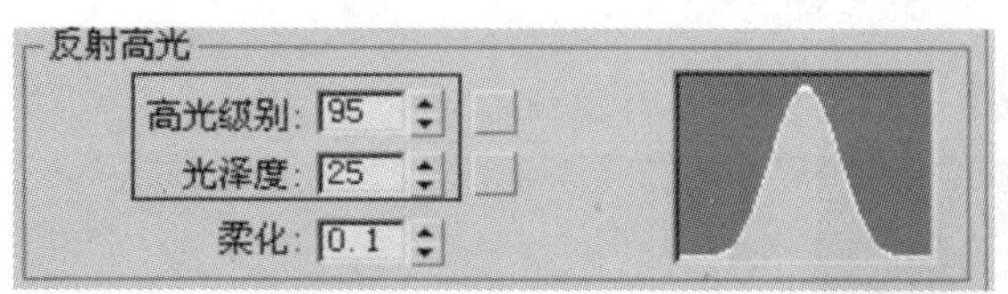

图 5—60 设置【高光级别】和【光泽度】的值

图 5—61 渲染后的效果

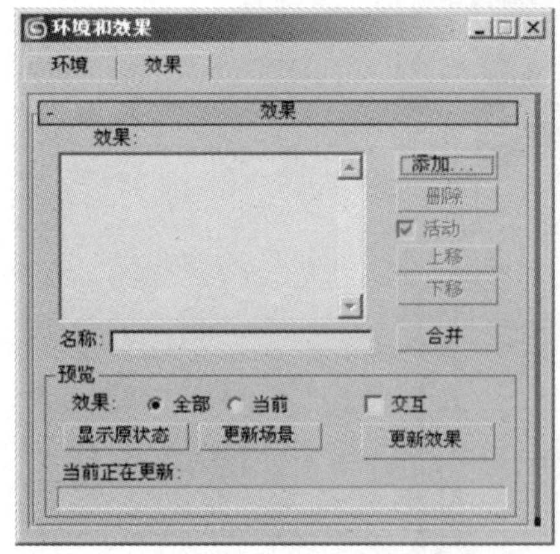

图 5—62 单击【添加】按钮

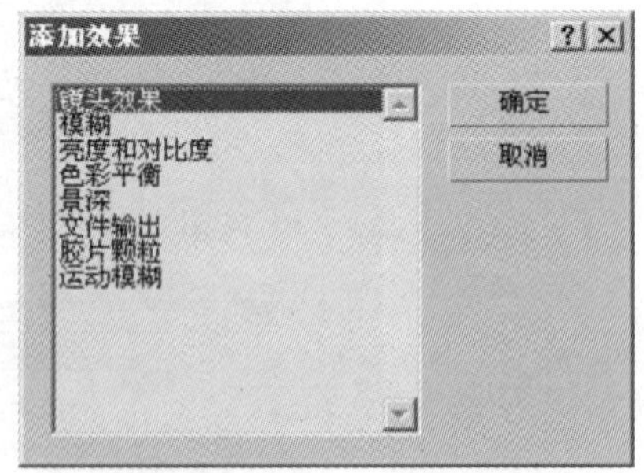

图 5—63 选择【镜头效果】

（8）单击【确定】按钮，关闭【添加效果】对话框，选择的效果被添加到【环境和效果】对话框的【效果】栏中。在展开的【镜头效果参数】面板中选择左侧列表框中的【Glow】选项，单击 > 按钮将其添加到右侧列表框中，如图 5—64 所示。

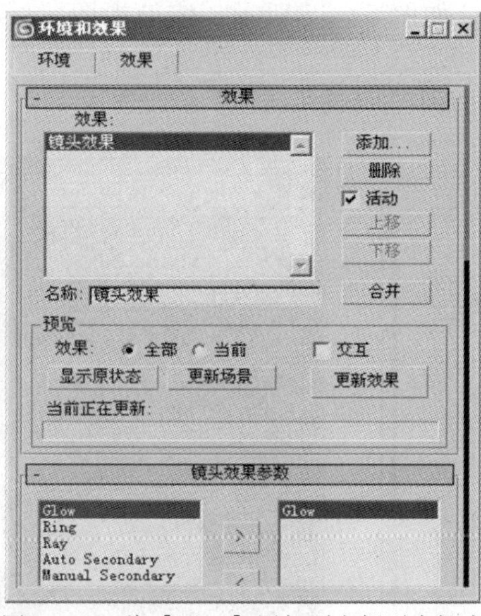

图 5—64　将【Glow】添加到右侧列表框中

（9）在粒子系统上单击鼠标右键，单击快捷菜单中的【属性】命令，打开【对象属性】对话框。将【G 缓冲区】栏中的【对象通道】设置为 1，如图 5—65 所示。

（10）单击【确定】按钮，关闭【对象属性】对话框。在【环境和效果】对话框中，展开【光晕元素】面板，单击【选项】标签，打开【选项】选项卡①。在【图像源】栏中勾选【对象 ID】复选框②，如图 5—66 所示。

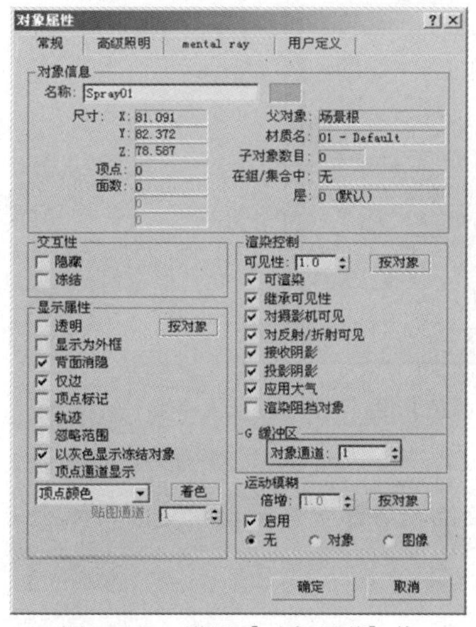

图 5—65　设置【对象通道】值

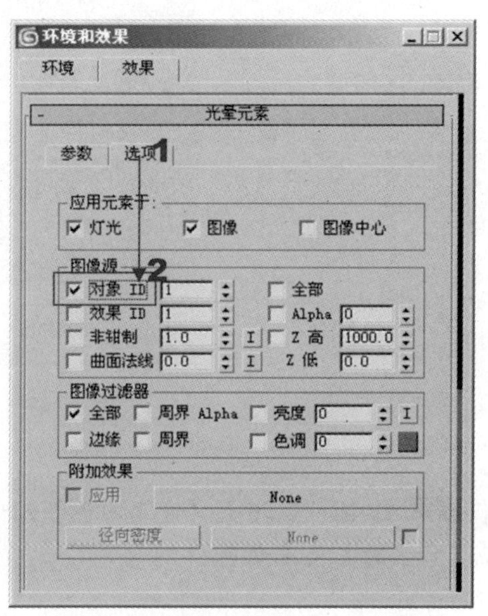

图 5—66　勾选【对象 ID】复选框

（11）单击【光晕元素】面板中的【参数】标签，打开【参数】选项卡。首先将【径向颜色】栏中的【中心颜色】设置为红色，其颜色值为（255，0，0）①。将【边缘颜色】设置为白色②。再将【混合】值设置为40③，将【大小】值设置为0.2④，将【强度】值设置为60⑤，如图5—67所示。渲染视图，可以看到当前参数对应的渲染效果，如图5—68所示。

（12）在【光晕元素】面板中将【使用源色】值设置为40，如图5—69所示。

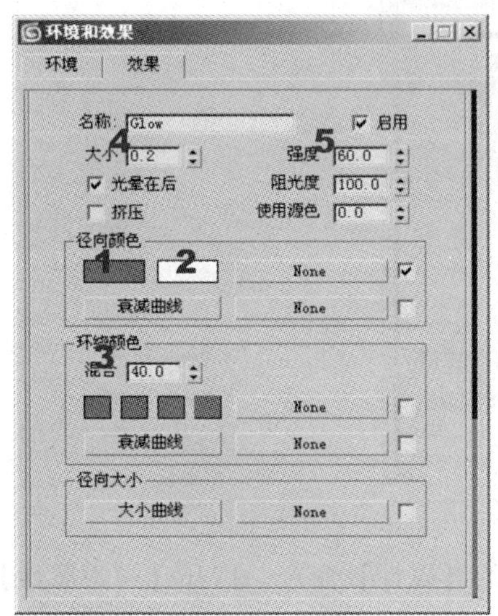

图5—67　【环境】选项卡中的设置

图5—68　参数对应的渲染效果

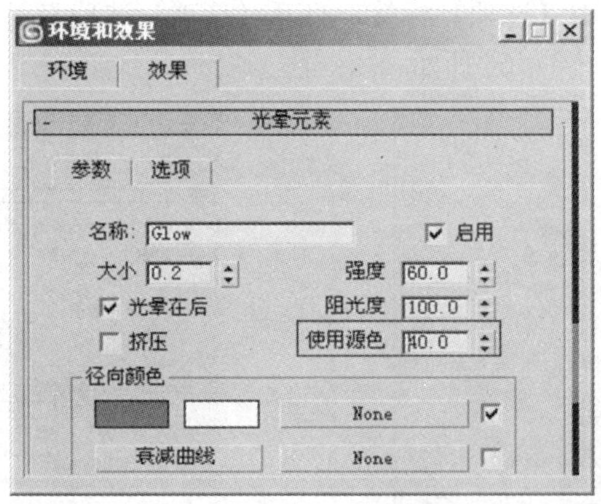

图5—69　设置【使用源色】值

提示　此处，增大【使用源色】增量框中的数值，场景中将会使用更多的本色，这里的本色是黄色。

（13）渲染透视视图，可以得到放射状的烟花效果，如图5—70所示。

图 5—70　渲染后的烟花效果

5.4　镜头特效——太空

3ds max 7 的环境和场景效果能够添加常见的镜头特效，以获得各种光照背景效果，灵活应用这一特性，能在作品中创造炫目的效果。

5.4.1　知识重点

镜头特效来源于现实生活中的摄像机，由于摄像机的镜头具有光线棱镜的特征，因而会形成镜头光环和耀斑等现象。3ds max 7 提供了对这些现象的模拟。

3ds max 7 能够模拟镜头光斑效果，主要包括光晕、光环、二级光斑、射线和极光等。每一种特效都可以使用单独的面板进行设置，这些特效可以单独使用，也可以任意组合，以形成多样的镜头效果。

5.4.2　实例介绍

本实例制作一个太空的场景效果。在实例制作中，首先建立星球模型，然后，创建镜头效果获得场景中背景光效果，在场景中添加光晕、光环、二级光斑、射线和极光效果，并对效果进行设置。渲染场景后，完成本实例的制作。

通过实例的制作，读者将了解镜头特效的添加方法和镜头特效的常用参数设置技巧，掌握同时使用多种镜头效果的技巧。

5.4.3　制作步骤

（1）启动 3ds max 7 进入程序界面。在【创建】面板中单击【几何体】按钮①，再单击【对象类型面板】中的【球体】按钮②，在顶视图中创建一个球体，其参数如图 5—71 所示③。创建的球体如图 5—72 所示。

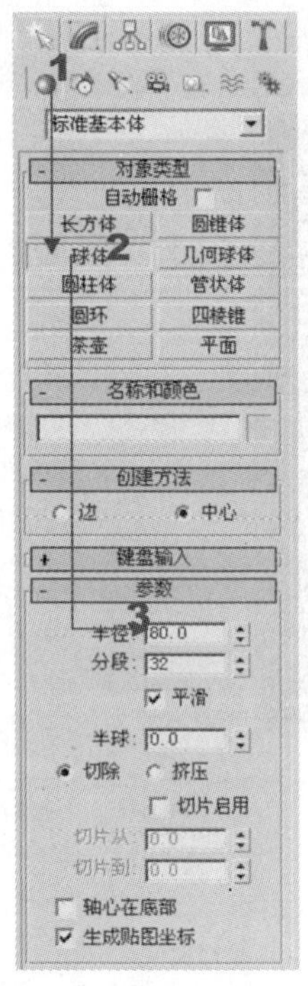

图 5—71　选择创建球体

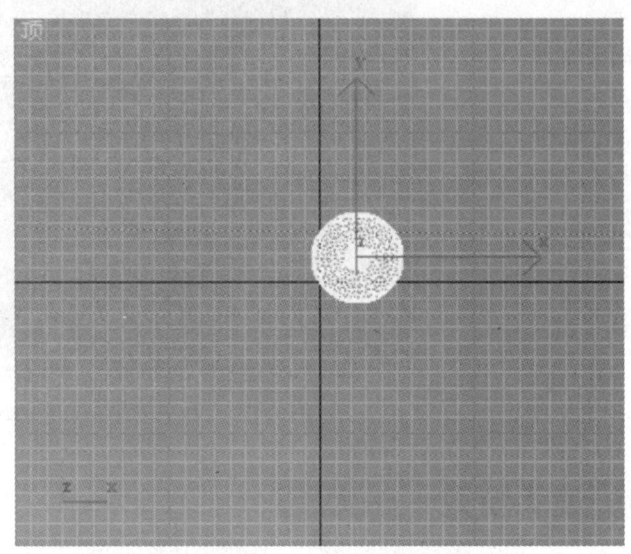

图 5—72　创建一个球体

（2）单击【材质编辑器】按钮，打开【材质编辑器】对话框。展开【贴图】面板，单击【漫反射颜色】贴图通道右侧的【None】按钮，如图 5—73 所示。此时会打开【材质/贴图浏览器】对话框。在对话框中选择【漩涡】选项，如图 5—74 所示。

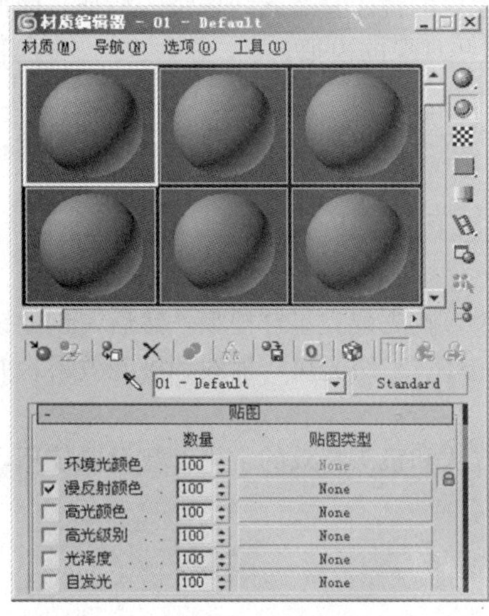

图 5—73　单击【漫反射颜色】贴图通道右侧的【None】按钮

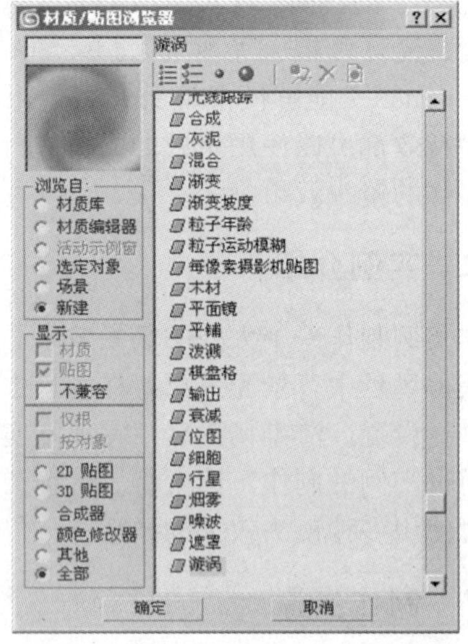

图 5—74　选择【漩涡】选项

（3）在【材质编辑器】对话框中，打开【坐标】面板，对贴图进行设置，设置参数如图 5—75 所示。

（4）在【漩涡参数】面板中对贴图进行进一步的设置，如图 5—76 所示。

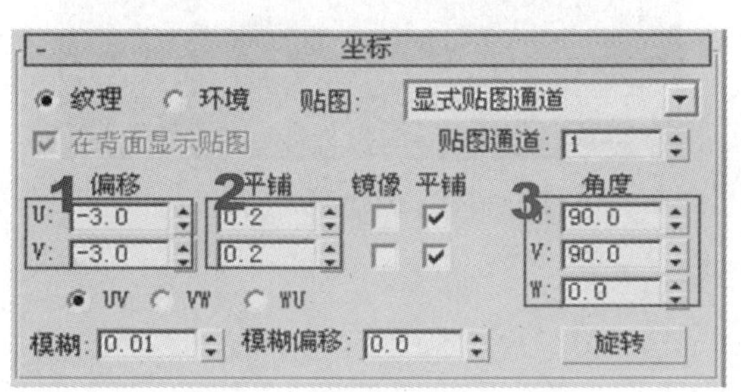

图 5—75　【坐标】面板中的设置

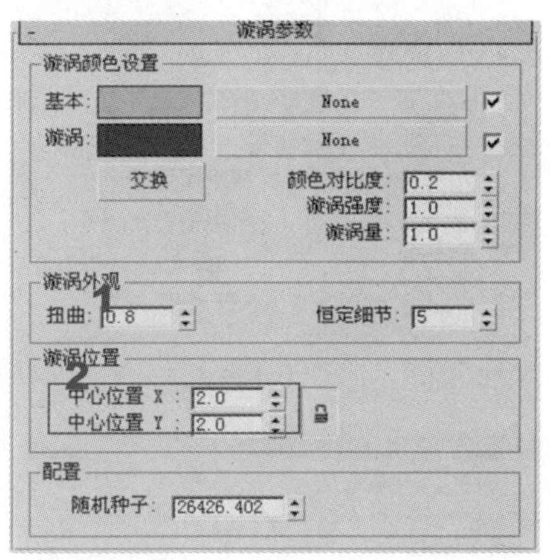

图 5—76　【漩涡参数】面板中的参数设置

（5）将材质赋予对象，此时渲染场景得到的效果如图 5—77 所示。

（6）在【创建】面板中单击【灯光】按钮①，单击【泛光灯】按钮②，如图 5—78 所示。在顶视图中单击两次，创建两个泛光灯，其位置如图 5—79 所示。

图 5—77　渲染场景的效果

（7）单击【渲染】菜单中的【效果】命令，打开【环境和效果】对话框，单击【添加】按钮，如图 5—80 所示。在打开的【添加效果】对话框中选择【镜头效果】选项，如图 5—81 所示。

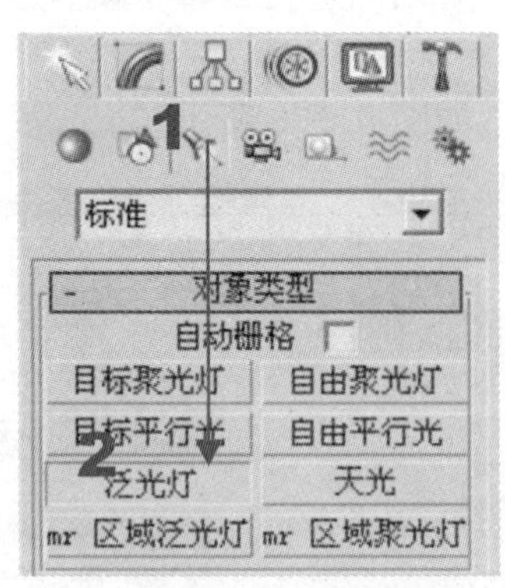

图 5—78 选择创建泛光灯

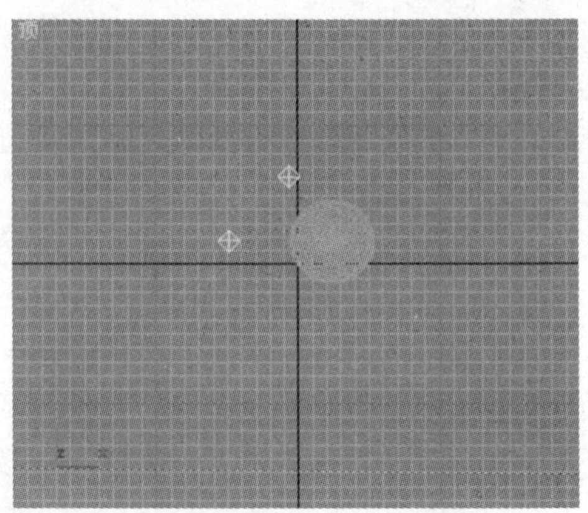

图 5—79 创建两个泛光灯

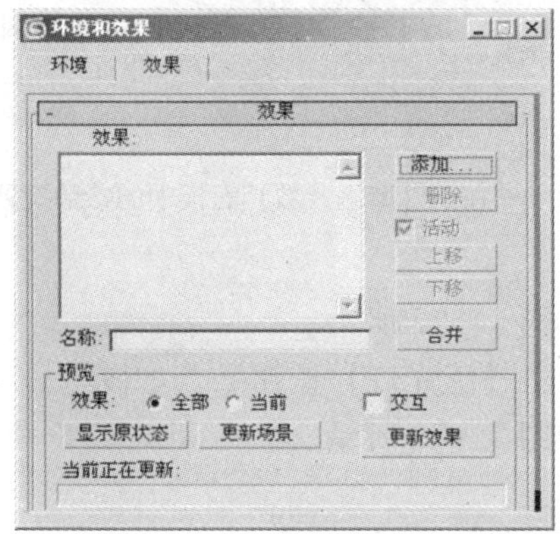

图 5—80 单击【添加】按钮

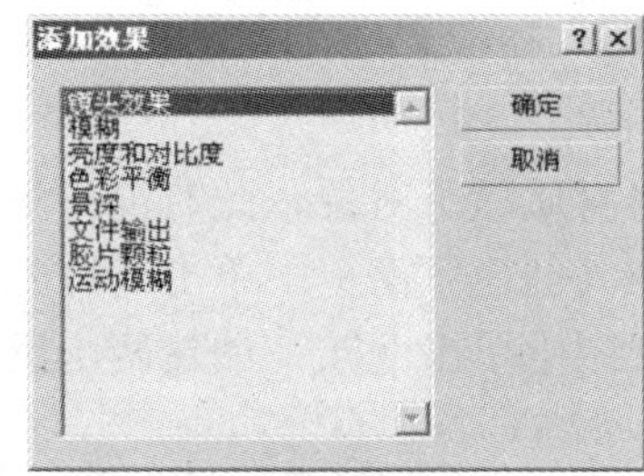

图 5—81 选择【镜头效果】选项

（8）单击【确定】按钮，关闭【添加效果】对话框。在【环境和效果】对话框中，选择【镜头效果参数】面板左侧列表中的【Glow】选项①，单击按钮将其添加到右侧列表中。在【镜头效果全局】面板中将【大小】设置为 60②。单击【拾取灯光】按钮③，在场景中的泛光灯“Omni02”上单击，指定光晕效果的载体，如图 5—82 所示。【Glow】镜头效果的其他参数，采用默认值即可。渲染场景的效果如图 5—83 所示。

提示 在【镜头效果全局】参数面板中：

- 单击【加载】按钮能够加载镜头效果参数文件，其扩展名为 lzv。
- 单击【保存】按钮可将当前参数保存为 .lzv 文件。
- 【种子】增量框中的值可设置镜头光斑的随机种子，以获得不同的随机效果。
- 【大小】增量框中的值用来设置镜头光斑的整体大小。
- 【强度】可设置镜头光斑的整体亮度。
- 【角度】可设置镜头光斑的整体角度。
- 【挤压】复选框使镜头效果的各个元素的设置面板中都会有一个设置项。当勾选该复选框时，【挤压】参数的值将会对各个元素产生影响，以产生挤压效果。

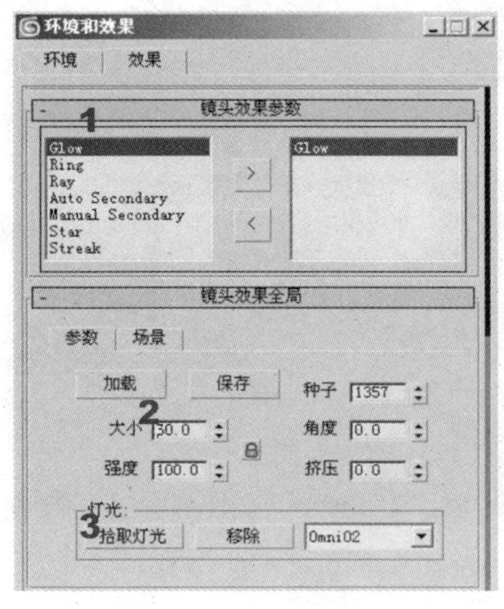

图 5—82　设置【Glow】镜头效果

图 5—83　渲染后的效果

（9）采用相同的方法添加【Ring】镜头效果，并对其效果进行设置，如图 5—84 所示。渲染场景，可以看到场景中围绕光晕出现了一个光环，如图 5—85 所示。

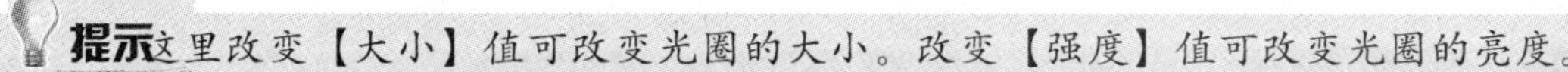

提示这里改变【大小】值可改变光圈的大小。改变【强度】值可改变光圈的亮度。

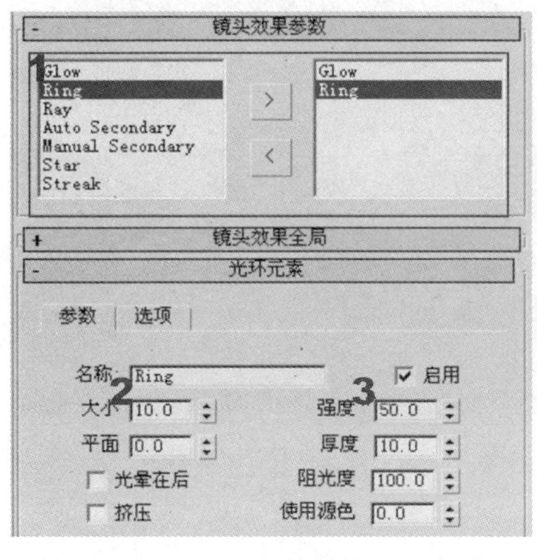

图 5—84　【Ring】镜头效果的参数设置

图 5—85　光环效果

（10）添加【Ray】效果，其参数采用默认值，如图 5—86 所示。渲染场景，可以看到射线效果如图 5—87 所示。

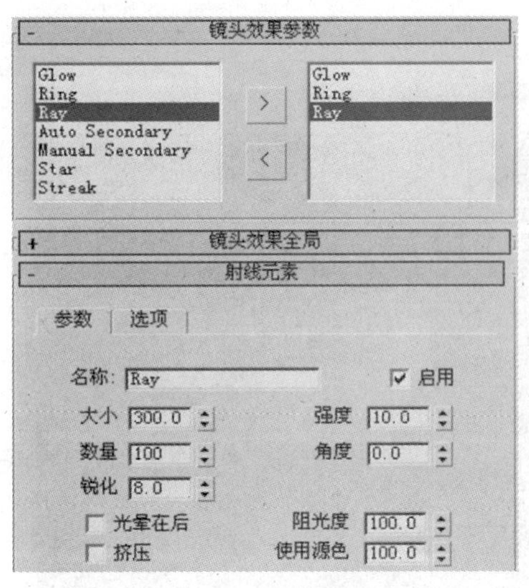

图 5—86 【Ray】镜头效果设置

图 5—87 射线效果

(11) 添加【Atuo Secondary】效果，其参数的设置如图 5—88 所示。渲染场景，可以看到光斑效果如图 5—89 所示。

(12) 添加【Streak】效果，对该效果的参数进行设置，如图 5—90 所示。渲染场景，可以看到水平的极光效果，如图 5—91 所示。

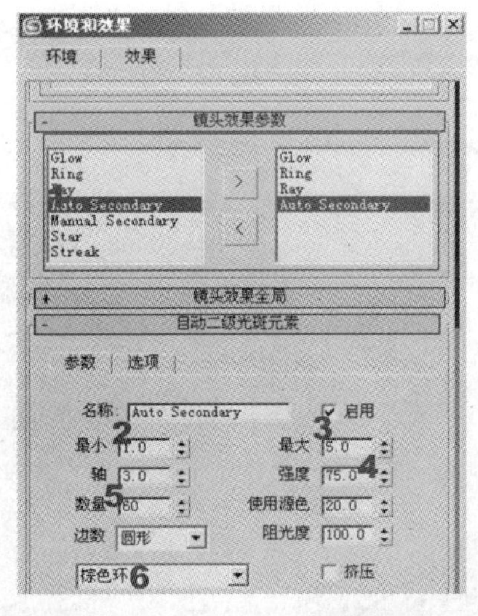

图 5—88 【Atuto Sendary】效果的参数设置

图 5—89 自动二级光斑效果

提示 这里，改变【大小】的值可以改变极光的长度，改变【宽度】的值可以改变极光的宽度。改变【强度】的值可以改变极光的亮度。由于系统默认的极光是垂直方向的，当需要获得水平极光效果时，可将【角度】值设置为 90。减小【锐化】值可使极光变得柔和。

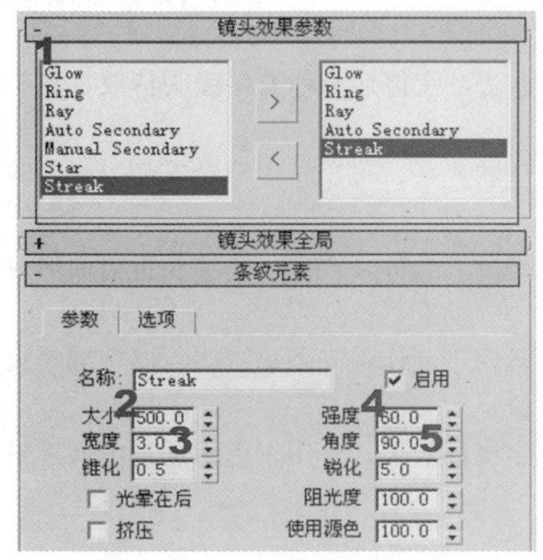

图 5—90　添加【Streak】效果

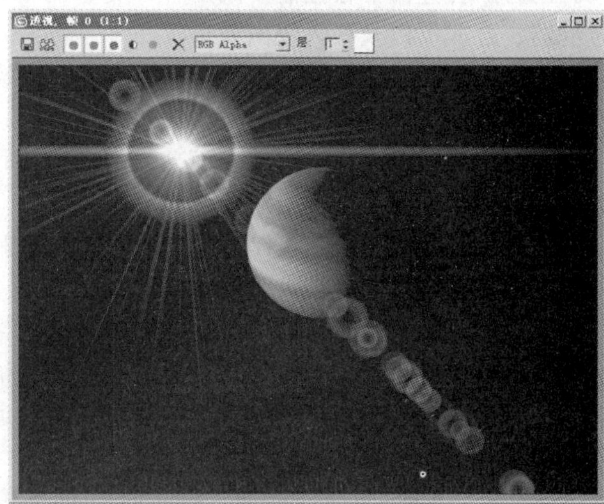

图 5—91　水平极光效果

（13）对泛光灯和球体的位置进行适当调整。本实例的最终渲染效果如图 5—92 所示。

图 5—92　实例的最终效果

5.5　Video Post 合成器的使用 1——星光灿烂

动画作品的后期合成，是将制作好的各种素材收集在一起形成完整的作品。3ds max 7 为后期合成提供了 Video Post，本节将对其使用方法进行介绍。

5.5.1　知识重点

3ds max 7 提供了 Video Post 合成器，它是 3ds max 7 的一个重要组成部分，功能上相当于一个视频处理软件，用于在着色过程中对影片进行特殊的编辑处理。它能够完成动画与动画的合成和连接，根据需要添加各种类型的字幕、静止画面、真实场景画面、镜头特效、过滤器、合成器以及淡入淡出效果等。

3ds max 7 的 Video Post 提供了创建镜头特效的方法，它包括 4 种类型镜头特效，具有相似的设置面板。

- 镜头效果高光：可在表面高光区产生耀眼的星状光芒，可用于模拟钻石的闪光和海面等。通过通道控制施加给对象。
- 镜头效果光芒：可制作带有光芒、光环和光晕的发光体，产生由于镜头折射而形成的耀斑效果。常用于模拟太阳或刺眼的灯光等。
- 镜头效果光晕：可以产生灼烧的光晕效果，常用于制作强光烈焰、飞行器尾部喷火或燃烧的恒星效果等。它也是通过通道控制施加给对象。
- 镜头效果焦点：根据对象距离镜头的远近产生模糊效果，常用于虚拟远景虚而近景实的效果，以增强景深感。

5.5.2 实例介绍

本实例制作夜空中闪烁的群星的场景效果。在实例制作中，首先使用粒子系统创建散落的群星，然后使用 Video Post 合成器添加镜头高光效果和镜头光晕效果，并分别对效果参数进行设置。完成效果设置后，添加图像输出事件，设置动画文件的输出，将文件以动画文件的方式渲染输出。

通过实例的制作，读者将了解使用 Video Post 为动画添加特效的方法，了解镜头效果高光和镜头效果光晕的添加方法和参数设置方法，了解使用 Video Post 渲染输出动画文件的方法。

5.5.3 制作步骤

（1）启动 3ds max 7 进入程序界面。在【创建】面板中单击【几何体】按钮，在面板的下拉菜单中选择【粒子系统】①，单击【对象类型】面板中的【暴风雪】按钮②，如图 5—93 所示。在顶视图中创建一个朝前的粒子系统，如图 5—94 所示。

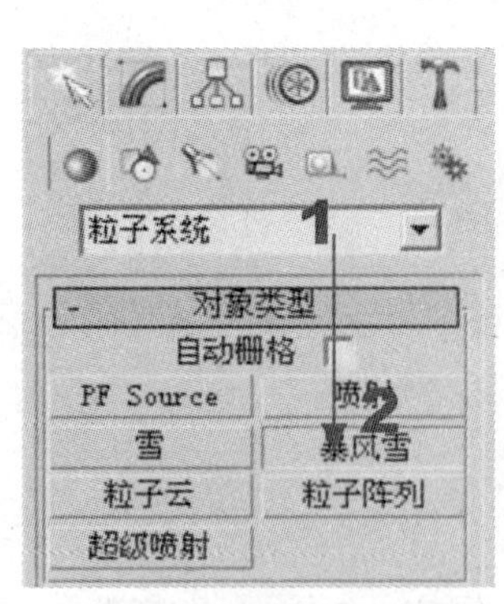

图 5—93 选择创建【暴风雪】粒子系统

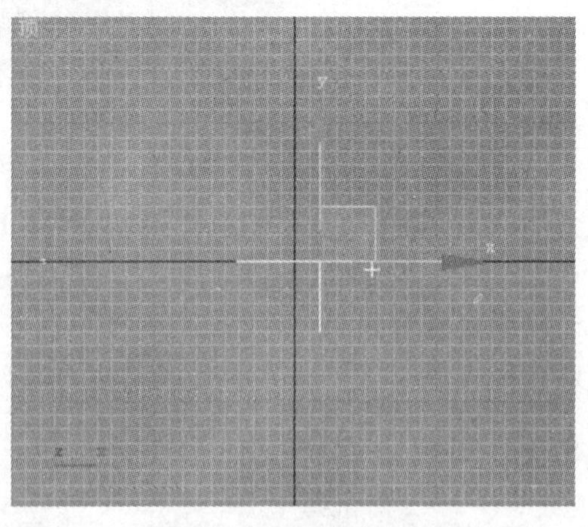

图 5—94 创建粒子系统

（2）打开【修改】面板，修改粒子系统的参数，如图 5—95 所示。

（3）打开【粒子类型】面板，在【标准粒子】栏中单击【球体】单选框，将粒子类型设置为球体，如图 5—96 所示。

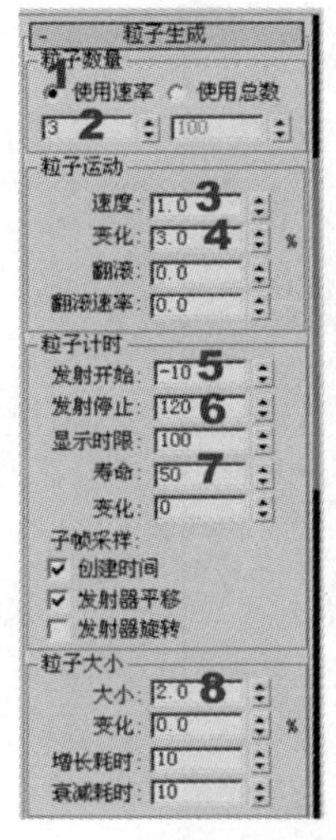

图 5—95　设置【暴风雪】粒子系统的参数

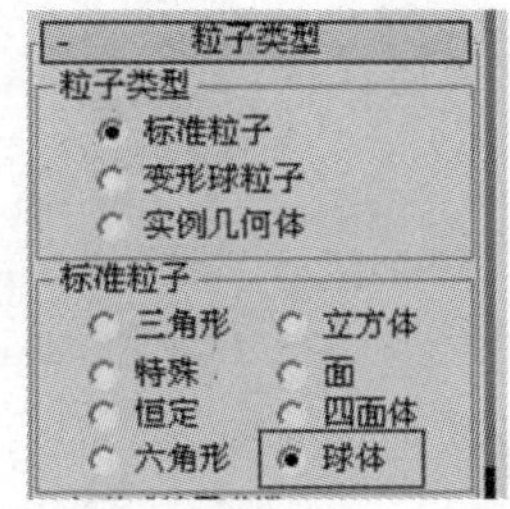

图 5—96　设置粒子类型

（4）在【创建】面板中单击【摄像机】按钮①。单击【对象类型】面板中的【目标】按钮②，如图 5—97 所示。在左视图中创建一个目标摄像机，如图 5—98 所示。

图 5—97　选择创建目标摄像机

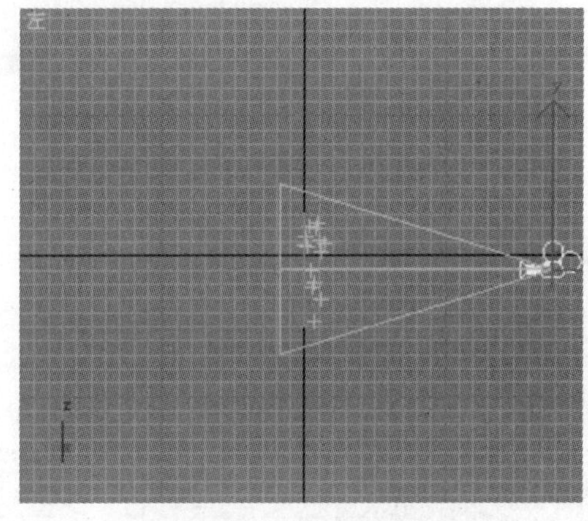

图 5—98　创建一个目标摄像机

（5）在视图中右键单击粒子系统，单击快捷菜单中的【属性】命令。在打开的【对象属性】对话框中将【对象通道】的值设置为 1，如图 5—99 所示。这个值是加入特效时需要的通道号。完成设置后，单击【确定】按钮关闭对话框。

（6）单击【渲染】菜单中的【Video Post】命令，打开【Video Post】对话框。单击对话框工具栏中的【添加场景事件】按钮，打开【添加场景事件】对话框，在对话框的【视图】下拉列表中选择【Camera01】选项，如图 5—100 所示，单击【确定】按钮关闭对话框，在【Video Post】对话框的【队列】窗口中添加【Camera01】项，如图5—101所示。

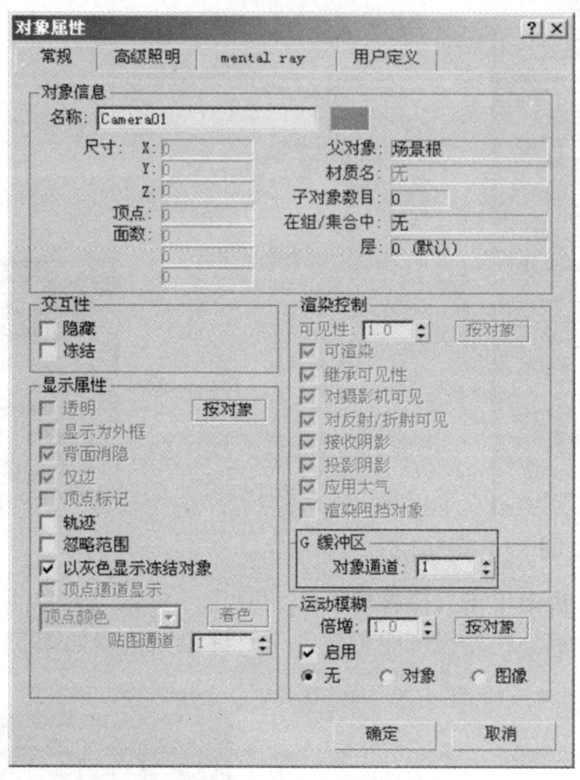

图5—99 设置【对象通道】值

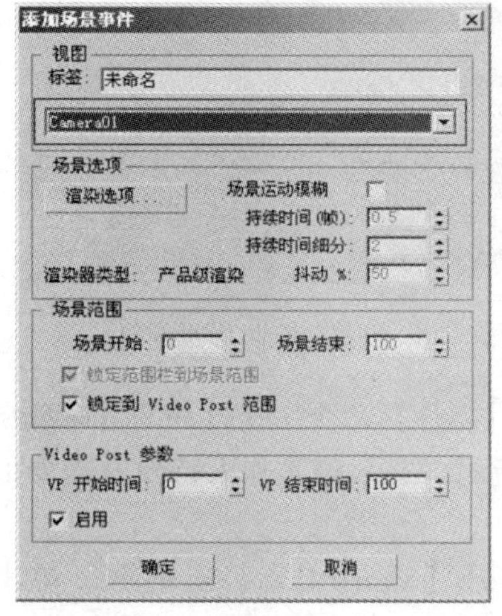

图5—100 选择【Camera01】选项

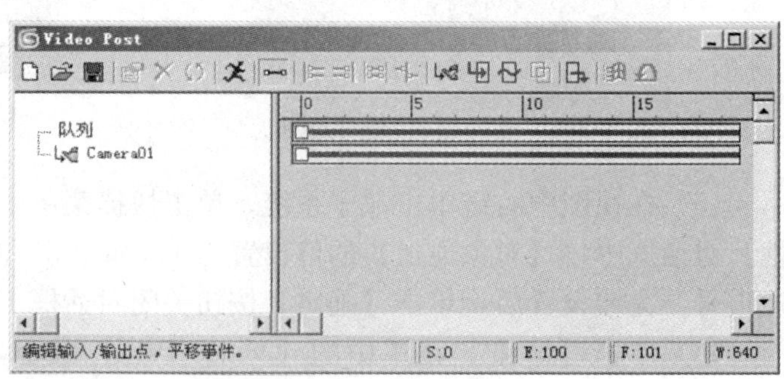

图5—101 添加【Camera01】项

提示　Video Post 左侧的区域是队列窗口，在此窗口中各个项目将以分枝树的形式连接在一起，项目的种类可以任意指定，它们之间是分层关系。需要合成的项目，在队列窗口中按照从上到下的顺序排列，这也是 3ds max 7 最终进行合成的顺序。下面的层级在合成时会覆盖上面的层级，因此，背景图形应该放在最上层。

（7）单击【Video Post】对话框工具栏中的【添加图像过滤事件】按钮，打开【添加图像过滤事件】对话框。在对话框的【过滤器插件】下拉列表框中选择【镜头效果光晕】选项，如图 5—102 所示。单击【确定】按钮关闭【添加图像过滤事件】对话框，在【Video Post】对话框的【队列】窗口中添加【镜头效果光晕】项，如图 5—103 所示。

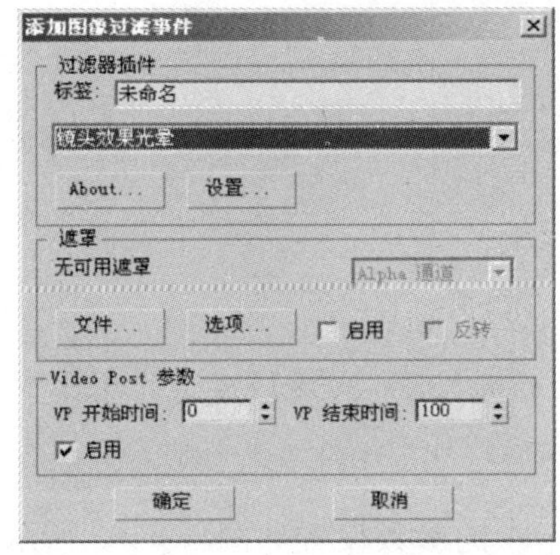

图 5—102　选择【镜头效果光晕】选项

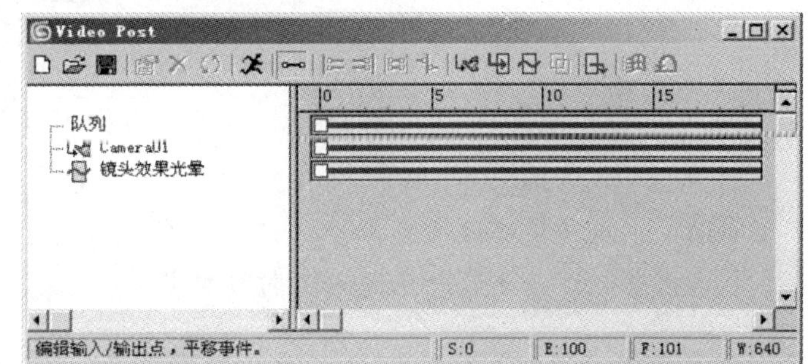

图 5—103　添加【镜头效果光晕】项

提示　在【Video Post】窗口的工具栏中：

- 单击【编辑当前事件】按钮，可打开编辑相应事件的对话框，用于编辑当前选择的事件。
- 单击【删除当前事件】按钮，可从列表中删除当前选择的事件。
- 在同时选择了两个事件后，单击【交换事件】按钮，可交换这两个事件在列表中的位置。
- 单击【将选定项靠左对齐】按钮，系统会在事件范围中左对齐选定的项，使两个事件能够在同一时间开始。
- 单击【将选定项靠右对齐】按钮，系统会在事件范围中右对齐选定的项，使事件在同一时间结束。

（8）双击【Video Post】对话框中的【镜头效果光晕】项，在打开的【编辑过滤事件】对话框中单击【设置】按钮，打开【镜头效果光晕】对话框。在【过滤】栏中勾选【周界 Alpha】复选框，如图 5—104 所示。完成设置后单击【确定】按钮关闭对话框。

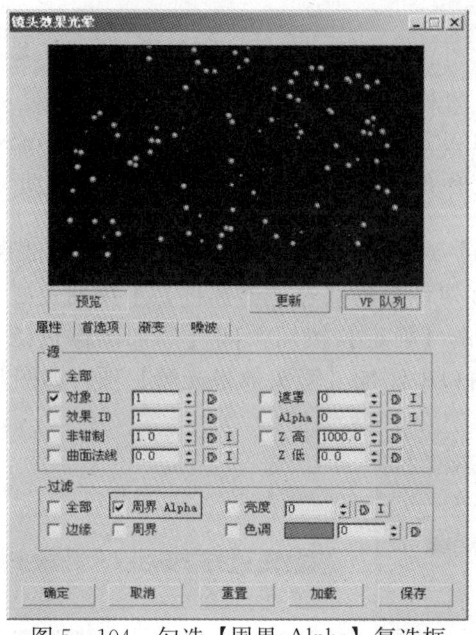

图 5—104　勾选【周界 Alpha】复选框

提示　在【镜头效果光晕】对话框中使【预览】按钮和【VP 队列】按钮处于按下状态，可在参数改变时，实时预览效果。

(9) 单击【噪波】标签打开【噪波】选项卡，选项卡中的参数设置如图 5—105 所示。完成设置后单击【确定】按钮关闭对话框。

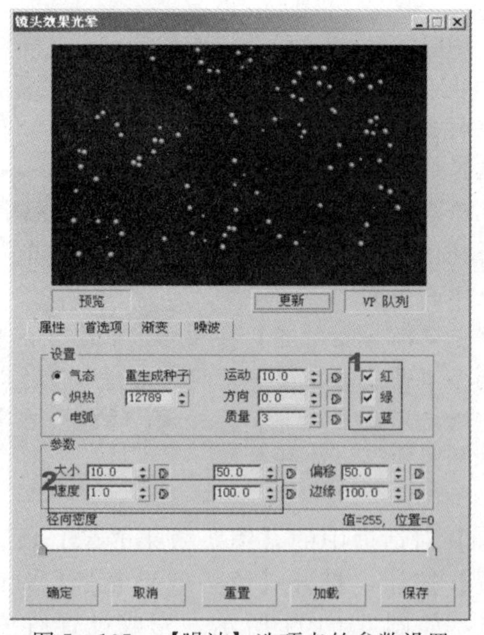

图 5—105　【噪波】选项卡的参数设置

（10）再次单击对话框工具栏的【添加对象过滤事件】按钮，打开【添加图像过滤事件】对话框。在对话框的【过滤器插件】下拉列表框中选择【镜头效果高光】选项，如图 5—106 所示。

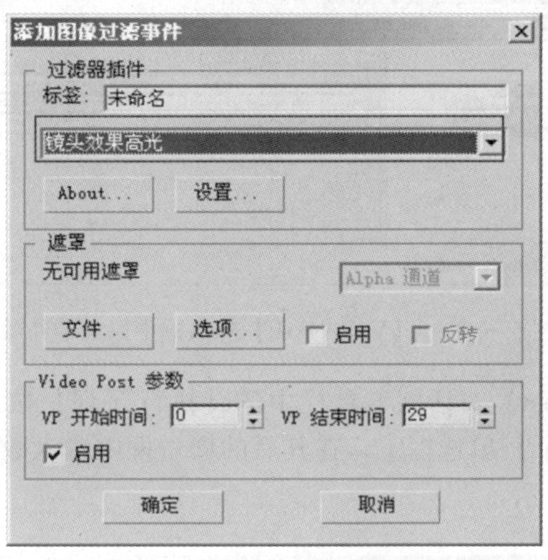

图 5—106　选择【镜头效果高光】选项

（11）单击对话框中的【设置】按钮，打开【镜头效果高光】对话框，对高光效果进行设置。单击【几何体】标签，打开【几何体】选项卡，使【距离】按钮处于按下状态，如图 5—107 所示。

（12）单击【首选项】标签，打开【首选项】选项卡，设置选项卡中的参数，如图 5—108 所示。

图 5—107　使【距离】按钮处于按下状态

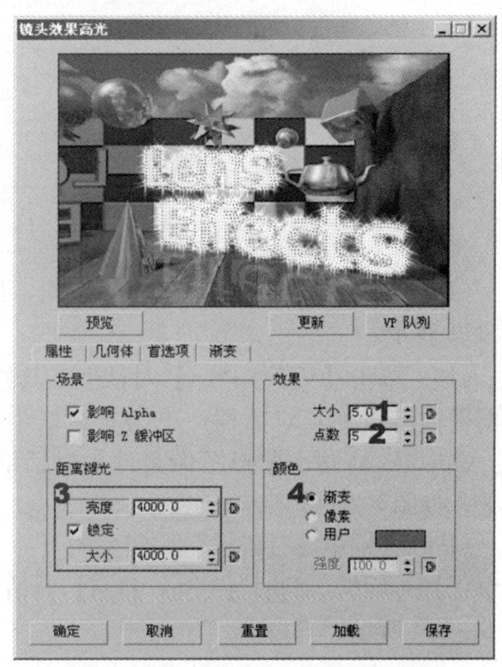

图 5—108　【首选项】选项卡的设置

（13）单击【确定】按钮，关闭【镜头效果高光】对话框。【Video Post】对话框的【队列】窗口中添加的特效项目如图 5—109 所示。

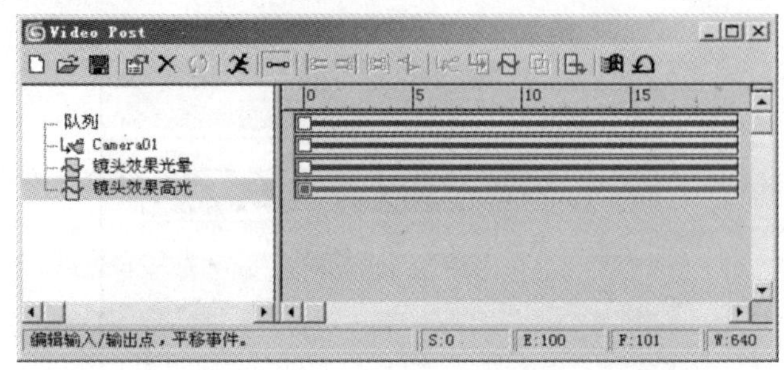

图 5—109 【Video Post】对话框中添加的特效

（14）单击【Video Post】对话框工具栏中的【执行序列】按钮，打开【执行 Video Post】对话框。单击【单个】单选框①，在其后的增量框中输入数值②，这表示只渲染指定的单个帧，如图 5—110 所示。

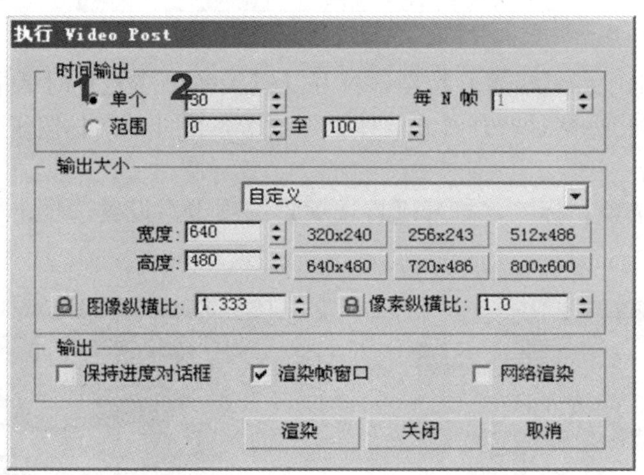

图 5—110 【执行 Video Post】对话框

（15）单击对话框下的【渲染】按钮，指定的帧被渲染，可得到实例单帧的效果，如图 5—111 所示。

（16）单击【Video Post】对话框工具栏中的【添加图像输出事件】按钮，打开【添加图像输出事件】对话框。单击对话框中的【文件】按钮，如图 5—112 所示。在打开的【为 Video Post 输出选择图像文件】对话框中设置文件输出的路径①、文件名②和文件类型③，如图 5—113 所示。

（17）分别单击【确定】按钮关闭【为 Video Post 输出选择图像文件】和【添加图像输出事件】对话框。此时【Video Post】对话框的队列列表中将出现【星光灿烂 . avi】项，如图 5—114 所示。

图 5—111　渲染后的效果

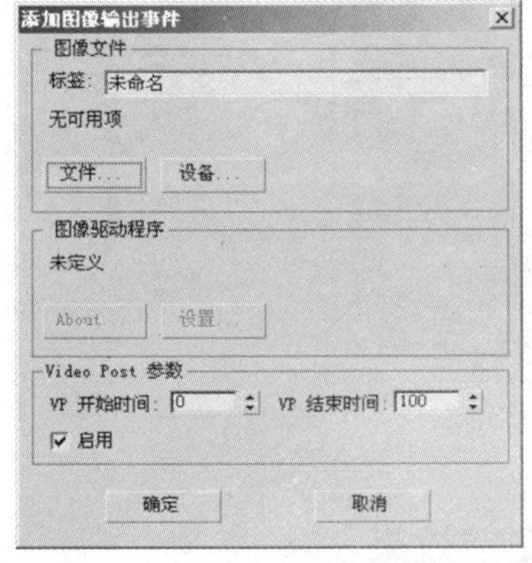

图 5—112　单击【文件】按钮

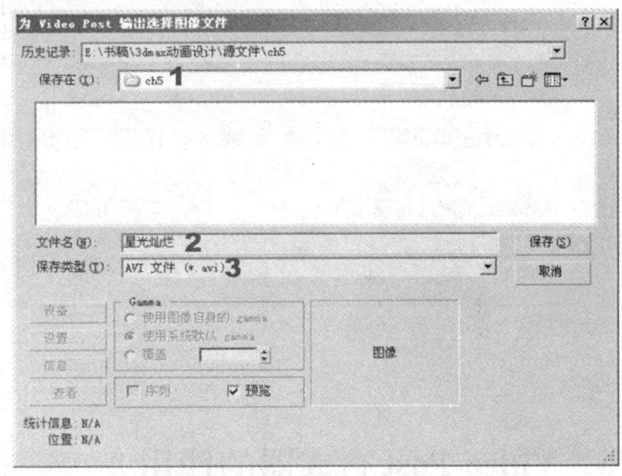

图 5—113　设置文件输出路径、文件名和文件类型

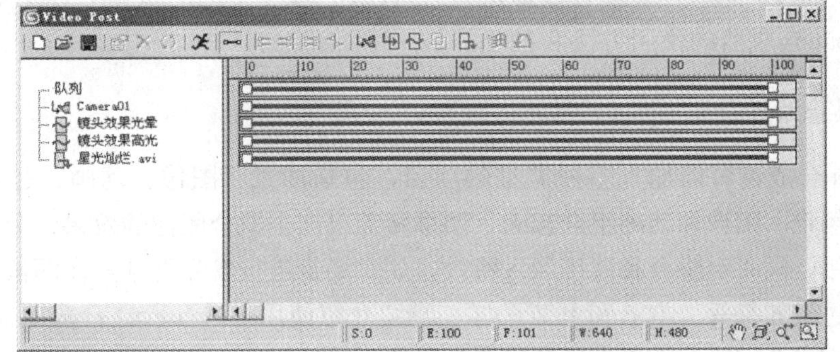

图 5—114　【Video Post】对话框的队列列表中出现【星光灿烂.avi】项

提示 在关闭【为 Video Post 输出选择图像文件】对话框时，系统会弹出【AVI 文件压缩设置】对话框，要求对 .avi 文件的压缩进行设置，一般采用默认值即可。

（18）再次单击【Video Post】对话框工具栏中的【执行序列】按钮，打开【执行 Video Post】对话框，单击【范围】单选框并指定输出帧的范围①，如图 5—115 所示。单击【渲染】按钮②，即对指定的动画帧进行渲染。此时会出现【Video Post（星光灿烂）】对话框，显示渲染的进度，如图 5—116 所示。

（19）完成渲染后，在指定的磁盘位置会生成动画文件“星光灿烂 .avi”，至此，本实例制作完成。

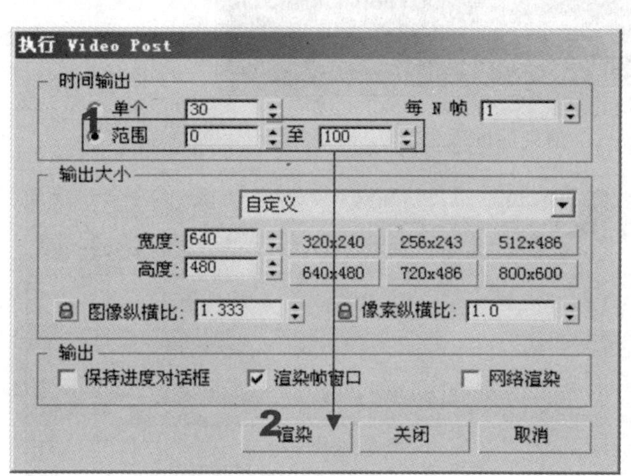

图 5—115　设置渲染范围

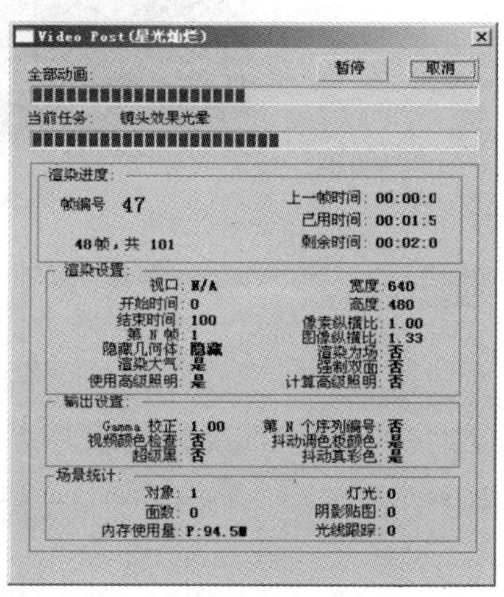

图 5—116　【Video Post（星光灿烂）】对话框

5.6　Video Post 合成器的使用 2——一款文字效果

本节将继续介绍 Video Post 合成器的使用知识，通过实例的讲解，读者将能够进一步掌握 Video Post 合成器的使用方法和技巧。

5.6.1　知识重点

Video Post 合成器可以加入多种类型的项目，包括场景、图像、动画、过滤器和合成器等。它能够将场景、图像和动画组合起来，层层覆盖以产生组合图像的效果，分段连接以起到剪辑影片的作用，同时对组合和连接加入特效，如对场景进行发光处理，在两段影片的衔接处加入淡入淡出过渡效果等。本节和上节一样，继续介绍使用 Video Post 合成器添加镜头效果，这里通过实例重点介绍镜头效果光斑和镜头效果焦距的使用。

在电影或电视中，镜头光斑效果经常使用，Video Post 提供了创建镜头光斑效果更为简便有效的方法。在使用镜头光斑效果时，需要指明来源物体，来源物体可以是场景中的灯光，也可是其他物体。Video Post 提供的镜头焦距特效，通过对场景的模糊处理，能够产生特殊的景深效果。

5.6.2　实例介绍

本实例制作文字特效，可用于动画或影视作品的片头。在本例制作中，首先创建立体文字，并为场景添加灯光和摄像机。使用 Video Post 添加镜头光斑效果，并对参数进行设置，以创建场景中的光芒效果。添加镜头焦距效果，并对参数进行设置，以创建场景的柔化效果。同时，使用 Video Post 提供的星光效果来制作背景中的群星。

通过本实例的制作，读者将了解镜头特效光斑和镜头特效焦距的作用和使用方法，同时掌握使用 Video Post 来创建闪烁群星效果的方法。

5.6.3　制作步骤

（1）启动 3ds max 7 进入程序界面。在【创建】面板中单击【图形】按钮①，再单击【对象类型】面板中的【文本】按钮创建文字②，在【参数】面板的文本框中输入文字③并设置大小参数④，如图 5—117 所示。在前视图中单击创建文本对象，如图 5—118 所示。

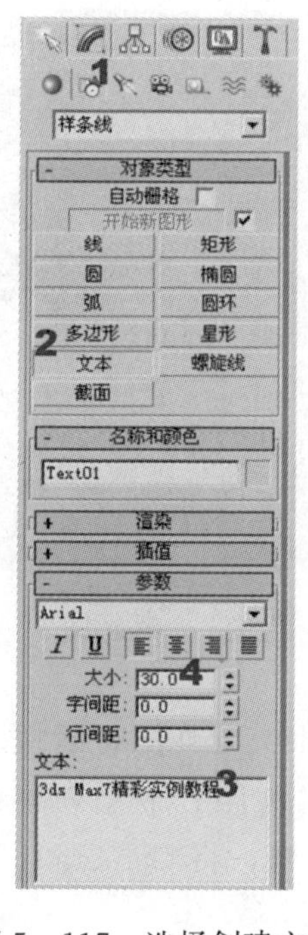

图 5—117　选择创建文本

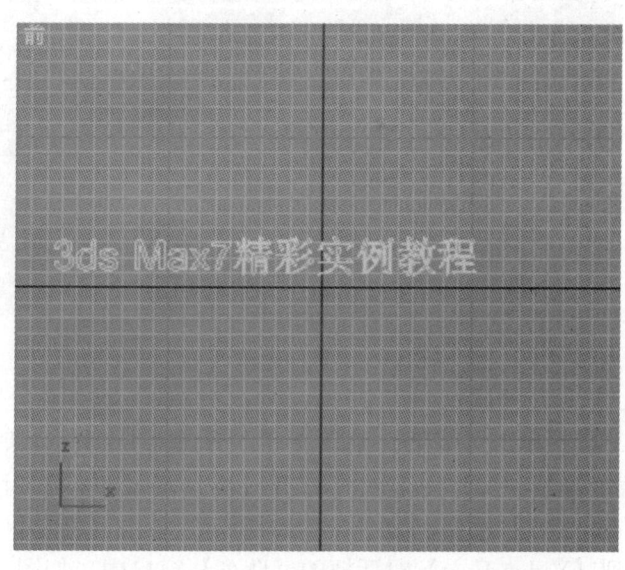

图 5—118　在前视图中创建文本对象

（2）打开【修改】面板，为文本对象添加【挤出】修改器①，同时在【参数】面板中设置【数量】的值为 3②，如图 5—119 所示。场景中的文本被挤出，得到立体文字效果，如图 5—120 所示。单击工具栏中的【选择并移动】按钮以及【选择并均匀缩放】按钮适当调整文本的位置和大小。

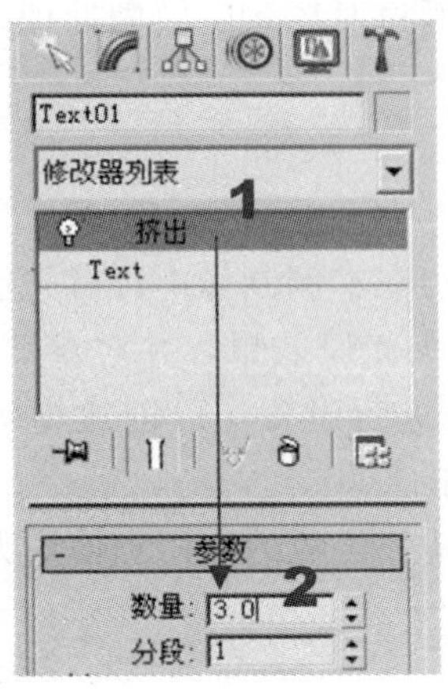

图 5—119 添加【挤出】修改器

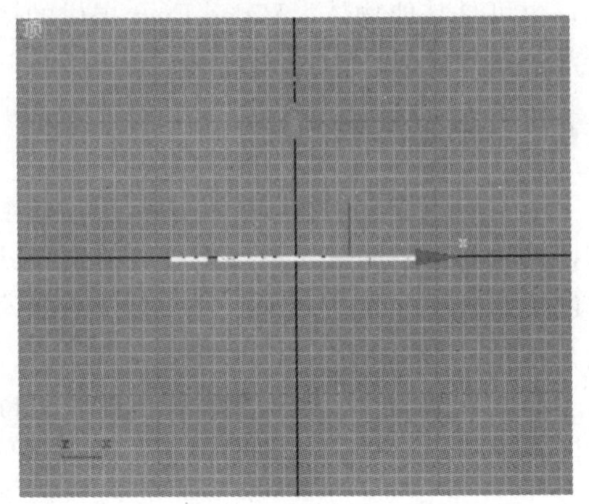

图 5—120 获得立体文字

（3）在顶视图中放置一台目标摄像机，如图 5—121 所示。

（4）在场景中放置 3 个泛光灯，它们的位置如图 5—122 所示。

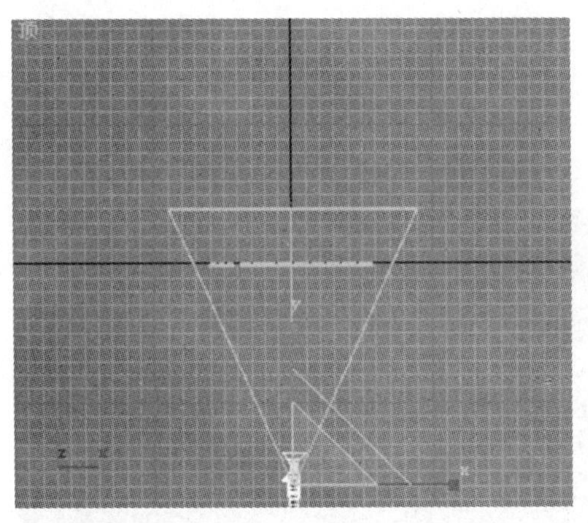

图 5—121 创建一个目标摄像机

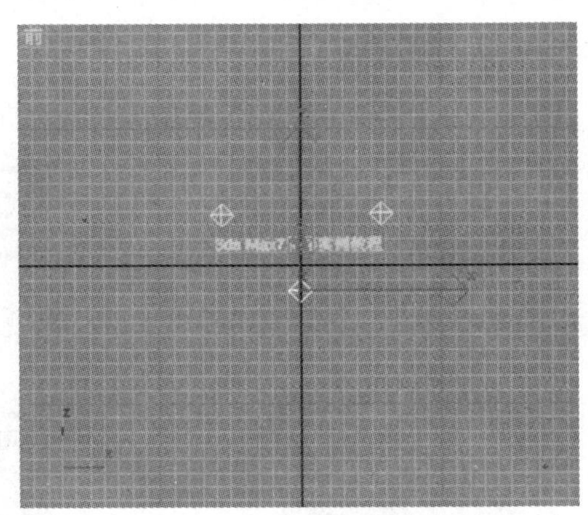

图 5—122 放置 3 个泛光灯

（5）单击【渲染】菜单中的【Video Post】命令，打开【Video Post】对话框。单击【添加场景事件】按钮，打开【添加场景事件】对话框，选择【视图】下拉列表框中的【Camera01】选项，如图 5—123 所示。单击【确定】按钮关闭对话框，将 Camera01 选项添加到【Video Post】对话框的【队列】窗口中，如图 5—124 所示。

提示 对于【Video Post】对话框列表中的选项，单击可以选择该选项，按住【Ctrl】键并单击鼠标可以同时选择多个选项，按住【Shift】键单击鼠标，可选择两项间的所有项。

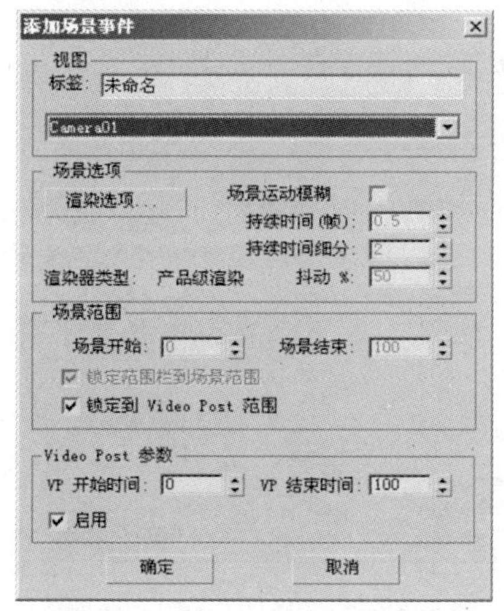

图 5—123　选择【Camera01】选项

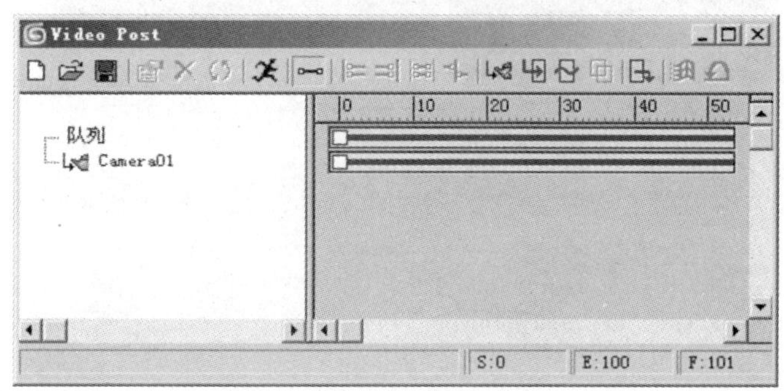

图 5—124　添加【Camera01】选项

（6）单击【添加图像过滤事件】按钮，打开【添加图像过滤事件】对话框。在对话框的【过滤器插件】下拉列表框中选择【镜头效果光斑】选项，如图 5—125 所示。

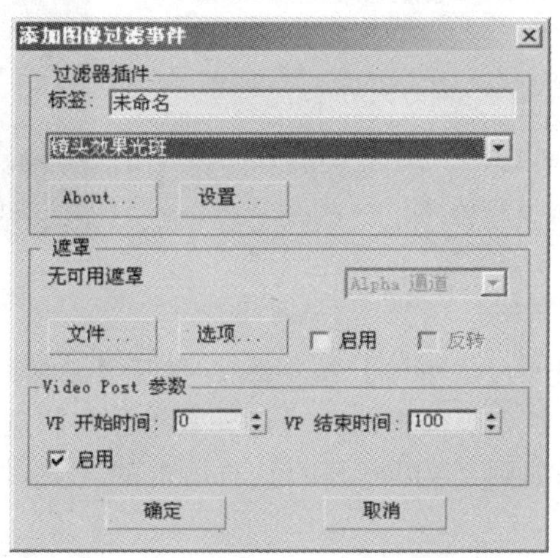

图 5—125　选择【镜头效果光斑】选项

（7）单击【添加图像过滤事件】对话框中的【设置】按钮，打开【镜头效果光斑】对话框。单击其中的【节点源】按钮，打开【选择光斑对象】对话框，如图 5—126 所示。在其中的列表中选择【Text01】选项，将光源对象指定为场景中的文本对象，如图 5—127 所示。

（8）单击【确定】按钮，关闭【选择光斑对象】对话框。此处【镜头效果光斑】对话框中的设置使用其默认值即可，单击【确定】按钮关闭该对话框，【Video Post】对话框的【队列】窗口中添加了【镜头效果光斑】选项，如图 5—128 所示。单击【执行序列】按钮对序列进行渲染，并设置只渲染动画的第 0 帧。此时得到的渲染效果，如图 5—129 所示。

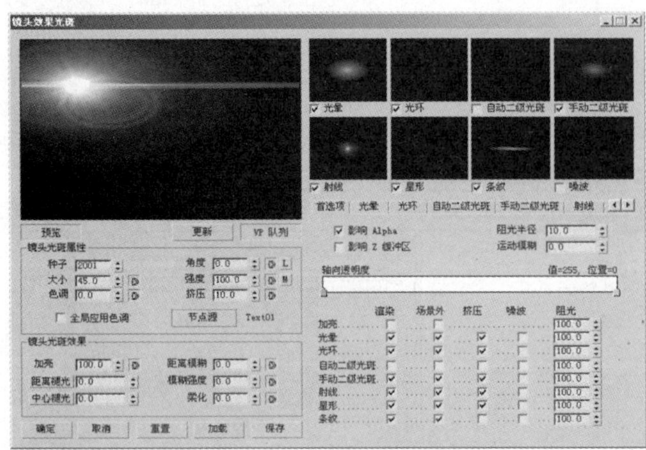

图 5—126　单击【节点源】按钮

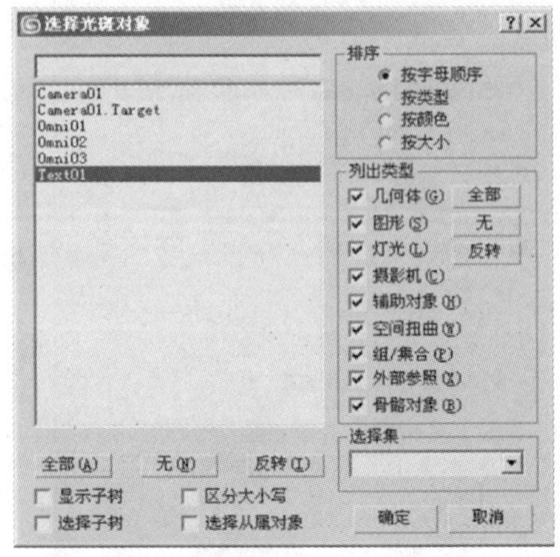

图 5—127　选择【Text01】选项

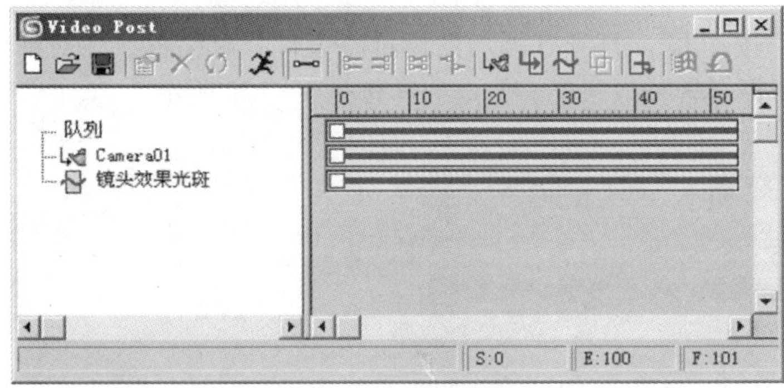

图 5—128　添加【镜头效果光斑】

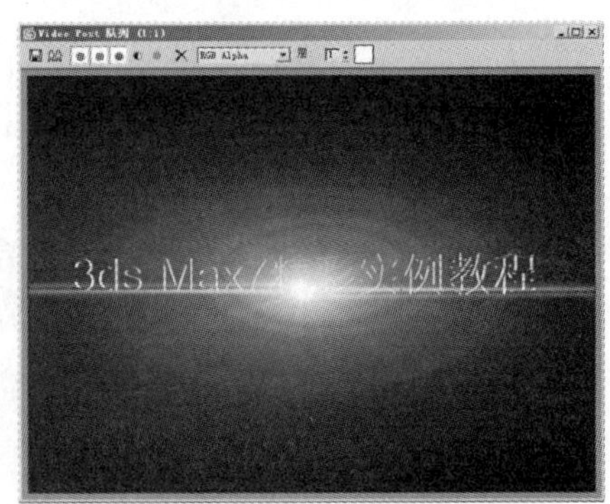

图 5—129　渲染序列的效果

(9) 再次单击【添加图像过滤事件】按钮，打开【添加图像过滤事件】对话框。在对话框的【过滤器插件】下拉列表框中选择【镜头效果焦点】选项，如图 5—130 所示。单击【确定】按钮，将事件添加到【Video Post】对话框的【队列】窗口中，如图 5—131 所示。

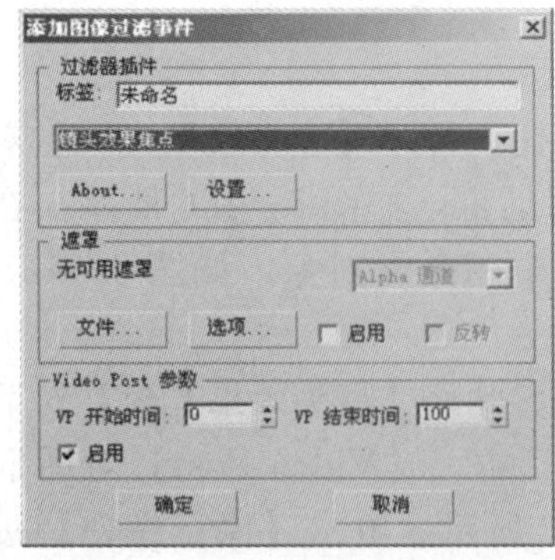

图 5—130　选择【镜头效果焦点】选项

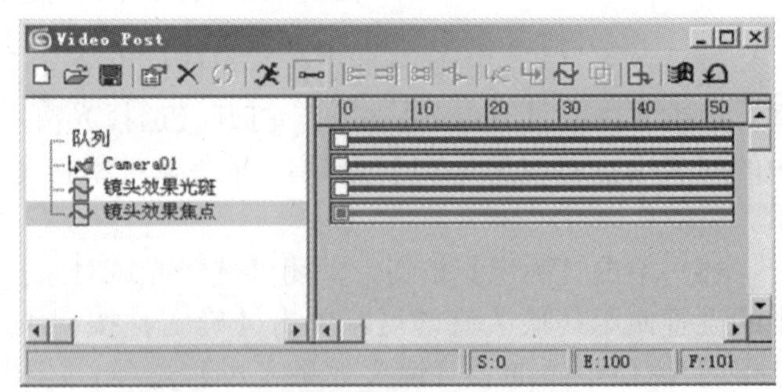

图 5—131　添加【镜头效果焦点】选项

（10）双击【Video Post】对话框中的【镜头效果焦点】选项，打开【编辑过滤事件】对话框，单击【设置】按钮，打开【镜头效果焦点】对话框。在对话框中首先单击【选择】按钮，打开【选择焦点对象】对话框，在列表中选择【Text01】选项后，单击【确定】按钮关闭该对话框。如图 5—132 所示。

（11）在【镜头效果焦点】对话框中，单击【焦点节点】单选框，同时取消对【锁定】复选框的勾选。对【水平焦点损失】和【垂直散点损失】等参数进行设置，如图 5—133 所示。

提示　【场景模糊】单选框处于选择状态时，模糊效果将应用到整个场景，其中：

- 【径向模糊】单选框处于选择状态时，效果将从中央向外应用到整个场景，这种效果对于产生广角或其他边缘模糊效果十分有效。
- 当【焦点节点】单选框处于选择状态时，所选物体将保持在焦距之内，焦距内的物体清晰，而焦距外的物体将变得模糊。另外，【焦点范围】的值将决定距离影像中心点或所选择对象轴心点多远开始产生模糊效果，其值越大，开始产生模糊的位置距离中心点或对象轴心点就越远。

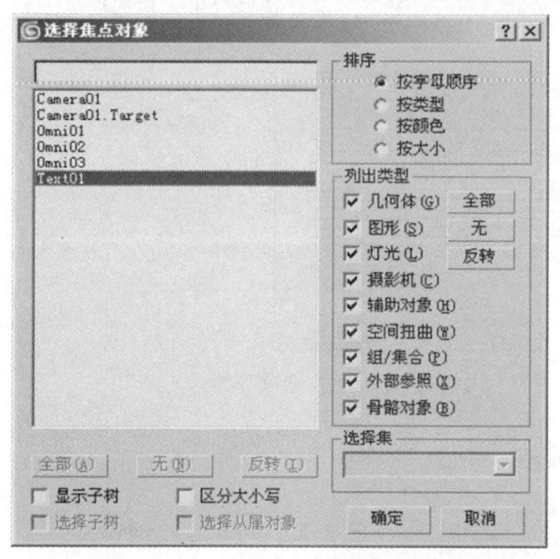

图 5—132　选择【Text01】选项

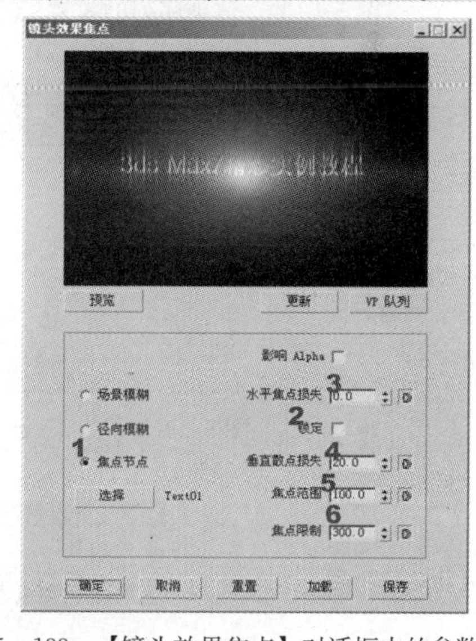

图 5—133　【镜头效果焦点】对话框中的参数设置

（12）完成设置后单击【确定】按钮，关闭【镜头效果焦点】对话框。渲染序列，可以看到此时的渲染效果如图 5—134 所示。

（13）单击【添加图像过滤事件】按钮，打开【添加图像过滤事件】对话框。在对话框的【过滤器插件】下拉列表框中选择【星空】选项，如图 5—135 所示，单击【确定】按钮，将其添加到【Video Post】对话框的【队列】窗口中，如图 5—136 所示。

（14）双击【星空】选项，打开【编辑过滤事件】对话框。单击【设置】按钮，打开【星星控制】对话框，在对话框中对效果进行设置，如图 5—137 所示。

（15）分别单击【确定】按钮，关闭【星星控制】和【编辑过滤对象】对话框，回到【Video Post】对话框。至此，本实例制作完成。渲染序列，可以看到本实例的最终效果如图 5—138 所示。

图 5—134　渲染序列的效果

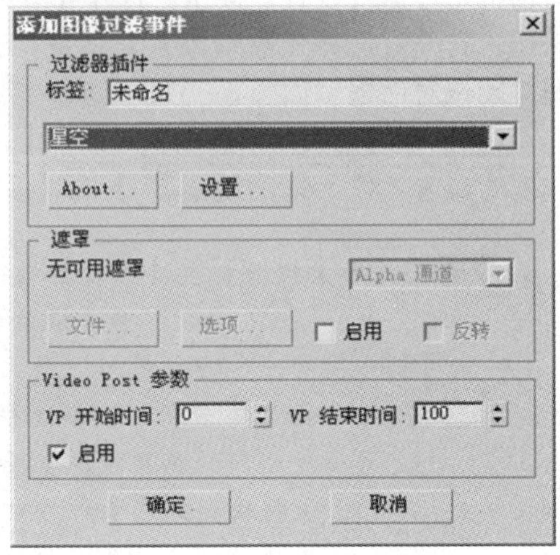

图 5—135　选择【星光】选项

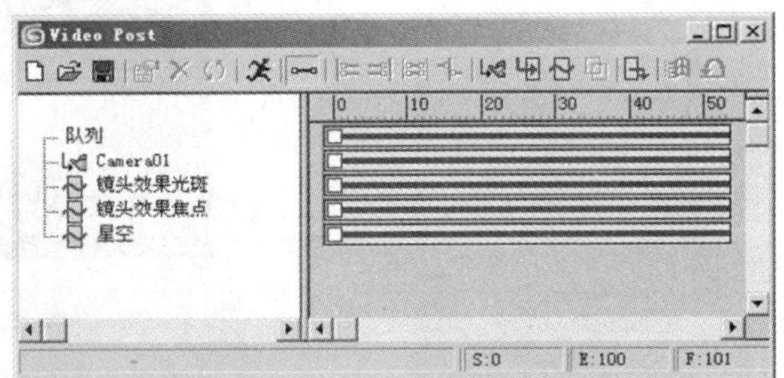

图 5—136　在【Video Post】对话框中添加【星光】选项

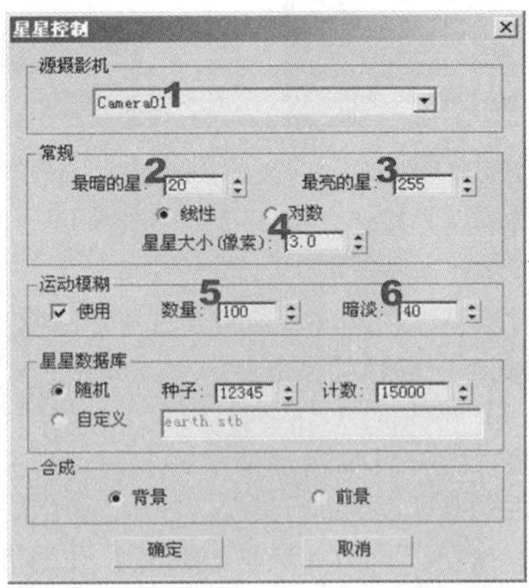

图 5—137　【星星控制】对话框中的参数设置

图 5—138　实例的最终效果

5.7　小结

本章学习了场景特效制作的有关知识。好的场景特效不仅能够为作品增色，更重要的是通过场景特效能够创建许多使用传统的建模方式所无法获得的效果。本章介绍了 3ds max 7 常用的一些场景特效的使用方法，包括火焰效果、各种雾效果和镜头效果，以及粒子系统和 Video Post 合成器在场景特效创建中的应用技巧。

通过本章的学习，读者可以掌握上述典型特效的创建，对各种特效的创建方法有一个初步的了解，并通过不断练习，举一反三，熟练掌握各种场景效果的制作方法，从而能够创作出满意的效果图和动画。

5.8　习题

1. 问答题

（1）如何创建火焰效果？

（2）如何调整火焰效果中火焰的大小和颜色？

（3）3ds max 7 能够创建哪几种雾效果？它们各有什么特点？

（4）3ds max 7 的粒子系统有哪些？使用它们能够创建出哪些效果？

（5）3ds max 7 能够创建哪些镜头效果？

（6）3ds max 7 中 Video Post 合成器的作用是什么？使用它能够创建哪些场景效果？

（7）如果需要创建镜头光斑效果，有哪些方法？

2. 操作题

（1）用所学的知识制作篝火的燃烧效果。

（2）用所学的知识制作如图 5　139 所示的文字渐隐效果。

（3）应用粒子系统制作如图 5—140 所示的飘雪效果。

（4）用所学知识创建如图 5—141 所示的光照效果。

图 5—139　文字渐隐效果

图 5—140　飘雪效果

图 5—141　光照效果

第 6 章　动画制作

3ds max 7 不仅能够创建各种类型的效果图，而且具有强大的三维动画制作能力。所谓的三维动画就是利用计算机进行动画设置和创作，产生真实的立体场景和动画效果。动画制作中，每个单幅的画面称为帧，使用 3ds max 7 制作动画时，用户只需要创建每个动画的起始帧、结束帧和动画的关键帧，关键帧间的动画效果即由系统自己完成。3ds max 7 针对不同的动画制作需要，提供了大量的动画创作工具，使用户能够方便地模拟现实中的如破裂、跌落或人物行走等各种动画效果。本章将结合具体的实例介绍使用 3ds max 7 创建各种类型动画的方法。

6.1　运动控制——跳动的小球

3ds max 7 是创建三维动画的利器，使用 3ds max 7 能制作各种类型的动画，包括关键帧动画、约束动画、动力学动画、基于控制器的动画、脚步动画及角色动画等。使用 3ds max 7 制作动画的方式很多，本节将主要介绍使用轨迹视图来制作和修改动画效果。

6.1.1　知识重点

3ds max 7 的轨迹视图主要用于管理场景和制作动画，使用轨迹视图可以实现复杂的动画，也可对动画进行调节。只要设置了相应参数的关键帧，然后加入该关键帧需要的参数，就能完成一系列复杂动画的制作。

单击【图表编辑器】菜单中的【轨迹视图-曲线编辑器】命令，打开【轨迹视图-曲线编辑器】窗口，如图 6—1 所示。

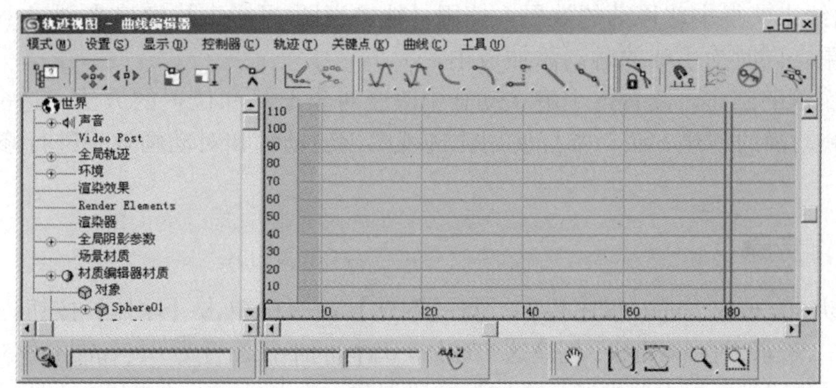

图 6—1　【轨迹视图—曲线编辑器】窗口

【轨迹视图-曲线编辑器】窗口一般包括以下主要功能模块。

- 层列表：位于窗口左侧。它将场景中的所有项目显示在一个层次中，在层次中选择对象名称即可选择场景中的对象。
- 编辑窗口：位于窗口的右侧，显示表示时间和参数值的轨迹或功能曲线，以浅灰色背景表示激活的时间段。
- 菜单栏：整合了轨迹视图的大部分功能。
- 工具栏：位于菜单栏的下部，包括了一些控制项目、轨迹和功能曲线的工具按钮。
- 状态栏：位于窗口下部，是一个包含了指示、关键时间、数值栏和导航控制的区域。
- 时间标尺：用于测量编辑窗口中的时间，其上的刻度反映了时间配置对话框的设置。

下面简单介绍层列表中各个项目的意义。

- 世界：将所有场景中的轨迹合并为一个轨迹，从而能够更快速地进行全局操作。
- 声音：可用于向动画中添加声音。
- Video Post：用于设置后期合成时的动画轨迹。
- 全局轨迹：包含存储控制器清单，可存储全局变量。
- 环境：包括控制背景、场景环境效果等选项。
- 对象：其下级长方体表示场景中的对象和对象分支，包括连接的子对象和层次参数。
- 容器：蓝色的圆柱体表示包含其他对象的容器。
- 修改器：其下分支将包括修改器的次对象和参数。
- 控制器：轨迹视窗的动画来源，其包含动画的参数值，它是层列表中唯一包含轨迹和关键点的项目

6.1.2 实例介绍

本实例是制作一个简单的小球跳动效果动画。场景中的小球在一块板上上下跳动，小球与板接触时有变形效果，小球在上下跳动的同时也将沿板向前移动，扬声器传出有节奏的节拍声。本实例首先创建小球上下跳动的关键帧动画，使用【轨迹视图-曲线编辑器】窗口通过修改曲线的形状来获得小球连续跳动的效果，同时对小球跳动的高度进行修改。通过修改【X 位置】曲线来获得小球移动的效果。使用【轨迹视图-摄影表】窗口来创建小球与板接触时的变形效果，同时为小球的跳动添加节拍。

通过本实例的制作，读者将了解在动画中改变对象形状和位置的方法，进一步了解 3ds max 7 关键帧动画的创建方法，掌握使用轨迹视图创建动画和对动画效果进行修改的方法和技巧。

6.1.3 制作步骤

（1）启动 3ds max 7 进入程序界面。在【创建】面板中单击【球体】按钮，创建一个球体，如图 6—2 所示。在前视图中创建这个球体，球体的半径设置为 8，如图 6—3 所示。

（2）在【创建】面板中单击【长方体】按钮创建一个长方体，如图 6—4 所示。在前视图中创建一个长方体，如图 6—5 所示。

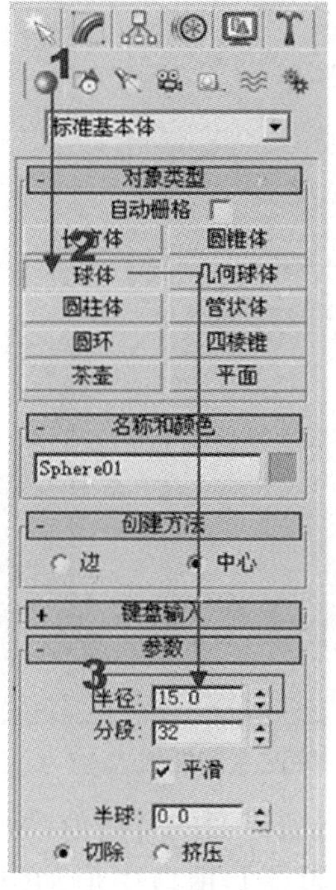

图 6—2　选择创建球体

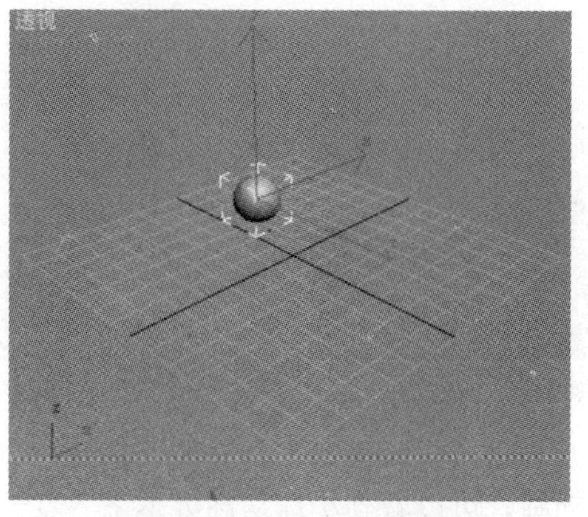

图 6—3　创建一个球体

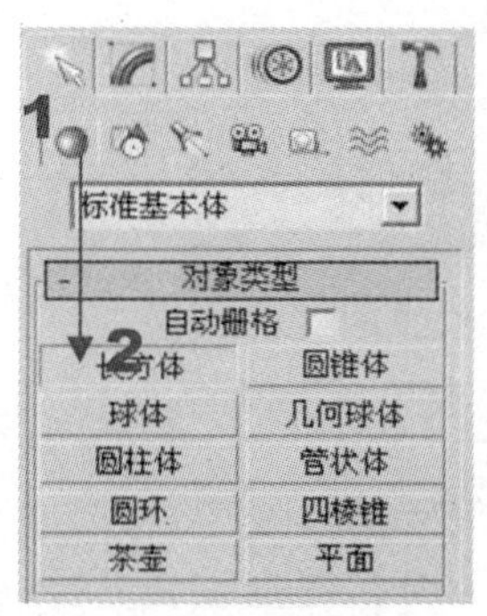

图 6—4　选择创建长方体

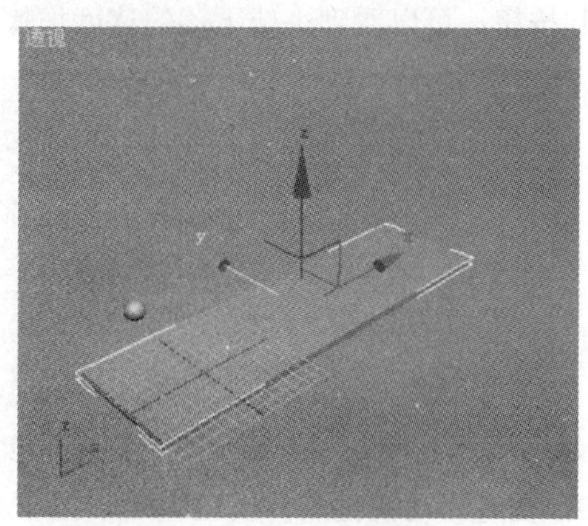

图 6—5　创建一个长方体

（3）单击工具栏中的【曲线编辑器（打开）】按钮，打开【轨迹视图-曲线编辑器】窗口。拖动 3ds max 7 主界面动画控制区中的时间滑块到第 20 帧，此时【轨迹视图-曲线编辑器】窗口中会出现一条垂线，该垂线会跟随时间滑块移动，并落在表示当前帧数的位置，如图 6—6 所示。

（4）在主界面的动画控制区中单击【自动关键点】按钮自动关键点，切换到自动关键点模式开始记录动画。单击【选择并移动】按钮，将球体向下移动到木板上，如图 6—7 所示。此时，【轨迹视图-曲线编辑器】窗口中的第 0 帧和第 20 帧的位置会各出现一个动画关键点，在这两个关键点间会出现一条曲线，如图 6—8 所示。

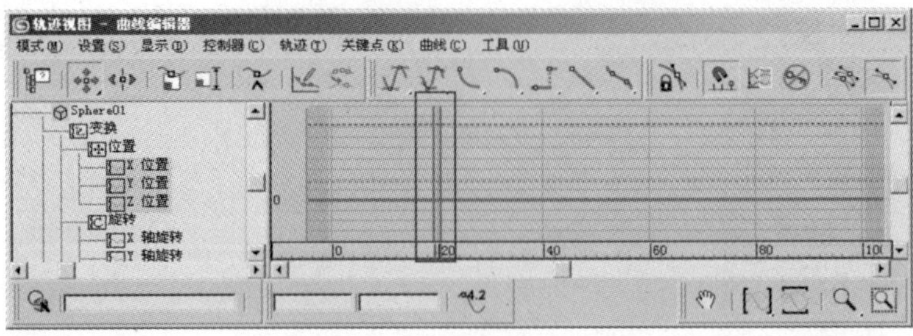

图 6—6 垂线表示帧数的位置

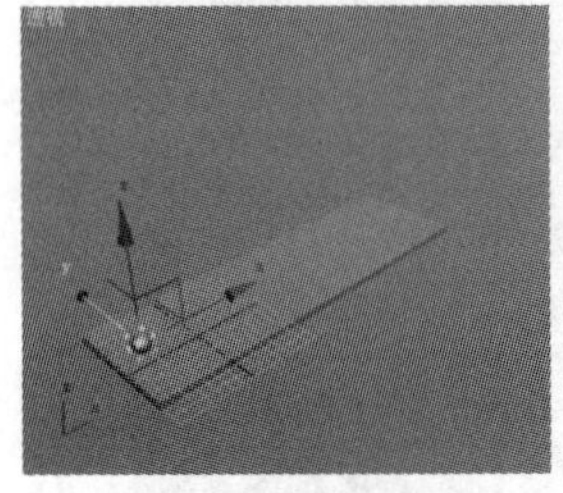

图 6—7 移动小球

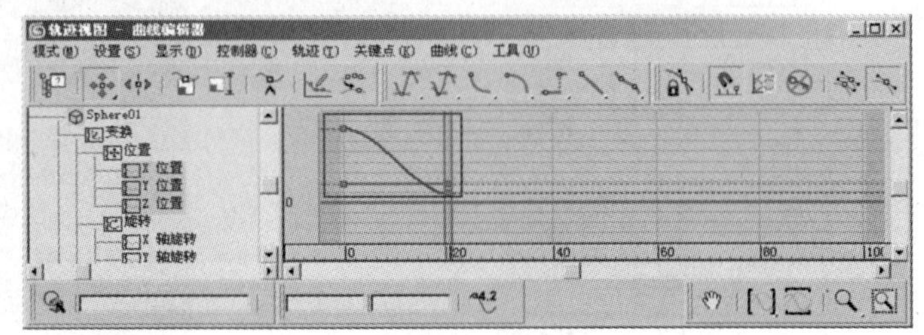

图 6—8 出现动画关键点和曲线

（5）单击【自动关键点】按钮，取消自动关键点模式。单击主界面的【播放动画】按钮播放动画，可以看到小球从高处落下。在【轨迹视图-曲线编辑器】窗口中拖动位于第 20 帧的动画关键点，将其放到第 10 帧的位置，曲线的形状随之改变，如图 6—9 所示。单击【播放】按钮，可以看到小球下落的速度加快了。

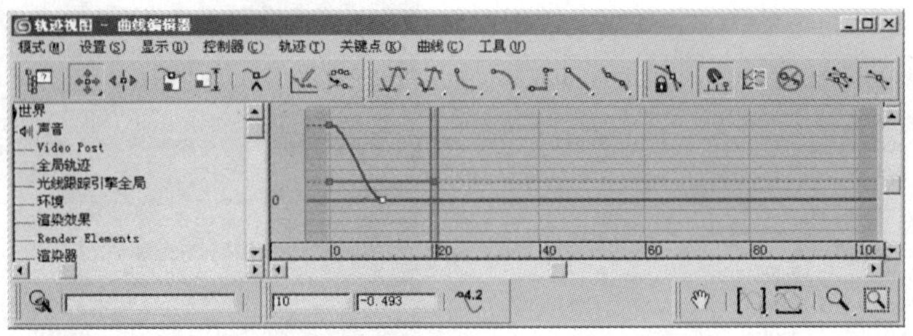

图 6—9 拖动动画关键点改变曲线的形状

（6）在【移动关键点】按钮处于按下状态时，按住【Shift】键拖动位于第 0 帧的关键点将其拖到第 20 帧。此时，可以在第 20 帧复制一个关键点，如图 6—10 所示。播放动画，可以看到小球在 0～20 帧上下移动一次。

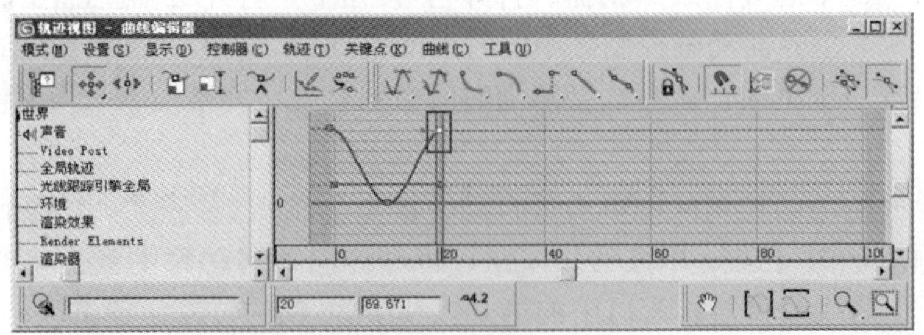

图 6—10 复制关键点

（7）在【轨迹视图-曲线编辑器】窗口左侧窗格中选择【Z 位置】选项，在工具栏中单击【参数曲线超出范围类型】按钮，打开【参数曲线超出范围类型】对话框，如图 6—11 所示。在【参数曲线超出范围类型】对话框中，单击【周期】类型下方的按钮，如图 6—12 所示。

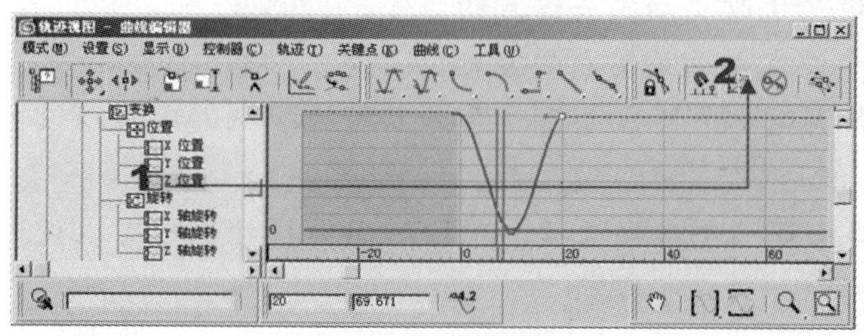

图 6—11　单击【参数曲线超出范围类型】按钮

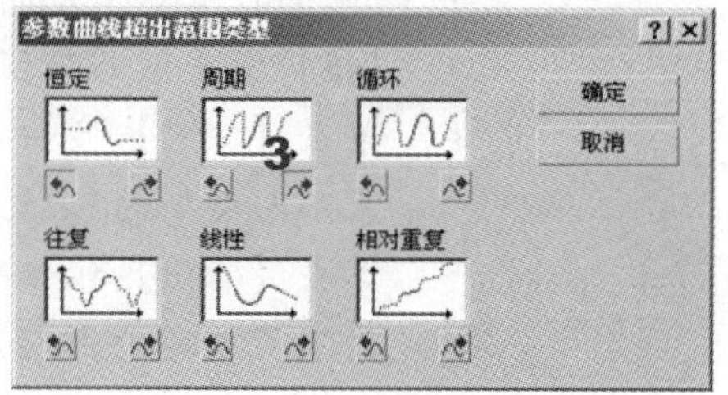

图 6—12　【参数曲线超出范围类型】对话框

提示　【参数曲线超出范围类型】对话框提供了一些可以分配到对象动画轨迹上的预设模式，它可以影响到全部的动画范围。如果当前动画有效范围为 0～100 帧时，当将动画延长到 200 帧时，后面 100 帧也将包括这里的循环动画轨迹。对话框中的按钮用于设定形态到起始动画帧之前的画面，而按钮可设定动画帧之后的画面。

（8）单击【确定】按钮关闭【参数曲线超出范围类型】对话框。此时，在【轨迹视图-曲线编辑器】窗口中将会出现添加的周期轨迹曲线，如图 6—13 所示。此时单击【播放】按钮，将会看到小球在 0～100 帧间反复上下跳动。

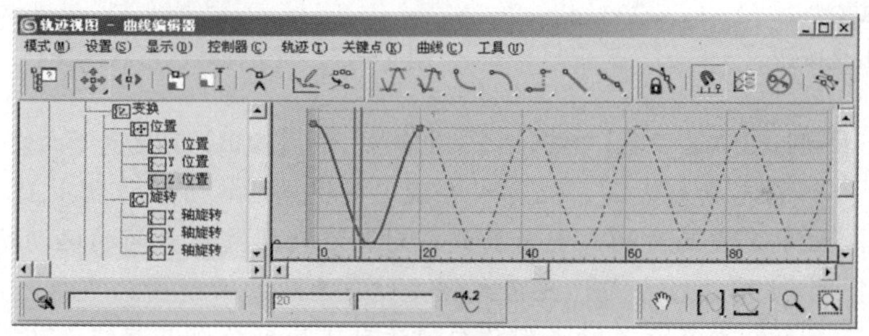

图 6—13　添加周期轨迹曲线

（9）现实中的球体下降是加速运动，而上升是一个减速运动过程。下面对曲线进行调节来获得这一效果。在曲线上处于最低点的第 10 帧单击右键，打开【Sphere01 \ Z 位置】对话框，单击【输入】按钮，在打开的按钮列表中选择按钮，如图 6—14 所示。此时轨迹曲线发生变化，如图 6—15 所示。

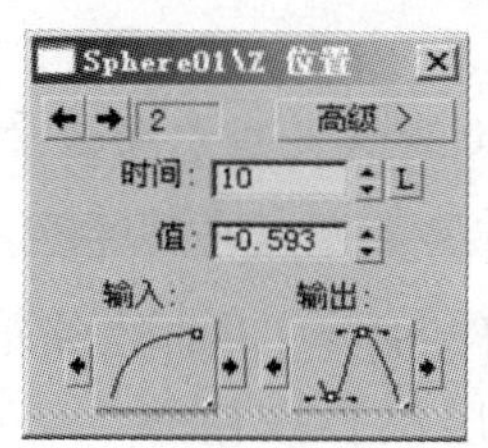

图 6—14　【Sphere01 \ Z 位置】对话框

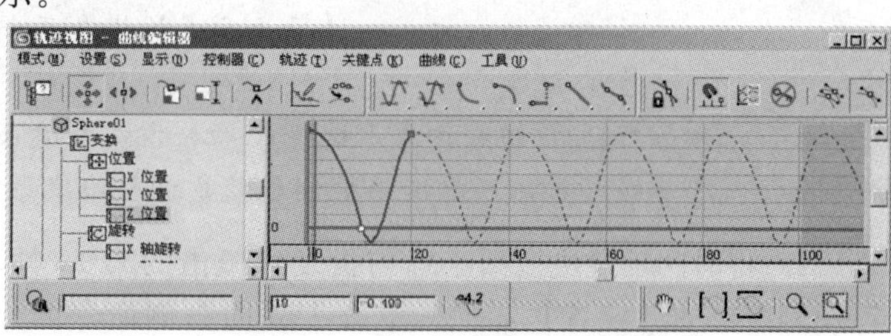

图 6—15　改变轨迹曲线的形状

在【Sphere01 \ Z 位置】对话框中：

- 单击←或→按钮可以进入各个关键帧。
- 【时间】增量框中的数值用于改变动画关键点的位置。
- 【值】增量框的数值用于设定动画关键点的坐标。
- 单击【输入】按钮会出现6个按钮选项，选择不同的按钮选项可以设置不同类型的入射角曲线。
- 单击【输出】按钮会出现6个按钮选项，选择不同的按钮选项可以设置不同类型的出射角曲线。

（10）单击【输入】右侧的→按钮，将曲线拷贝为输出曲线，此时【Sphere01 \ Z 位置】对话框中的【输出】按钮变为，点击图标，选择，如图6—16所示。此时的轨迹曲线如图6—17所示。播放动画，可以看到小球的跳动基本符合现实情况。

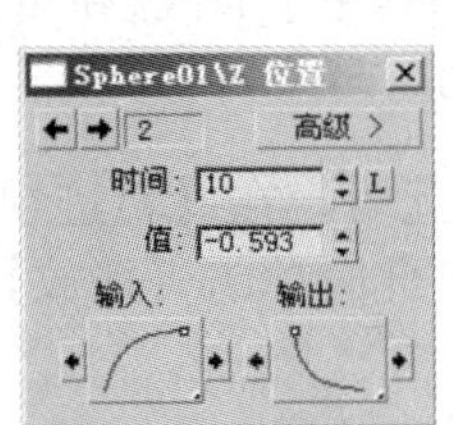

图6—16　单击→按钮

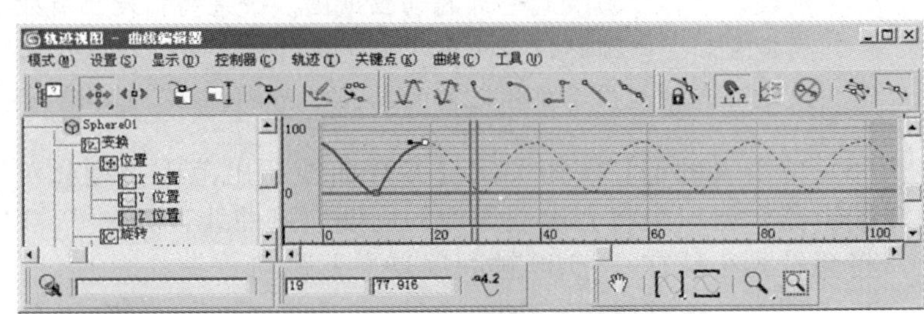

图6—17　轨迹曲线的形状改变

提示

在【Sphere01 \ Z 位置】对话框中，【输入】和【输出】可选择下面的6种插入方式：

- 自动插入方式，此方式在设定关键点后，可以根据关键点的位置来随机确定点两边的入射角曲线，对象在两个关键点间的运动轨迹是曲线。
- 线形插入方式，此方式将关键点两边的曲线变为直线入射形式，此时对象会在两个关键点间作匀速运动，运动轨迹是直线。
- 直角插入方式，此方式下系统会将关键点两边的轨迹曲线以直角折线的方式插入，对象运动时只出现关键点设定的位置而没有关键点间的运动过程。
- 减量插入方式，选择此方式时，对象在两个关键点间作减量运动，如物体的竖直上抛运动。
- 增量插入方式，选择此方式物体在两个关键点间作增量运动，如自由落体运动。
- 贝兹曲线方式，选择此插入方式关键点两端的曲线以贝塞尔曲线的形式插入，可以使用控制柄随意调整曲线形状以更好地控制对象的运动。

（11）将时间轴滑块拖到小球与板发生撞击的第10帧。单击【轨迹视图-曲线编辑器】窗口左侧窗格的【位置】选项。单击主界面右侧命令面板中的【层次】按钮①，打开【层次】面板，单击【轴】按钮②。在【调整轴】面板中单击【仅影响轴】按钮③，如图6—18所示。单击【选择并移动】按钮，将小球的轴心移动到其底部，如图6—19所示。再

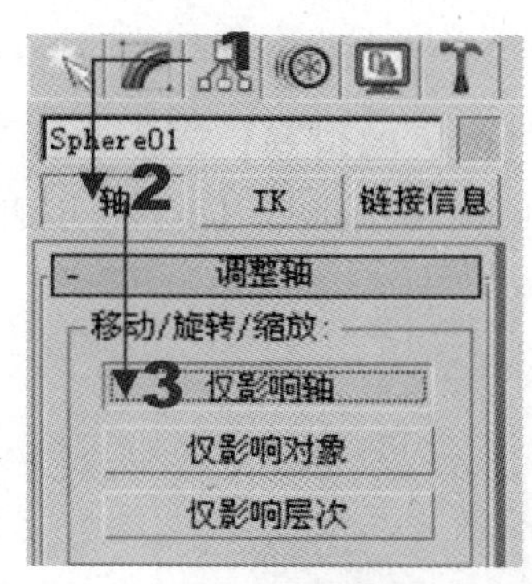

图6—18　单击【仅影响轴】按钮

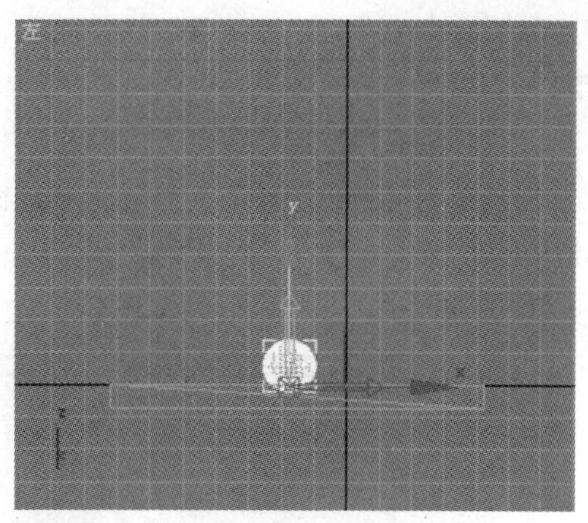

图6—19　将轴心移动到底部

次单击【仅影响轴】按钮，退出轴心修改模式。

（12）制作球体与板接触时的变形效果。在工具栏中选择【选择并挤压】工具，同时单击【百分比捕捉切换】按钮，锁定变形百分比。单击【自动关键点】按钮进入动画记录状态，单击【选择并均匀缩放】按钮，将小球压扁，如图6—20所示。此时，在【轨迹视图—曲线编辑器】窗口中出现新的曲线，如图6—21所示。

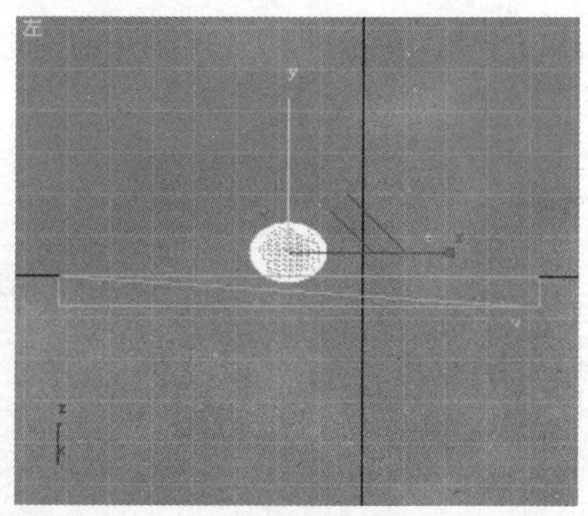

图6—20　压扁球体

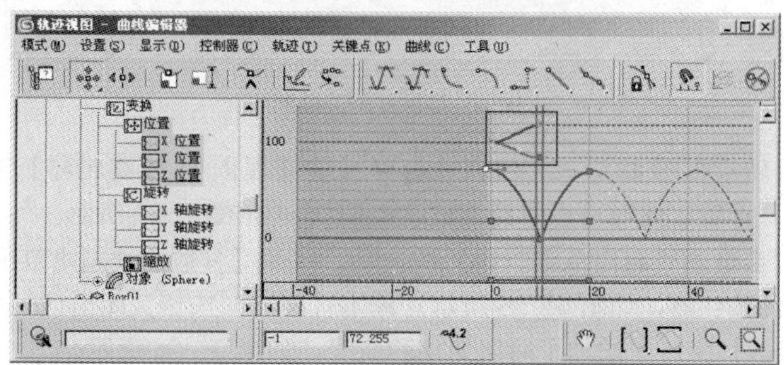

图6—21　出现新的曲线

提示 在工具栏中的【选择并均匀缩放】按钮上按住鼠标左键，可以打开一个下拉菜单，在菜单中可以选择需要使用的其他工具。

（13）单击【自动关键点】按钮取消动画记录。单击【图表编辑器】菜单中的【轨迹视图-摄影表】命令，打开【轨迹视图-摄影表】窗口，在左侧窗格中选择【缩放】选项，如图6—22所示。

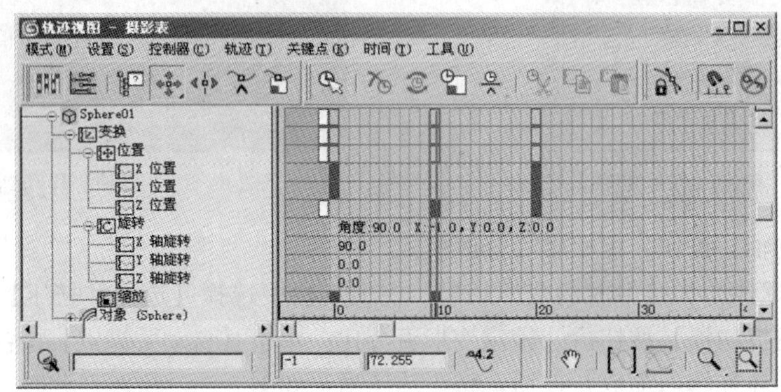

图6—22 选择【缩放】选项

（14）在【轨迹视图-摄影表】窗口中选择第0帧位置上的关键点，按住【Shift】键将其复制到第8帧、第12帧和第20帧，如图6—23所示。

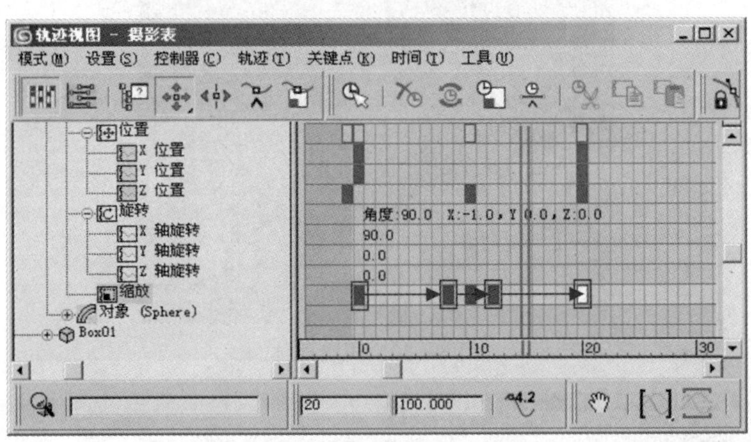

图6—23 复制关键帧

（15）关闭【轨迹视图-摄影表】窗口，打开【轨迹视图-曲线编辑器】窗口。在左侧窗格中选择【缩放】选项，此时可以看到缩放功能曲线，如图6—24所示。

（16）单击【参数曲线超出范围类型】按钮，打开【参数曲线超出范围类型】对话框，单击【周期】下的按钮，如图6—25所示。单击【确定】按钮关闭对话框，可以看到【轨迹视图-曲线编辑器】窗口中添加了周期变化的曲线，如图6—26所示。

（17）此时播放动画，可以看到第一次小球与板撞击时，具有压扁动作。但随着时间的

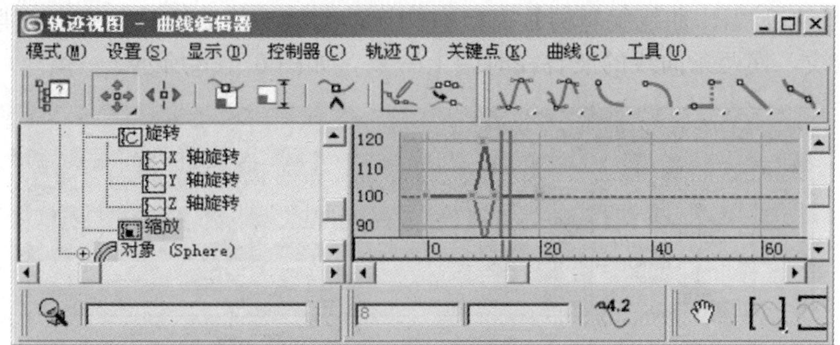

图 6—24　窗口中的缩放功能曲线

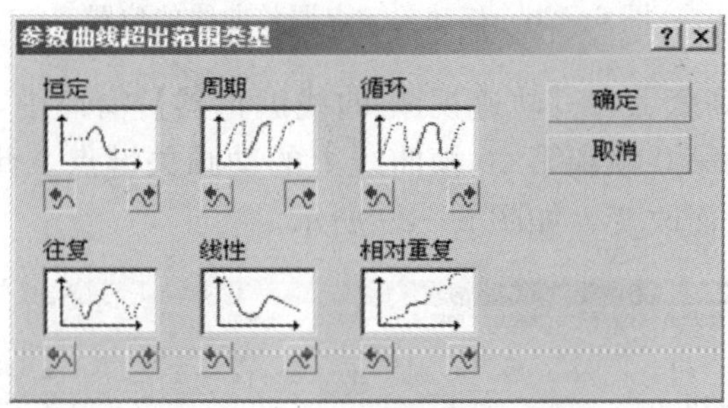

图 6—25　单击【周期】下的按钮

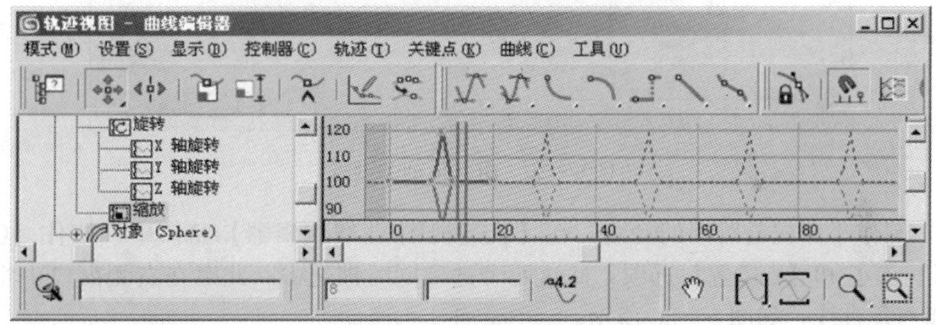

图 6—26　周期变化的曲线

推移，会出现小球没有与板发生撞击，也有被压扁的动作。原因是两条曲线在位置上的不匹配，即随着时间的推移，两条曲线的波谷在时间上不一致，如图 6—27 所示。

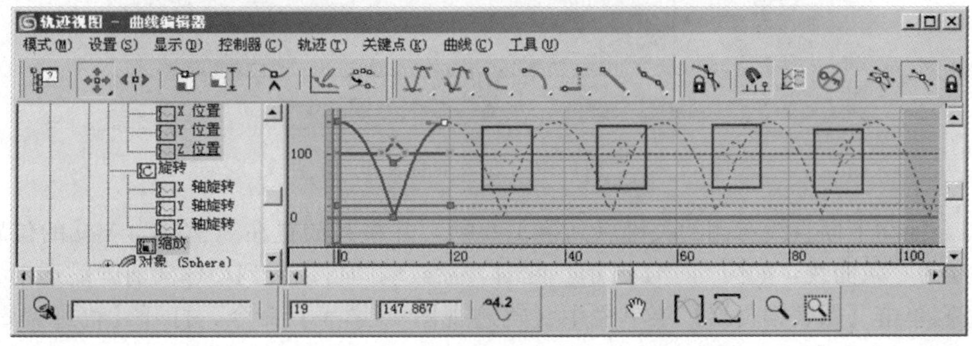

图 6—27　两条曲线的波谷不一致

（18）在【轨迹视图-曲线编辑器】窗口右侧拖动缩放功能曲线的关键点，整体移动超出范围的参数曲线，使两条曲线的波谷在时间上一致，如图 6—28 所示。

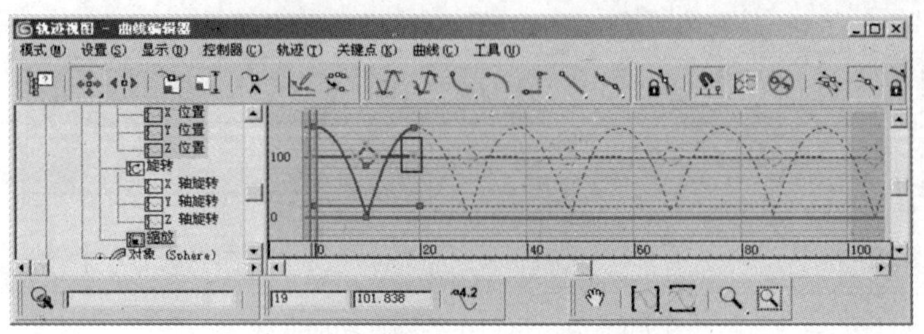

图 6—28　移动关键点调整曲线的位置

（19）增加小球弹跳高度。在【轨迹视图-曲线编辑器】窗口中，选择左侧窗格的【Z 位置】选项，分别向上拖动第 0 帧和第 20 帧曲线上的动画关键点。此时整个曲线的形状都会随着 0～20 帧曲线的形状而改变，如图 6—29 所示。

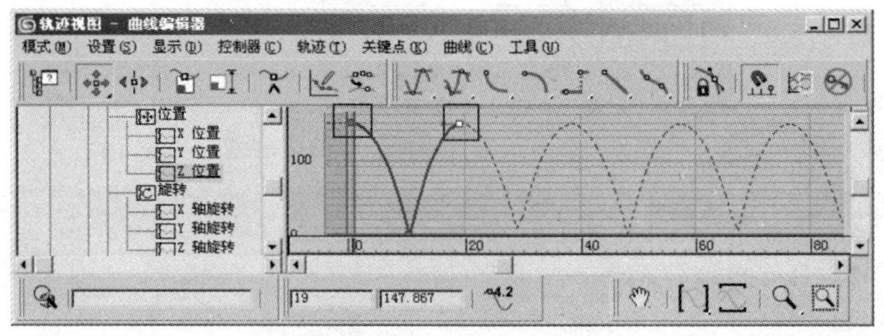

图 6—29　向上拖动关键点

（20）制作小球向前跳动的动画。在【轨迹视图-曲线编辑器】窗口中，按住【Ctrl】键单击【X 位置】和【Z 位置】选项，使这两个选项同时被选中。此时在右侧窗口中将出现一条曲线和一条直线，如图 6—30 所示。

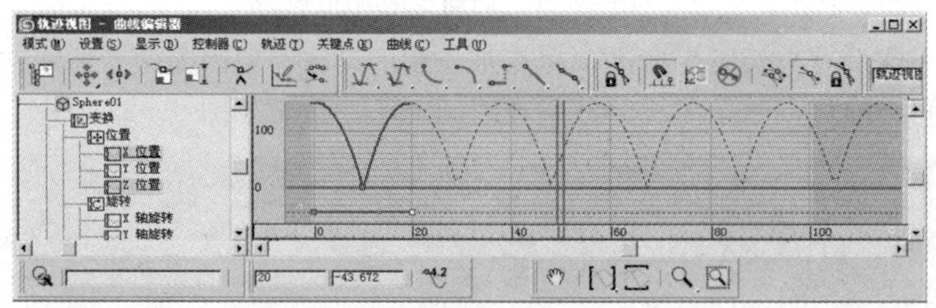

图 6—30　窗口中出现一条曲线和一条直线

（21）拖动下面直线右侧的关键点到第 100 帧，并将其放置在纵坐标为 300 的位置，此时直线变为一条曲线，如图 6—31 所示。此时，播放动画可以看到小球向前弹跳运动。

（22）单击【图表编辑器】菜单栏中【轨迹视图-摄影表】命令，打开【轨迹编辑器-摄影表】窗口。在左侧窗口中单击【声音】左侧的⊕按钮，鼠标右键单击展开项目中的【节拍

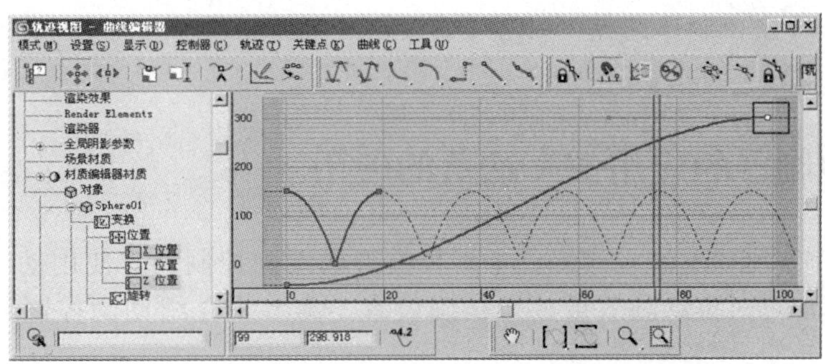

图 6—31　拖放关键点

器】选项在快捷菜单中单击【属性】命令，打开【声音选项】对话框。在【节拍】栏中的【每分钟节拍数】增量框中输入 180①，在【每单位节拍数】增量框中输入 2②，勾选【活动】复选框③，如图 6—32 所示。

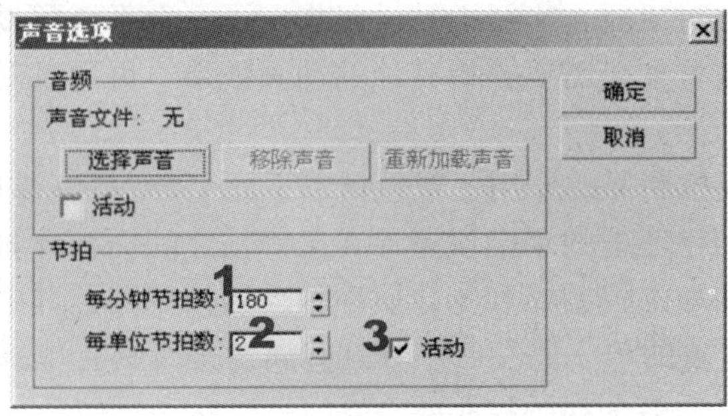

图 6—32　【声音选项】对话框的设置

提示　3ds max 7 支持 .wav 格式的声音文件，制作动画时可以使用声音文件。单击【声音选项】对话框中的【选择声音】按钮打开【打开声音】对话框，在对话框中选择所需的声音文件，单击【确定】按钮，此时在【声音选项】对话框中会自动勾选【音频】栏中的【活动】复选框。单击【确定】按钮关闭【声音选项】复选框即可将声音文件插入到动画中。

（23）单击【确定】按钮关闭【声音选项】对话框，在【轨迹视图-摄影表】对话框右侧的窗格中出现节拍器轨迹，如图 6—33 所示。

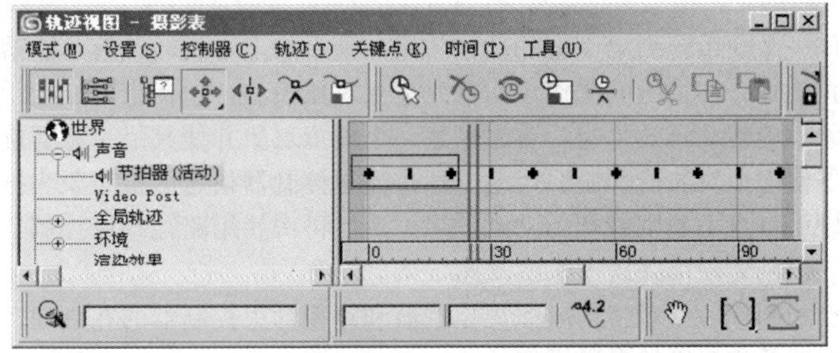

图 6—33　出现节拍器轨迹

（24）至此，本实例制作完成，单击【播放】按钮播放动画，在小球跳动的同时，计算机的扬声器会传出有节奏的节拍声。

6.2 动画控制器的应用——跌落的硬币

3ds max 7 为方便动画的创建提供了多种类型的动画控制器，使用动画控制器能够提高动画制作效率，对对象动画效果进行精确设置。本节将介绍动画控制器使用的一般常识。

6.2.1 知识重点

3ds max 7 中动画制作可以使用动画控制器来制作完成。动画控制器实际上是一组外挂程序，用它能够决定产生动画的方式，通过动画控制器对动画进行调整可以获得流畅的动画。当在场景中创建一个对象时，实际上就已经指定了一个系统预设的动画控制器，动画控制器具有自动的预设参数，如果需要获得其他的动画效果，可通过对对象指定特定的控制器来实现。

在 3ds max 7 中动画控制器的作用一般包括以下几个方面：在制作动画的过程中用来存储动画关键帧数据，存储程序上的动画设置，在关键帧之间插补计算出过渡帧。控制器一般分为两种类型，单一性的动画控制器和复合属性的动画控制器。其中，单一性的动画控制器只能控制 3ds max 7 中对象的单一属性，不管这些属性是否具有单一的参数内容。复合属性的动画控制器可结合并管理多个动画控制器。

在 3ds max 7 中，动画控制器可以通过两种方法取得。一是打开【运动】面板，在【指定控制器】面板中指定，二是可以使用【轨迹视图-曲线编辑器】窗口。在【运动】面板中只能取得实现位置、旋转和缩放这 3 种类型控制的动画控制器，即所谓的 PRS 模块。在【轨迹视图-曲线编辑器】窗口中提供了所有控制器类型供选择使用，并且可以通过编辑视窗对动画轨迹进行编辑。

3ds max 7 提供了多种控制器，针对不同的项目可进行选择。3ds max 7 的动画控制器包含变换动画控制器、旋转动画控制器和缩放动画控制器 3 类，本节主要介绍位置动画控制器中的路径约束控制器和旋转动画控制器中的注视约束控制器的使用。

6.2.2 实例介绍

本实例制作一个硬币落到桌面上的动画效果。硬币从上方旋转跌落，跌落到桌面上后旋转直至最后停止旋转。在实例的制作中，首先建立对象模型，包括桌面、硬币和虚拟对象及路径等。制作硬币旋转动画效果时，首先创建一个虚拟对象并使其沿一条螺旋线移动，使用路径约束控制器使虚拟对象沿螺旋线运动。通过注视控制器指定虚拟对象为掉落硬币的注视对象，以产生硬币自身不规则旋转的动画效果。最后再次使用路径约束控制器，为硬币指定一条直线路径，以创建硬币跌落下来的动画效果。

通过本实例的制作，读者将了解注视控制器和路径约束控制器的在创建动画中的作用和使用方法，掌握这两种控制的参数设置技巧。

6.2.3　制作步骤

（1）启动 3ds max 7 进入程序界面。利用已掌握的知识在视图中创建一个硬币造型，如图 6—34 所示。

（2）在硬币的下方创建一个长方体作为桌面，如图 6—35 所示。

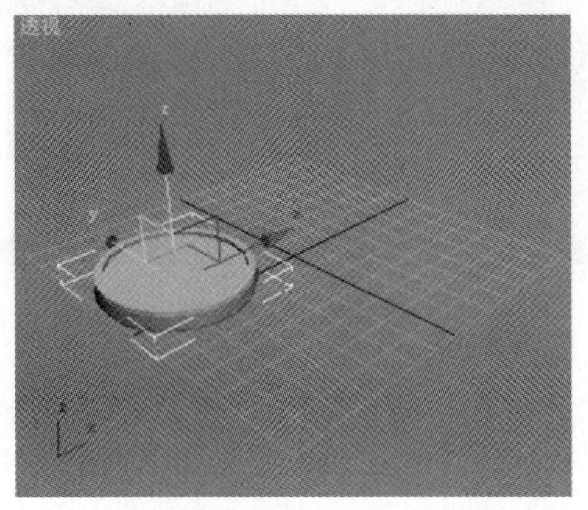

图 6—34　创建一个硬币造型

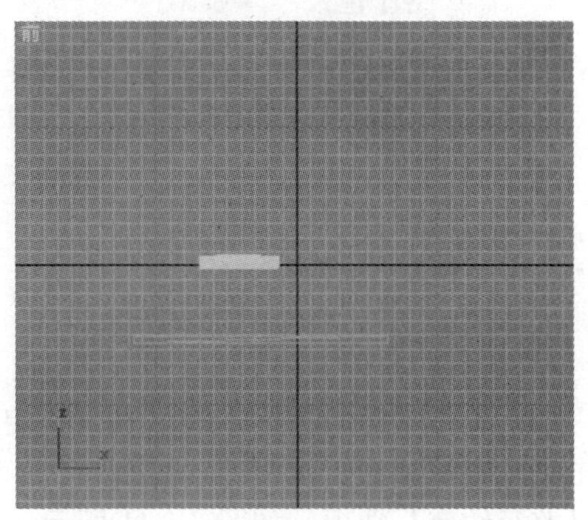

图 6—35　创建长方体作为桌面

（3）在【创建】面板中创建一个螺旋线，在顶视图中创建螺旋线后，在【参数】面板中修改螺旋线参数，如图 6—36 所示。此时视图中的螺旋线效果如图 6—37 所示。

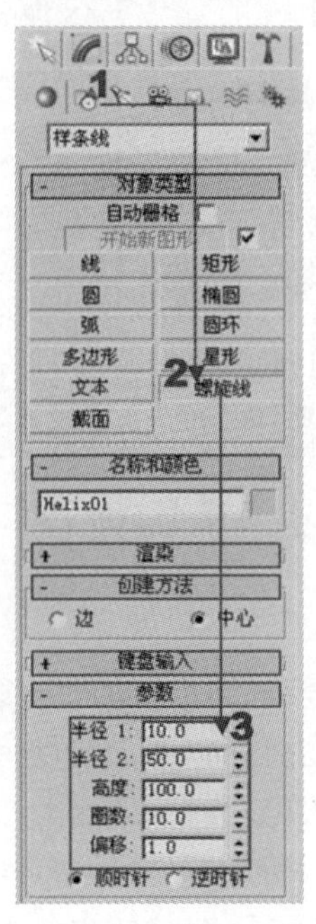

图 6—36　选择创建螺旋线

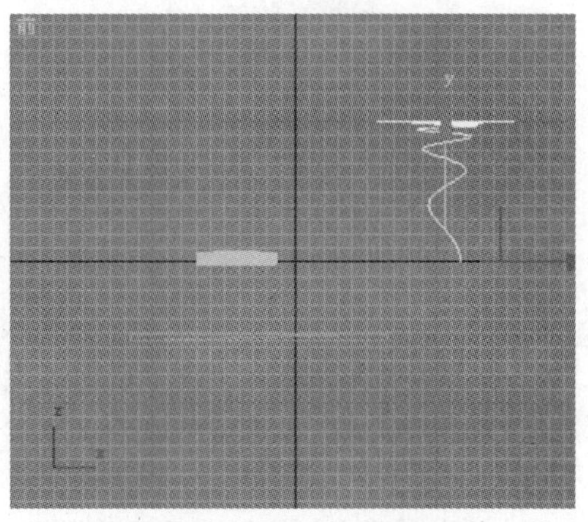

图 6—37　前视图中的螺旋线

（4）在【创建】选项卡中单击【辅助对象】按钮①，在打开的【对象类型】面板中单击【虚拟对象】按钮②，如图 6—38 所示。在视图中创建一个虚拟对象，如图 6—39 所示。

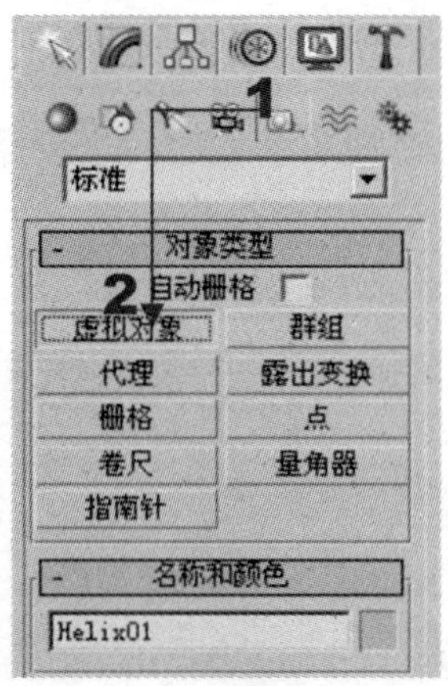

图 6—38 选择创建虚拟对象

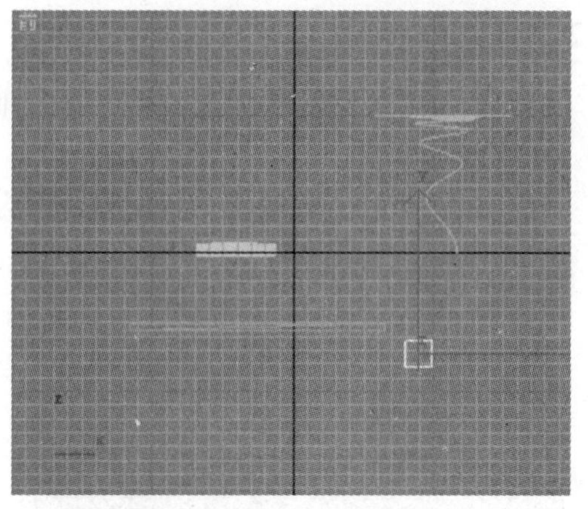

图 6—39 在视图中创建一个虚拟对象

(5) 单击【运动】标签，在【指定控制器】列表框中选择【位置：位置 XYZ】选项，单击【指定控制器】按钮，如图 6—40 所示。在打开的【指定 位置 控制器】对话框中选择【路径约束】选项，如图 6—41 所示。

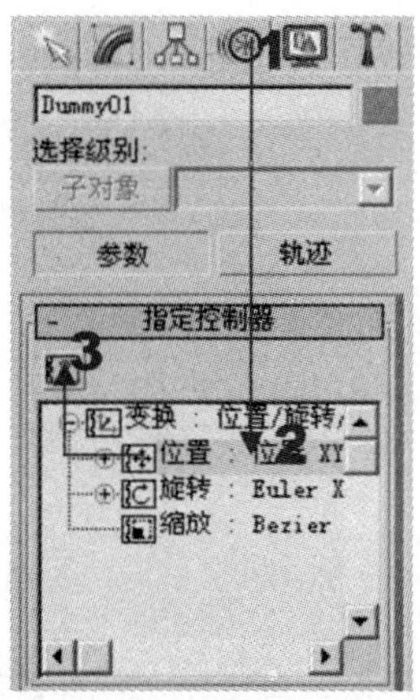

图 6—40 选择【位置：位置 XYZ】选项

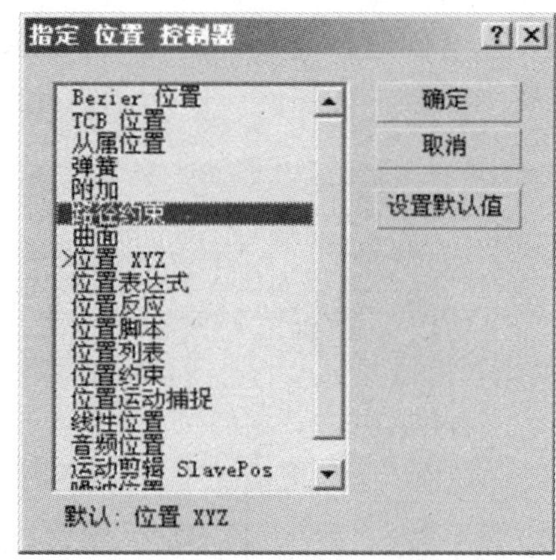

图 6—41 选择【路径约束】选项

提示 路径约束控制器常用于使物体沿某个路径进行运动，通常在需要物体沿路径运动但不发生变形时使用该控制器。当物体在沿路径运动时需要发生变形，可使用路径变形修改器或空间扭曲来实现。

(6) 单击【确定】按钮，关闭【指定 位置 控制器】对话框，在【路径参数】面板中单击【添加路径】按钮，如图 6—42 所示。在视图中单击螺旋线指定虚拟对象运动的约束路径为螺旋线，如图 6—43 所示。此时，在【目标 权重】栏的列表中将列出添加的路径对象。单击【播放动画】按钮，可以看到虚拟对象会沿螺旋线向上运动。

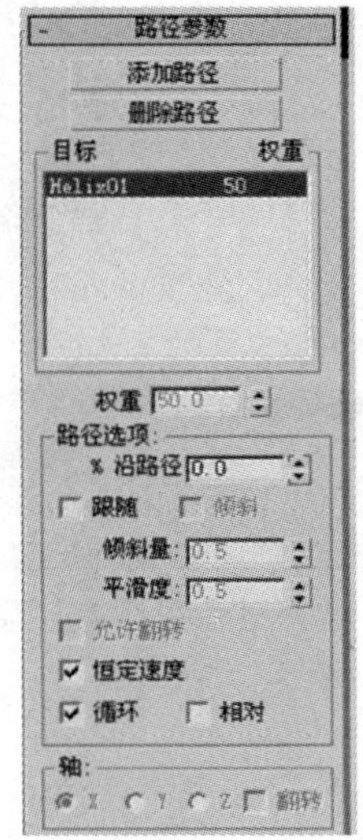

图 6—42　单击【添加路径】按钮

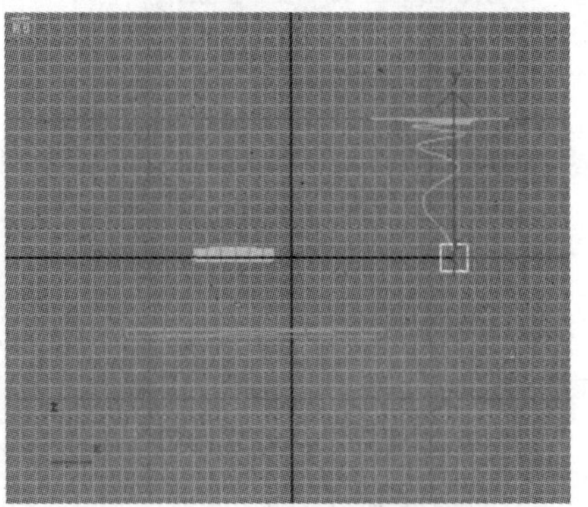

图 6—43　指定约束路径

提示　在【路径参数】面板中：

- 【%沿路径】增量框用于设置对象沿路径放置的百分比。
- 勾选【跟随】复选框，对象将始终保持在与路径切线方向相平行的方向上。
- 勾选【倾斜】复选框，对象将沿路径的轴向发生倾斜，其倾斜的程度由【倾斜量】增量框中的值来决定。
- 修改【平滑度】增量框的值，可控制对象沿曲线运动时发生倾斜变化的速度。这一值越小，对象对于路径的变化就越敏感。
- 勾选【恒定速度】复选框，对象将匀速运动，否则速度将随节点距离变化。
- 勾选【循环】复选框，对象到达路径终点后会自动回到起点进行循环运动。
- 勾选【相对】复选框，对象在运动时将不改变原始位置，在保持与路径距离相对距离处进行运动。在【轴】栏中，单选框用于指定对象自身的哪个轴与路径的轴向对齐。

（7）选择硬币模型，在【指定控制器】面板中选择【旋转：Euler XYZ】选项①，单击【指定控制器】按钮②，如图 6—44 所示。在打开的【指定 旋转 控制器】对话框中选择【注视约束】选项，如图 6—45 所示。

提示　注视约束控制器常用来约束一个物体的方向，获得物体总是注视目标对象的效果。这一控制器也可用于角色动画制作，用来制作如眼球转到的动画。它需要通过辅助对象来实现控制。

（8）单击【确定】按钮关闭【指定 旋转 控制器】对话框。在【注视约束】面板中单击【添加注视目标】按钮，如图 6—46 所示。在视图中单击创建的虚拟对象，将其指定为注视目标，如图 6—47 所示。此时，在【目标 权重】栏的列表中将列出添加的注视目标对象。

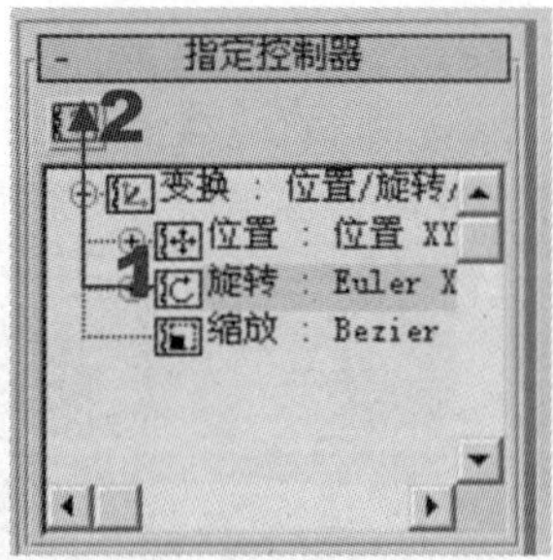

图 6—44　选择【旋转：Euler XYZ】选项

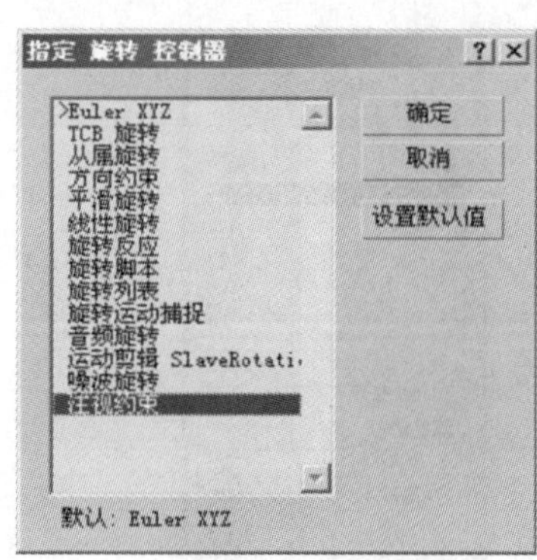

图 6—45　选择【注视约束】选项

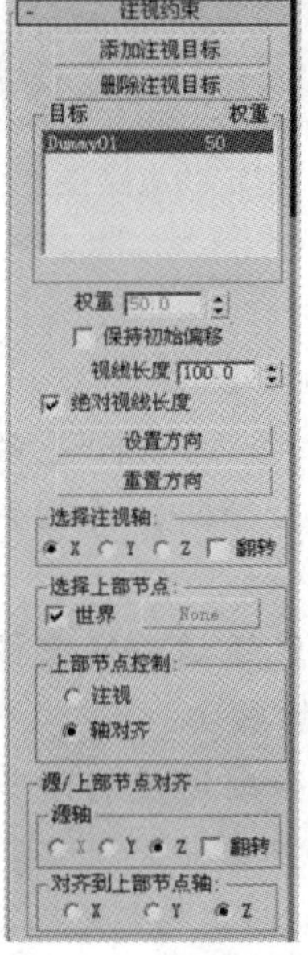

图 6—46　单击【添加注视目标】按钮

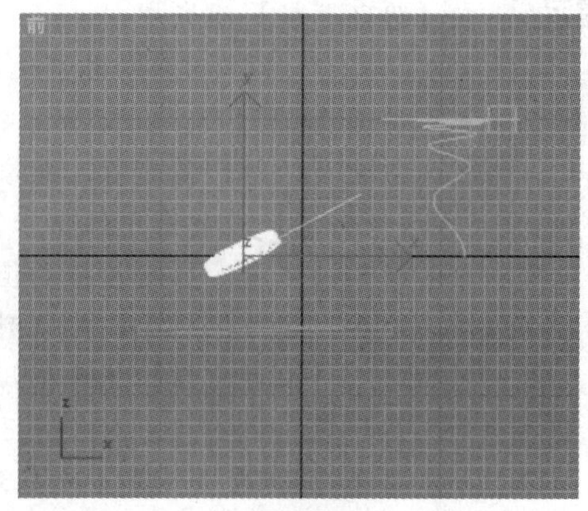

图 6—47　指定注视目标

提示　在【注视约束】面板中：

- 【权重】可设置注视目标对象对约束对象的影响程度。
- 勾选【保持初始偏移】将使指定注视对象后，约束对象不会改变初始方向。
- 【视线长度】增量框用于调整约束对象和目标对象中间点间的边线长度。
- 勾选【绝对视线长度】复选框时，将忽略【视线长度】增量框的设置值，约束对象和目标对象的连续将始终贯穿目标对象。
- 单击【设置方向】按钮，可在视图中用旋转工具手动设置约束对象注视方向。
- 单击【重置方向】按钮，将使约束对象的方向恢复为初始方向。
- 【选择注视轴】栏中的单选框用于指定约束对象注视目标对象的哪个轴向。
- 【选择上部节点】栏用于对节点平面进行设置。

- 当【上部节点控制】栏中的【注视】单选框处于选择状态时，节点轴向将与目标轴向相匹配；当【轴对齐】单选框处于选择状态时，节点的轴向将对齐目标对象的轴向。
- 【源/上部节点对齐】栏中【源轴】栏的单选框提供X、Y和Z轴3个轴向，用于指定约束对象的轴向。
- 【对齐到上部节点轴】栏中的3个轴向用于指定约束对象和节点的对齐轴向。

(9) 在场景中创建一条从上向下画的直线，如图6—48所示。

(10) 选择硬币模型，在【指定控制器】面板中选择【位置：位置XYZ】选项①，单击【指定控制器】按钮②，如图6—49所示。在【指定 位置 控制器】面板中选择【路径约束】选项，如图6—50所示。

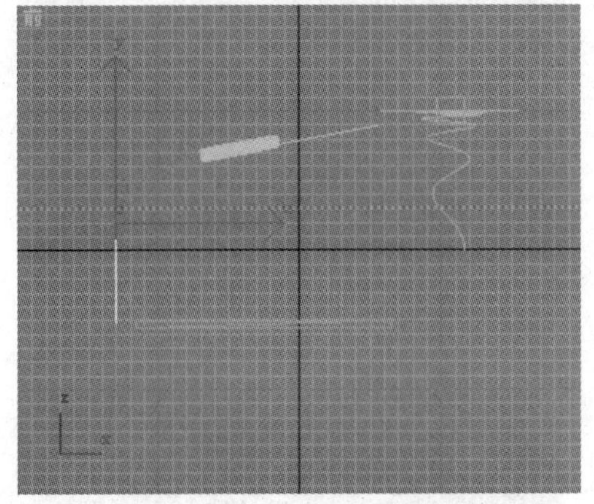

图6—48　创建一条直线

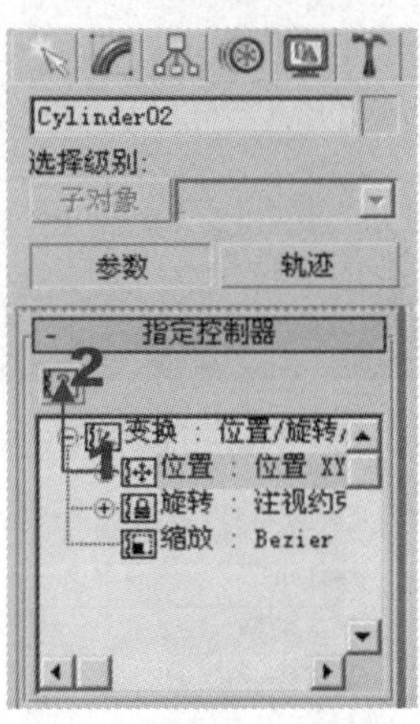

图6—49　选择【位置：位置XYZ】选项

(11) 单击【确定】按钮，关闭【指定 位置 控制器】对话框。在【路径参数】面板中单击【添加路径】按钮，如图6—51所示。在创建的直线上单击，将其指定为硬币模型的运动路径，硬币模型会自动附着于路径上，如图6—52所示。

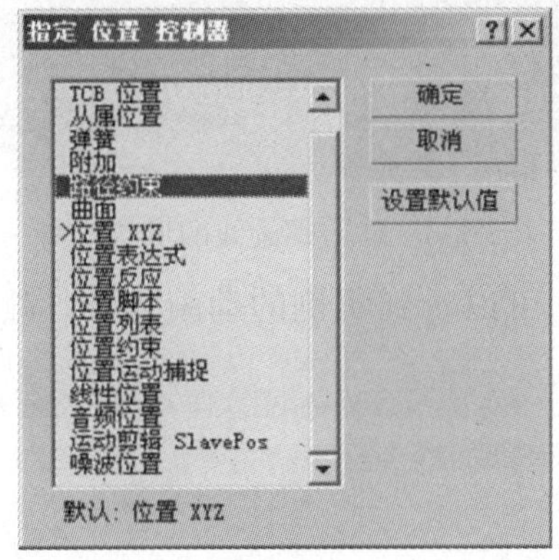

图6—50　选择【路径约束】选项

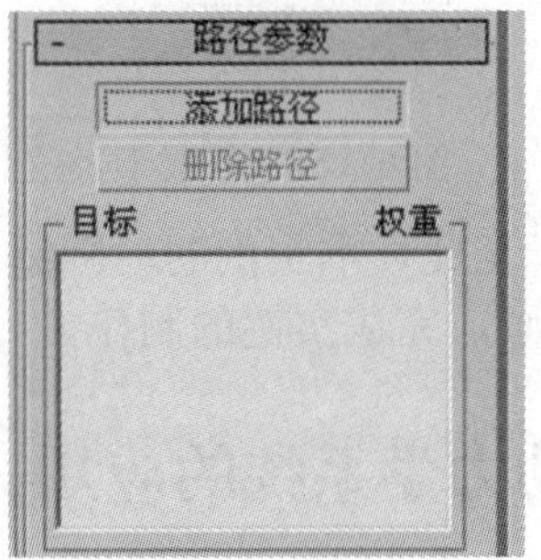

图6—51　单击【添加路径】按钮

（12）单击【选择并移动】按钮，将螺旋线的上端放置于长方体的下方，将直线放置在螺旋线上端中心位置。使场景中对象的位置，如图 6—53 所示。

（13）此时，单击【播放动画】按钮播放动画，可以看到硬币沿直线旋转下落，落到桌面上旋转直至停止的效果。但此时硬币旋转的速度是先快后慢，这不符合实际，下面对效果进行修改。选择视图中的螺旋线，在【修改】面板中修改螺旋线的半径值，如图 6—54 所示。此时，视图中的螺旋线形状改变，如图 6—55 所示。再播放动画，硬币的下落现象就与实际相符了。

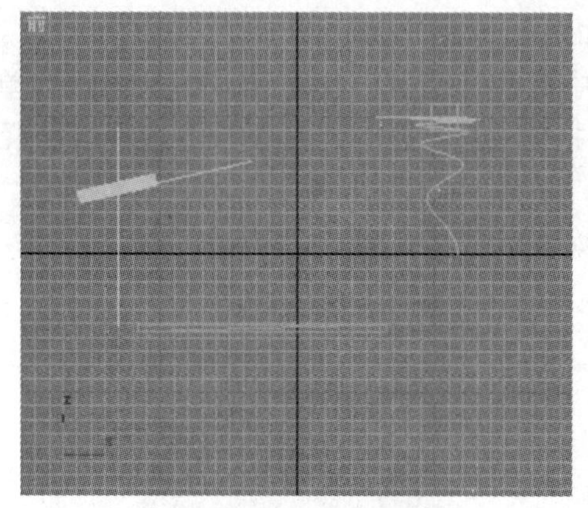

图 6—52　为硬币模型指定路径

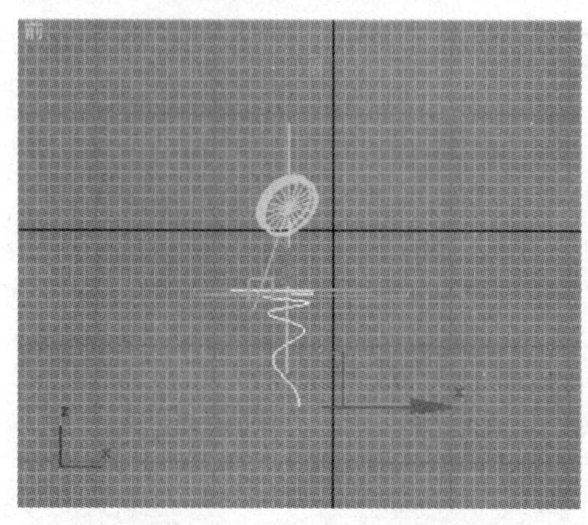

图 6—53　调整对象的位置

图 6—54　修改半径值

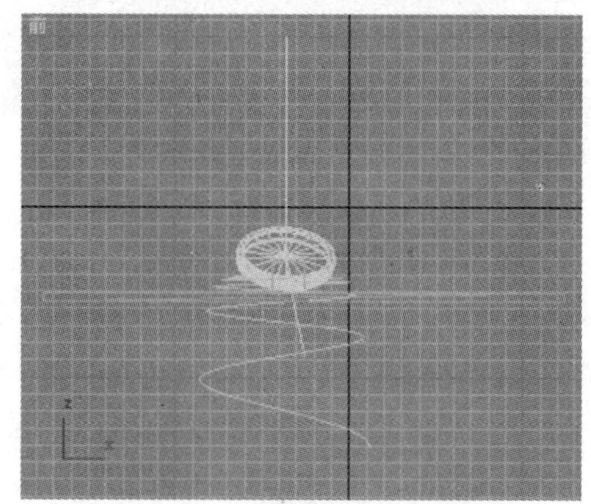

图 6—55　螺旋线的形状改变

（14）至此，本实例的动画制作完成。播放动画，可以看到实例的动画效果，效果满意后渲染动画，完成实例的制作。

6.3　动力学系统的应用——飘落的桌布

在现实世界中，力是引起物体运动的直接原因，物体运动状态的改变往往是力作用的结果。3ds max 7 提供了动力学系统来模拟现实世界中由不同特点的力所引起的对象的不同运动状态。本节将学习利用 3ds max 7 的动力学系统来创建对象的运动动画。

6.3.1 知识重点

动力学是物理学的一个分支，用于研究各种力及力所引起的运动状态的改变。它不同于空间扭曲，主要研究的是两个对象间的相互作用。

使用 3ds max 7 时，在场景中创建对象后，即可使用动力学系统对物体指定各种物理属性，如摩擦力、弹性和质量等。通过设置对象的弹性系数或摩擦因数等属性参数，并施加外力，可以使对象以动画的形式确定位置和方向，来模拟复杂的物理变化。

3ds max 7 的动力系统十分强大，不仅包括了布料、绳索、水、刚体和柔体碰撞等，还包含了多个约束系统，如弹簧、缓冲器和点到点的约束等。同时动力系统还提供了作用力，如风力、马达和破碎等。

在 3ds max 7 中，刚体是基本的物体类型，在现实中不会变形的物体，在这里都可以视为刚体。而在 3ds max 7 中，布料一般指的是能够折叠的一类物体，如衣服、窗帘和旗帜等。本节将主要介绍刚体动力学系统和布料动力学系统的使用。

6.3.2 实例介绍

本实例制作桌布落到桌面上的动画效果，实例中桌布从上方落到一个桌面上后，其下摆摆动，就像现实中的一样。本例在制作中，首先创建木桌和布的模型，并为它们分别赋予材质。然后，使用 3ds max 7 的布料系统来获得模拟柔软的布效果。将桌子对象设置为刚体，以得到桌布落到桌面并覆盖桌面的效果。

通过本实例的制作，读者将了解在 3ds max 7 中创建刚体系统和布料系统的一般方法，同时了解这两种动力学系统的参数设置技巧。

6.3.3 制作步骤

(1) 启动 3ds max 7 进入程序界面。打开源文件“木桌 . max”，该文件中有一个木桌的模型，如图 6—56 所示。

(2) 在【创建】面板中单击【平面】按钮，创建一个平面，如图 6—57 所示。在顶视图中创建这个平面，并将其长和宽均设置为 300，如图 6—58 所示。

(3) 按【M】键，打开【材质编辑器】窗口，选择第二个材质球，单击【Blinn 基本参数】面板中【漫反射】右侧的【无】按钮，如图 6—59 所示。在打开的【材质/贴图浏览器】中双击【位图】选项，如图 6—60 所示。打开【选择位图图像文件】对话框，选择一个作为贴图的位图文件，如图 6—61 所示。

(4) 单击【确定】按钮，关闭【选择位图图像文件】对话框，回到【材质编辑器】窗口。在视图中选择创建的平面，单击【材质编辑器】窗口中的【将材质指定给选定对象】按钮，如图 6—62 所示。渲染视图，可以看到获得的桌布效果，如图 6—63 所示。

(5) 关闭【材质编辑器】窗口。在【修改】面板中为桌布对象添加一个【reactor Cloth】修改器，并勾选【Properties】面板中的【Avoid】复选框，如图 6—64 所示。

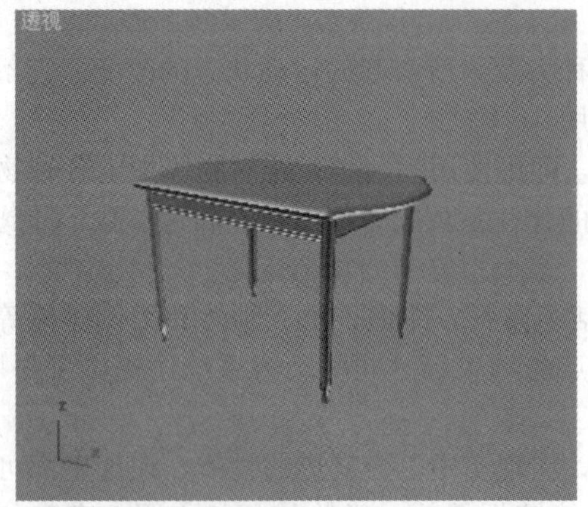

图 6—56　木桌模型

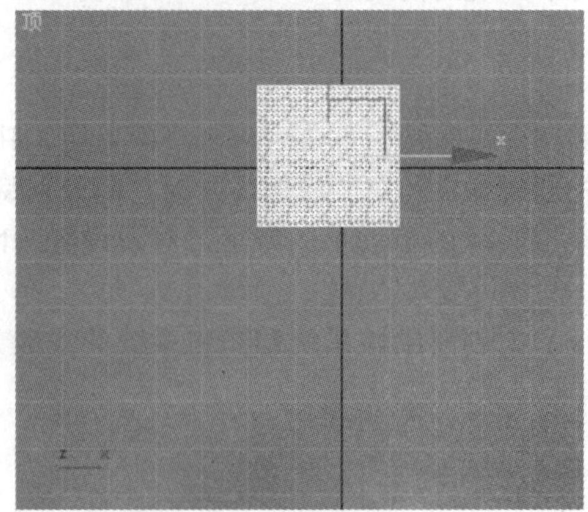

图 6—58　创建平面

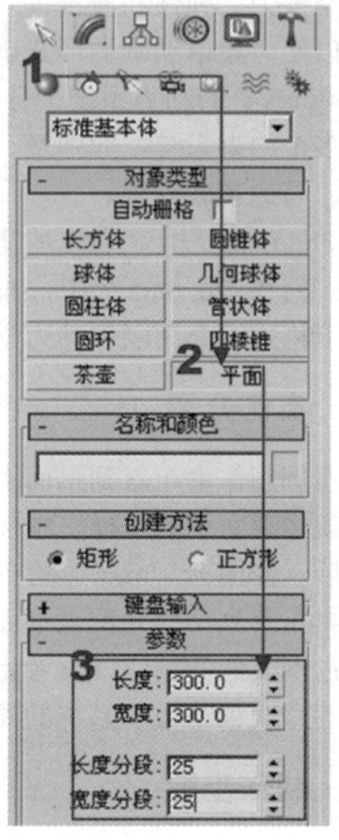

图 6—57　选择创建平面

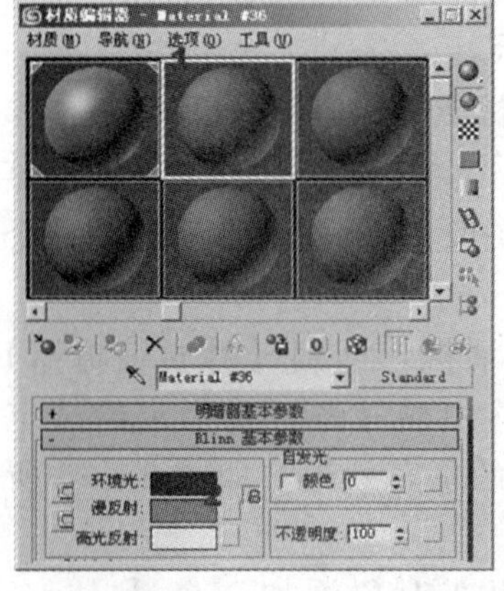

图 6—59　单击【无】按钮

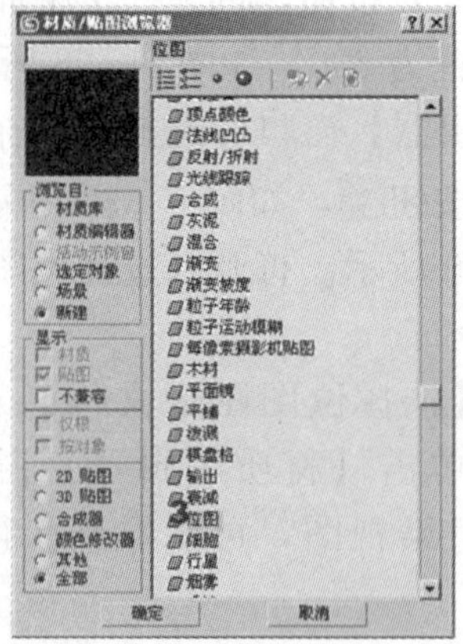

图 6—60　双击【位图】选项

图 6—61　选择需要的贴图文件

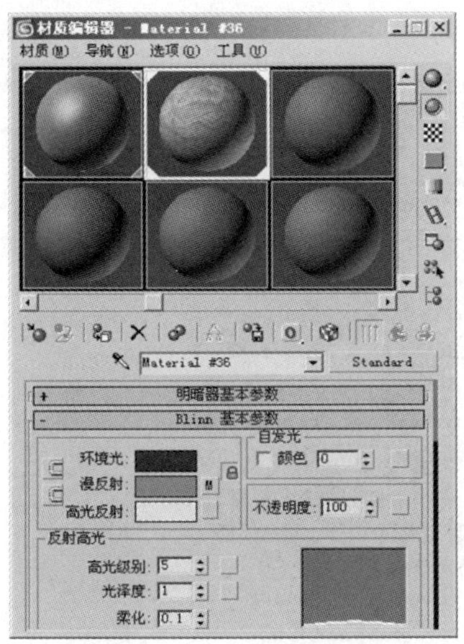

图 6—62　单击【将材质指定给选定对象】按钮

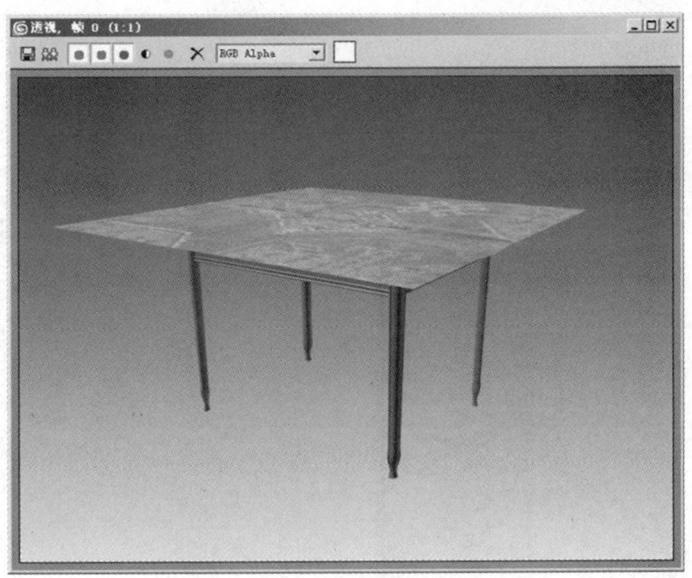

图 6—63　渲染后的桌布效果

提示　在【reactor Cloth】修改器的【Properties】面板中：

- 【Mass】增量框用于设置布料物体的质量。
- 【Fricti】增量框用于设置布料物体表面的摩擦力。
- 【Rel】增量框用于设置布料的浮力属性，用来表示其相对密度。
- 【Air】增量框的数值将影响布料的下落速度。
- 在【Force Model】栏中，【Stiffness】增量框中的数值用于设置布料的硬度。【Damping】增量框的数值用于控制布料摆动时的阻尼系数。当【Complex Force】单选框被选择时，布料的模拟效果将比默认的【Simple Force】方式更加精确，其下的各设置项可用。在这里【stretch】增量框用于设置布料受力时能够拉伸的程度。【Bend】增量框用于控制布料弯曲的程度。【Shear】增量框控制将一个矩形变形为平行四边形的能力。
- 在【Fold Stiffness】栏中，【None】表示对象没有折叠硬度。选择【Uniform】时，对象具有均匀的折叠硬度。其下的【Stiffness】增量框的值用于设置折叠的硬度。当选择【Spatial】时，系统会给布料一个附加硬度值。其下的【Distance】增量框用于设置每个单位面积上的折叠角度。

（6）在【创建】面板中单击【辅助对象】按钮①，选择面板下拉列表框中的【reactor】选项②。在打开的【对象类型】面板中单击【CLCollection】按钮③，如图 6—65 所示。

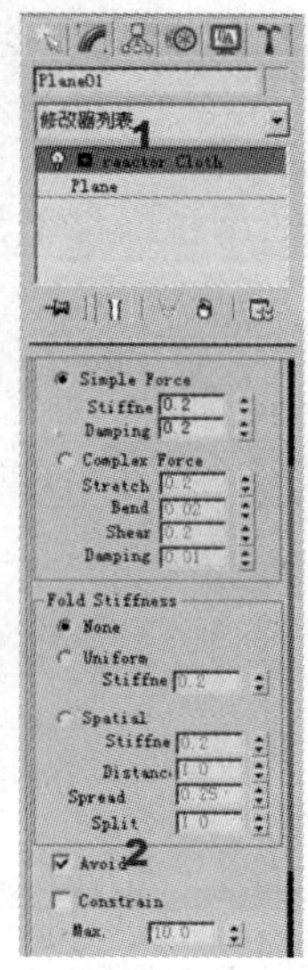

图 6—64 勾选【Avoid】复选框

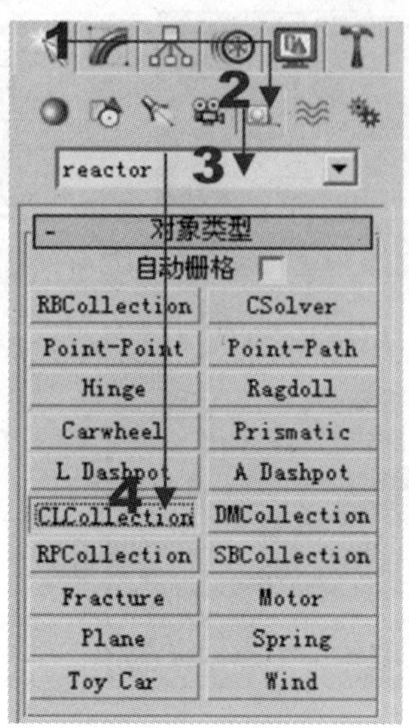

图 6—65 单击【CLCollection】按钮

(7) 在打开的【Properties】面板中单击【Add】按钮，如图 6—66 所示。在打开的【Select cloths】对话框中选择【plane01】选项后，如图 6—67 所示。

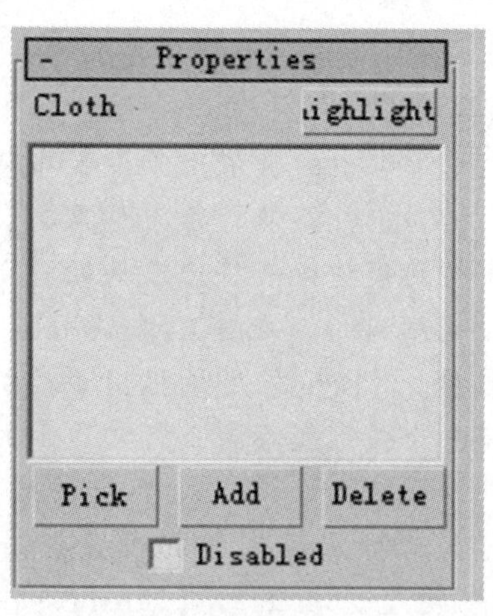

图 6—66 单击【Add】按钮

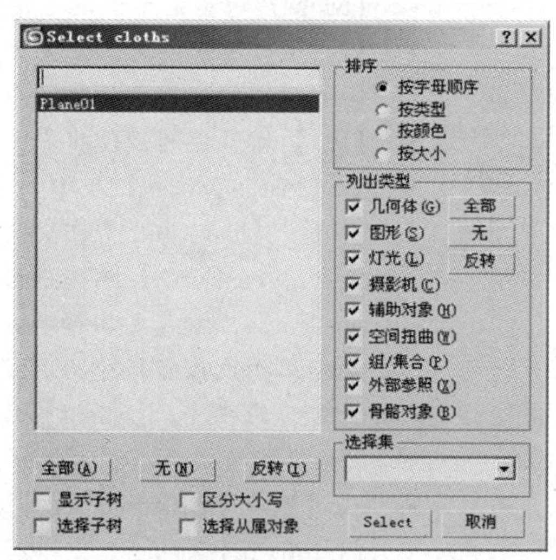

图 6—67 选择【Plane01】选项

(8) 单击【Select】按钮，关闭【Select cloths】对话框，此时桌布对象被加入到布料堆栈中，如图 6—68 所示。

(9) 在主界面左侧动力学工具栏中单击【Create Cloth Collection】按钮，在场景中单击创建一个布料集，如图 6—69 所示。

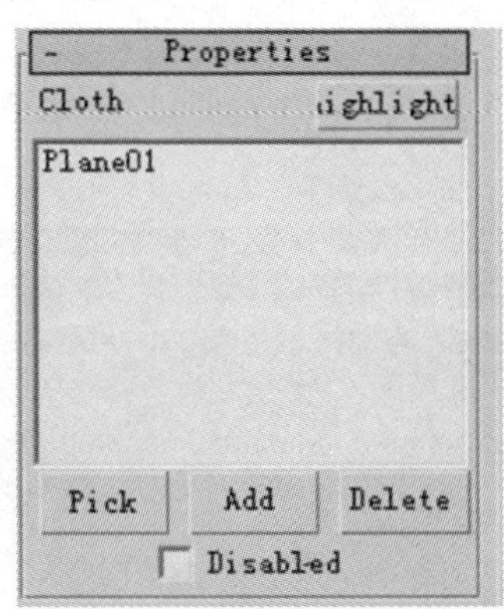

图 6—68　桌布对象被添加到布料堆栈中

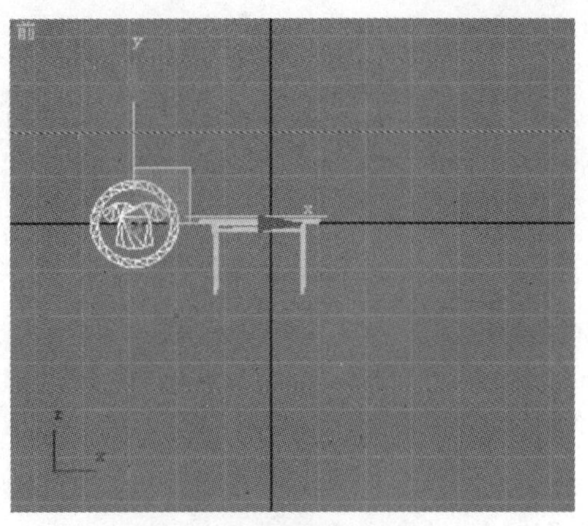

图 6—69　创建一个布料集

提示　要想将布料加入到场景的动力学模拟计算中，就必须将指定的对象添加到 Cloth Collection（即布料集）中。

（10）在【对象类型】面板中单击【RBCollection】按钮①，打开【RB Collection Properties】面板，如图 6—70 所示。单击【Add】按钮②，在打开的【Selcet rigid bodies】对话框中选择【desk】选项③，如图 6—71 所示。

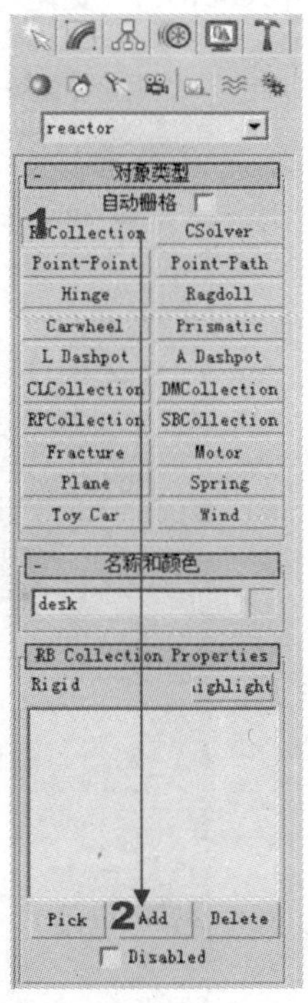

图 6—70　单击【Add】按钮

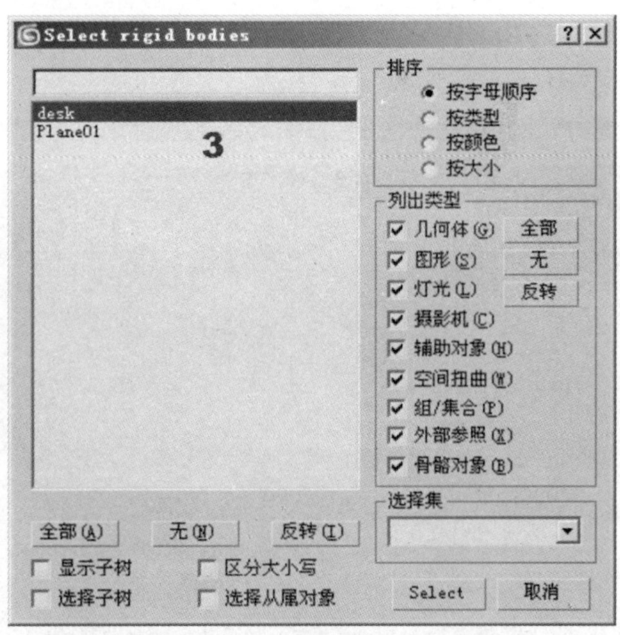

图 6—71　选择【desk】选项

（11）单击【Select】按钮，关闭【Select rigid bodies】对话框，桌子对象被添加到堆栈中，如图 6—72 所示。

（12）在主界面左侧动力学工具栏中单击【Create Rigid Body Collection】按钮，在视图中单击鼠标左键创建一个刚体集，如图 6—73 所示。

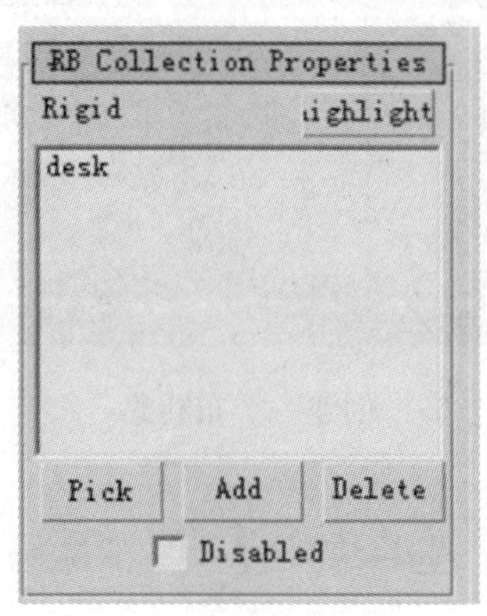

图 6—72　对象被添加到堆栈中

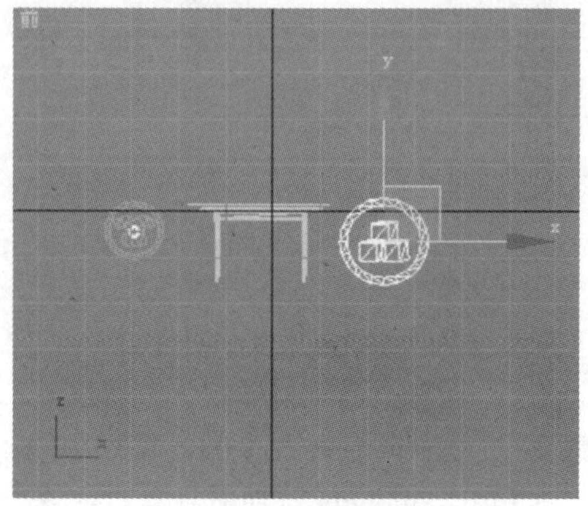

图 6—73　添加刚体集

（13）此时，可以预览动画效果。单击主界面左侧工具栏中的【Preview Animation】按钮，打开【reactor Real-Time Preview（OpenGL）】窗口，按【P】键即可预览动画效果，如图 6—74 所示。

（14）单击【工具】标签①，在打开的【工具】面板中单击【reactor】按钮②。在【Properties】面板中单击【Use Mesh】单选框③，如图 6—75 所示。

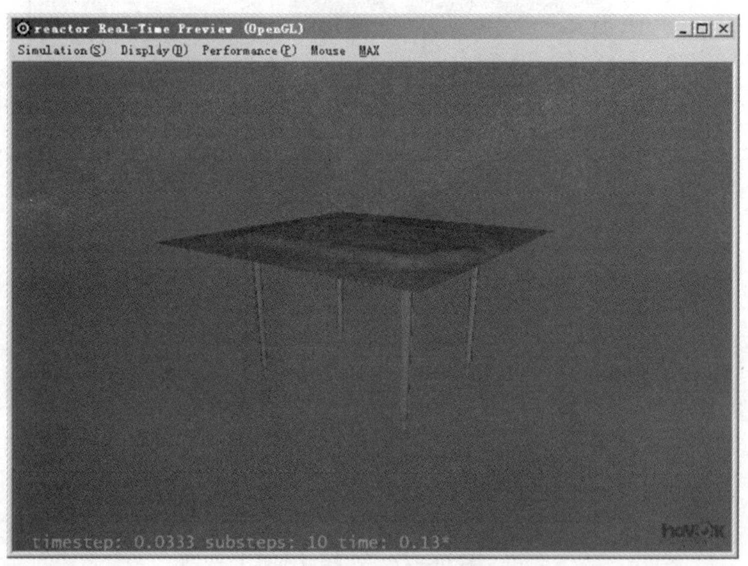

图 6—74　预览动画效果

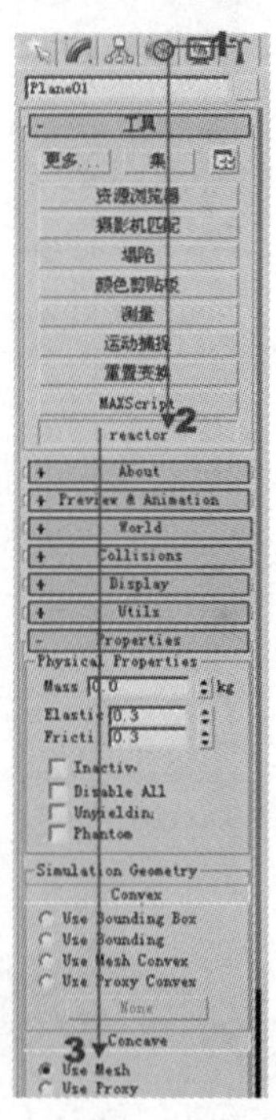

图 6—75　单击【Use Mesh】单选框

在 3ds max 7 中有 3 种方法来修改刚体的属性。

- 在【工具】面板中单击【reactor】按钮，打开【Properties】面板进行参数设置。
- 单击【reactor】菜单中的【Open Property Editor】命令，打开【Rigid Body Property】对话框进行参数设置。
- 在动力学工具栏中单击【Open Property Edior】按钮，打开【Rigid Body Property】对话框。

（15）打开【Preview & Animation】面板，单击【Create Animation】按钮，如图 6—76 所示。此时系统会弹出【reactor】对话框，如图 6—77 所示。单击【确定】按钮，系统开始创建动画，动画创建完成后，单击主界面中的【播放动画】按钮即可在视图中预览动画效果了。

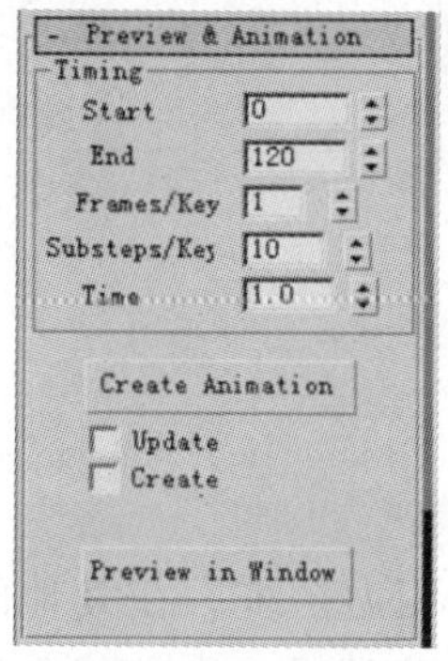

图 6—76　单击【Create Animation】按钮

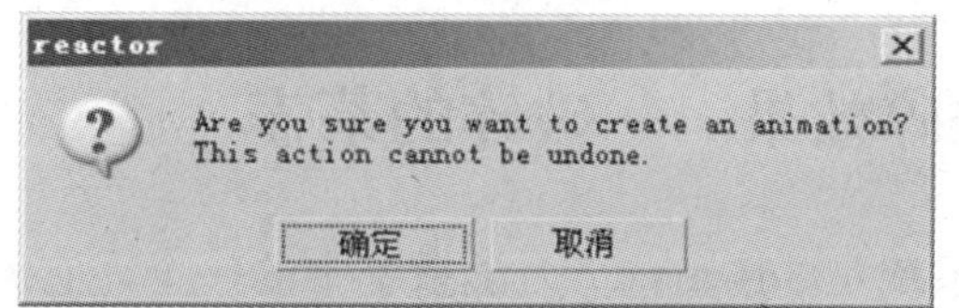

图 6—77　【reactor】对话框

（16）将主界面的时间控制滑块放到第 0 帧的位置，单击【选择并移动】按钮，将桌布向上移动一段距离，如图 6—78 所示。

（17）单击【自动关键点】按钮开始记录动画。将时间控制滑块拖到第 10 帧处，将此时的桌布拖放到桌面上，如图 6—79 所示。

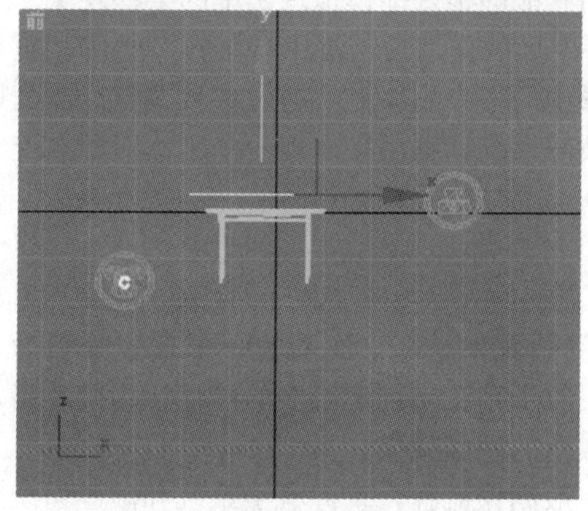

图 6—78　将桌布向上移动一段距离

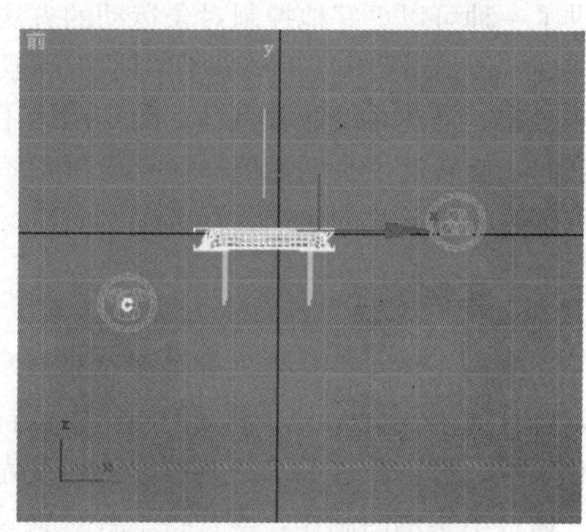

图 6—79　将桌布拖放到桌面上

（18）再次单击【自动关键点】按钮取消动画记录。此时单击【播放动画】按钮▣，可以看到桌面落下并摆动的效果。本实例渲染后的一个场景如图 6—80 所示。

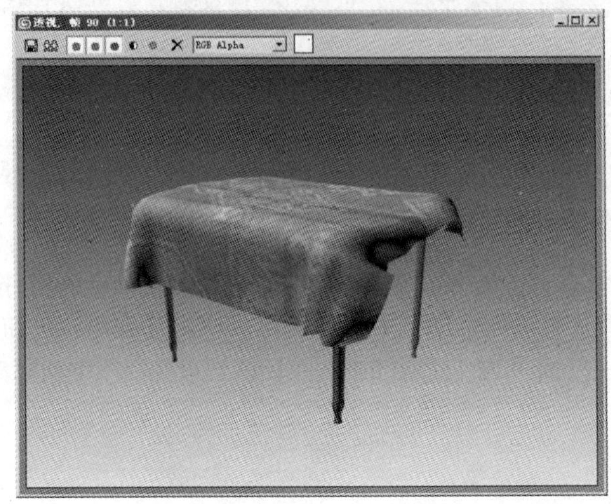

图 6—80　渲染后的一个场景

6.4　破碎效果——破碎的茶壶

破碎系统是 3ds max 7 力学系统中的一个，它属于力学系统的作用力系统。在其他的力学系统的配合下，结合粒子系统，能够模拟现实世界中对象的各种破碎效果。本节将通过一个实例来介绍模拟物体破碎的动画效果的创建方法。

6.4.1　知识重点

在动力学系统中，作用力是一个单独的模块，它包括风力、马达和破碎效果。在动画制作过程中，有时需要使用作用力来表现某种动画效果，如风吹动旗子或对象破碎等。作用力提供了一种可以更好地控制对象运动的方法，使用它能够很好地模拟现实中的某些现象。

在 3ds max 7 中，风力的作用是给场景添加一个风的作用力，常用于布料、柔体甚至是刚体对象。马达系统能够将马达的作用运用到场景中的一个刚体上，通过参数调整以改变旋转轴向、旋转速度及增量值。而动力学系统中的破碎系统，则用来表现一个刚体对象在受力后破碎为一组碎片的效果。

6.4.2　实例介绍

本实例介绍一个茶壶破碎效果的制作。本实例的效果是，桌面上的一个茶壶分裂为几块，碎片散落在桌面上。本实例制作中，首先使用粒子系统来创建茶壶的碎片，为碎片指定破碎系统，设置破碎系统的参数，创建茶壶破碎散落的动画效果。

通过本实例的制作，读者将了解对象破碎的一般制作流程，掌握粒子系统和破碎系统相结合来模拟现实中对象碎裂效果的方法。

6.4.3　制作步骤

（1）启动 3ds max 7 进入程序界面。在顶视图中创建一个长方体对象，如图 6—81 所示。该对象将作为地面使用。

（2）在顶视图中创建一个茶壶，如图 6—82 所示。

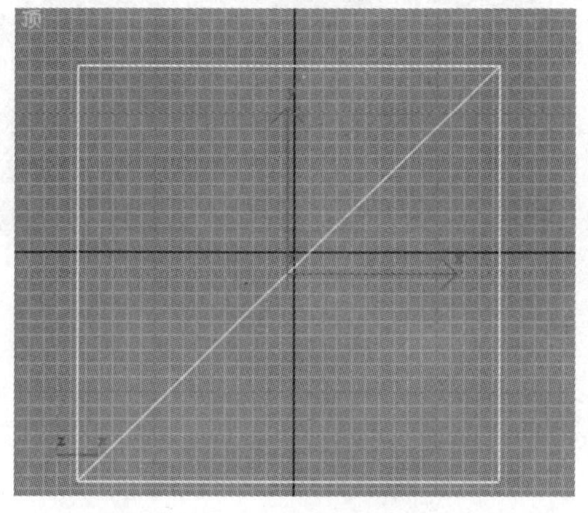

图 6—81　制作一个长方体对象

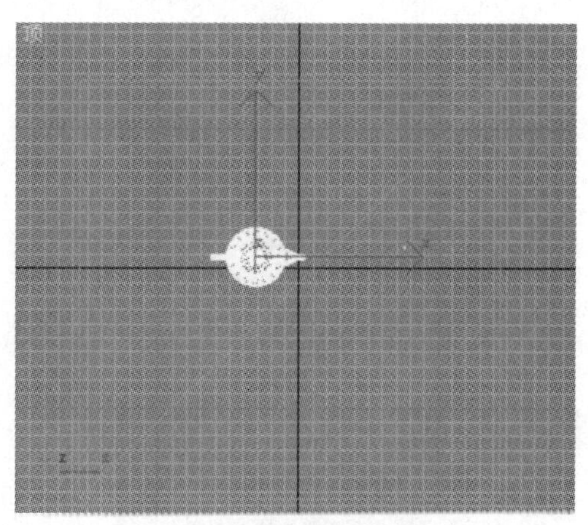

图 6—82　创建一个茶壶

（3）在【创建】面板的下拉列表框中选择【粒子系统】选项①，在打开的【对象类型】面板中单击【粒子阵列】按钮②，如图 6—83 所示。在视图中创建一个粒子阵列，如图 6—84 所示。

图 6—83　选择创建【粒子阵列】

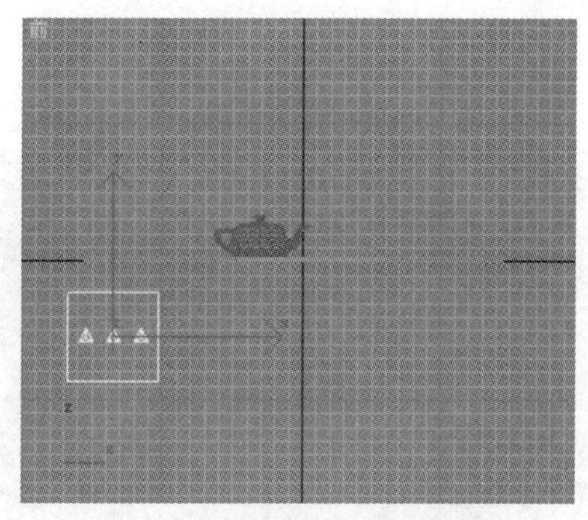

图 6—84　创建一个粒子阵列

（4）在粒子系统被选择的情况下打开【修改】面板，在【基本参数】面板中单击【拾取对象】按钮，如图 6—85 所示。在视图中的茶壶对象上单击，拾取茶壶对象，如图 6—86 所示。

（5）在【视口显示】栏中单击【网格】单选框，如图 6—87 所示。在【粒子类型】面板中对粒子系统进行设置，如图 6—88 所示。

（6）拖动主界面下方的时间滑块，可以看到茶壶爆裂，碎片四射的效果，如图 6—89 所示。

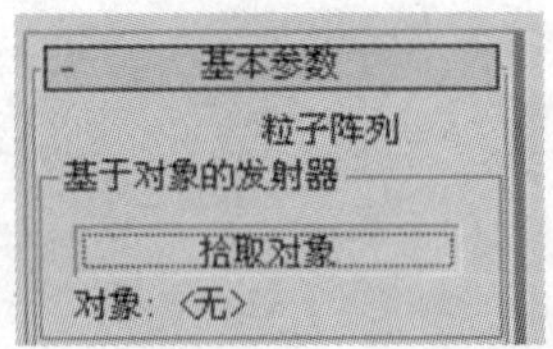

图 6—85　单击【拾取对象】按钮

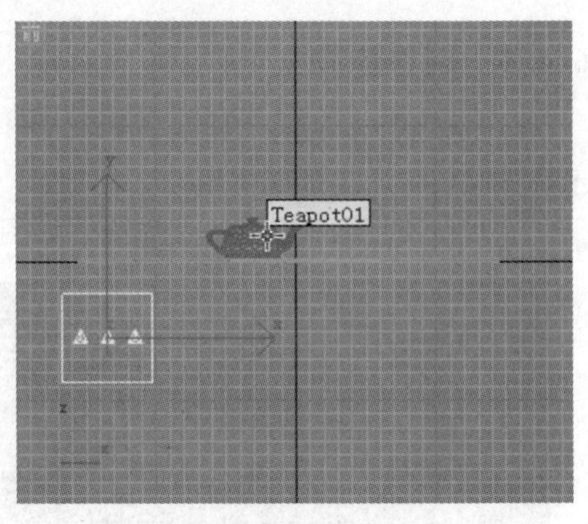

图 6—86　拾取茶壶对象

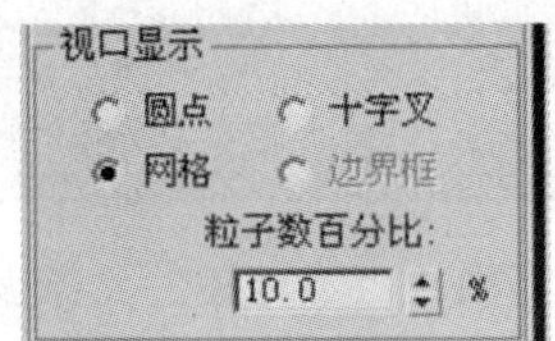

图 6—87　单击【网格】单选框

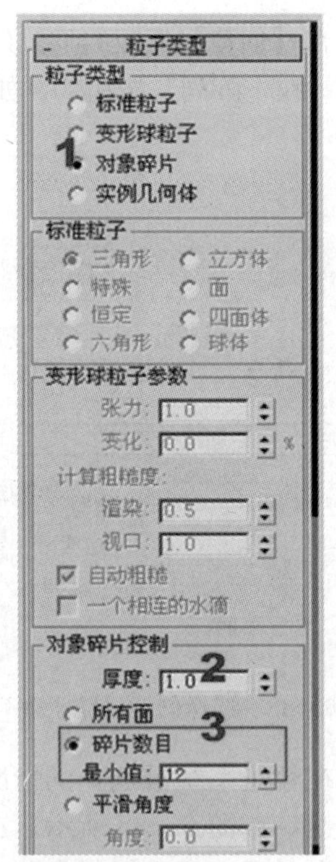

图 6—88　【粒子类型】面板中的设置

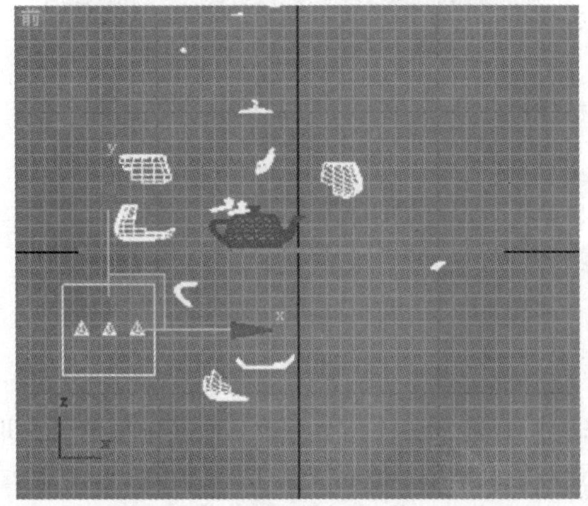

图 6—89　茶壶爆裂的效果

提示　此时已经有了茶壶爆裂的效果，但由于碎片是处于粒子系统中，因此，无法对其使用动力学效果。

（7）再次打开【创建】面板①，在下拉列表中选择【复合对象】选项②，单击【对象类型】面板中的【网格化】按钮③，如图 6—90 所示。在前视图中创建一个网格化对象，如图 6—91 所示。

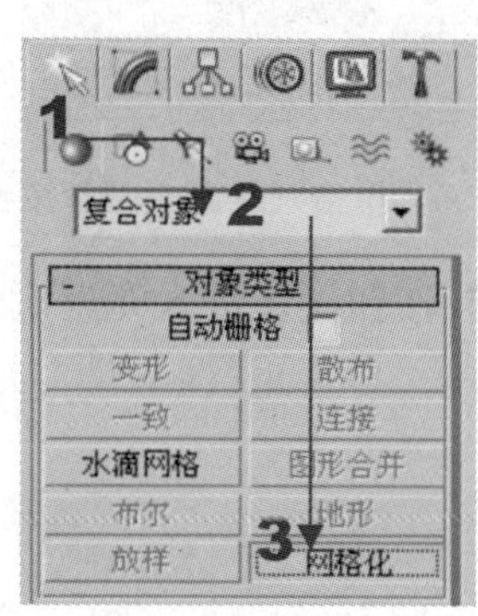

图 6—90　选择创建【网格化】对象

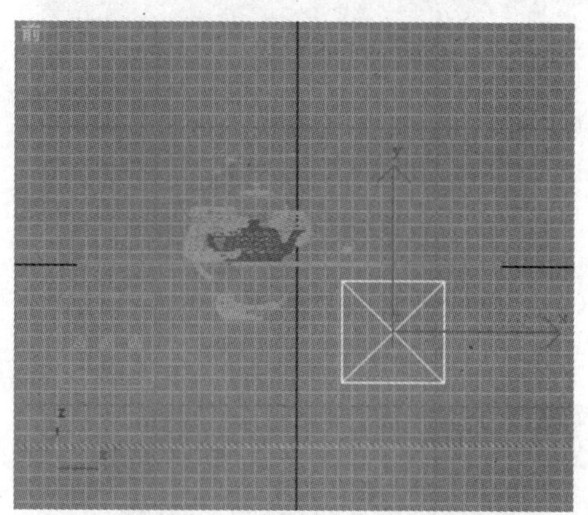

图 6—91　在前世图中创建一个网格化对象

（8）打开【修改】面板①，在【参数】面板中单击【拾取对象】下的【None】按钮②，如图 6—92 所示。在视图中拾取所有的碎片，如图 6—93 所示。

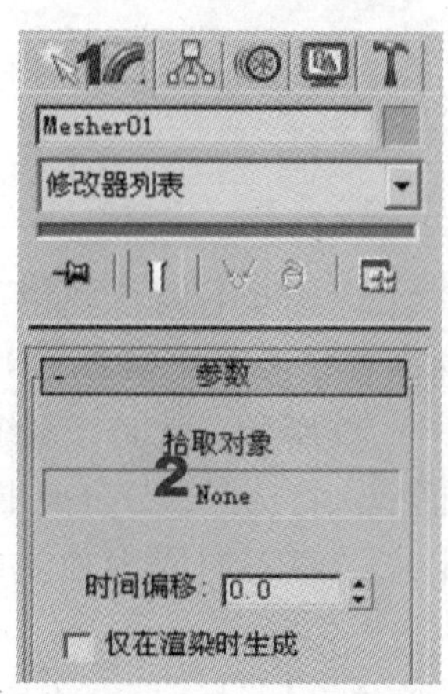

图 6—92　单击【None】按钮

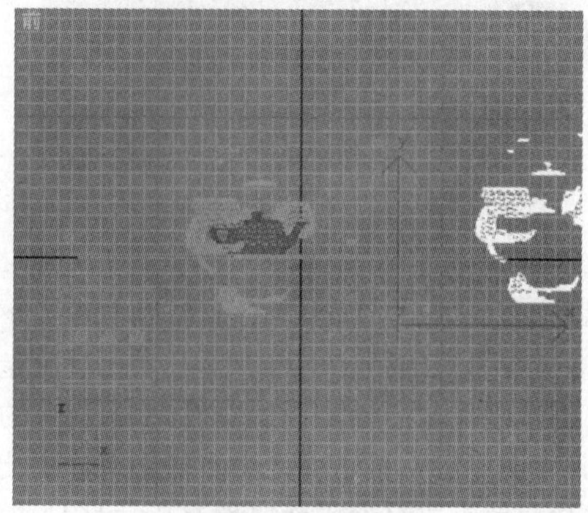

图 6—93　拾取碎片

（9）将时间滑块拖回到第 0 帧的位置。单击【选择并移动】按钮，将网格化对象拖到场景中央。在对象上单击鼠标右键，选择【转换为】→【转换为可编辑多边形】命令。同时，将视图中的茶壶和粒了系统删除，如图 6—94 所示。

（10）单击【层次】标签①，在【调整轴】面板中单击【仅影响轴】按钮②，如图 6—95 所示。在视图中将对象的中心点移动到对象的几何中心，如图 6—96 所示。

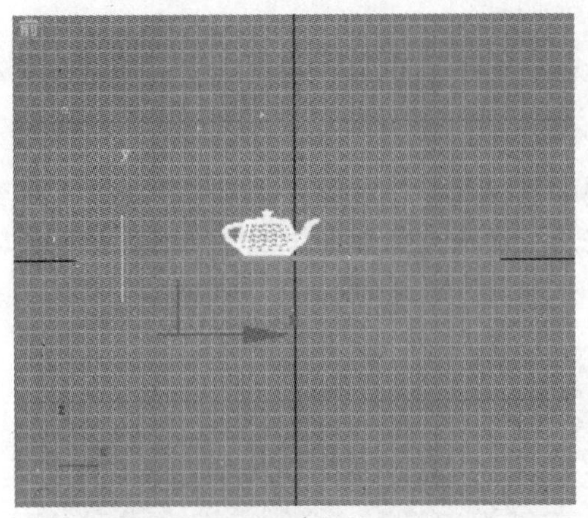
图 6—94　删除视图中的茶壶和粒子系统

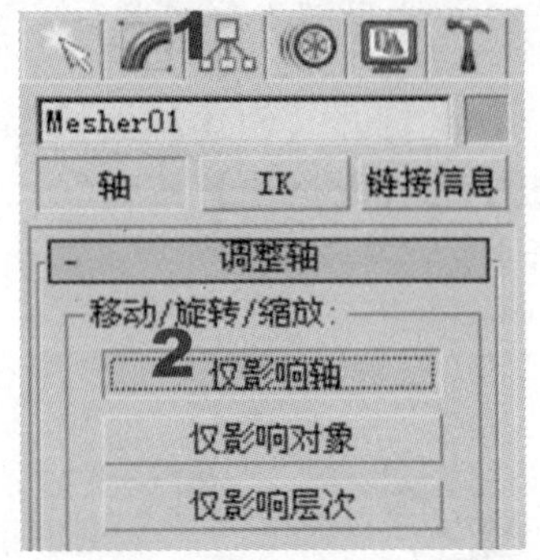

图 6—95　单击【仅影响轴】按钮

（11）返回【修改】面板，单击【选择】面板中的【元素】按钮，进入元素次级模式，如图 6—97 所示。

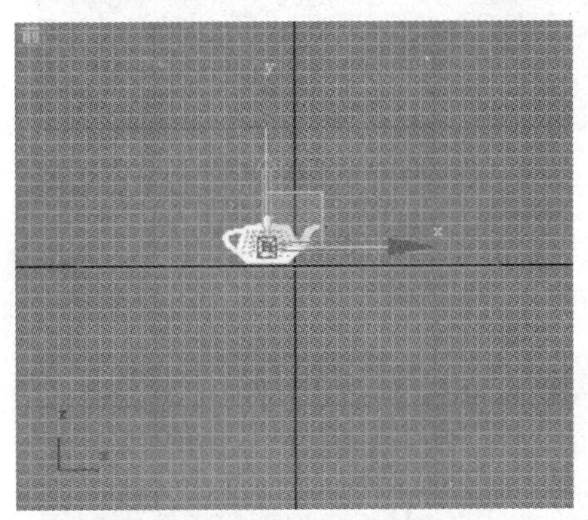
图 6—96　将中心点移到几何中心

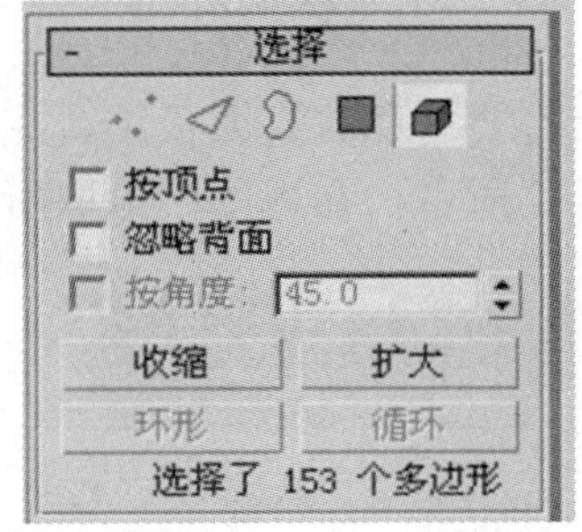

图 6—97　单击【元素】按钮

（12）在视图中单击茶壶，选择一个元素，这个元素就是前面粒子系统形成的碎片，如图 6—98 所示。单击【编辑几何体】面板中的【分离】按钮，如图 6—99 所示。此时，系统会弹出【分离】对话框，如图 6—100 所示。单击【确定】按钮关闭该对话框，将选择部分分离出来。

（13）采用与上面相同的方法将茶壶上的其他碎片分离出来，使它们成为独立的对象。完成分离操作后，单击【元素】按钮，退出元素次级模式。

（14）单击工具栏中的【按名称选择】按钮，打开【选择对象】对话框。在对话框中选择【Mesher01】选项，如图 6—101 所示。单击【选择】按钮，选择该对象，按【Delete】键将该对象从视图中删除。

（15）在视图中框选所有对象，单击主界面左侧的动力学工具栏中的【Create Rigid Body Collection】按钮，视图中的对象被添加到刚体集中，如图 6—102 所示。

（16）单击工具栏中的【按名称选择】按钮，打开【选择对象】对话框。在列表中选择碎片对象名称，如图 6—103 所示。

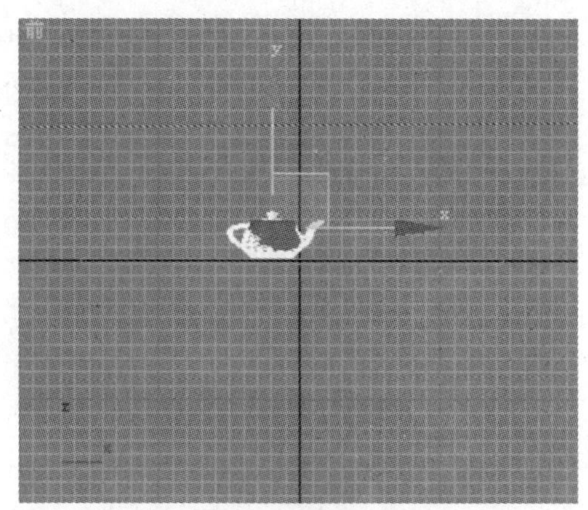

图 6—98　选择元素

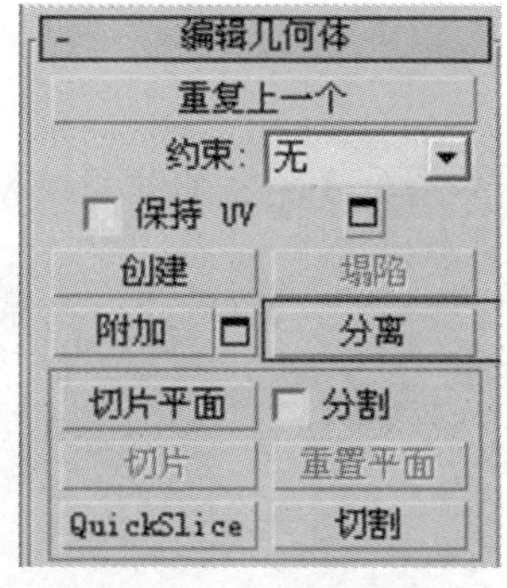

图 6—99　单击【分离】按钮

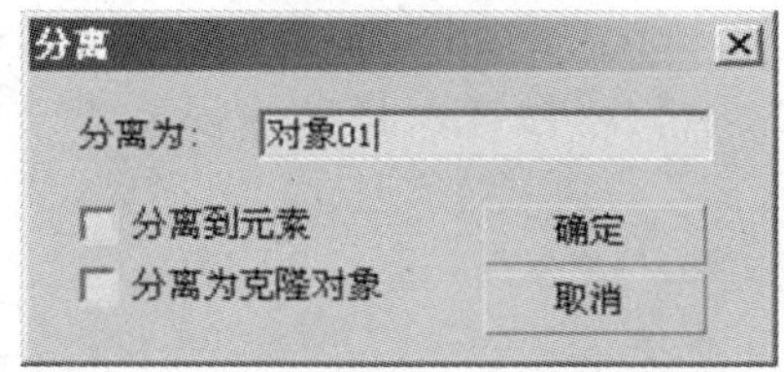

图 6—100　【分离】对话框

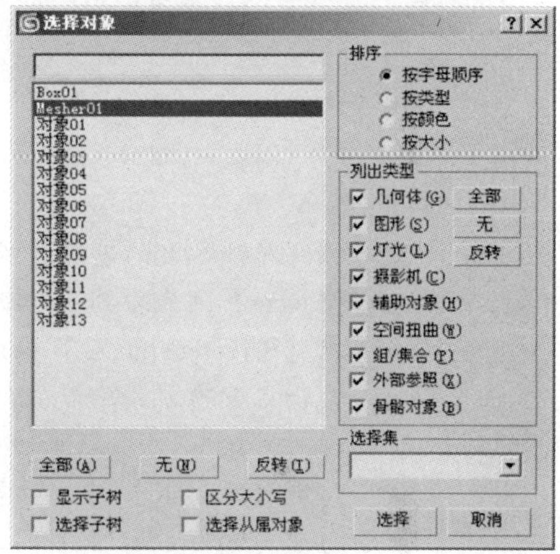

图 6—101　选择【Mesher01】选项

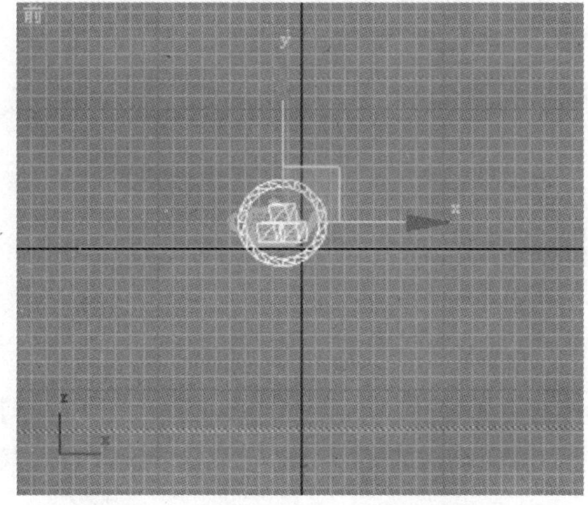

图 6—102　添加刚体集

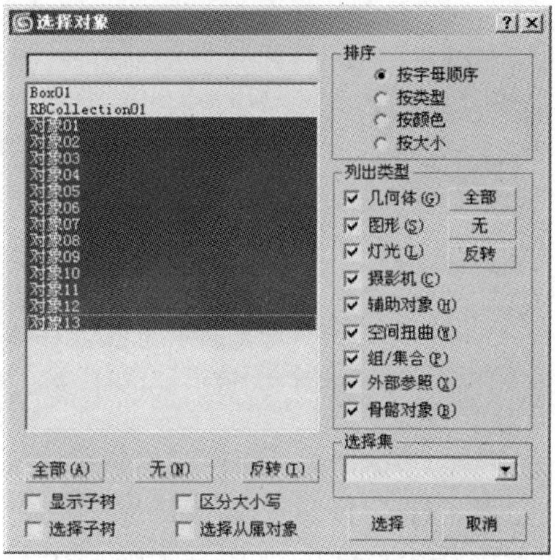

图 6—103　选择碎片对象名称

（17）单击【选择】按钮选择所有碎片对象。单击动力学工具栏中的【Create Fracture】按钮，添加一个破碎系统，如图 6—104 所示。其【Properties】面板，如图 6—105 所示。

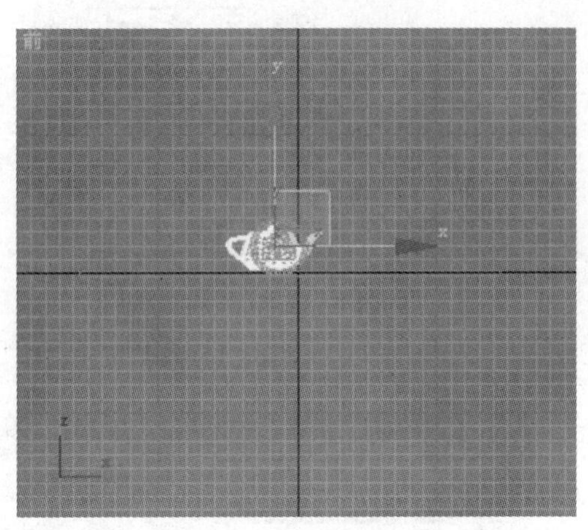

图 6—104 添加一个破碎系统

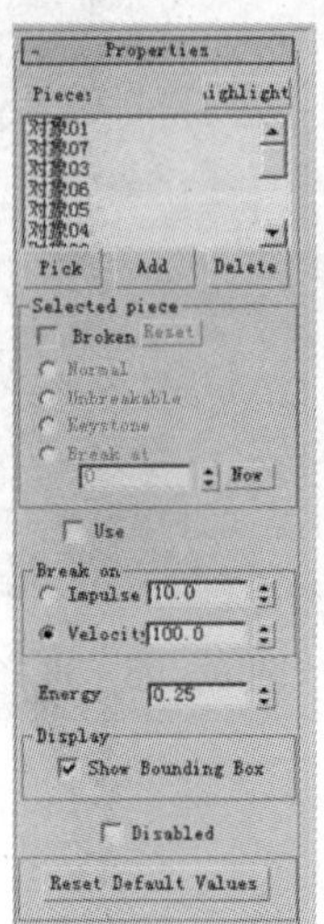

图 6—105 【Properties】面板

提示 破碎系统属性参数的设置并不复杂，在【Properties】面板中：

- 【Pieces】列表中列出了所有的碎片对象的名称。
- 在【Selected pieces】栏中，勾选【Broken】复选框可以为当前选择的碎片指定破碎方式，单击其右侧的【Reset】按钮可以将碎片恢复为没有破碎时的状态。
- 勾选【Normal】时，对象将按照正常方式破碎。
- 勾选【Unbreakable】时，指定的碎片将不会破碎。
- 勾选【Keystone】时，如果指定的对象破碎，则所有的对象都会破碎。
- 勾选【Break at】时，可以使对象在指定的时间内自动破碎。在【Break at】增量框中输入数值，单击【Now】按钮，即可将该数值设置为破碎时间。
- 在【Break on】栏中，【Impulse】值将决定破碎系统内部力量的传递速度，其值越大，破碎的部分就越少。选择【Velocity】时，破碎效果将不受对象的质量的影响。另外，【Energy】值将决定破碎过程中能量的损失速度，值为 0 时对象更容易破碎，而值为 1 时对象会先膨胀然后碎裂。
- 勾选【Display】栏中的【Show Bounding Box】单选框时，视图中选择的对象将会包裹在一个编辑盒中。
- 勾选【Disabled】复选框，破碎系统将对选择的对象不起作用。

（18）再次使用【选择对象】对话框，选择所有的碎片，单击【Open Property Editor】按钮，打开【Rigid Body Properties】对话框。在对话框的【Mass】增量框中输入 30，其他参数采用默认值，如图 6—106 所示。

（19）为视图中的平面和茶壶指定材质，如图 6—107 所示。

（20）单击动力学工具栏的【Preview Animation】按钮，打开【reactor Real-Time Preview（OpenGL）】窗口，按【P】键即可预览动画效果，如图 6—108 所示。

（21）至此，本实例动画制作完成，根据需要渲染输出动画，完成本实例的制作。

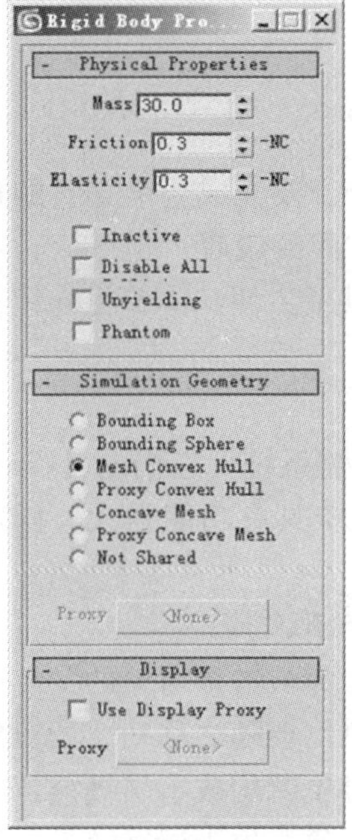

图 6—106　设置【Mass】的值

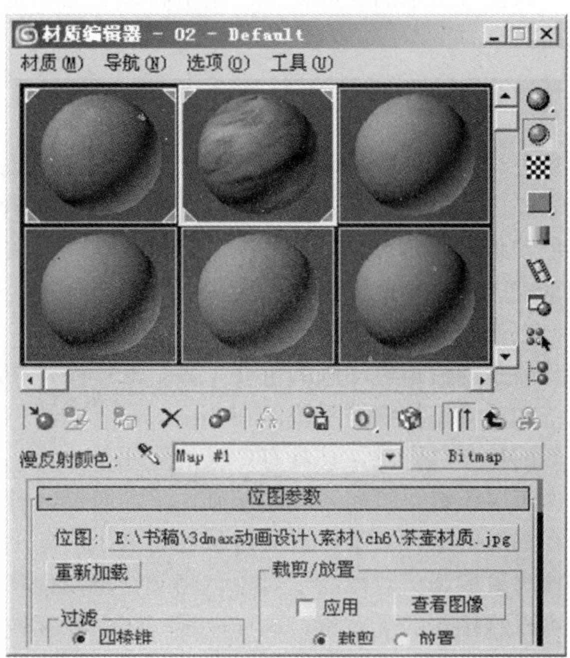

图 6—107　分别为平面和茶壶指定材质

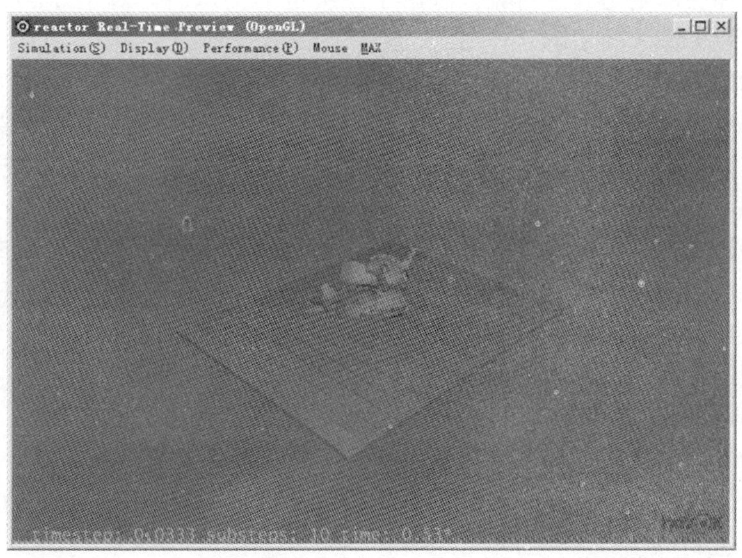

图 6—108　预览动画效果

6.5 角色动画 1——踢腿动作

角色动画历来是动画制作的难点，一方面是由于角色本身结构复杂，另一方面是由于众多的工具包含复杂的参数设置。本节将以骨骼系统的使用为例来介绍角色运动效果创建的一般思路。

6.5.1 知识重点

角色动画是 3ds max 7 中难度较大，设置较复杂的一个部分。要完成一个完整的角色动画，需要进行包括骨骼、表面、变向器、约束和 IK 系统等多方面的设置。但 3ds max 7 也为角色动画的创建提供了多种控制工具，从而为动画的制作提供了方便。本节将介绍骨骼工具和蒙皮绑定在角色动画中的应用。

（1）骨骼系统

骨骼是创建角色动画的重要工具，3ds max 7 提供了两种骨骼系统，它们是【Biped】骨骼系统和【骨骼】骨骼系统。在 3ds max 7 中，【骨骼】骨骼系统具有功能强大、创建和设置灵活的特点，因此，其具有广泛的应用。

由于层级链是骨骼系统的基础，下面对层级链进行简单的介绍。

在层级链中，一个对象被链接到另一个对象上，链接对象称为被链接对象的父链接，而被链接对象成为父对象的子对象。当父对象发生移动时，子对象也会随之移动。子对象的下级还可以链接新的子对象，这样一级一级的相互链接在一起的对象就构成了层级链。在层级链中，父对象可以拥有多个子对象，而子对象只能拥有一个父对象。位于层级链最上端的对象称为根对象，它可以控制整个层级链。实际上人体就是一个这样的典型的层级链，躯干为父对象，而四肢和头部则是其子对象。理解了层级链的知识后，对于 3ds max 7 的【骨骼】系统的特性会有一个深入的了解。

【骨骼】骨骼系统实际上是一组设置好的层级链，具有四面体结构，可以在正向系统和反向系统的控制下自如地模拟人体、动画以及一些具有动力学特征的机械装置的运动行为。创建的骨骼，其第一根为根骨骼，即层级链中的根对象，控制整个骨骼系统，最下面的末端骨骼，就是骨骼系统的终点。

使用【骨骼】工具时，可在【修改】面板中对创建的骨骼进行设置修改，如图 6—109 所示。单击【角色】菜单中的【骨骼工具】命令，打开【骨骼工具】对话框，该对话框中包含【骨骼编辑工具】、【鳍调整工具】和【对象属性】面板，如图 6—110 所示。使用该对话框，能够对创建的骨骼进行更精确的设置。

（2）蒙皮绑定

完成角色的骨骼创建后，并不意味着模型就能够随着骨骼运动而运动，并产生真实的变形，还需要将骨骼与模型间建立一种链接关系，使模型能够随着骨骼的运动而变形，这一过程即是蒙皮绑定。

蒙皮绑定可通过【蒙皮】修改器来实现，该修改器是一个针对骨骼的皮肤变形工具，能够用来创建骨骼的皮肤。它允许用户利用一个物体来变形另一个物体。该修改器在角色动画

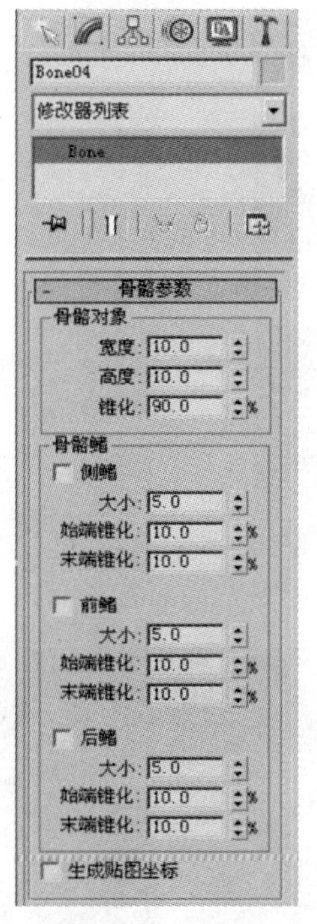

图 6—109　骨骼的【修改】面板

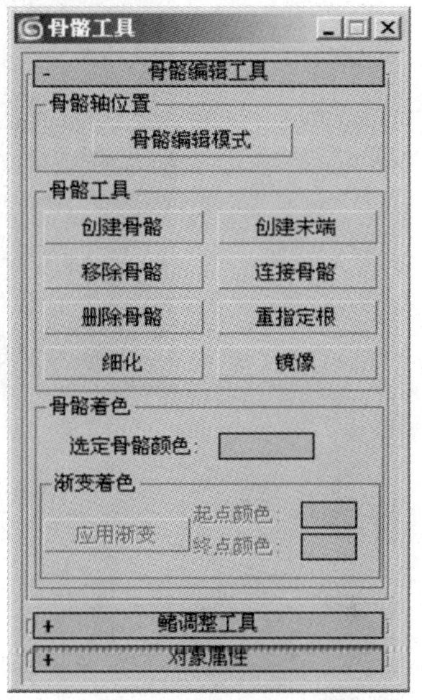

图 6—110　【骨骼工具】对话框

制作中应用十分广泛，使用也十分方便。将蒙皮应用于指定的骨骼后，每个骨骼都会有一个封套，用它来定义骨骼作用的区域，封套区域内的节点都将随着骨骼移动。

6.5.2　实例介绍

本节介绍一个脚踢起动画效果的制作过程。本实例的动画效果很简单，就是一只脚踢出去再收回来的动画效果。动画制作过程中，首先是用【骨骼】工具创建运动骨骼系统，接着使用【蒙皮】修改器，将腿的模型绑定在骨骼上。最后使用自动关键帧模式，通过在关键帧中调整骨骼的位置，来创建脚踢出的关键帧动画效果。

通过本实例的制作，使读者了解骨骼工具和【蒙皮】修改器在角色动画创建过程中的作用，掌握将骨骼和蒙皮绑定的一般技巧，掌握角色动画制作的一种方式。同时掌握骨骼系统创建和使用的技巧，掌握【蒙皮】修改器的参数设置技巧。

6.5.3　制作步骤

(1) 启动 3ds max 7 进入程序界面。打开素材文件“腿部.max”，如图 6—111 所示。这是一个已经制作完成的腿部的模型，该模型采用多边形建模完成。

(2) 在【创建】面板中单击【系统】按钮①，在打开的【对象类型】面板中单击【骨骼】按钮②，如图 6—112 所示。在大腿的顶端单击，沿着大腿的形状拖动鼠标创建第一块骨骼系统。依次创建小腿和脚的骨骼系统，单击鼠标右键完成骨骼的创建。此时创建的骨骼，如图 6—113 所示。

(3) 取消【骨骼】按钮的按下状态。选择第一块骨骼“Bone01”，单击【动画】菜单中

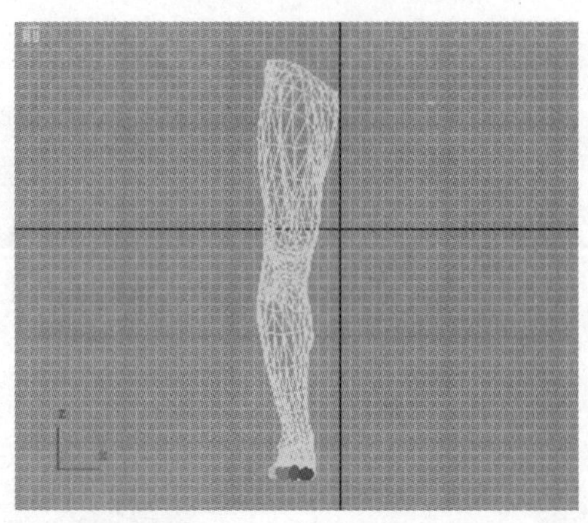

图 6—111　腿部模型

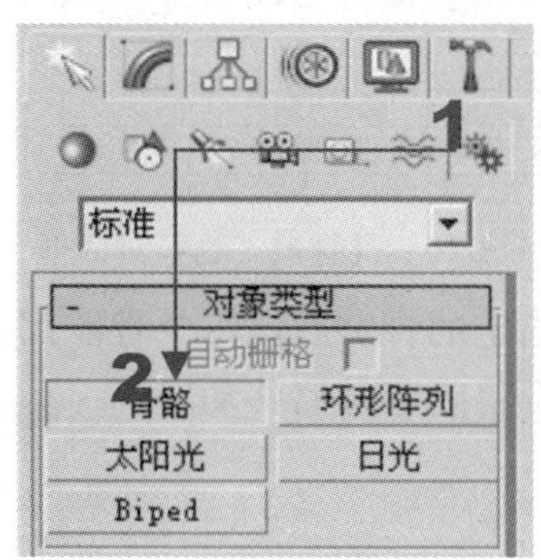

图 6—112　选择创建骨骼

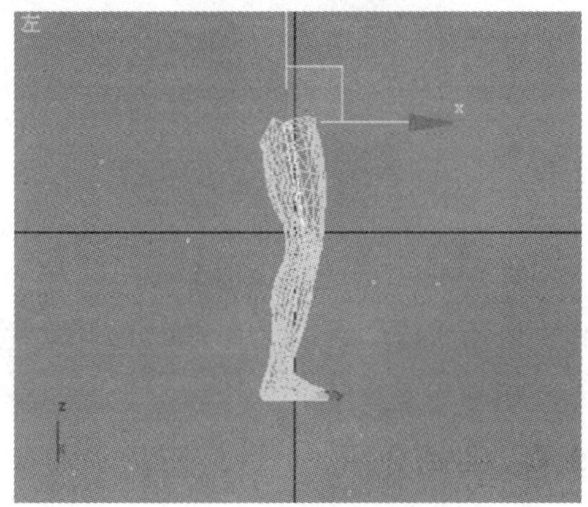

图 6—113　创建的骨骼

的【IK 解算器】下级菜单中的【HI 解算器】命令。在视图中骨骼的最后一块骨骼上单击，此时，可以看到两块骨骼间出现了一条白色的链接线，如图 6—114 所示。

（4）此时拖动最后一块骨骼，可以看到骨骼已经能够像腿部那样运动了，如图 6—115 所示。

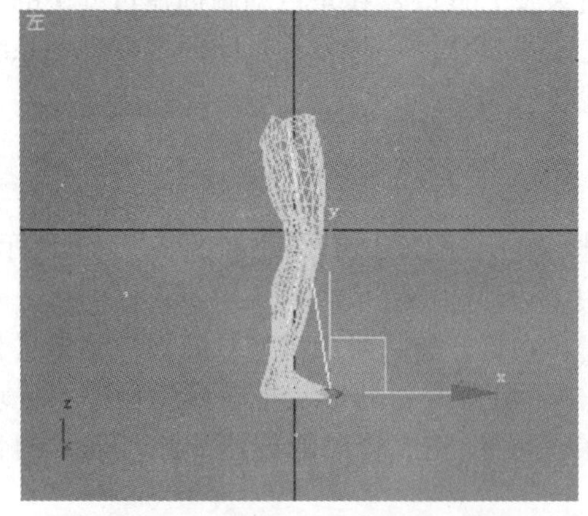

图 6—114　生成白色的链接标志

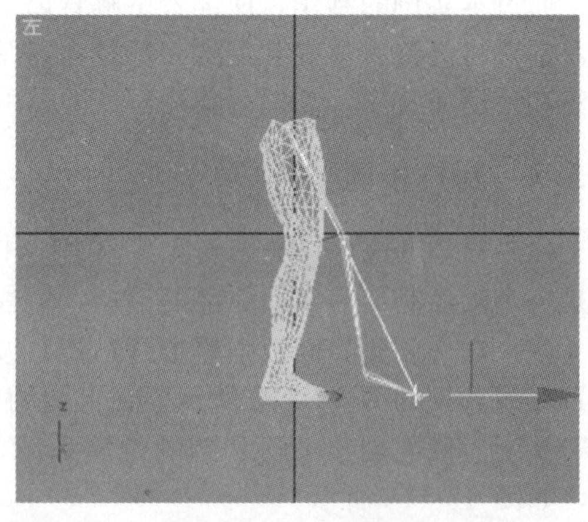

图 6—115　拖动骨骼

（5）选择整个腿部，打开【修改】面板。为对象添加一个【蒙皮】修改器①。单击【参数】面板中的【添加】按钮②，如图 6—116 所示。在打开的【选择骨骼】对话框中选择所有的骨骼，如图 6—117 所示。

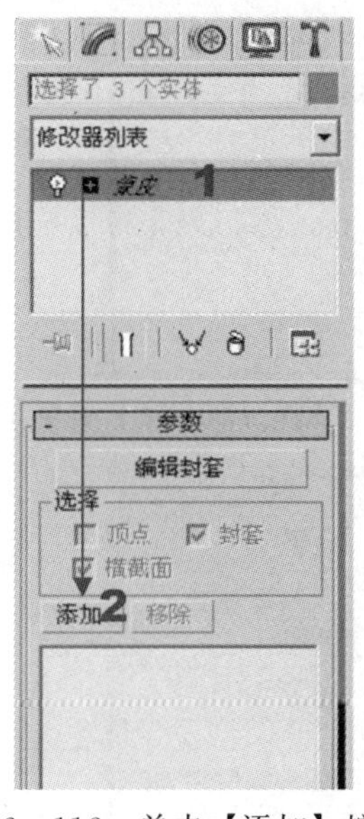

图 6—116　单击【添加】按钮

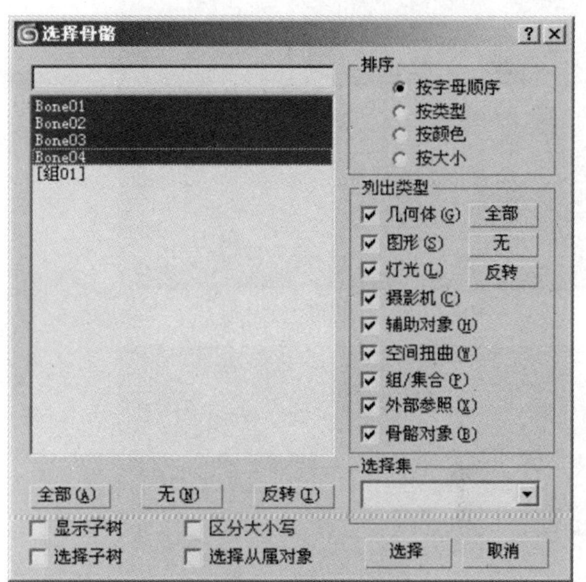

图 6—117　选择所有的骨骼

（6）此时，拖动骨骼末端，可以看到腿部的部分皮肤产生了联动，如图 6—118 所示。

（7）选择整个腿部，在【参数】面板中选择【Bone01】选项①，单击【编辑封套】按钮②，如图 6—119 所示。此时在“Bone01”处出现红色的封套。单击【选择并移动】按钮，拖动红色封套上的控制方块改变封套的形状，使其包住大腿，如图 6—120 所示。

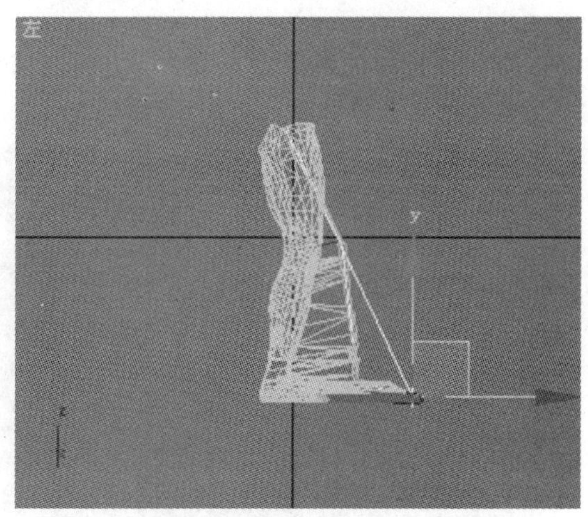

图 6—118　部分皮肤产生联动

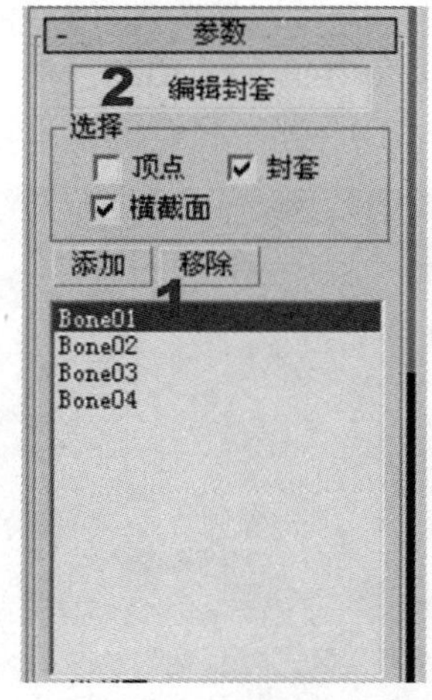

图 6—119　单击【编辑封套】按钮

（8）在【参数】面板的列表中选择【Bone02】选项，如图 6—121 所示。在视图中对封套的大小进行调整，使封套套住小腿，如图 6—122 所示。

（9）在【参数】面板的列表中选择【Bone03】选项，如图 6—123 所示。在视图中对封套

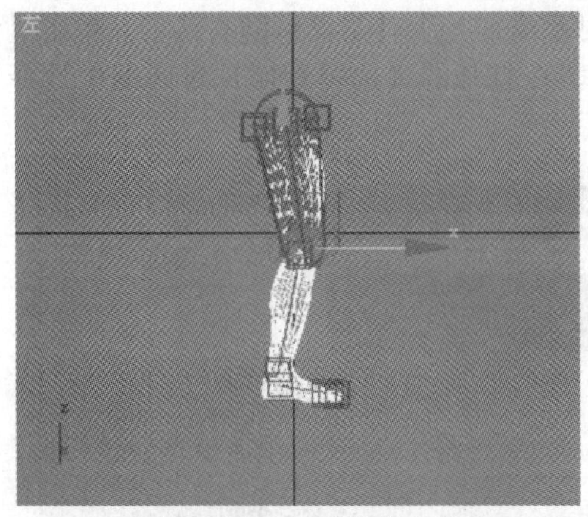

图 6—120　调整封套大小

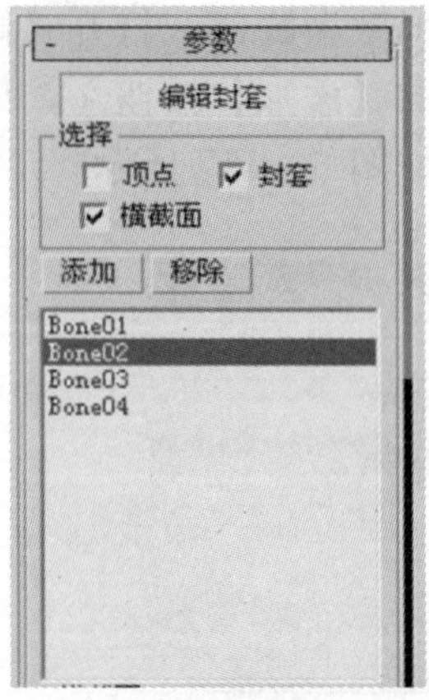

图 6—121　选择【Bone02】选项

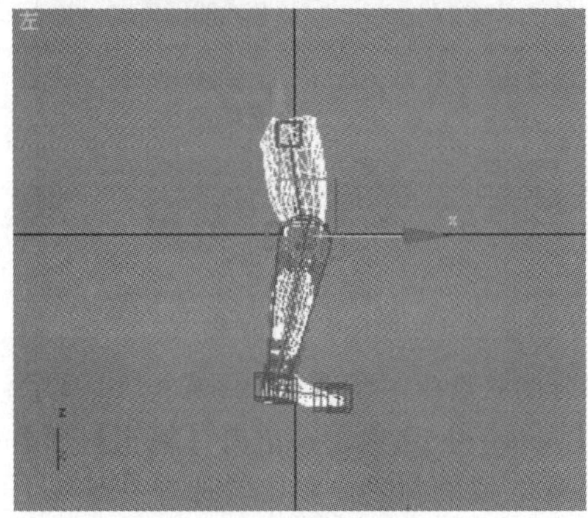

图 6—122　使封套套住小腿

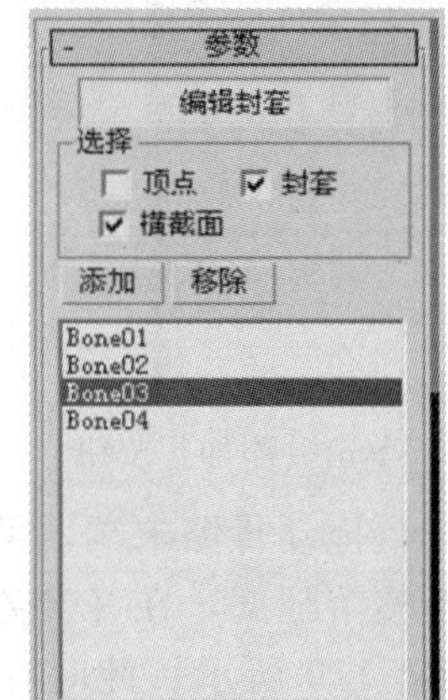

图 6—123　选择【Bone03】选项

进行调整，使封套套住脚部，如图 6—124 所示。

（10）制作脚部的动画。单击【自动关键点】按钮自动关键点，进入动画录制模式。将时间滑块拖到第 10 帧，将链的末端上移，此时整个腿部会随着上移，如图 6—125 所示。

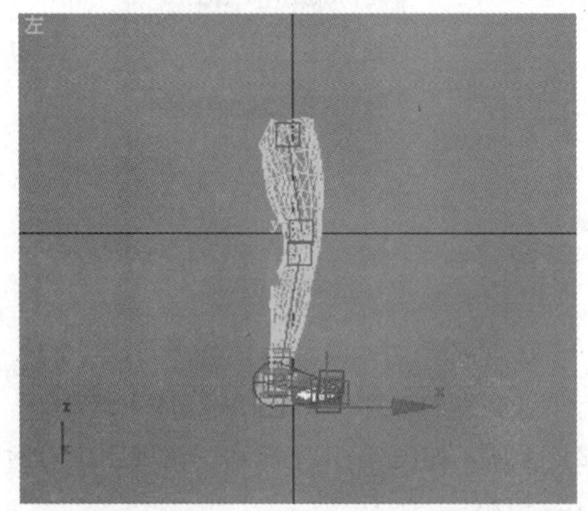

图 6—124　使封套套住脚部

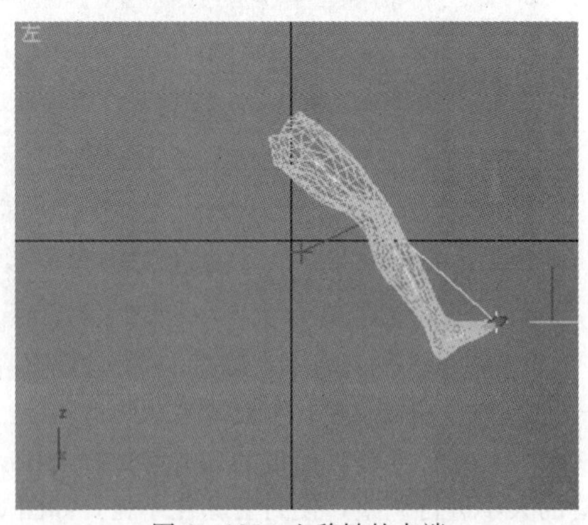

图 6—125　上移链的末端

（11）将时间滑块拖到第 30 帧，将链的末端向右拖移，获得脚尖向前踢出的效果，如图 6—126 所示。

（12）将时间滑块拖到第 40 帧，拖动链的末端，使脚尖位置还原，如图 6—127 所示。

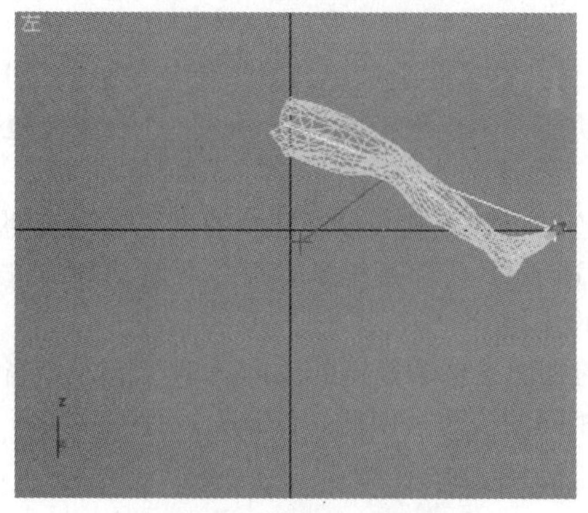

图 6—126　脚尖向前踢出

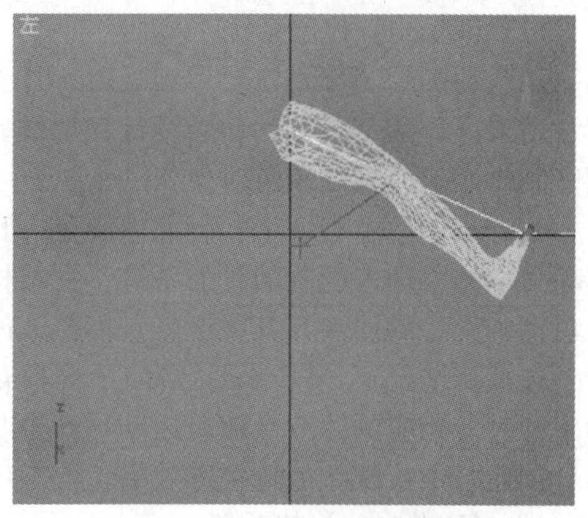

图 6—127　脚尖位置还原

（13）将时间滑块拖到第 100 帧，拖动链的末端，将脚放回原处，如图 6—128 所示。

（14）至此，本实例动画制作完成。单击【播放动画】按钮，可以预览动画播放效果。动画播放中的一个场景如图 6—129 所示。

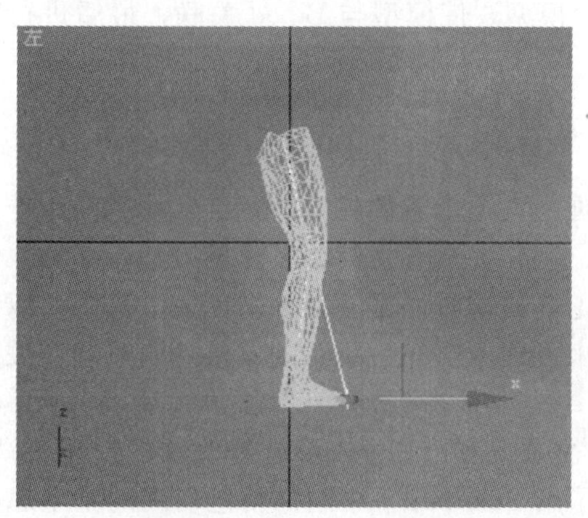

图 6—128　将脚放回原处

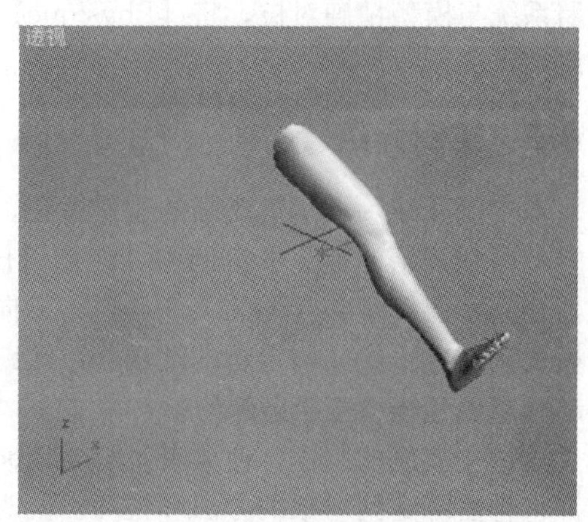

图 6—129　动画播放中的一个场景

6.6　角色动画 2——木偶体操

角色的运动动画，需要考虑的因素很多，包括角色肢体的运动、身体各部分运动的协同等。3ds max 7 提供的【Biped】骨骼系统能够让操作者轻松地解决这些问题，方便地创建各种角色步行、跑动和跳跃等复杂的动画。本节将介绍使用【Biped】骨骼系统创建角色运动动画的方法。

6.6.1 知识重点

（1）【Biped】骨骼系统

角色动画的制作，常要用到【Biped】骨骼系统。它是一个重要的制作角色动画的工具，其常用来进行两足角色的动画设计和制作。但其功能并不仅限于此，【Biped】骨骼系统也可用于制作四足或多足角色对象。

3ds max 7 的【Biped】骨骼系统是一种用足迹结合关键帧来控制动画的系统，是按照人体动力学的原理来设置的骨骼系统。在结构上，【Biped】骨骼系统具有很多帮助动画师进行角色动画设计的属性，其关键就是模拟人的关节的连接。

在默认情况下，【Biped】骨骼系统具有人体的骨骼结构和稳定的反向运动层级，如当移动手臂时，相应的关节会随着运动，产生与人体相同的姿势。因此，【Biped】骨骼系统十分适合创建行走、跳跃或舞蹈等效果。

（2）【Physique】修改器

在创建骨骼系统后，形体的捆绑是动画制作的一个重要步骤，与【Biped】骨骼系统配套使用来完成捆绑的是【Physique】修改器。【Physique】修改器的作用是将骨骼和真实的模型相关联，使 Biped 的动画能够驱动模型，该修改器直接决定了角色动画是否能够顺利运行。

使用【Physique】的一般步骤是：首先在场景中建立模型，然后建立 Biped 骨骼系统，骨骼系统与模型精确对位，将【Physique】指定给模型，使模型与 Biped 关联，最后进行精确调整。

6.6.2 实例介绍

本实例介绍一个角色动画的制作过程，在动画中，一个木偶先向前行走，然后向后作两个空翻回到开始位置。本实例中，使用【Biped】骨骼系统创建骨骼，使用【Physique】修改器建立木偶模型和骨骼的关联。模型的向前行走，使用骨骼足迹动画来创建。其中，以行走模式来创建木偶向前走动的动画。以跳跃模式来创建木偶向后跳跃的效果，同时结合关键帧动画来创建模型空翻效果。

通过本实例的制作，使读者了解【Biped】骨骼系统和【Physique】修改器的使用方法，掌握将骨骼绑定到对象的方法和技巧。同时，将了解 3ds max 7 中制作角色动画的基本思路和一般技巧。

6.6.3 制作步骤

（1）启动 3ds max 7 进入程序界面。打开“木偶 .max”文件，这是一个预先制作好的木偶模型，如图 6—130 所示。

（2）单击【选择并移动】按钮，框选木偶，单击鼠标右键，在快捷菜单中单击【冻结当前选择】命令，此时木偶对象变为灰色，如图 6—131 所示。

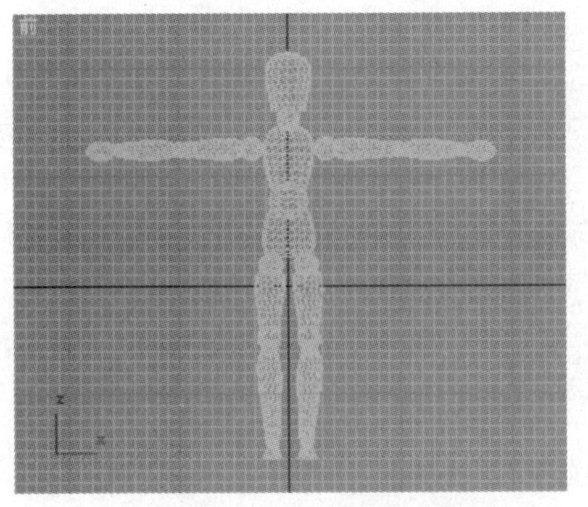

图 6—130　木偶模型

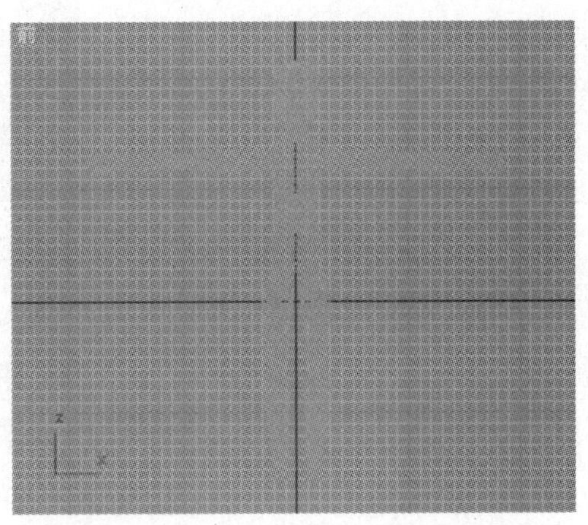

图 6—131　冻结木偶对象

提示　此处将木偶对象冻结，使其处于不可编辑状态，这样可以方便后面的选择操作，以避免对木偶造型产生误操作。

(3) 在【创建】面板中单击【系统】按钮①，单击【对象类型】面板中的【Biped】按钮②，如图 6—132 所示。在左视图中木偶的脚部单击鼠标，向上拖动鼠标拉出一个与木偶等高的人体骨骼系统，如图 6—133 所示。完成骨骼系统的创建后，单击鼠标右键。

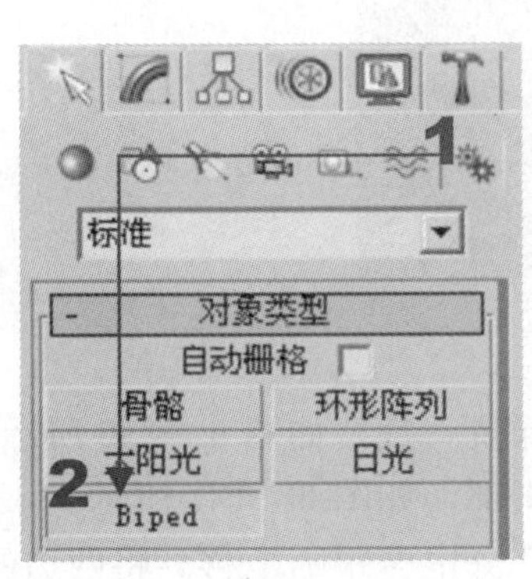

图 6—132　单击【Biped】按钮

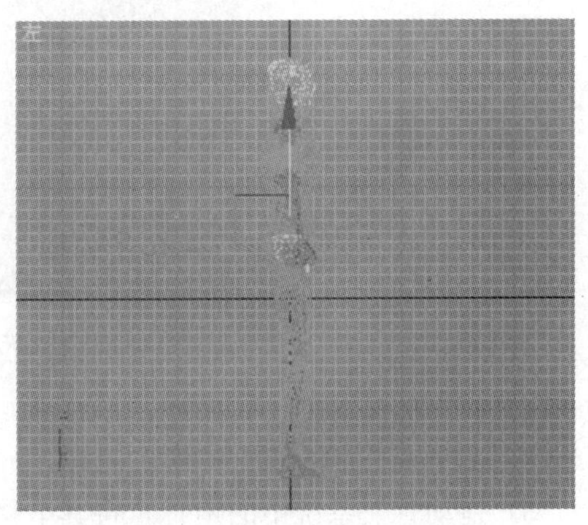

图 6—133　创建一个人体骨骼系统

(4) 将骨骼匹配到角色模型中。选择骨骼系统的髋部，这是整个骨骼系统的根骨骼。打开【运动】面板①，单击【Biped 应用程序】面板中的【体形模式】按钮②，如图 6—134 所示。后面对骨骼系统的编辑操作，都将在体形模式下进行。

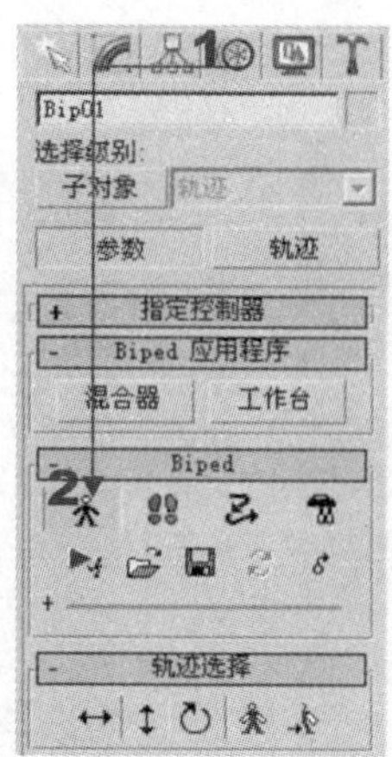

图 6—134　单击【体形模式】按钮

提示　通过【运动】面板可对骨骼的形态和动画效果进行设置。只要单击【体形模式】按钮进入体形模式后，即能对骨骼进行编辑，包括骨骼的缩放、旋转和移动。

（5）单击【选择并移动】按钮或【选择并均匀缩放】按钮，选择腿部和脚部的骨骼，对骨骼进行移动或缩放操作，使骨骼覆盖木偶腿部和脚部，如图 6—135 所示。

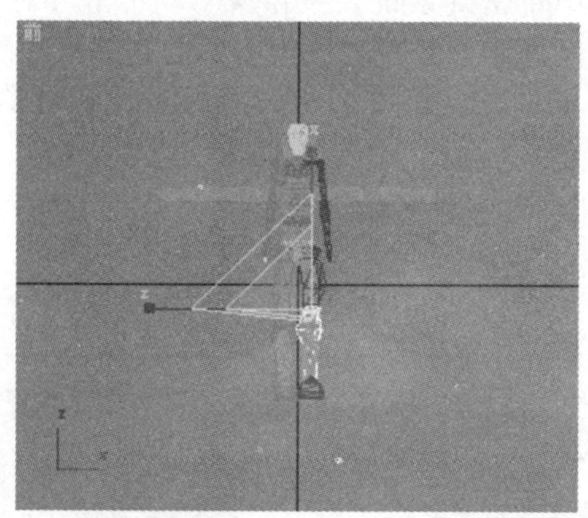

图 6—135　调整腿部骨骼

（6）对身体的骨骼进行调整，使骨骼与木偶的身体保持一致，如图 6—136 所示。

（7）调整头部的大小，使头部骨骼正好套住木偶的头部，如图 6—137 所示。

（8）拖动骨骼系统中的锁骨，将其下移，此时手臂部分也会跟随下移。将两边的锁骨拖到与木偶相配的位置，如图 6—138 所示。使用【选择和移动】工具移动左右上臂，将手臂抬起，与木偶抬起的手臂相配，如图 6—139 所示。

（9）调整两边手臂和手的大小，使其与木偶的手臂和手相配，如图 6—140 所示。

（10）对各部分进行微调，使骨骼与木偶配合更加合理。最后覆盖木偶模型的骨骼系统如图 6—141 所示。

图 6—136　调整身体骨骼

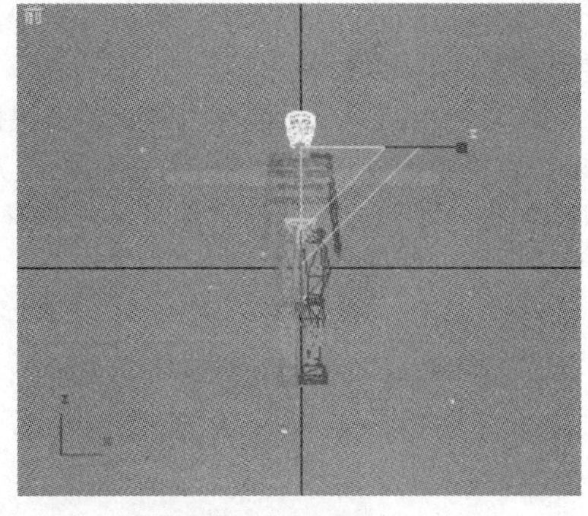

图 6—137　调整头部大小

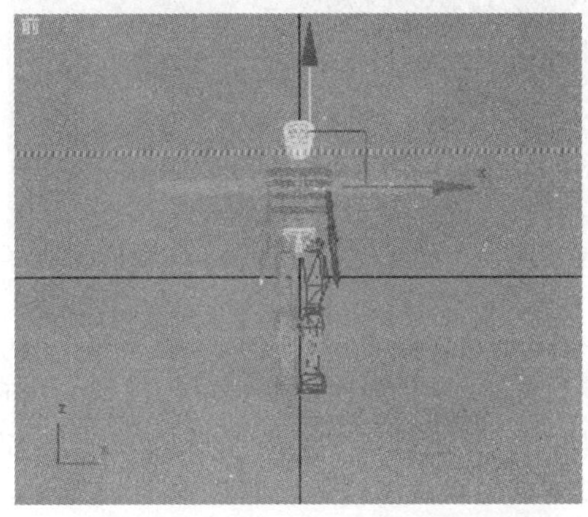

图 6—138　移动两边手臂的位置

图 6—139　抬起两边手臂

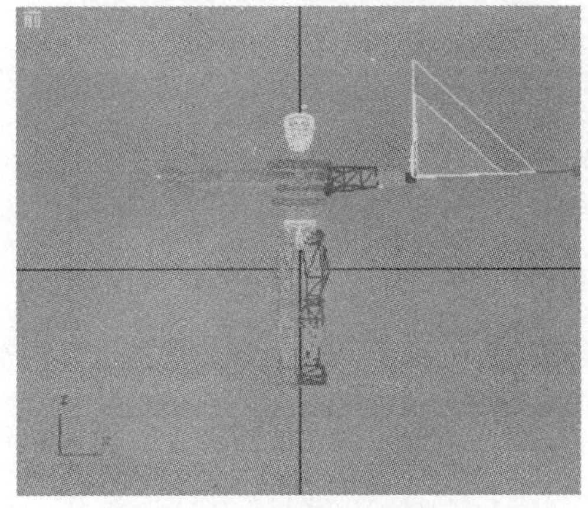

图 6—140　调整手臂和手的大小

图 6—141　覆盖木偶模型的骨骼系统

（11）框选整个骨骼系统，单击【文件】菜单中的【保存选定对象】命令，保存选定的骨骼系统，留待以后使用。

（12）在视图中单击鼠标右键，单击快捷菜单中的【全部解冻】命令，将木偶模型解冻。单击工具栏中的【按名称选择】按钮，打开【选择对象】对话框，在对话框的列表中按住【Shift】键选择构成木偶的组件对象，如图 6—142 所示。单击【选择】按钮，关闭对话框，同时木偶模型被选择，如图 6—143 所示。

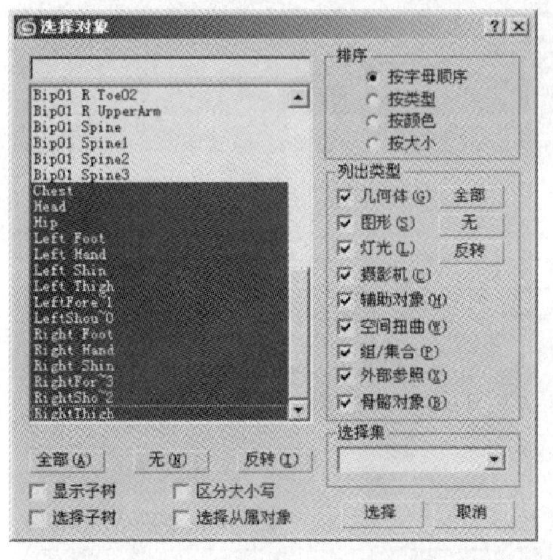

图 6—142　选择构成木偶的组件

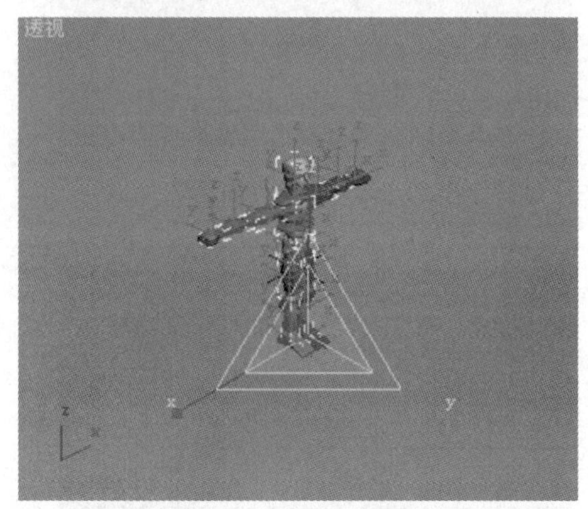

图 6—143　木偶模型被选择

（13）打开【修改】面板①，为木偶模型添加【Physique】修改器②，单击【Physique】面板中的【附加到节点】按钮③，如图 6—144 所示。单击视图中骨骼系统的髋部，此时可打开【Physique 初始化】对话框，这里参数的设置采用默认值即可，如图 6—145 所示。

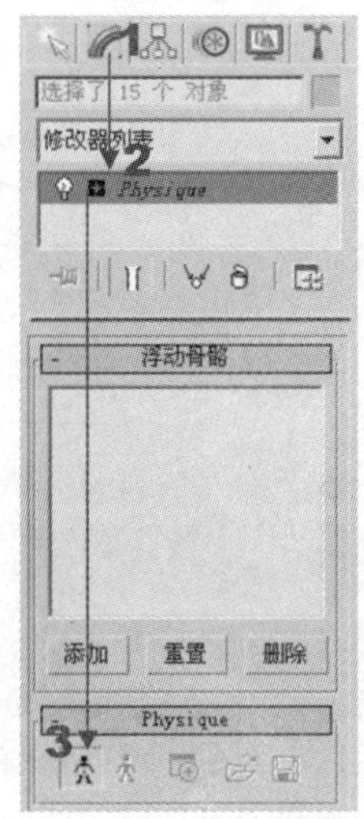

图 6—144　单击【附加到节点】按钮

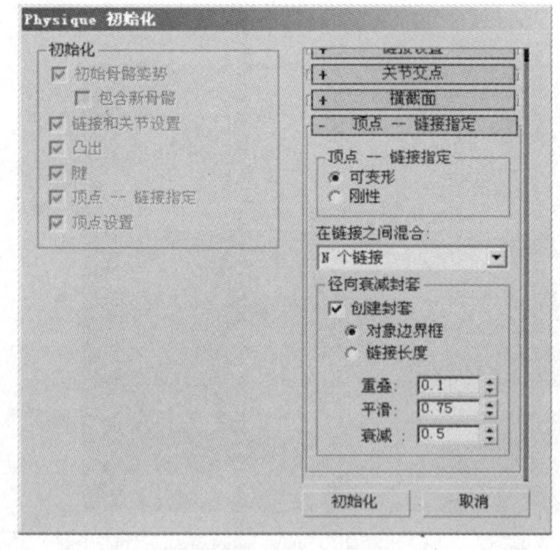

图 6—145　【Physique 初始化】对话框

（14）单击【初始化】按钮，关闭【Physique 初始化】对话框，骨骼与木偶模型链接起来，如图 6—146 所示。

（15）在视图中创建一个长方体对象作为木偶运动的地面，如图 6—147 所示。

图 6—146　骨骼与木偶模型链接

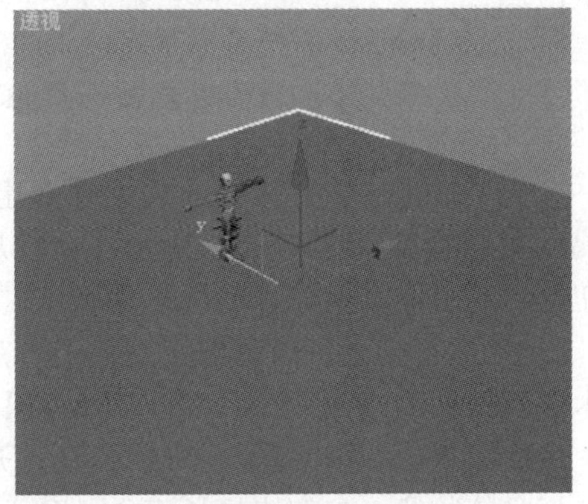

图 6—147　创建一个长方体对象

（16）选择骨骼系统的髋部，打开【运动】面板①。在【Biped】面板中单击【足迹模式】按钮 ②，在【足迹创建】面板中单击【行走】按钮 ③，选择行走模式。单击【创建多个足迹】按钮 ④，如图 6—148 所示。此时系统会打开【创建多个足迹：行走】对话框，在对话框中将设置【足迹数】为 10，其他参数采用默认值，如图 6—149 所示。

图 6—148　【运动】面板中的设置

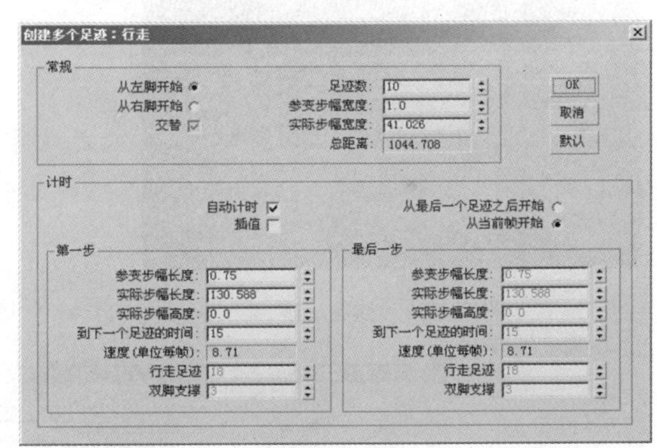

图 6—149　【创建多个足迹：运行】对话框

在【创建多个足迹：行走】对话框中：

- 【从左脚开始】单选框被选择时，角色行走时将从左脚开始。
- 【足迹数】增量框用于设置行走的脚步数量。
- 【参变步幅宽度】增量框用角色骨盆宽度的百分比来控制步幅的宽度。
- 【实际步幅宽度】增量框是用角色模型的单位来设置步幅宽度，其值与【参变步幅宽度】增量框的值相关联，改变这两个参数中的任何一个，另一个也将改变。

- 勾选【自动计时】复选框后，系统将根据角色步幅的长度自动计算角色行走时间。
- 【参变步幅长度】增量框是用角色脚长的百分比来控制脚步的步幅长度。
- 【到下一个足迹的时间】增量框用于控制角色每个脚的运动周期帧数，一个周期即为从一只脚接触地面开始到其抬起并移动后再次落下为止。该增量框只有当【自动计时】复选框被勾选时才有效。

（17）单击【OK】按钮，关闭【创建多个足迹：行走】对话框，此时在视图中将会创建木偶行走的脚步如图 6—150 所示。在【足迹操作】面板中单击【为非活动足迹创建关键点】按钮，此时即可生成骨骼行走动画了。

（18）运行动画可以看到，对象沿着足迹向前行走，到 150 帧时完成行走过程。下面创建木偶翻跟头的动画效果。单击【足迹】面板中的【跳跃】按钮①，单击【创建多个足迹】按钮②，如图 6—151 所示。在打开的【创建多个足迹：跳跃】对话框中设置跳跃参数包括足迹数③、参变步幅长度④、到下一个足迹的时间⑤等，如图 6—152 所示。

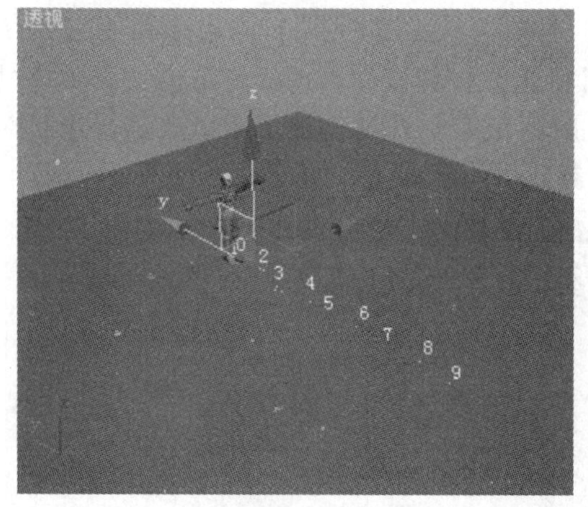

图 6—150　创建足迹

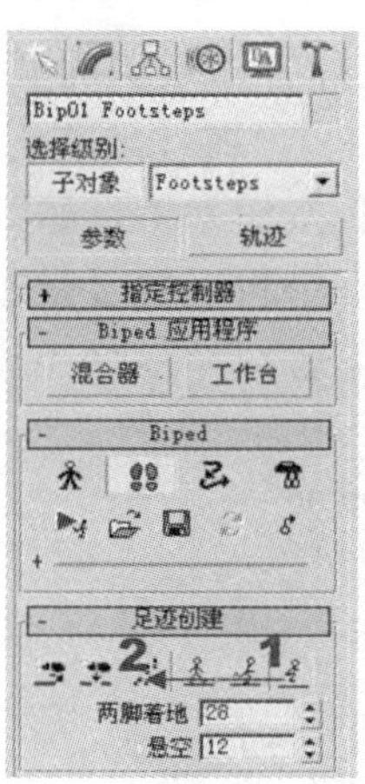

图 6—151　【足迹创建】面板中的操作

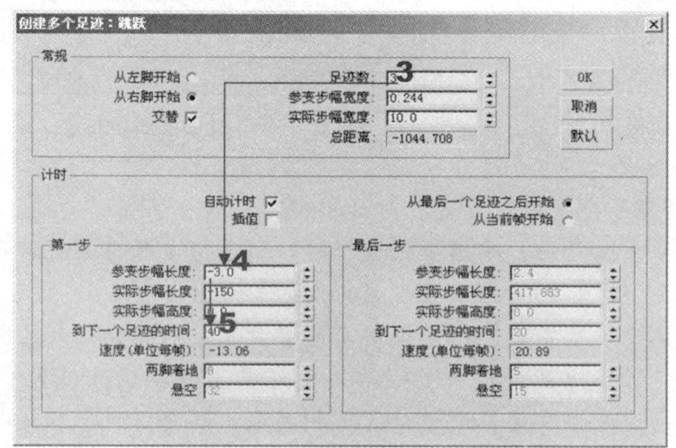

图 6—152　【创建多个足迹：跳跃】对话框中的设置

提示　【参变步幅长度】的默认值为 0.75，这是一个标准比例的平均数。当设置为 1 时，角色的步长将等于脚长；若该值为 0，角色将原地踏步；如果其值设置为负数，角色将后退。

（19）单击【OK】按钮，关闭【创建多个足迹：跳跃】对话框，此时在场景中可以看到增加的足迹，如图 6—153 所示。单击【足迹操作】面板中的【为非活动足迹创建关键点】按钮，创建向后的跳跃动画。

（20）单击【自动关键点】按钮自动关键点，选择骨骼系统。在第 159 帧单击【选择并旋转】按钮，将骨骼进行旋转，如图 6—154 所示。

图 6—153　添加向后跳跃足迹

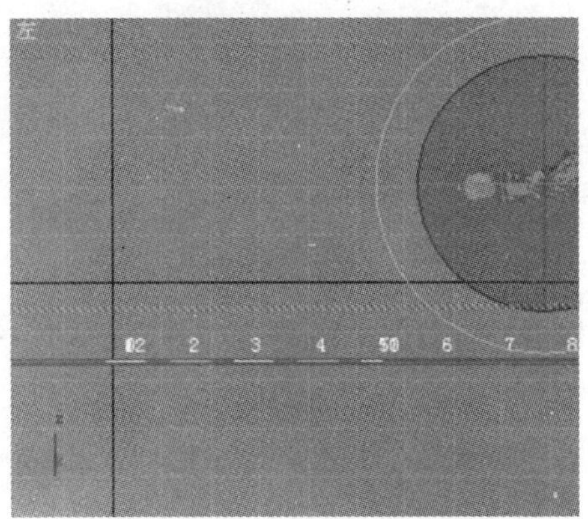

图 6—154　在第 159 帧旋转骨骼

提示　在制作木偶旋转动画时，应注意在一次跃起的时间段中需要使用两个关键帧，这两个关键帧处木偶旋转的角度加起来要小于 360°。只有这样才能获得木偶跃起后的空翻效果。

（21）在第 169 帧再次旋转骨骼，如图 6—155 所示。此时，播放动画可以看到木偶在第一次后跃过程中，有了后空翻动作。采用相同的方法在木偶进行第二次后跃时创建空翻动作。

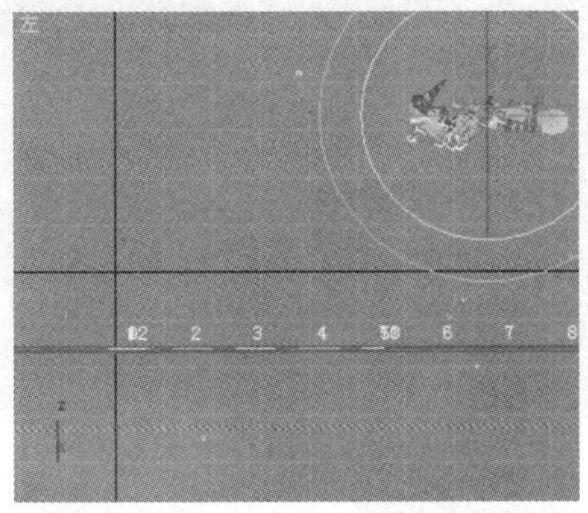

图 6—155　在第 169 帧旋转骨骼

（22）选择木偶模型，打开【修改】面板，选择其中的【Physipue】选项，在【Physique】面板中勾选【隐藏附加的节点】复选框，如图 6—156 所示。此时场景中的骨骼对象将不再显示，如图 6—157 所示。

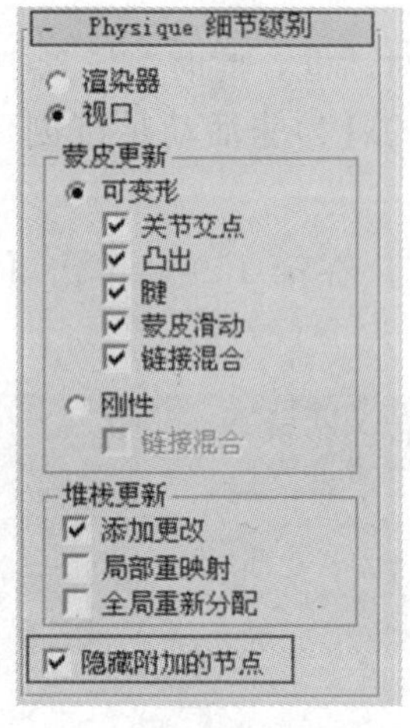

图 6—156 勾选【隐藏附加节点】复选框

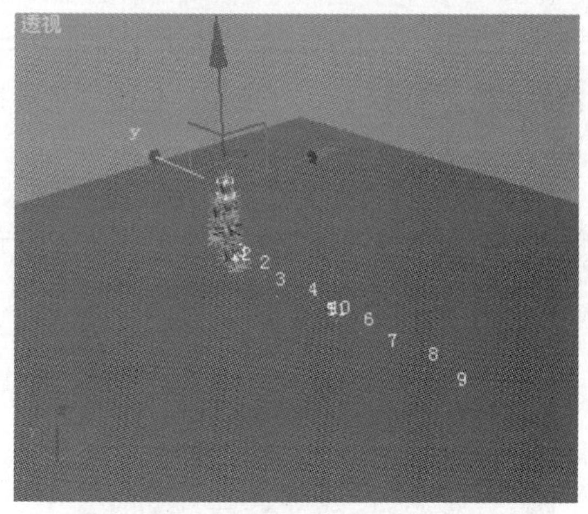

图 6—157 骨骼系统不可见

（23）至此，本实例的动画部分制作完成。渲染动画，动画中的一个场景如图 6—158 所示。

图 6—158 渲染后的一个场景

6.7　小结

三维动画的制作是 3ds max 7 的一个重要功能，3ds max 7 为制作各种类型的三维动画提供了丰富的工具。本章抽取典型的实例，介绍了 3ds max 7 中动画轨迹视图控制器的使用方法、约束动画的制作方法、动力学动画的制作方法以及角色动画的制作方法。通过本章的学习，读者可对 3ds max 7 中常用的动画类型有所了解，对使用各种动画控制器来完成不同类型的动画效果有一个初步的认识，通过不断的实践，举一反三，将能够熟练地完成各种复杂动画的制作，掌握 3ds max 动画制作的精髓。

6.8　习题

1. 问答题

(1) 如何打开【轨迹视图—曲线编辑器】窗口？该窗口由哪些部分构成？

(2) 3ds max 7 的动画控制器包括哪些？如何获得动画控制器？

(3) 3ds max 7 的动力学系统有哪些？如何创建一个动力学系统？

(4)【骨骼】骨骼系统和【Biped】骨骼系统的区别是什么？

(5)【蒙皮】修改器的作用是什么？简述【蒙皮】修改器的使用方法。

(6)【Physique】修改器的作用是什么？简述【Physique】修改器的使用方法。

(7) 如何创建角色的步行动画？

2. 操作题

(1) 应用所学的知识，修改本章 6.4 节的动画效果，制作茶壶被子弹击碎的动画效果。

(2) 使用【骨骼】系统制作木偶行走动画。

附录　3ds max 2017 简介

随着计算机硬件技术的不断升级，3ds max 系列软件自 1997 年发布第一个版本 3D Studio MAX 1.0 以来，一直在以几乎每年一个版本的速度不断更新换代，自 2000 年发布的 3ds max 4 起名称正式改为小写字母，并以数字序号命名，自 2007 年底发布的 3ds max 2008 起改以年份命名至今。目前主流应用的版本已为 3ds max 2017 以及更新的版本。与 3ds max 7 相比，3ds max 2017 主要具有以下特点。

1. 界面新变化

从 3ds max 7 发展到 3ds max 2017，除了功能的升级变化，软件的使用界面也发生了很大的变化，老用户需要花一定的时间熟悉界面的布局、按钮的变化等，由附图 1、附图 2 所示界面对比可见，3ds max 7 的界面和 3ds max 2017 的界面区别还是比较大的。

3ds max 2017 用户界面已使用流线型新图标实现了全新设计。这些图标仍保留与以前版本足够的相似之处，让老用户一眼就能认出。

版式已经过优化，具有更简洁、更简单的外观，也和 maya 一样采用扁平化设计风格。

用户界面的另一个重大改进是可识别 HDPI。无论屏幕多大，3ds max 2017 均能正确应用 Windows 显示比例，使界面以最佳方式显示在高分辨率显示器和笔记本电脑上。

界面所有图标全部重做，采用扁平化风格，旋转视点时会出现中心的旋转点。

2. 动画新特性

3ds max 2017 包含许多新功能和新工具，可改进动画工作流并提高工作效率。

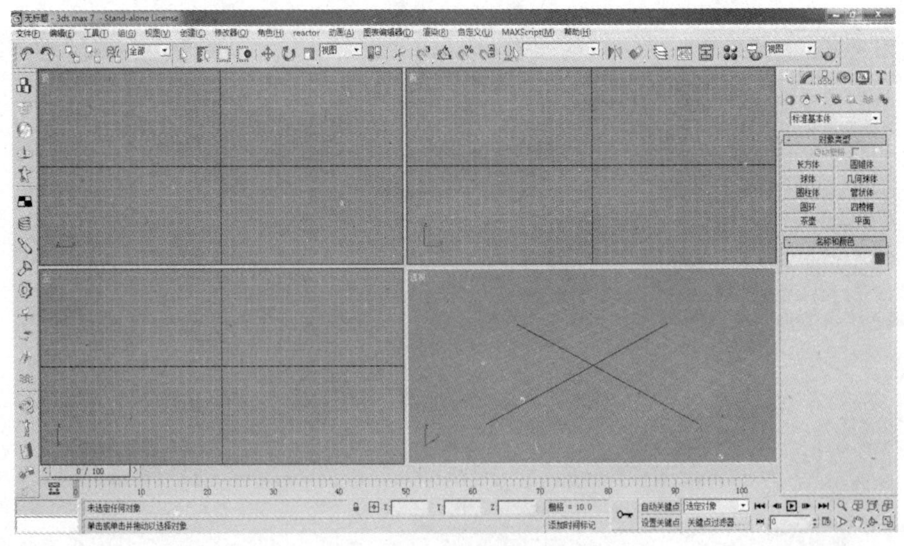

附图 1　3ds max 7 操作界面

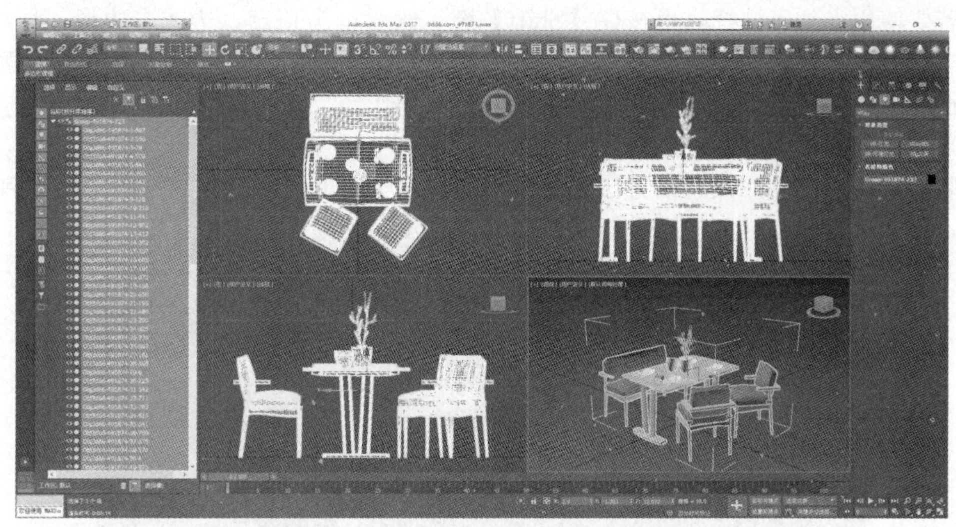

附图 2　3ds max 2017 操作界面

改进和新增的功能包括：微调器可重置为默认值（在输入框点右键可以看到恢复到默认值的按钮）；时间配置添加“将关键点重缩放到整个帧”复选框以强制量化；自定义属性可以保存和加载预设修改器堆栈，可以打开右键单击菜单，即使堆栈为空也是如此。

3．建模中的新功能

（1）布尔复合对象创建

重新设计的用于创建复合对象的布尔工具比以往更直观。双精度算法可创建更可靠的网格，新的工作流使得装配几何体时可以轻松地添加和移除操作对象。颜色编码的轮廓使得应用于特定操作对象的布尔操作显示在窗口中。新的布尔操作资源管理器可帮助用户在装配过程中跟踪操作对象，而子布尔嵌套可帮助用户组织在创建复杂对象时涉及的组件。

（2）局部对齐

局部对齐是一种新的轴对齐方法，它使用选定对象的坐标系来计算 X 轴、Y 轴以及 Z 轴。当同时调整多个具有不同面的子对象而且“局部”会导致意外的结果时，这一方法将提供较大便利。用户可从主工具栏上的【参考坐标系】下拉菜单中访问【局部对齐】。

（3）在子对象层级之间切换

使用多边形对象时，用户可使用热键在子对象层级（顶点、边、边界、多边形和元素）之间切换。通过使用一个热键在各层级之间移动，减少用户搜索相应键或按钮的时间。

（4）工作轴

对于工作轴以及四元菜单支持，实现了新的工作流。用户可以通过直接从【参考坐标系】下拉菜单选择【工作轴】进入工作轴模式，还可以与以前一样从【层次】面板进入。【编辑工作轴】还包含新的 Caddy 控件，使用户可以重置、接受或取消在窗口中直接对轴位置进行的修改。【固定工作轴】则提供了新的灵活性。通常，进行新选择时，工作轴将重置其位置，但启用固定工作轴后，工作轴的位置将始终保持一致。

（5）点到点选择

新版本支持用户预览不相邻子对象的选择，以便准确地了解将选择的内容，然后再确认操作。若要使用点到点选择，可按住【Shift】键，然后单击顶点、边或多边形，移动光标，可使所选内容将沿最短的可能路径移动，再次单击鼠标可确认预览效果。用户可继续添加和确认要选择的更多子对象，或松开【Shift】键完成操作。

(6) 倒角剖面修改器

新版本支持用户使用改进的方法创建倒角剖面，实现更具创造性的控制。通过倒角剖面编辑器，用户可以轻松地创建和编辑倒角剖面，以及保存预设供将来使用，如附图 3 所示。

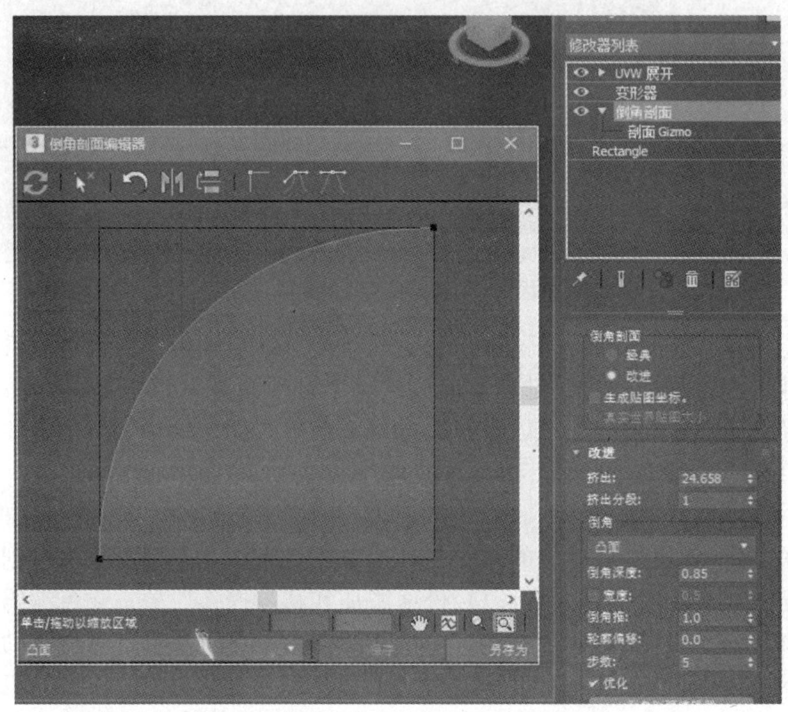

附图 3　倒角剖面编辑器

(7) 变形器修改器

新版本中的变形器修改器支持无限的变形目标。

(8) UVW 展开修改器

除了新的性能加速代码，在新版本中，UVW 展开更容易、更强大，这得益于直观的工具和改进。添加对称选择选项、点到点选择支持以及其他省时的增强功能后，选择子对象将变得更快。通过新笔刷工具，用户可以直接在编辑器窗口中移动和松弛顶点，以调整这些问题区域。新的位图 UV 棋盘格选项加强了对视口预览的控制，同时添加新的棋盘格纹理能够在视觉上更好地识别 UV 和法线方向。

结合材质编辑器中新的多平铺贴图，UV 编辑器还支持多平铺视图，可将多个纹理平铺加载到 UV 编辑器，这尤其适用于打开和显示由 3D 绘制应用程序（如 Mudbox）生成的高分辨率纹理，并且它是一种对纹理对象使用多个 UV 通道的有效替代方法，如附图 4 所示。

4. 蒙皮新功能

体素蒙皮是一种新的平滑蒙皮方法，可用于孤立网格的特定区域并快速产生高质量的结果。与没有躯干部位这一概念的标准蒙皮不同，体素蒙皮使用网格的体素表示法帮助计算影

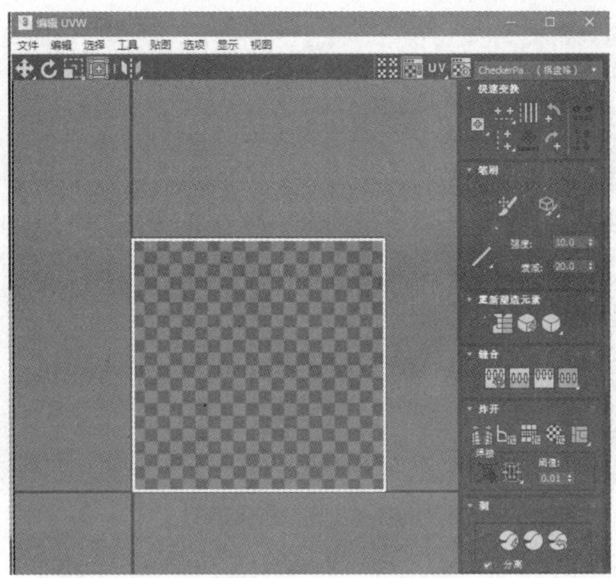

附图 4 UVW 展开修改器

响权重，将计算得到的权重应用于现有闭式蒙皮方法，使角色的几何体在需要的位置发生变形，甚至可以在收回绑定姿势后解算蒙皮权重。在 3ds max 2017 中，按住【Shift】键即可在绘制和混合权重之间快速切换，如附图 5 所示。

5. 渲染新功能

(1) ART 渲染器

Autodesk Raytracer（ART）渲染器是一种仅使用 CPU 并且基于物理原理的快速渲染器，适用于建筑、产品和工业设计渲染与动画。

ART 渲染器提供了最精简、直观的设置以及熟悉的工作流，供用户从 Revit、Inventor、Fusion 360 和其他使用 ART 的 Autodesk 应用程序进行迁移。借助 ART，可以渲染大型、复杂的场景，并通过 Backburner 在多台计算机上无限渲染。通过支持 Revit 中的 IES、光度学和日光，用户可以创建高度精确的建筑场景图像。由于 ART 使用基于图像的照明，因此可以轻松渲染高度逼真的图像，并将设计纳入真实环境中。

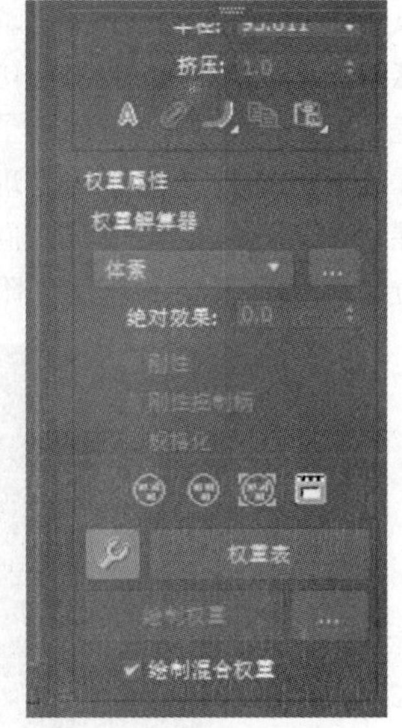

附图 5 体素蒙皮

(2) 场景转换器

使用场景转换器可轻松地将一般场景转换为利用更新的灯光、材质和渲染功能实现的场景。场景转换器中有许多用于转换场景的预设，用户可以创建和保存自己的预设，还可以使用简单的界面自定义和调整现有的转换脚本，来创建源到目标的批处理转换规则。使用新的 Autodesk 脚本或由用户社区创建的脚本可以轻松扩展场景转换器的功能，以满足个性化需求。场景转换器如附图 6 所示。

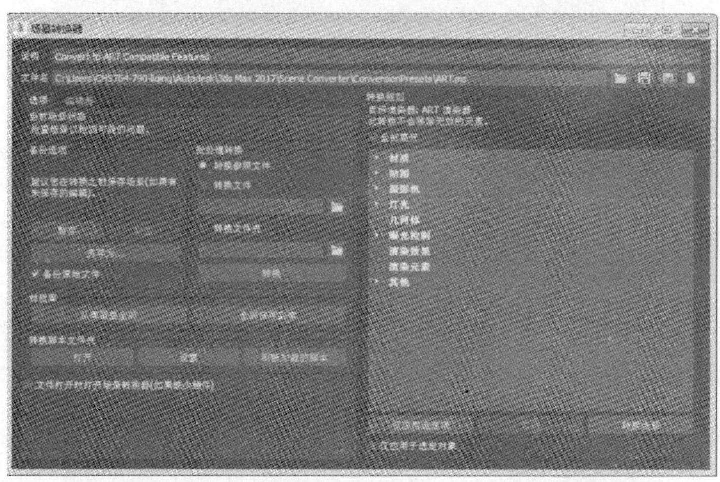

附图 6　场景转换器

6. 照明新功能

新的太阳定位器和物理天空是日光系统的简化替代方案，可为基于物理原理的现代化渲染器提供协调的工作流。与传统的太阳光和日光系统相比，太阳定位器和物理天空的主要优势是高效、直观。传统系统由 5 个独立的插件组成：指南针、太阳对象、天空对象、日光控制器和环境贴图。它们位于界面的不同位置；例如，【日光系统】位于【系统】面板中，而其数据位置设置位于【运动】面板中。新的太阳定位器和物理天空则位于更直观的位置，即【灯光】面板中。太阳定位器用于定位太阳在场景中的位置。日期和位置设置位于【太阳位置】卷展栏中。一旦创建了“太阳位置”对象，系统就会使用适合的默认值创建环境贴图和曝光控制插件。与明暗处理相关的所有参数仅位于【材质编辑器】的【物理太阳和天空】卷展栏中。这样的设计可以通过避免重复，简化工作流，并减少引入不一致的可能性。太阳定位器和物理天空的应用如附图 7 所示。

附图 7　太阳定位器和物理天空的应用

7. 贴图新功能

（1）物理材质

新的【物理材质】可以最大限度地利用具有物理真实性的渲染器（例如 Autodesk ART 渲染器）。它是一种现代的分层材质，其控制专注于基于物理原理的工作流。【物理材质】包括【涂层】和【子曲面散射】设置，用户可以通过单个材质创建复杂且有趣的曲面，如附图 8 所示。

（2）多平铺贴图

借助多平铺贴图，用户可以将多个纹理平铺加载到通过 UVW 展开修改器访问的 UV 编辑器。此功能支持 Mudbox、Zbrush 和 Mari 等常用工具，如附图 9 所示。

附图 8　物理材质

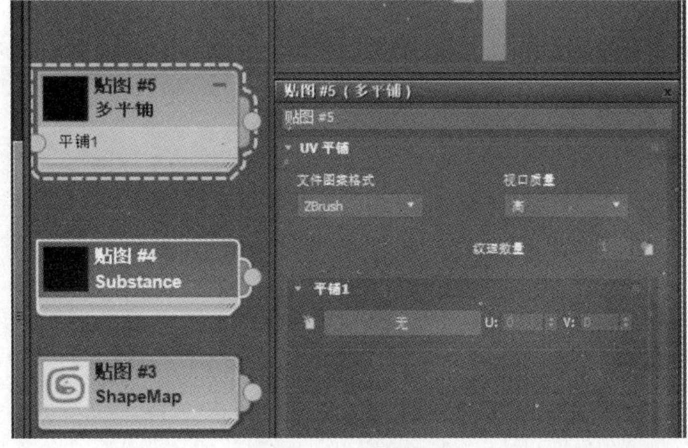

附图 9　多平铺贴图